U0271736

居家健康花草

大全

刘向阳 主编

中医古籍出版社

图书在版编目（CIP）数据

居家健康花草大全/刘向阳主编. －北京:中医古籍出版社，2015.7

ISBN 978 － 7 － 5152 － 0876 － 3

Ⅰ.①居…　Ⅱ.①刘…　Ⅲ.①观赏园艺　Ⅳ.①S68

中国版本图书馆 CIP 数据核字（2015）第 098507 号

居家健康花草大全

主　　编	刘向阳	

责任编辑	刘　婷
出版发行	中医古籍出版社
社　　址	北京东直门内南小街 16 号（100700）
印　　刷	北京彩虹伟业印刷有限公司
开　　本	720mm × 1020mm　1/16
印　　张	28
字　　数	408 千字
版　　次	2015 年 7 月第 1 版　2015 年 7 月第 1 次印刷
印　　数	0001～5000 册
标准书号	ISBN 978 － 7 － 5152 － 0876 － 3
定　　价	68.00 元

前言 Preface

花卉葱绿的枝叶、美丽的花朵给人清新、柔和、惬意之感，在繁忙的工作之余，欣赏一番，令人赏心悦目。生活中不能缺少美，更不能缺少健康。随着社会的进步，经济的发展，我们的居住环境的空气质量日渐恶化，如室内装饰材料、家具所释放的致癌物，烹调油烟所含有的大量有毒物，各种电器所释放的病毒、细菌及无所不在的辐射都在悄无声息地侵害着自己及家人的健康。而养花可以降低室内空气污染指数，让我们每天都能呼吸到新鲜空气。比如吊兰能释放杀菌素，可以杀死居室空间里的细菌。如果将一定数量的吊兰放在居室内，24小时之后，80%的有害物质会被杀死。另外，常春藤能消灭90%的苯，一盆小小的仙人掌就能大大减少电磁辐射给人体带来的伤害。盆栽的栀子花、石榴花、米兰可吸收室内的二氧化硫。因此，专家们称这些花草是"便宜有效的室内空气净化器"和"家居卫士"。

现代社会学会养花已经成为居家生活的必修课。懂得选择适合自己居住环境、有益于自己及家人身体健康的花卉品种与懂得花卉养护知识同样重要，如果人们对花草选择或摆放不当，它们就有可能变成严重危害身体健康的"家居杀手"。如在某些情况下，郁金香可使人昏倒，月季可使人过敏，含羞草可使人须眉脱落，而虎刺梅更是含有促癌物质。由此可见，想要真正达到保护家居环境、清除室内污染的目的，人们不仅要在室内种植花草，更要种植安全、适宜的花草，只有这样，才能让室内环境真正回归健康。

在我们生活中很多常见的花草还是《本草纲目》中常用的中药材，我们不必深入去了解花草的药用价值，但是许多小妙方却对我们的生活有很多的帮助，如胃寒、牙痛、感冒、口腔异味等小毛病，就可以通过正确使用花草来解决。花草入菜已经不是什么新鲜事了，菊花、茶花、兰花早已是人们餐桌上的常客。花草茶更是被现代人所推崇的保健饮品，用药用花草冲泡的花草茶则因其自身所含药物成分而具有一定的药用价值。在家中养几盆能够"喝"的花草，在观赏之余摘其花叶，泡上一杯花草茶，可以养身、养颜、养神、养心，一举多得。

本书为你详细讲解了养花的基础知识，包括花卉的习性及日常养护，如浇水、施肥、常见病虫害防治、繁殖及摆放技巧等方面。书中科学实用的养花方法，让你一看就懂，一学就会，手把手教你养花种草，轻松帮你打造自己的居家小花园。同时精选出近 200 种适合居家种养的健康花草，包括敏感监测空气污染的健康花草、有效净化空气的健康花草、活氧杀菌的健康花草、食用养生花草、药用保健花草、美容养颜花草等，每部分详细介绍了花草的去污功用、所除污染物、药用功效、食用方法，及一些毒花、毒草的养护注意要点，以便你在选择室内花草时，能根据自己的实际情况，快速做出正确的判断，并能成功培育出自己喜欢又有益于家人健康的花草。让你全方位了解养花之道，成为一个爱花、懂花，更懂得健康养花的养花达人。

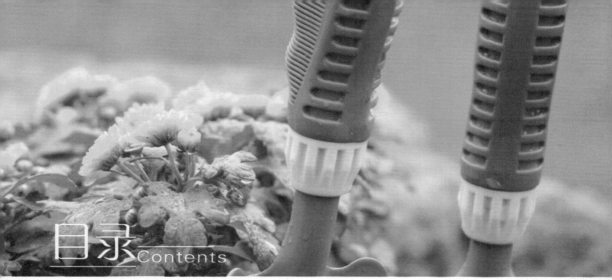

目录 Contents

第三章　27种敏感监测空气污染的健康花草

第四章　51种有效净化空气的健康花草

第五章　17种活氧杀菌的健康花草

第六章　15种食用养生的健康花草

第七章　17种药用保健的健康花草

第八章　21种化毒为宝的"毒花毒草"

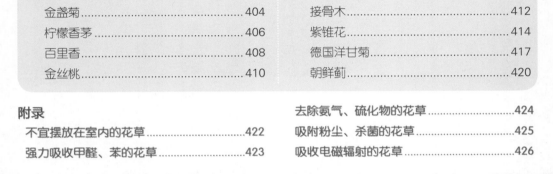

第九章　8 种药用花草及其花草茶

附录

第一章

健康花草是家居空气的天然净化器

　　许多绿色植物因其自身的特点而具备某些监测空气污染、净化空气的作用。正是由于这些植物不但可以监测到室内污染物质的种类及浓度，还可以减少或者消除室内环境污染对人体造成的危害，所以，这类植物被称作家居的"监测器""消毒剂"，总称保卫人类身心健康的"绿色守护神"。

室内环境污染
——危害人体健康的 "隐形杀手"

有关调查表明，当今室内环境里的污染物已达几百种之多，主要可分成三大类别：一是物理污染，包含噪声、振动、红外线、微波、电磁场、放射线等；二是化学污染，包含甲醛、苯、一氧化碳、二氧化碳、二氧化硫、TVOC（总挥发性有机化合物）等；三是生物污染，包含霉菌、细菌、病毒、花粉、尘螨等。

上述三大类别的污染物可谓防不胜防，随时都有可能以各种方式潜藏于我们的家中。在这些污染物中，人造板材中的甲醛有3~15年之久的挥发期，油漆、黏合剂和各种内墙涂料里皆含有苯系物，各种板材、胶合物里都含有TVOC，北方建筑施工时采用的混凝土防冻剂是居室内氨的主要来源，而陶瓷、大理石里则含有放射性物质。人们若长时间处于这些污染物的包围之中，便会进入"亚健康"的状态，可表现为情绪不佳、心烦意乱、局促紧张、忧愁苦闷、焦急忧虑、疲乏无力、注意力不集中、胸口憋闷、呼吸短促、失眠多梦、腰膝酸软、周身不适等。长期这样下去，人们极易患上呼吸道疾病、心脑血管疾病等病症，甚至罹患癌症，不但身心健康会遭受严重的威胁，甚至会危及生命。

世界卫生组织于2005年发布了题为《室内空气污染与健康》的报告，其中指出，全世界每年有160万人死于因肺炎、慢性气管炎、肺癌及有害气体中毒等引发的病症，平均每隔20秒便有一人死亡，而其中很大一部分病症就是室内环境污染所导致的。在通风不畅的居所，室内环境污染比室外环境污染的情况要高出100倍。现在，室内环境污染已成了危及人类健康的第八个危险因素，其所导致的总疾病数已经超过室外环境污染所造成疾病数的5倍。

在室内环境污染的受害者中，受到危害最严重的就是儿童。全世界每年由室内环境污染所导致的死亡者中，大概有56%是5岁以下的儿童。而中国儿童卫生保健疾病防治指导中心的统计数据则更令人吃惊：我国每年由于装修污染引致呼吸道感染的儿童竟多达210万！每年新增加的4万~5万的白血病患者中，大约一半儿为儿童。据一家儿童医院血液科统计，接诊的白血病患儿中，90%的家庭在半年之内曾经装修。

国内和国外大批的调查材料及统计数据，皆表明了一个使人惶恐不安的现实：即居室内的污染程度，常常比室外的污染程度更加严重。在"煤烟型""光化学烟雾型"污染之后，现代人正在步入以"室内环境污染"为标志的第三个污染阶段。室内环境污染导致了很多疾病的产生，也导致了很多生命的死亡，健康的警报正在我们每人的家里响起！

小贴士

我国《民用建筑工程室内环境污染控制规范》规定，住宅、医院、教室、幼儿园等Ⅰ类民用建筑工程的甲醛浓度应≤0.08毫克/立方米，办公楼、商店等Ⅱ类民用建筑工程的甲醛浓度应≤0.12毫克/立方米。

破坏家居环境的六大"凶手"

有关调查显示，现代人平均有90%的时间都待在室内生活及工作，其中有65%的时间在家中，而老年人、儿童及婴幼儿在居室里度过的时间则更久。由此可以看出，室内环境的好坏对人们的健康有多么重要的影响。

然而，人们往往极易忽略居室内的污染状况，使得这个小环境对身体健康的潜伏性威胁比比皆是。造成室内污染的有害物质有许多，其中甲醛、苯、氨、TVOC、氡、电磁辐射等六类物质被专家们视为室内污染的六大"凶手"。

→ 无孔不入的致癌、致畸毒气——甲醛

在现代家居中，甲醛是最广泛存在的一种污染物。它是一种没有颜色、有着强烈刺激性气味的气体，其35%～40%的水溶液通常被称作福尔马林。甲醛有着比较强的黏合性，所以是各种黏合剂的重要成分。装修或摆放新家具一年内的房间里非常容易出现甲醛污染。如果时常闻到刺激性的化学气味，或者身体出现不好的反应，那么就应该马上检测室内环境并进行整治。

❀ 甲醛的来源

❶ 装潢材料，比如墙砖、涂料、油漆等；家具板材，比如胶合板、大芯板、中纤板、刨花板等。

❷ 各式各样的纺织品，比如床上用品、墙布、化纤地毯、窗帘及布艺家具等。

❸ 香烟。

❹ 多种类别的化工产品，比如化妆品、清洁剂、杀虫剂、消毒剂、防腐剂、印刷油墨、纸张等。

❀ 甲醛的危害

❶ 甲醛为原型质毒物，可与蛋白质相结合并使其凝固，人们吸进高浓度的甲醛之后，就会出现呼吸道的严重刺激、水肿以及眼刺痛、头痛等症状，还可能患上支气管哮喘。

❷ 如果甲醛直接触及人的皮肤，会导致皮炎、色斑，甚至皮肤坏死。

❸ 如果人长时间接触低浓度的甲醛，那么危害会更加严重，会导致慢性呼吸道疾病、白血病、鼻咽癌、结肠癌、脑癌、新生儿染色体异常、胎儿畸形、青少年记忆力及智力下降等。因而，如今甲醛已经被国际癌症组织归入对人类有致癌可能的物质之列。

室内甲醛浓度对人体的影响

甲醛浓度（毫克/立方米）	人体可能受到的影响
0.1～2.00	刺激眼睛，刺激鼻子
0.1～2.50	眼睛和鼻子有强烈刺激感，打喷嚏，咳嗽
5.0～30	难以呼吸
50以上	肺水肿，肺炎
100以上	死亡

苯是一种没有颜色、有着特殊芳香气味的液体，能够与乙醇、乙醚、丙酮及四氯化碳等相溶，在水中微溶，其沸点是80℃。苯的同系物还有甲苯、二甲苯等，皆是煤焦油分馏或者石油的裂解产物。苯有三个重要特点，即易挥发、易燃、蒸汽有爆炸性。

如今，室内装修过程中通常用甲苯、二甲苯来替代纯苯，作为各种类别的胶、油漆、涂料及防水材料的有机溶剂或者稀释剂。现在，苯已经成了现代家居中除甲醛之外存在最广泛的一种污染物质。

❀ 苯的来源

❶ 室内装潢材料，比如油漆、涂料及各种类别的添加剂与稀释剂（比如天那水、稀料）等。

❷ 装潢过程中使用的各式各样的胶黏剂及防水材料。尤其是某些以原粉和稀料配制而成的防水涂料，在施工完结15小时之后进行检测，室内空气里的苯含量竟然比国家允许的最高浓度高了14.7倍。

❸ 冒充的、伪造的或质量低劣的涂料。

❹ 大芯板、复合木地板、化纤地毯及日用化学品（比如杀虫剂）等。

❀ 苯的危害

❶ 短时间内吸进高浓度的苯或者其同系物，可对人的中枢神经系统造成麻醉。麻醉程度较轻的会出现头晕、头疼、恶心、胸口憋闷、身体乏力、意识模糊等症状；麻醉程度较重的则会昏迷，甚至因呼吸、循环衰竭而导致死亡。

❷ 人如果长时间接触苯，可出现皮肤干燥、脱屑等症状，或者发生过敏性湿疹，还有可能因慢性中毒，表现出头疼、失眠、精神不振、记忆力衰退等神经衰弱症状。

❸ 人如果长时间吸进苯，会使机体的造血功能受到抑制，导致再生障碍性贫血。假如造血功能彻底被破坏，那么人就可能会患白血病。现在，世界卫生组织已经将苯化合物定为强致癌物质。

❹ 女性对苯和它的同系物的吸入反应比男性要更加敏感。如果女性在怀孕期间接触到甲苯、二甲苯和苯系混合物，那么妊娠高血压综合征、妊娠呕吐和妊娠贫血等妊娠并发症的发病率就会明显提高，自然流产率也会显著提高。

❺ 苯会造成胎儿出现先天性缺陷。在妊娠期间吸进大量甲苯的妇女所生的婴儿通常会存在小头畸形、中枢神经系统功能障碍和生长发育迟缓等缺陷。

小贴士

我国《民用建筑工程室内环境污染控制规范》规定，住宅、医院、教室、幼儿园等Ⅰ类民用建筑工程的苯浓度应≤0.09毫克/立方米，办公楼、商店等Ⅱ类民用建筑工程的苯浓度应≤0.09毫克/立方米。

氨是一种没有颜色、有着强烈刺激性气味的气体，经常被称为氨气，较空气轻，非常容易溶于水中，也容易液化，液态氨能做制冷剂。通常来讲，氨污染的释放期较快，在空气中不会长时间积聚，室内含有高浓度氨的时间相对来说也比较短，所以对人体的危害也相对较小，可是也应当重视。

❀ 氨的来源

❶ 建筑施工过程中使用的混凝土外加剂，尤其是在冬季施工时加进的以尿素与氨水为重要原料的混凝土防冻剂，还有为了提高混凝土的凝固速度而特意使用的高碱混凝土膨胀剂及早强剂。上述含有很多氨类物质的混凝土外加剂，在墙体里随着温度、湿度等环境因素的改变而恢复到原来的气体状态，并由墙体内慢慢释放出来，导致室内空气中氨的浓度连续增高，从而造成氨污染。

❷ 室内装修材料，比如家具涂料的添加剂与增白剂等。

❸ 防火板内的阻燃剂，厕所里的臭气，以及生活异味等。

❀ 氨的危害

❶ 氨对人的眼睛、喉咙、上呼吸道都具有很强的刺激作用，能经由皮肤和呼吸道而造成中毒。中毒较轻的会出现皮下充血、呼吸道分泌物增多、肺水肿、支气管炎、皮炎等；中毒较重的则会出现喉头水肿、喉痉挛等症状，也可能出现难以呼吸、失去知觉、休克等症状。

❷ 作为一种碱性物质，氨对人的皮肤组织具有腐蚀及刺激作用。它能吸收皮肤组织里的水分，令组织蛋白变性，且令组织脂肪发生皂化反应，损坏细胞膜的结构。

❸ 氨的溶解度非常高，能腐蚀动物或者人体的上呼吸道，降低人体对疾病的抵抗能力。若居室内的氨浓度特别高，除了会产生腐蚀作用外，还会经由三叉神经末梢的反射作用导致心脏停搏及呼吸停止。

❹ 当氨气被吸进肺里之后，很容易通过肺泡进入血液，同血红蛋白相结合，损坏其运氧功能。如果在短时间内吸进大量的氨气，则会出现流眼泪、咽喉疼痛、恶心、呕吐、身体乏力等症状，较为严重的还会产生成人呼吸窘迫综合征。

小 贴 士

我国《民用建筑工程室内环境污染控制规范》规定，住宅、医院、教室、幼儿园等Ⅰ类民用建筑工程的氨气浓度应当≤0.2毫克/立方米，办公楼、商店等Ⅱ类民用建筑工程的氨气浓度应当≤0.5毫克/立方米。

→ 阵容庞大的毒气组合——TVOC

TVOC指的是在室温下饱和蒸气压超过了133.32帕的挥发性有机物，其沸点为50～250℃，在正常温度条件下则以蒸发的形式存在于空气中。VOC（Votatile Organic Compound）是"挥发性有机化合物"的英文简写，而TVOC（Total Votatile Organic Compound）则是"总挥发性有机化合物"的英文简写。

在空气里的三种有机污染物（即多环芳烃、挥发性有机物及醛类化合物）之中，TVOC算是影响比较严重的。如今，它已被世界卫生组织视为一种主要的空气污染物质。

❀ TVOC的来源

❶ 有机溶液，比如油漆、含水涂料、化妆品、洗涤剂、黏合剂及灌缝胶等。

❷ 各式各样的人造材料，比如人造板、泡沫隔热材料、橡胶地板、塑料板材及PVC地板等。

❸ 室内装潢材料，比如壁纸、地毯、挂毯及化纤窗帘等。

❹ 家庭使用的燃煤与天然气等燃烧的产物，烟叶的不彻底燃烧，采暖与烹饪等造成的烟雾，家具、家电、清洁剂及人体排泄物等。

❀ TVOC的危害

❶ 当TVOC高于一定浓度的时候，可造成机体免疫水平下降，使中枢神经系统功能受到影响，产生眼睛不舒服、头晕、头疼、注意力分散、嗜睡、乏力、心情烦躁等症状，还有可能使消化系统受到影响，造成缺乏食欲、恶心、呕吐等不良结果。

❷ 如果人长时间处于高浓度TVOC的环境之中，则会引起人体的中枢神经系统、肝、肾及血液中毒，严重者还会出现呼吸短促、胸口憋闷、支气管哮喘、失去知觉、记忆力减退等症状。TVOC甚至会全面损害肝脏、肾脏、神经系统及造血系统，使人罹患白血病等严重的疾病。

❸ 由于婴幼儿、儿童的大部分时间皆处于室内，因此有毒涂料里的有毒物质对孩童的危害时间最长，造成的伤害也最大，其后果也比成人更加严重。

小贴士 我国《民用建筑工程室内环境污染控制规范》规定，Ⅰ类民用建筑工程的TVOC浓度应当≤0.5毫克/立方米，Ⅱ类民用建筑工程的TVOC浓度应当≤0.6毫克/立方米。

氡是由放射性元素镭衰变而来的，是一种没有颜色、没有气味的放射性惰性气体。氡和它的子体在衰变过程中会释放出α、β、γ等射线，会对人体造成辐射。氡易溶于脂肪，能经由呼吸过程进入人的体内。它较空气重，时常悬浮在室内高度为1米以下的空气中。在人们日常生活能够接触到的室内污染物质之中，氡是唯一一种放射性气体污染物。

❀ 氡的来源

❶ 建筑材料与室内装修材料。比如砖石、混凝土、泥土、石材、地砖及陶瓷制品等材料里皆含有一定量的放射性元素镭，它能衰变出氡气，潜入室内。

❷ 房屋地基下面的岩石与土壤。有关检测显示，接近地表的土壤里氡的浓度比接近大气中的氡的浓度竟高出10倍以上。土壤里的裂缝和岩石内的断裂构造，会令房屋地基下面的岩石与土壤里的氡通过地表与墙体裂缝向室内扩散。

❸ 房间外面的大气。

❹ 地下水。有关研究表明，地下水里的氡浓度高达104贝可/立方米（氡的放射性活度以贝可为单位）的时候，地下水就成了室内氡的主要来源。

❺ 天然气与石油液化气在燃烧的时候，如果房间里通风不良，其中的氡就会释放到房间里。

❀ 氡的危害

❶ 氡释放出来的α射线能导致癌症。又因为氡和人体内的脂肪具有较强的亲和力，所以它能普遍分布于脂肪组织、神经系统、网状内皮系统及血液里，进而伤害细胞，最后使正常细胞变成癌细胞。

❷ 超过一定限量的氡污染最容易诱发肺癌。居室中的氡对肺癌发病率的影响已接近或超过了采矿业，哪怕居室内氡的浓度较低，也会增加罹患肺癌的风险。

❸ 氡和它的子体在衰变的时候还会释放出有着非常强的穿透力的γ射线，会对人体细胞的机质造成伤害，还会对其第二代甚至第三代造成潜在的伤害。如果长时间在氡浓度较高的环境中生活，就可能损伤到人的血液循环系统或者免疫系统，比如造成白细胞及血小板的减少，甚至会引发白血病、免疫力缺陷、基因遗传损伤等。

❹ 因为氡没有颜色、没有气味，人体吸进后也不会感到明显的不舒服，因此难以觉察。而且氡有较长的潜伏期，很难彻底消除。

小贴士
我国《民用建筑工程室内环境污染控制规范》规定，Ⅰ类民用建筑工程的氡浓度应当≤200贝可/立方米，Ⅱ类民用建筑工程的氡浓度应当≤400贝可/立方米。

电磁辐射其实是一种复合电磁波通过空间传递能量的物理现象，因而电磁辐射污染也被称作电磁波污染。电磁辐射包含电离辐射（X射线、γ射线）及非电离辐射（无线电波、微波、红外线、可见光、紫外线）两大类。人体的生命活动包括很多生物电活动，这些生物电对环境中电磁波的反应异常敏感。所以，电磁辐射会影响甚至伤害人体。

❀ 电磁辐射的来源

❶ 大气中的一些自然现象会产生天然的电磁辐射污染，比如大气因为电荷的累积而产生的放电现象。此外，天然的电磁辐射污染也可能来源于太阳热辐射、地球热辐射及宇宙射线等。

❷ 人工的电磁辐射污染有着普遍的来源，可能来源于处于工作状态中的高压线、变电站、雷达、电台、电子仪器、医疗设备、激光照排设备

及办公自动化设备，也可能来源于日常使用中的微波炉、电视机、电冰箱、电脑、空调、收音机、音响、手机、电热毯、无绳电话、低压电源等家电。

❀ 电磁辐射的危害

❶ 电磁辐射污染已经成为导致心血管疾病、糖尿病、白血病、癌症的重要原因之一。如果人长时间在高电磁辐射的环境中生活，人体的循环、免疫及代谢功能都会遭受影响，使血液、淋巴液及细胞原生质产生变化，甚至会导致癌症。

❷ 电磁辐射会直接损伤人体的神经系统，尤其是中枢神经系统。若人的头部长时间受到电磁辐射的影响，就会表现出失眠多梦、头晕头疼、身体乏力、记忆力衰退、易怒、抑郁等神经衰弱症状。

❸ 电磁辐射会对人体的生殖系统造成影响，可表现为男子精子质量下降、孕妇自然流产及胎儿畸形等。

❹ 电磁辐射会造成儿童智力发育障碍，还会损害儿童肝脏的造血功能。

❺ 电磁辐射会给人们的视觉系统带来不好的影响，过高的电磁辐射能令人视力下降、罹患白内障等，甚至还可能造成视网膜脱落。

小贴士

环境电磁波卫生标准（GB 9175—1988）			
波长	单位	容许场强	
		一级（安全区）	二级（中间区）
长、中、短波	伏/米	<10	<25
超短波	伏/米	<5	<12
微波	微伏/平方厘米	<10	<40
混合	伏/米	按主要波段场强；若各波段场强分散，就按复合场强加权确定。普通居民居住的环境按一级安全区处理。	

正确选用花草可有效去除污染

我们知道，室内环境污染对人体健康危害巨大，我们应努力发现污染，减少、减轻、消除污染。然而，该怎样检测家居环境呢？怎样减轻或除去室内环境污染以及其对人体的损伤呢？请专业室内环境检测机构来测试，或者请专业机构减轻或消除室内污染物当然是一种办法，可是实际操作起来比较繁杂琐碎，而且花费不菲。

既然如此，那么可否有更加经济合算、简单方便的办法呢？答案是：有。

近些年来，伴随着环境科学的进步，人们接连发现某些植物能对环境污染起到"监测报警"及"净化空气"的有效作用。这个发现，对保护环境和维护人们健康都具有非常重大的意义，健康花草已经成为优化家居环境的"卫士"。

通过花草监测家居环境

因为植物会对污染物质产生很多反应，而有些植物对某种污染物质的反应又较为灵敏，可出现特殊的改变，因此人们便通过植物的这一灵敏性来对环境中某些污染物质的存在及浓度进行监视检测。你只需在你的房间内栽植或摆放这类花草，它们便可协助你对居室环境空气中的众多成分进行监测。倘若房间内有"毒"，它们便可马上"报警"，让你尽快发现。

❋ 二氧化碳

二氧化碳是一种主要来自于化石燃料燃烧的温室气体，是对大气危害最大的污染物质之一。下列花草对二氧化碳的反应都比较灵敏：牵牛花、美人蕉、紫菀、秋海棠、矢车菊、彩叶草、非洲菊、万寿菊、三色堇及百日草等。在二氧化碳超出标准的环境中，如其浓度为1ppm（浓度单位，1ppm是百万分之一）经过一个小时后，或者浓度为300ppb（浓度单位，1ppb是十亿分之一）经过八个小时后，上述花草便会出现急性症状，表现为叶片呈现出暗绿色水渍状斑点，干后变为灰白色，叶脉间出现形状不一的斑点，绿色褪去，变为黄色。

❋ 含氮化合物

除了二氧化碳之外，含氮化合物也是空气中的一种主要污染物。它包含两类，一类是氮的氧化物，比如二氧化氮、一氧化氮等；另一类则是过氧化酰基硝酸酯。

矮牵牛、荷兰鸢尾、杜鹃、扶桑等花

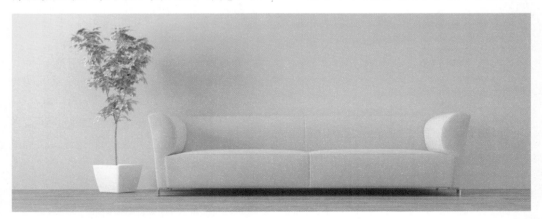

草对二氧化氮的反应都比较灵敏。在二氧化氮超出标准的环境中，如其浓度为2.5～6ppm经过两个小时后，或者浓度为2.5ppm经过四个小时后，上述花草就会出现相应症状，表现为中部叶片的叶脉间呈现出白色或褐色的形状不一的斑点，且叶片会提前凋落。

风仙草、矮牵牛、香石竹、蔷薇、报春花、小苍兰、大丽花、一品红及金鱼草等对过氧化酰基硝酸酯的反应都比较灵敏。在过氧化酰基硝酸酯超出标准的环境中，如其浓度为100ppb经过两个小时后，或者浓度为10ppb经过六个小时后，上述花草便会出现相应症状，表现为幼叶背面呈现古铜色，就像上了釉似的，叶生长得不正常，朝下方弯曲，上部叶片的尖端干枯而死，枯死的地方为白色或黄褐色，用显微镜仔细察看时，能看见接近气室的叶肉细胞中的原生质已经皱缩了。

❀ 臭氧

大气里的另外一种主要污染物臭氧，是碳氢化合物急速燃烧的时候产生的。下列花草对臭氧的反应都比较灵敏：矮牵牛、秋海棠、香石竹、小苍兰、藿香蓟、菊花、万寿菊、三色堇及紫菀等。在臭氧超出标准的环境中，如果其浓度为1ppm经过两个小时，或者浓度为30ppb经过四个小时后，上述花草就会出现以下症状：叶片表面呈蜡状，有坏死的斑点，干后变成白色或褐色，叶片出现红、紫、黑、褐等颜色变化，并提前凋落。

❀ 氟化氢

氟化氢对植物有着较大的毒性，美人蕉、仙客来、萱草、唐菖蒲、郁金香、风信子、鸢尾、杜鹃及枫叶等花草对其反应最为灵敏。当氟化氢的浓度为3～4ppb经过

一个小时，或者浓度为0.1ppb经过五周后，上述花草的叶的尖端就会变焦，然后叶的边缘部分会枯死，叶片凋落、褪绿，部分变为褐色或黄褐色。

❀ 氯气

能监测氯气的花草有秋海棠、百日草、郁金香、蔷薇及枫叶等。在氯气超出标准的环境中，若其浓度为100～800ppb经过四个小时，或者浓度为100ppb经过两个小时后，这些花草就会产生同二氧化氮和过氧化酰基硝酸酯中毒相似的症状，即叶脉间呈现白色或黄褐色斑点，叶片迅速凋落。

→ 用健康花草净化空气

在日常生活中，许多绿色植物皆有净化室内空气的功能，可以将我们周围的空气质量变得更好，能够减轻或除去室内环境污染对人们身体造成的损伤，是我们净化室内空气的好助手！既然如此，那么在净化空气方面，常见的绿色植物到底有何功效呢？

第一，绿色植物有着比较强的化毒、吸收、积聚、分解及转化的功能。可以说，植物体就是一个复杂的"化工厂"，其体内有许多进行着各式各样的生理性催化、转化作用的酶系统。如果植物吸纳了自身不需要的污染物质，那么就能经由酶系统来催化、分解，有些被分解后的产物仍能作为植物自身的营养物质，而如果植物吸纳了无法经由酶系统作用的污染物的时候，便会形成一些大分子络合物，能够减轻污染物的毒性。

第二，绿色植物能够吸收二氧化碳，释放出氧气。绿色植物通过在阳光下吸收空气里的二氧化碳及水来进行光合作用，同时释放出近乎它吸收的空气总量70%的氧气，从而使空气变得更加洁净。到了晚上，绿色植物无法进行光合作用，但会进行呼吸作用，能把氧气吸收进去，释放出二氧化碳。尽管绿色植物在晚上释放出来的二氧化碳的量较少，对人们的健康不会构成威胁，但是在卧室里晚上最好也不要摆放太多的盆栽植物。

第三，绿色植物能够吸滞粉尘。大部分植物皆有一定的吸滞粉尘的功能，但不同种类的植物其吸滞粉尘的能力强弱也不尽相同。通常来说，植物吸滞粉尘能力的强弱同植物叶片的大小、叶片表面的粗糙程度、叶面着生角度及冠形有关。针叶树因其针状叶密集着生，而且可以分泌出油脂，所以其吸滞粉尘的能力比较强。

此外，绿色植物还有杀灭细菌、抑制细菌的作用。有关研究显示，许多植物能够分泌出杀菌素，可以在比较短的时间里将细菌、真菌和原生动物等杀死，有的还能抑制细菌的生长和繁殖，因而能够起到很好的净化空气的作用。

首先我们以金边虎尾兰为例。金边虎尾兰是一种可以使房间里的环境得到净化的观叶植物，被称作负离子制造机。经美国科学家们研究发现，金边虎尾兰能够吸收二氧化碳，且能够同时释放出氧气，增加房间内空气里的负离子浓度。如果房间内打开了电视机或电脑，那么有益于人体健康的负离子就会急速减少，而金边虎尾兰肉质茎上的气孔在白天紧闭、夜间打开，可以释放出很多负离子。在一个面积

为15平方米的房间里，放置2~3盆金边虎尾兰，就可以吸收房间内超过80%的有害气体。

鸭跖草又名紫露草，为多年生的草本丛生植物。它的叶片呈青绿色，叶形纤长，花茎好似竹节，每一节会生出一片叶子，花为紫色，开在叶子的中间或者高的部位。鸭跖草可以使房间里的空气得到净化，而且其叶子和花的颜色皆十分美丽，是净化空气、装饰家居时优先选择的花草。

我们对吊兰这一绿色植物比较熟悉，它有非常强的净化空气的能力，被誉为"绿色净化器"。它可以在新陈代谢过程中把甲醛转化为糖或者氨基酸等物质，也能分解由复印机、打印机排放出来的苯，还能吸收尼古丁。有关测试显示，在24小时之内，一盆吊兰在一个面积为8~10平方米的房间里便能将80%的有害物质杀灭，还能吸收86%的甲醛，真可以称得上是净化空气的能手！

绿宝石在植物学上的专门名称为绿宝石喜林芋，为多年生的常绿藤本植物。有关研究表明，通过它那微微张开的叶片气孔，绿宝石每小时就能吸收4~6微克对人体有害的气体，尤其对苯有着很强的吸收能力。另外，绿宝石还能吸收三氯乙烯及

甲醛，这些气体被其吸收之后，会被转化为对人体没有危害的气体排出体外，因而使空气得到净化。

下列这些我们常见的绿色植物，也都有较强的净化空气的功能。在24小时照明的环境中，芦荟能吸收1立方米空气里所含有的90%的甲醛；在一个8~10平方米的室内，一盆常春藤可吸收90%的苯；在一个约10平方米大小的室内，一盆龙舌兰就能吸收70%的苯、50%的甲醛及24%的三氯乙烯；月季可吸收较多的氯化氢、硫化氢、苯酚及乙醚等有害气体；白鹤芋则对氨气、丙酮、苯及甲醛皆有一定的吸收能力，可以说是过滤室内废气的强手。

植物能净化空气，令我们的生活不受污染的侵扰，是我们"绿色"家居环境的保护神。另外，若植物的摆放和家居环境能相互映衬、自然完美地结合在一起，还可令人心情愉快，利于身心健康，使我们的生活越来越美好。

针对污染特点选择花草

如果房间内的污染特点不一样，那么相应地所选用的花卉也会不一样。在新装潢完的房间内，甲醛、苯、氨及放射性物质等是主要的污染物；对于建在马路旁边的房子来说，其主要污染有汽车尾气污染、粉尘污染及噪音污染等；而在门窗长期紧闭的房间内，甲醛、苯及氨等有害气体则是重要的污染物。

知道了房间不一样的污染特点，人们便能针对房间各自的特点去选择那些可以减轻或消除相应污染物的花卉来栽植或摆放，以达到净化室内空气的目的。

➡ 刚装修好的房子

只要对房子进行装修，那么就必定会有污染产生。我国有关监测数据显示，超过90%的装修过的房子的污染物超出标准，有关专家建议，在装修新房子时，第一，要控制污染来源，使用与国家标准相符的、污染较少的装修材料；第二，房子在装修结束后应每日通风换气，最好在空置两个月后再进去居住；第三，尽量在进去居住之前在房间内摆放一些能净化空气，

或能对污染进行监测的绿色植物。

根据装修房子的不同污染状况，最适合摆放下面几类植物：

❶ 能强效吸收甲醛的植物：吊兰、仙人掌、龙舌兰、常春藤、非洲菊、菊花、绿萝、秋海棠、鸭跖草、一叶兰、绿巨人、绿帝王、散尾葵、吊竹梅、接骨树、印度橡皮树、紫露草、发财树等。

❷ 能强效吸收苯的植物：虎尾兰、常春藤、苏铁、菊花、米兰、吊兰、芦荟、龙舌兰、天南星、花叶万年青、冷水花、香龙血树等。

❸ 能强效吸收氨的植物：女贞、无花果、绿萝、紫薇、腊梅等。

❹ 能强效吸收氡的植物：冰岛罂粟等。

❺ 能对空气污染状况进行监测的植物：梅花能对甲醛及苯污染进行监测；矮牵牛、杜鹃、向日葵能对氨污染进行监测；虞美人则可对硫化氢污染进行监测。

➡ 街道两侧的住宅

建在街道两侧的房子，污染更为严重。很多城市的大街小巷到处都可以见到行人随手丢弃的垃圾，但事实上更为严重的污染源还不只这些。建在街道两侧的住宅，其房间内的污染物主要来源于汽车尾气（主要污染物为一氧化碳、碳氢化合

物、氮氧化物、含铅化合物、醛、苯丙芘及固体颗粒物等），大气里的二氧化碳、二氧化硫，路旁的粉尘，另外还有噪声污染等。所以，应当栽植或摆放可以吸收汽车尾气、二氧化碳、二氧化硫，吸滞粉尘及降低噪声的植物。

❶ 能较强吸收汽车尾气（一氧化碳、碳氢化合物、氮氧化物、含铅化合物、醛、苯丙芘及固体颗粒物等）的植物：吊兰、万年青、常春藤、菊花、石榴、半支莲、月季花、山茶花、米兰、雏菊、腊梅、万寿菊、黄金葛等。

❷ 能较强吸收二氧化碳的植物：仙人掌、吊兰、虎尾兰、龟背竹、芦荟、景天、花叶万年青、观音莲、冷水花、大岩桐、山苏花、鹿角蕨等。另外，植物接受的光照越强烈，其光合作用所需要的二氧化碳也越多，房间内的空气质量就越高。所以，在植物能够承受的光线条件下，应当使房间里的光线越明亮越好。

❸ 能较强吸收二氧化硫的植物：常春藤、吊兰、苏铁、鸭跖草、金橘、菊花、石榴、半支莲、万寿菊、米兰、腊梅、雏菊、美人蕉等。

❹ 能强效吸滞粉尘的植物：大岩桐、单药花、盆菊、金叶女贞、波士顿蕨、冷水花、观音莲、桂花等。

❺ 能较好降低噪声的植物：龟背竹、绿萝、常春藤、雪松、龙柏、水杉、悬铃木、梧桐、垂柳、云杉、香樟、海桐、桂花、女贞、文竹、紫藤、吊兰、菊花、秋海棠等。

噪声对人体的影响

噪声量（分贝）	对人体的影响	范例
0～50	感觉舒适	低声说话
50～90	造成失眠，令人烦躁焦虑	高声说话，大声喧哗
90～130	使耳朵发痒，感觉疼痛	摇滚乐
130以上	导致鼓膜破裂、失聪等	枪声

➜ 门窗密闭的居室

科技创造了空前繁荣的当今社会，使得日常生活得到了一步步的改善，人们得以使用各种各样的建筑和装饰材料美化居室，并配置各种现代化的家具、家电以及办公用品，然而它们在为居室带来舒适、美观与便捷的同时，也给家居环境带来了严重的污染。另外，人们在室内进行的一些活动，如呼吸、排泄、说话、吸烟、做饭、使用电脑等，也会给家居环境带来严重的污染。在门窗长期紧闭的房间里，积聚着大量甲醛、苯及氡等有害气体。很多经常使用的家居用品，尤其是装修未满三年的居室家具、地板及别的装修材料，会释放出甲醛、苯等有害气体，非常不利于人们的身体健康。所以，应当在房间内栽植或摆放一些可以有效吸收这些有害气体的植物。与此同时，要尽量选用耐阴的观叶植物，如龟背竹、一叶兰、绿萝、花叶万年青、虎尾兰；或者主要选用半阴生植物，如文竹、棕竹、橡皮树等。

❶ 能强效吸收甲醛的植物：吊兰、仙人掌、龙舌兰、常春藤、绿萝、非洲菊、菊花、秋海棠、鸭跖草、一叶兰、绿巨人、绿帝王、散尾葵、吊竹梅、紫露草、接骨树、橡皮树、发财树等。

❷ 能强效吸收苯的植物：虎尾兰、常春藤、苏铁、米兰、芦荟、吊兰、龙舌兰、菊花、天南星、冷水花、香龙血树、花叶万年青等。

❸ 能强效吸收氡的植物：能强效吸收氡的植物非常少，目前只发现冰岛罂粟在这方面有一定的作用。

❹ 若房间是东西向的，可以选用的植物有文竹、旱伞、万年青等。

❺ 位于北面的房间，可以选用的植物有龟背竹、虎尾兰、棕竹及橡皮树等。

❻ 需要注意的是，并不是所有的植物都对人体有益，有一些植物自身带毒素，或散发的气味含有毒素。这些植物是不宜放在房间里的，应当避免栽植或摆放。例如，人们闻玉丁香闻得时间长了就会造成憋闷、气喘，使记忆力受到影响；夜来香在晚上排放出的废气会令高血压、心脏病患者心情不快；郁金香含有毒碱，人们持续接触超过两个小时后就会导致头晕；含羞草的植株内有含羞草碱，若时常碰触会导致毛发脱落；松柏的芳香气味则会使人的食欲受到影响；马蹄莲的花有毒，含有大量的草酸钙结晶和生物碱等，一旦被人误食，则会引起昏迷等中毒症状；兰花所散发出来的香味如果闻得时间过长，会令人因过度兴奋而难以入眠。

针对不同房间选择花草

在选用花卉的时候，应当注意顾及房间的功用。客厅、卧室、书房和厨房的功用各不相同，在花卉选用上也相应地需要有所侧重，而餐厅与卫生间所摆设的花卉更应该有所不同。

另外，居室面积的大小也决定着选择花卉的品种与数量。通常来说，植物体的大小与数量应当和房间内空间的大小相对应。在空间比较大的居室里，若摆设小型植物或者植物数量太少，就会令人觉得稀松、乏味、不大气；而在空间比较狭小的房间中，则不适宜摆设高大的或者数量过多的植物，否则会令人感觉簇拥、憋闷、堆积。在植物摆设上，一般讲究重质不重量，摆设植物的数量最好不要超出房间面积的1/10。

➡ 人来人往的客厅

客厅是一家人休息放松及招待客人的重要地方，也是最经常摆设植物的场所。如果要在客厅内摆设植物，不能只简单考虑其装点功能，还应更多地顾及家庭成员及客人的身体健康。通常来说，在为客厅摆设花卉的时候应依从下列几条原则：

❶ 通常客厅的面积比较大，选择植物时应当以大型盆栽花卉为主，然后再适当搭配中小型盆栽花卉，才可以起到装点房间、净化空气的双重效果。

❷ 客厅是家庭环境的重要场所，应当随着季节的变化相应地更换摆设的植物，为居室营造出一个清新、温馨、舒心的环境。

❸ 客厅是人们经常聚集的地方，会有很多的悬浮颗粒物及微生物，因此应当选择那些可以吸滞粉尘及分泌杀菌素的盆栽花草，比如兰花、铃兰、常春藤、紫罗兰及花叶芋等。

❹ 客厅是家电设备摆放最集中的场所，所以在电器旁边摆设一些有抗辐射功能的植物较为适宜，比如仙人掌、景天、宝石花等多肉植物。特别是金琥，在全部仙人掌科植物里，它具有最强的抗电磁辐射的能力。

❺ 如果客厅有阳台，可在阳台多放置一些喜阳的植物，通过植物的光合作用来减少二氧化碳、增加室内氧气的含量，从而使室内的空气更加新鲜。

❀ 推荐花草组合

常春藤+吊兰

常春藤对烟草中的尼古丁及多种致癌物质有着很好的抵制作用，吊兰则被誉为"绿色净化器"，可以在新陈代谢过程中把甲醛转化成糖或氨基酸等物。二者搭配组合，可使室内环境变得更洁净。

人们每天处在卧室里的时间最久，它是家人夜间休息和放松的地方，是惬意的港湾，应当给人以恬淡、宁静、舒服的感觉。与此同时，卧室也应当是我们最注重空气质量的场所。所以在卧室里摆设的植物，不仅要考虑到植物的装点功能，还要兼顾到其对人体健康的影响。通常应依从下列几条原则：

❶ 卧室的空间通常略小，摆设的植物不应太多。同时，绿色植物夜间会进行呼吸作用并释放二氧化碳，所以如果卧室里摆放绿色植物太多，而人们在夜间又关上门窗睡觉，则会导致卧室空气流通不够、二氧化碳

浓度过高，从而影响人的睡眠。因此，在卧室中应当主要摆设中、小型盆栽植物。在茶几、案头可以摆设小型的盆栽植物，比如茉莉、含笑等色香都较淡的花卉；在光线较好的窗台可以摆设海棠、天竺葵等植物；在较低的橱柜上可以摆设蝴蝶花、鸭跖草等；在较高的橱柜上则可以摆设文竹等小型的观叶植物。

❷ 为了营造宁静、舒服、温馨的卧室环境，可以选用某些观叶植物，比如多肉多浆类植物、水苔类植物或色泽较淡的小型盆景。当然，这些植物的花盆最好也要具有一定的观赏性，一般以陶瓷盆为好。

❸ 依照卧室主人的年龄及爱好的不同来摆设适宜的花卉。卧室里如果住的是年轻人，可以摆设一些色彩对比较强的鲜切花或盆栽花；卧室里如果住的是老年人，那么就不应该在窗台上摆设大型盆花，否则会影响室内采光。而花色过艳、香气过浓的花卉易令人兴奋，难以入眠，也不适宜摆设在卧室里。

❹ 卧室里摆设的花形通常应比较小，植株的培养基最好以水苔来替代土壤，以使居室保持洁净；摆设植物的器皿造型不要

❀ 推荐花草组合

芦荟+虎尾兰

芦荟和虎尾兰与大多数植物不同，它们在夜间也能吸收二氧化碳，并释放出氧气，特别适宜摆设在卧室里。然而卧室里最好不要摆设太多植物，否则会占去室内较大面积的空间。因而可以在芦荟与虎尾兰中任意选用一个；如果两者皆要摆放，则无须再放置其他植物。当然，如果卧室非常宽敞，则可多放几盆植物。

过于怪异，以免破坏卧室内宁静、祥和的氛围。此外，也不适宜悬垂花篮或花盆，以免往下滴水。

安静幽雅的书房

书房是人们看书、习字、制图、绘画的场所，因此在绿化安排上应当努力追求"静"的效果，以益于学习、钻研、制作及创造。可以选择如梅、兰、竹、菊一类古人较为推崇的名花贵草，也可以栽植或摆放一些清新淡雅的植物，有益于调节神经系统，减轻工作和学习带来的压力。在书房养花草，通常应当依从下列几条原则：

❶ 从整体来说，书房的绿化宗旨是宜少宜小，不宜过多过大。所以，书房中摆放的花草不宜超过三盆。

❷ 在面积较大的书房内可以安放博古架，书册、小摆件及盆栽君子兰、山水盆景等摆放在其上，能使房间内充满温馨的读书氛围。在面积较小的书房内可以摆放大小适宜的盆栽花卉或小山石盆景，注意花的颜色、树的形状应该充满朝气，米兰、茉莉、水仙等雅致的花卉皆是较好的选择。

❸ 适宜摆设观叶植物或色淡的盆栽花卉。例如，在书桌上面可以摆一盆文竹或万年青，也可摆设五针松、凤尾竹等，在书架上方靠近墙的地方可摆设悬垂花卉，如吊兰等。

❹ 可以摆设一些插花，注意插花的颜色不要太艳，最好采用简洁明快的东方式插花，也可以摆设一两盆盆景。

❺ 书房的窗台和书架是最为重要的地方，一定要摆放一两盆植物。可以在窗台上摆放稍大一点儿的虎尾兰、君子兰等花卉，显得质朴典雅；还可以在窗台上点缀几小盆外形奇特、比较耐旱的仙人掌类植物，来调节和活跃书房的气氛；在书架上，可放置两

盆精致玲珑的松树盆景或枝条柔软下垂的观叶植物，如常春藤、吊兰、吊竹梅等，这样可以使环境看起来更有动感和活力。

❻ 从植物的功用上看，书房里所栽种或摆放的花草应具有"旺气""吸纳""观赏"三大功效。"旺气"类的植物常年都是绿色的，叶茂茎粗，生命力强，看上去总能给人以生机勃勃的感觉，它们可以起到调节气氛、增强气场的作用，如大叶万年青、棕竹等；"吸纳"类的植物与"旺气"类的植物有相似之处，它们也是绿色的，但最大功用是可以吸收空气中对人体有害的物质，如山茶花、紫薇花、石榴、小叶黄杨等；"观赏"类的植物则不仅能使室内富有生机，还可起到令人赏心悦目的功用，如蝴蝶兰、姜茶花等。

❀ 推荐花草组合

文竹+吊兰

这一组合会令书房显得清新、雅静，充满文化气息，不仅益于房间主人聚精会神、减轻疲乏，还能彰显出主人恬静、淡泊、雅致的气质；同时吊兰又是极好的空气净化剂，可以使书房里的空气清新怡然。

→ 烹制美味的厨房

植物出现在厨房的概率应仅次于客厅，这是因为人们每天都会做饭、吃饭，会有一大部分时间花在厨房里。同时，厨房里的环境湿度也非常适合大部分植物的生长。在厨房摆放花草时应当讲求功用，以便于进行炊事，比如可以在壁面上悬挂花盆等。厨房一般是在窗户比较少的北面房间，摆设几盆植物能除去寒冷感。通常来讲，在厨房摆放的植物应当依从下列几条原则：

❶ 厨房摆放花草的总体原则就是"无花不行，花太多也不行"。因为厨房一般面积较小，同时又设有炊具、橱柜、餐桌等，因此摆设布置宜简不宜繁，宜小不宜大。

❷ 主要摆设小型的盆栽植物，最简单的方法就是栽种一盆葱、蒜等食用植物作装点，也可以选择悬挂盆栽，比如吊兰。同时，吊兰还是很好的净化空气的植物，它可以在24小时内将厨房里的一氧化碳、二氧化碳、二氧化硫、氮氧化物等有害气体吸

收干净，此外它还具有养阴清热、消肿解毒的作用。

❸ 在窗台上可以摆设蝴蝶花、龙舌兰之类的小型花草，也能将短时间内不食用的菜蔬放进造型新颖独特的花篮里作悬垂装饰。另外，在临近窗台的台面上也可以摆放一瓶插花，以减少油烟味。如果厨房的窗户较大，还可以在窗前养植吊盆花卉。

❹ 厨房里面的温度、湿度会有比较大的变化，宜选用一些有较强适应性的小型盆栽花卉，如三色堇等。

❺ 花色以白色、冷色、淡色为宜，以给人清凉、洁净、宽敞之感。

❻ 虽然天然气、油烟和电磁波还不至于伤到植物，但生性娇弱的植物最好还是不要摆放在厨房里。

❼ 值得注意的是，为了保证厨房的清洁，在这里摆放的植物最好用无菌的培养土来种植，一些有毒的花草或能散发出有毒气体的花草则不要摆放，以免危害身体健康。

❀ 推荐花草组合

绿萝+白鹤芋

在房间内朝阳的地方，绿萝一年四季都能摆设，而在光线比较昏暗的房间内，每半个月就应当将其搬到光线较强的地方恢复一段时日。家庭使用的清洁剂、洗涤剂及油烟的气味对人们的身体健康危害很大，绿萝能将其中70%的有害气体有效地消除，在厨房里摆设或吊挂一盆绿萝，就能很好地将空气里的有害化学物质吸收掉。白鹤芋能强效抑制人体排出的废气，比如氨气、丙酮，还能对空气里的苯、三氯乙烯及甲醛进行过滤，令厨房内的空气保持新鲜、洁净。

→ 储蓄能量的餐厅

餐厅是一家人每日聚在一起吃饭的重要地方，所以应当选用一些能够令人心情愉悦、有利于增强食欲、不危害身体健康的绿色植物来装点。餐厅植物一般应当依从下列几条原则来选择和摆放：

❶ 对花卉的颜色变化和对比应适当给予关注，以增强食欲、增加欢乐的气氛，春兰、秋菊、秋海棠及一品红等都是比较适宜的花卉。

❷ 由于餐厅受面积、光照、通风条件等各方面条件的限制，因此摆放植物时首先要考虑哪些植物能够在餐厅环境里找到适合它的空间。其次，人们还要考虑自己能为植物付出的劳动强度有多大，如果家中其他地方已经放置了很多植物，那么餐厅摆放一盆植物即可。

❸ 现在，很多房间的布局是客厅和餐厅连在一起，因此可以摆放一些植物将其分隔开，比如悬挂绿萝、吊兰及常春藤等。

❹ 根据季节变化，餐厅的中央部分可以相应摆设春兰、夏洋（洋紫苏）、秋菊、冬红（一品红）等植物。

❺ 餐厅植物最好以耐阴植物为主。因

❀ 推荐花草组合

春兰+一品红

《植物名实图考》里记载："春兰叶如瓯兰，直劲不敧，一枝数花，有淡红、淡绿者，皆有红缕，瓣薄而肥，异于他处，亦具香味。"春兰形姿优美、芳香淡雅，令人赏之闻之都神清气爽。而颜色鲜艳的一品红则会令人心情愉快，食欲增加。这两者是餐厅摆放花卉的首选，可共同摆放。

为餐厅一般是封闭的，通风性也不好，适宜摆放文竹、万年青、虎尾兰等植物。

❻ 色泽比较明亮的绿色盆栽植物，以摆设在餐厅周围为宜。

❼ 餐桌是餐厅摆放植物的重点地方，餐桌上的花草固然应以视觉美感为考虑，但也注意尽量不摆放易落叶和花粉多的花草，如羊齿类、百合等。

❽ 餐厅跟厨房一样，需要保持清洁，因此在这里摆放的植物最好也用无菌的培养土来种植，有毒的花草或能散发出有毒气体的花草则不要摆放，如郁金香、含羞草等，以免伤害身体。

→ 阴暗潮湿的卫生间

卫生间同样是我们不应该忽略的场所。在我国，大部分卫生间的面积都不大，而且光照情况不好，所以，应当选用那些对光照要求不甚严格的冷水花、猪笼草、小羊齿类等花草，或有较强抵抗力同时又耐阴的蕨类植物，或占用空间较小的细长形绿色植物。在摆放植物的时候应当注意下列几个方面：

❶ 摆放的植物不要太多，而且最好主要摆放小型的盆栽植物。同时要注意的是，植物摆放的位置要避免被肥皂泡沫飞溅，导致植株腐烂。因此，卫生间采用吊盆式较为理想，悬吊的高度以淋浴时不会被水冲到或溅到为好。

❷ 不可摆放香气过浓或有异味的花草，以生机盎然、淡雅清新的观叶植物为宜。

绿萝+白鹤芋

绿萝被誉为"异味吸收器"，可以消除70%的有害气体，然而在光线比较昏暗的卫生间里，应当每半个月把它搬到光线较明亮的环境中恢复一段时日。卫生间里面的温度和湿度经常比较大，还比较适合白鹤芋的生长。白鹤芋可以抑制人体呼出的废气，比如氨气、丙酮，与此同时，它还可以对空气里的甲醛、苯及三氯乙烯进行过滤，使卫生间内的空气总是自然、清新。

❸ 卫生间内有窗台的，在其上面摆设一盆藤蔓植物也十分美观。

❹ 卫生间湿气较重，又比较阴暗，因此要选择一些喜阴的植物，如虎尾兰。虎尾兰的叶子可以吸收空气中的水蒸气为自身保湿所用，是厕所和浴室植物的最佳选择之一。另外，蕨类和椒草类植物也都很喜欢潮湿，同样可以摆放在这里，如肾蕨、铁线蕨等。

❺ 卫生间是细菌较多的地方，所以放置在卫生间的植物最好具有一定的杀菌功能。比如常春藤可以净化空气杀灭细菌，同时又是耐阴植物，放置在卫生间非常合适。

❻ 卫生间里的异味是最令人烦恼的，而一些绿色植物又恰恰是最好的除味剂，如薄荷。将它放在马桶水箱上，既环保美观，又香气怡人。

❼ 卫生间是氯气最容易产生的地方，因为自来水里都含有氯。人们如果长期吸入氯气则容易出现咳嗽、咳痰、气短、胸闷或胸痛等症状，易患上支气管炎，严重时可发生窒息或猝死。因此放置一盆能消除氯气的植物是非常有必要的，如米兰、木槿、石榴等。

针对特殊人群选择花草

在选用花卉的时候，我们还应顾及住在房间里的人群的不同之处，依照各类人群的生理特点及身体状况来选用与之相适宜的花卉品种。

假如房间内住着孕妇，那么在选用花卉的时候就不仅要顾及孕妇的身体健康，还应顾及胎儿的健康；假如家里有幼儿，由于幼儿的免疫力较低，神经系统及内分泌系统容易遭受有毒气体的伤害，且他们的皮肤皆十分柔嫩，在选用花卉时也应当多加留心；老年人及生病的人的身体都较为虚弱，所以在选用花卉时更需要多加留意，避免给其身体带来损伤或危害。

处于特殊生理期的孕妇

妇女在怀孕之后，不仅应该保证自己的身体健康，还应当关注胎儿的健康，这就需要孕妇对许多事情皆应多加留心。家里栽植或摆放一些花卉，尽管可以美化环境、陶冶情操，但某些花卉也会威胁人体的健康，特别是孕妇在接触某些植物后所产生的生理反应会比一般人更突出、更强烈。所以，孕妇在选用房间内摆设的花卉时必须格外留意，避免因选错了花草而影响自己和胎儿的身心健康。

孕妇室内不宜摆放的花草

❶ 松柏类花木（含玉丁香、接骨木等）。这类花木所散发出来的香气会刺激人体的肠胃，影响人的食欲，同时也会令孕妇心情烦乱、恶心、呕吐、头昏、眼花。

❷ 洋绣球花、天竺葵等。这类花的微粒接触到孕妇的皮肤会造成皮肤过敏，进而诱发瘙痒症。

❸ 夜来香。它在夜间停止光合作用，排出大量废气，而孕妇新陈代谢旺盛，需要有充分的氧气供应。同时，夜来香还会在夜间散发出很多刺激嗅觉的微粒，孕妇过多吸入这种颗粒会产生心情烦闷、头昏眼花的症状。

❹ 玉丁香、月季花。这类花散发出来的气味会使人气喘烦闷。如果孕妇闻到这种气味导致情绪低落，会影响胎儿的性格发育。

❺ 紫荆花。它散发出来的花粉会引发哮喘症，也会诱发或者加重咳嗽的症状。孕妇应尽量避免接触这类花草。

❻ 兰花、百合花。这两种花的香味过于浓烈，会令人异常兴奋，从而使人难以入眠。如果孕妇的睡眠质量难以得到保障，其情绪会波动起伏，从而使身体内环境紊乱、各种激素分泌失衡，不利于胎儿的生长发育。

❼ 黄杜鹃。它的植株及花朵里都含有毒素，万一不慎误食，轻的会造成中毒，重的则会导致休克，严重危及孕妇的健康。

❽ 郁金香、含羞草。这一类植物内含有一种毒碱，如果长期接触，会导致人体毛发脱落、眉毛稀疏。在孕妇室内摆放这种花草，不但会危及孕妇自身的健康，还会对胎儿的发育造成不良影响。

❾ 夹竹桃。这种植物会分泌出一种乳白色的有毒汁液，若孕妇长期接触会导致中毒，表现为昏昏沉沉、嗜睡、智力降低等。

❿ 五色梅。其花和叶均有毒，不适宜摆放在体质较敏感的孕妇室内，若不慎误食则会出现腹泻、发热等症状。

⓫ 水仙。接触到其叶片及花的汁液会令

皮肤红肿，若孕妇不小心误食其鳞茎则会导致肠炎、呕吐。

⑫ 万年青。其花、叶皆含有草酸及有毒的酶类，若孕妇不慎误食，则会使口腔、咽喉、食道、肠胃发生肿痛，严重时还会损伤声带，使人的声音变得嘶哑。

⑬ 仙人掌类植物。这类植物的刺里含有毒汁，如果孕妇被其刺到，则容易出现一些过敏症状，如皮肤红肿、疼痛、瘙痒等。

❀ 孕妇室内适宜摆放的花草

❶ 吊兰。它形姿似兰，终年常绿，使人观之心情愉悦。同时，吊兰还有很强的吸污能力，它可以通过叶片将房间里家用电器、塑料制品及涂料等所释放出来的一氧化碳、过氧化氮等有害气体吸收进去并输送至根部，然后再利用土壤中的微生物将其分解为无害物质，最后把它们作为养料吸收进植物体内。吊兰在新陈代谢过程中，还可以把空气中致癌的甲醛转化成糖及氨基酸等物质，

同时还能将某些电器所排出的苯分解掉，并能吸收香烟中的尼古丁等。在孕妇室内摆放一盆吊兰，既可以美化环境，又可以净化空气，可谓一举两得。

❷ 绿萝。它能消除房间内70%的有害气体，还可以吸收装潢后残余下的气味，适合摆放在孕妇室内。

❸ 常春藤。凭借其叶片上微小的气孔，常春藤可以吸收空气中的有害物质，同时将其转化成没有危害的糖分和氨基酸。另外，它还可以强效抑制香烟的致癌物质，为孕妇提供清新的空气。

❹ 白鹤芋。它可以有效除去房间里的氨气、丙酮、甲醛、苯及三氯乙烯。其较高的蒸腾速度使室内空气保持一定的湿度，可避免孕妇鼻黏膜干燥，在很大程度上降低了孕妇生病的概率。

❺ 菊花、雏菊、万寿菊及金橘等。这类植物能有效地吸收居室内的家电、塑料制品等释放出来的有害气体，适合摆放在孕妇室内。

❻ 虎尾兰、龟背竹、一叶兰等。这些植物吸收室内甲醛的功能都非常强，能为孕妇提供较安全的呼吸环境。

→ 处于生长发育期的幼儿

除了家里有孕妇之外，家里有幼儿的，在栽植或摆放花卉的时候也应当格外留心。

幼儿的免疫系统比较脆弱，呼吸系统的肺泡也比成年人要大很多。在生长发育期内，幼儿的呼吸量根据体重来计算几乎要比成年人高出一倍。此外，幼儿的神经系统及内分泌系统也非常易遭受有毒气体的侵害。倘若房间里的有害气体连续保持较高的浓度，那么很可能会对幼儿的神经系统和免疫系统等造成终生的伤害。与此同时，由于幼儿的皮肤十分柔嫩，有些花茎上长着刺，可能会将幼儿刺伤；一些幼儿生来便是过敏性体质，而花粉会引发过敏，严重的还会导致哮喘；还有一些花卉

含有毒素，其发出的气味会危害幼儿的身体健康。因此，在栽植或摆放花卉的时候，人们应当多加留心。

❀ 幼儿室内不宜摆放的花草

❶ 郁金香、丁香及夹竹桃等。这类花木含有毒素，如果长时间将其置于幼儿的房间里，其所发出的气味会使幼儿产生头晕、气喘等中毒症状。

❷ 夜来香、百合花等。这类有着过浓香味的花草也不适宜长时间置于幼儿室内，否则会影响幼儿的神经系统，使之出现注意力分散等症状。

❸ 水仙花、杜鹃花、五色梅、一品红及马蹄莲等植物。其花或叶内的汁液含有毒素，倘若幼儿不慎触碰或误食皆会造成中毒。

❹ 松柏类花木。这类植物的香气会刺激人体的肠胃，使幼儿的食欲受到影响，对幼儿的健康发育不利。

❺ 仙人掌科植物。这类植物的刺里含有毒液，幼儿不小心被刺后易出现一些过敏性症状，如皮肤红肿、疼痛、瘙痒等。

❻ 洋绣球花与天竺葵等。如果幼儿触及其微粒，皮肤就会过敏，产生瘙痒症。

❀ 幼儿室内适宜摆放的花草

❶ 绿色植物。绿色植物可以让幼儿产生很好的视觉体验，使其对大自然产生浓厚的兴趣。与此同时，许多绿色植物还具有减轻或消除污染、净化空气的作用，如吊兰被公认为室内空气净化器，如果在幼儿室内摆设一盆吊兰，可及时将房间里的一氧化碳、二氧化碳、甲醛等有害气体吸收掉。

❷ 盆栽的赏叶植物。无花的植物不会因传播花粉和香气而损伤幼儿的呼吸道，无刺的植物不会刺伤幼儿的皮肤，它们都比较合适摆放在幼儿室内，比如绿萝、彩叶草、常春藤等。

➔ 体质逐渐衰弱的老人

众所周知，种养花草不仅能使环境变得更加优美、空气变得更加新鲜，还能让人们的心情变得轻松舒服，性情得到培养。尤其是对老年人来说，在房间里栽植或摆设一些适宜的花草，除了能够调养身体和心性之外，有些甚至还能预防疾病，在保持精神愉悦及身心健康方面皆有很好的功用。但同时，也有一部分花卉是不适合老年人栽植或培养的，应当多加留心。

❀ 老人室内不宜摆放的花草

❶ 夜来香。它夜间会散发出很多微粒，刺激嗅觉，长期生活在这样的环境中会使老人头昏眼花、身体不适，情况严重时还会加重患有高血压和心脏病者的病情。

❷ 玉丁香、月季花。这两种花卉所散发出来的气味易使老人感到胸闷气喘、心情不快。

❸ 滴水观音。这是一种有毒的植物，也叫作法国滴水莲、海芋。其汁液接触到人

的皮肤会使人产生瘙痒或强烈的刺激感，若不慎进入眼睛则会造成严重的结膜炎甚至导致失明。若不小心误食其茎叶，会造成人的咽部、口腔不适，同时胃里会产生灼痛感，并出现恶心、疼痛等症状，严重时会窒息，甚至因心脏停搏而死亡。所以，老人不宜栽植这种植物。

④ 百合花、兰花。这类花具有浓烈香味，也不适宜老人栽植。

⑤ 郁金香、水仙花、石蒜、一品红、夹竹桃、黄杜鹃、光棍树、万年青、虎刺梅、五色梅、含羞草及仙人掌类。对于这些有毒的植物，老人不宜栽植。

⑥ 茉莉花、米兰。这类花香味浓烈，可用来熏制香茶，所以对芳香过敏的老人应当慎重选择。

❀ 老人室内适宜摆放的花草

❶ 文竹、棕竹、蒲葵等赏叶植物。这类花恬淡、雅致，比较适合老人栽种。

❷ 人参。气虚体弱、有慢性病的老人可以栽种人参。人参在春、夏、秋三个季节都可观赏。春天，人参会生出柔嫩的新芽；夏天，它会开满白绿色的美丽花朵；秋天，它绿色的叶子衬托着一颗颗红果，让人见了更加神清气爽、心情愉快。此外，人参的根、叶、花和种子都能入药，具有强身健体、调养功能的奇特功效。

❸ 五色椒。它色彩亮丽，观赏性强。其根、果及茎皆有药性，适合有风湿病或脾胃虚寒的老人栽种。

❹ 金银花、小菊花。有高血压或小便不畅的老人可以栽种金银花和小菊花。用这两种花卉的花朵填塞香枕或冲泡饮用，能起到消热化毒、降压清脑、平肝明目的作用。

❺ 康乃馨。康乃馨所散发出来的香味能唤醒老年人对孩童时代纯朴的、快乐的记忆，具有"返老还童"的功效。

→ 体质虚弱敏感的病人

病人是格外需要我们关注的一个群体，我们应当尽力给他们营造出一个温暖、舒心、宁静、优美的生活环境。除了

要使房间里的空气保持流通并有充足的光照外，还可适当摆放一些花卉，以陶冶病人的性情、提高治病的疗效，对病人的身心健康都十分有益。然而，尽管许多花卉能净化空气、益于健康，可是一些花卉如果栽种在家里，却会成为导致疾病的源头，或造成病人旧病复发甚至加重。因此，病人在栽植或摆放花卉的时候就更需要特别留意了。

❀ 病人室内不宜摆放的花草

❶ 夜来香、兰花、百合花、丁香、五色梅、天竺葵、接骨木等。这些气味浓烈或特别的花卉最好不要长期摆放在病人房间里，否则其气味易危害到病人的健康。

❷ 水仙花、米兰、兰花、月季、金橘等。这类花卉气味芬芳，会向空气中传播细小的粉质，不适宜送给呼吸科、五官科、皮肤科、烧伤科、妇产科及进行器官移植的病人。

❸ 郁金香、一品红、黄杜鹃、夹竹桃、马蹄莲、万年青、含羞草、紫荆花、虞美人、仙人掌等。这类花草自身含有毒性汁液，不适合摆放在免疫力低下病人的房间。

❹ 盆栽花。病人室内不适宜摆放盆栽花，因为花盆里的泥土中易产生真菌孢子。真菌孢子扩散到空气里后，易造成人体表面或深部的感染，还有可能进入到人的皮肤、呼吸道、外耳道、脑膜和大脑等部位，这会给原来便有病、体质欠佳的患者带来非常大的伤害，尤其是对白血病患者及器官移植者来说，其伤害性更加严重。

❀ 病人室内适宜摆放的花草

❶ 不开花的常绿植物。过敏体质的病人和体质较差的病人以种养一些不开花的常绿植物为宜。这样可以避免因花粉传播导致的病人过敏反应。

❷ 文竹、龟背竹、菊花、秋海棠、蒲葵、鱼尾葵等。这类花草不含毒性，不会散发浓烈的香气，比较适宜在病人的房间里栽植或摆放。

❸ 有些花草不仅美观，而且还是很好的中草药，因此病人可以针对不同病症来选择栽植或摆放。比如，白菊花具有平肝明目的作用；黄菊花具有散风清热的作用，可以治疗感冒、风热、头痛、目赤等症；丁香花对牙痛具有镇静止痛的作用；薄荷、紫苏等花散发出来的香味能有效抑制病毒性感冒的复发，还能减轻头昏头痛、鼻塞流涕等症状。

值得注意的是，由于绿色植物除进行光合作用之外，还会进行呼吸作用，因此若室内植物太多也会造成二氧化碳超标。所以，病人或体质虚弱的人的房间里的植物最好不要多于三盆。

第二章

健康家居从种一盆好花开始

在家居生活中，一盆好的花卉不但能使房间里的环境更加优美，而且还能使房间里的空气变得更加洁净，除了让人们感受到美，还对人们的身心健康十分有益，可以说是"一箭双雕"。

从花店选几盆自己喜欢，又对身体健康有益的花卉，亲自培育、精心养护出漂亮的盆栽植物摆放在家中，不仅能净化环境、装点居室，还能给我们的生活带来无穷的乐趣……

健康花草的日常养护

→ 选购盆栽植物

选购未曾种过又新奇有趣的盆栽植物本身就是一种乐趣，但要想物有所值，必须要注意选购的时间和地点。

和购置其他家居用品一样，你在选购植物前也要有所计划。事实上有些植物比很多日用品伴随你的时间都要长。

你可以仅仅出于喜欢而购买植物，然后再选择合适的地方摆放；也可以事先决定哪个位置需要放一盆植物，然后根据需要购买。从理论上讲，后一种方法无疑是最理想的，但有时候未免有点儿不切实际。

因为除了常用的盆栽植物，即使你出去逛很多次，也很难买到恰合你意的植物。更重要的是，如果事先决定了要买的植物，就很容易忽视其他漂亮的植物。栽种植物的乐趣就在于有一些意想不到的发现或买到从未见过的植物。事先有所计划固然有好处，但如果不怕失败愿意尝试的话，大可选购一些不同寻常、新奇有趣的植物。

❀ 选购植物的地点

专业花店是购买普通盆栽植物的首选地点。那里既有常见的品种，也有一些稀有品种。更重要的是，这里的环境与温室很相似：光照充足、温度适宜（夏季通风良好）、空气湿润，植物长势良好。而且店员懂很多园艺知识，能帮你不少忙，不过有些兼职或临时店员园艺知识可能还比不上你呢。

普通花店也出售盆栽植物，但除了一些大型店铺，一般花店的植物品种都比较有限，植物的生长环境也不怎么好。有些

❀ 购买植物须知

* 在临回家时购买植物，以免植物枝叶打蔫。

* 请勿将植物放在闷热的后备厢中，尤其是购买植物后不直接回家或回家路途较远的情况下。

* 若乘坐公交车回家，请用保护套套住植物，这样既能保证植物不受冷风或寒气侵袭，又能避免碰伤植物。

花店会在店外展示部分植物，除了盆栽，还有一些剪下的鲜花。要特别留心，千万别把剪下的鲜花当成盆栽买回家。不正规的花市也存在同样的问题，不过这些地方价格一般都比较便宜。

有些大型花店盆栽植物的种类也很有限。比较正规的花店植物的质量比较好，养护工作也比较到位，长期卖不出去的植物都会回收，不再摆在货架上出售。有些花店由于光照不足，养护工作不到位，植物会慢慢枯死。而非专业花店或个体户那里的植物质量和生长状况参差不齐。从上述这三种地方选购植物，要睁大眼睛，而且事先需要仔细参考下面的选购注意事项。

花市的植物通常比较便宜，因为这样可以确保植物迅速销售。如果不介意品种有限，可以在这里购买物美价廉的盆栽植物。寒冷天气购买植物需要特别注意——尤其是冬季，因为乍从温室出来，植物很容易受冻，但当时并看不出来，买回家几天后受冻症状才会有所表现，如叶子脱落。即使是在夏季，温度较低时，店外摆放的盆栽植物长势也会受到很大影响。

❀ 选购注意事项

* 检查盆栽土，若土已干透则说明养护工作不到位，请勿购买。

* 检查花盆底部，若伸出很多根须，则表明植物急需移植。花盆底部伸出少量细根是正常现象，并不是由于植物缺乏打理造成的，花盆底部铺有毛细供水毯的植物就经常出现这种情况。

* 购买观花植物，应确保植株有不少尚未开放的花苞，保证植物有较长的观赏时间。

* 精心挑选株型美观的植物。请勿购买修剪不漂亮或底部叶子脱落的植物。

* 确保所购植物贴有标签。一方面，标签上有养护说明，另一方面，也表明店主特别关心植物和顾客。

* 请勿购买叶子破损或病变的植物。

* 请勿购买叶子背面有病虫害迹象的植物。

* 通常不要购买保护套套住又不允许打开查看的植物，因为植物的很多缺点，如根茎腐烂、病虫害、叶片稀少都很难发现等。

保护套

植物搬运途中，保护套能最大限度地保护植物，冬季还能抵御寒风侵袭。选购时碰到套有保护套的植物，应取下保护套，检查植物是否有受损叶子或病虫害。

检查花盆底部

花盆底部有少量细根是正常现象，特别是使用毛细灌溉系统浇灌（苗圃普遍采用这种方式）的花盆很容易出现这种情况。若有大量细根则表明植物急需移植。

观花植物

观花植物应确保植株仍有不少尚未开放的花苞，怒放的植物虽然更加漂亮，但是观赏时间较短。

检查病虫害

购买前检查植物叶子背面，确保无病虫害。

大小合适的花盆

大小合适的花盆，既能保证植物良好生长，又能保证盆栽整体造型美观。左图的花盆太大，有种喧宾夺主的感觉；右图的花盆太小，有种头重脚轻的感觉，而且过小的花盆中盆栽土太少，会导致植物营养不良。

→ 为植物创造合适的生长环境

家里不可能创造出南美洲热带雨林或半沙漠不毛之地这样的环境，但是你又希望既能种植兰科和凤梨科植物，又能种植来自热带的仙人掌等多浆植物，同时还能种植常春藤、桃叶珊瑚属的植物。该怎么办呢？其实只要你心灵手巧，再加上一些折中的处理办法，就能为各种不同的植物创造适宜的生长环境，而且不会破坏家里原有的舒适。

栽种植物时，你可以采纳标签上的种植说明或本书中的一些建议。实际操作时，往往很难满足植物所需的所有条件，不过依照我们的建议行事，即使不能让所有植物都茂盛生长，存活肯定没有问题。最重要的是植物对湿度的要求：若植物需要较高的湿度，空气干燥很可能导致植物死亡。植物对光照和温度的要求也较为重要，若处理不当，即使不会引起植物死亡，也可能导致植物茎干细长或者叶子出现类似灼伤的斑点。这些情况是摆放不当造成的，适当移位可能会解决这些问题。

温度是最为灵活的条件，偏高或偏低对大部分植物的长势并不会有太大的影响。

❀ 温度

应特别注意标签或园艺书中标明的植物生长所需的最适宜温度。多数植物在低于最佳温度时仍能存活。冬季光照不足的情况下，可以适当提高温度促进植物生长，但除非使用空调，提高温度不太可能实现。夏季不使用空调的话，环境温度一般都会超过大多数植物所需的适宜温度，此时只要将植物置于阴凉处，并保证较高的湿度，植物生长也不会

受到太大影响。

0℃以下的低温会严重影响植物生长，即使家里有供暖设施，晚上关掉暖气后温度仍然会降得比较低，这必须引起我们注意。

高温对植物的影响

植物摆在阳光直射的窗台上，叶子很容易灼伤（灼伤的叶子表面会出现棕色斑点，叶片会变薄），除非植物已经适应这样的环境，否则叶片组织很容易受损。如果阳光直射时叶子上有水，灼伤现象会更严重（叶片上的水和放大镜一样会聚光）。将植物放在雕花玻璃后面，也会出现同样的情况（雕花玻璃像凸透镜一样具有聚光作用）。

❀ 光照

最好将植物置于光照充足但无阳光直射的地方。即使是室外阳光下能茂盛生长的植物，也不喜欢透过玻璃直射的阳光，这样通常会灼伤叶子。阳光较强时，需特别注意勿将植物放在雕花玻璃后面，雕花玻璃会增强光照强度，对植物造成更大的伤害。

生长在沙漠、草原、高山或沼泽等环境中的植物才能种植在有阳光直射的地

光照充足的潮湿环境，能令蛾蝶花 (schizanthus)、瓜叶菊 (cineraria) 等植物熠熠生辉。

方。但是，即使是这些植物，也不喜欢被窗玻璃增强杀伤力的阳光。一天中阳光最强的时候最好给植物遮阴，网状的窗帘也能阻挡部分强烈的阳光。

所谓的喜阴植物忌直射光，但并不意味着这些植物不需要光照。肉眼很难正确判断光照强度，但可以使用能显示曝光度的相机，测量房间不同位置的光照强度。你可能会发现窗户附近的光照强度其实和房间中央的相差无几。如果要将植物摆在较高窗户旁的低矮座墩或桌子上，必须解决植物如何更好地采光的问题。

❀ 湿度

湿度，即某一温度下空气中的含水量，对植物生长至关重要。叶片纤薄娇嫩的植物，如蕨类植物、卷柏、花叶芋等，需要潮湿的生长环境，可以种在花箱或暖箱中，或常喷水雾（至少每天一次）。

需要较高湿度但要求没那么苛刻的植物，可以种在一起创造局部小气候，也可以将种有这些植物的花盆放在盛水和沙砾、鹅卵石或大理石的托盘上。盆栽土不和盘内的水直接接触，既能保证空气湿度，又能防止盆栽土存水。做到这一点还

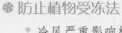
❄ 防止植物受冻法

* 冷风严重影响植物生长，尤其是晚上温度降低、停止供暖或霜冻时，尤其要注意防冻。

* 拉上窗帘时将窗台上的植物搬进室内——勿将植物留在窗帘和玻璃之间，晚上那里的温度可能会急剧下降。

* 寒冷的夜晚不得不将植物留在窗边的话，可用聚苯乙烯塑料布（聚苯乙烯泡沫塑料）遮住窗户近地面的部分。

不够，仍需要定期喷水雾。若植物处于花期，喷水雾时注意避开花朵，花瓣一旦碰到水，很可能会出现斑点甚至腐烂。

增加湿度的方法

还可以在散热器上放一个盛水的托盘，增加湿度，经济实用，为盆栽植物创造较好的生存环境。

家中很难创造潮湿的环境，但可以在植物周围创造小气候。将花盆放在盛水的托盘上，托盘内最好放一些鹅卵石或大理石，避免盆栽土存水。

观叶植物喷雾法

喷雾有利于多数植物生长，每天喷雾效果更佳。叶子娇嫩的蕨类植物喜湿，最好适当增加喷雾次数。

观花植物喷雾法

喷雾有利于叶子生长，但对娇嫩的花可能造成损伤。处于花期的植物，喷水雾时只要用纸片或薄纸板挡一下即可。

→ 适合窗台摆放的植物

窗台是适合大多数植物生长的环境，但并非所有植物都喜光，因此要选择合适的植物作为窗台摆设。

植物对光照需求不同。将植物摆在窗台上哪个位置，取决于该位置的光照强度。较大的窗户虽然会透进更多阳光，光照强度也比室外低，而且窗户越大，晚上降温越厉害，对植物生长并无好处。

光照充足且无阳光直射的位置最有利于植物生长。在你家中早晚有部分光照，但很少有阳光直射的地方肯定不止一处，最好将盆栽摆在这里。早晚较弱的阳光有利于植物生长，同时可以避免灼伤叶子。正午避免日晒还能保证盆栽土不会很快变干。

如果你能仔细挑选适应性强的植物，光照较强的窗台也能生机盎然。不过养护这些植物需注意以下几点：天气较热时，应给植物充分浇水；太阳当空时，不能往

植物的叶子上洒水，因为水滴会像凸透镜一样聚集阳光，很容易灼伤叶子。下面列举了一些适合作窗台摆设的植物，当然你也可以尝试更多其他品种。

很多植物在光照充足和半阴环境下都能生长，有的甚至不在意是否有阳光直射。

❀ 适合摆在光照较强窗台的植物

凤梨属、仙人掌属、吊灯花属、吊兰属、鞘蕊花属、老鹳草属、大丁草属、朱顶红属、球兰、下突苣苔属、凤仙花属、血苋属、长寿花及其杂交品种、夹竹桃属、灌木香茶菜、虎尾兰属、紫竹梅属、豹皮花属、多浆植物（多数）、丝兰属、吊竹梅属。

❀ 适合摆在早晚有光照窗台的植物

光萼荷属、亮丝草属、花烛属、单药花属、秋海棠属、虾衣花属、水塔花属、花叶芋属、肖竹芋属、辣椒属、吊兰属、菊花、椰子属、变叶木属、鞘蕊花属、朱蕉及其变种、十字爵床属、萼距花属、榕属、栀子属、三七草属、球兰属、凤仙花属、竹芋属、薄柱草属、垂叶香茶菜、假昙花属、非洲紫罗兰属、虎尾兰属、苦苣苔属、茄属、白鹤芋属、紫露草属、吊竹梅属。

❀ 适合摆在无阳光直射窗台的植物

铁线蕨属、亮丝草属、花烛掌、天门冬属、蜘蛛抱蛋属、铁角蕨属、水塔花属、肖竹芋属、吊兰属、君子兰属、花叶万年青属、龙血树属、蕨类植物、金钱榕、薜荔、绣球属、竹芋属、兰科植物、非洲紫罗兰属、虎尾兰属、卷柏属、绿珠草属，白鹤芋属。

球兰 (Hoya carnosa) 是漂亮的攀缘植物，可种在阳光较强的地方，花白色，能作为观花植物，长有三色斑叶，也能作为观叶植物。

银后亮丝草 (Aglaonema Commulatum cv. Silver Queen) 半喜阴植物，忌阳光直射。

蟹爪兰是林中仙人掌类植物的杂交品种，需充足光照，忌阳光直射。

单药花（Aphelandra squarrosa Nees）需充足光照，夏日忌阳光直射，最好摆放在夏日早晚有光照，冬日光照充足的位置。

金边虎尾兰 (Sansevieria trifasciata) 生命力极强，阴暗或光照较强的环境都能生长，可置于窗台任何位置。

天鹅绒竹芋 (Calathea zebrina) 适合摆放在早晚有光照的位置，忌正午阳光直射。

非洲菊能适应较强的光照，打算花期一过就丢掉植株的话，可以摆在阴暗的角落作为点缀。

蜻蜓凤梨 (Aechmea fasciata) 是漂亮的观花植物，花呈穗状。自然界中一般生长于林间，因而并不适合温度较高、阳光明媚的位置，最好摆放在早晚有光照的位置。

金筒球 (Mammillaria elongata) 与多数仙人掌科植物一样，喜光喜温。

象脚王兰 (Yucca elephantipes) 喜光喜温。

长寿花 (Kalanchoe blossfeldiana) 的杂交品种可摆在阳光充足的窗台上。

→ 喜阴盆栽

耐阴植物非常实用，可用于点缀家中较为阴暗的位置。大型植株一般不适合作窗台摆设，摆放在窗台阴暗角落的植物既要大小合适，又要具有一定的耐阴性。

只看重植物的装饰功能其实是个误区，因为要植物发挥装饰功能就要保证植物茁壮成长，即使不能茂盛生长，至少也要存活。家中有些角落过于阴暗，连喜阴植物都不适合生长，这样的位置可以摆放一年生观花植物，也可以摆放蕨类植物，数月之后植株枯萎扔掉就可以了。

耐阴植物对光照强度要求非常严格，冬季不得低于1000勒克斯，夏季蜘蛛抱蛋属植物、菱叶粉藤等观叶植物的

✿ 人工光照

* 人工光照既能照亮阴暗角落里的植物，又能在自然光照不足的情况下保证植物茂盛生长。

普通日光灯能使局部环境升温并增加光照强度，促进植物生长。而荧光灯产生的热量比较少，靠近植物放置，更有利于植物生长。最好选择专门设计适合植物生长的灯管（这样的灯管可在园艺商店或渔具商店购买），也可以同时使用"日光"灯和"冷光"灯。

光照强度不得高于5000勒克斯。如何粗略测量光照强度，我们将介绍两种简便易行的方法。

薜荔 (Ficus pumila)，攀缘植物，植株矮小，光照时间过长，很快就会枯死。斑叶变种更为漂亮。

八角金盘 (Fatsia japonica)，常见的园林灌木，耐寒，适合室外种植，但是温度也不能过低。室内种植的斑叶变种更加动人，最好摆在光照较弱、冬季温度较低的位置。

桃叶珊瑚 (Aucuba japonica) 的变种既耐阴又耐寒，甚至能抵御霜冻，可摆在光照弱且冬季温度较低的位置。

左图：银后亮丝草 (Aglaonema Commulatum cv. Silver Queen) 对环境要求不是很高，适合摆放在光照较弱的位置。

攀援喜林芋 (Philodendron scandens)，攀缘植物，适合摆放在光照较弱的位置。

"婴儿泪"(Helxine soleirolii)，又名绿珠草，耐寒性强，适合光照弱且温度较低的位置（有时甚至能抵御霜冻），叶子有绿色、银色和金色三种。

铁线蕨(Adiantum capillus-veneris)不能长时间置于温度较高、光照较强的地方，最好种在潮湿、阴凉的温室。

鸟巢蕨(Asplenium nidus)是最易种植的蕨类植物之一。

常春藤类植物，在光照较强或较为阴暗的自然环境中都能生长，室内种植也一样。冬季最好保证充足光照，夏季避免阳光直射。

绿萝(Scindapsus aureus)，又名黄金葛，攀缘植物，喜较弱光照。图中的品种叶子呈金色，特别耀眼，一段时间后，金色会逐渐转淡，变成绿色。

大叶红网纹草(Fittonia verschaffeltii)是较难栽种的观叶植物，阳光直射很容易枯死。

纽扣蕨(Pellaea rotundifolia)不像大多数蕨类植物需要十分湿润的环境，很适合摆在光照充足但无阳光直射的窗台上。

❀ 光照强度粗测法

＊ 使用能显示曝光度的相机，胶卷感光度调至100，快门速度调至1/125秒。春末夏初，选择天气晴朗的日子，在正午时分对光照强度进行测试。把相机放在要摆放植物的位置，对准窗户。

读取光圈的设定值，并根据下列标准粗略估计光照强度：

光圈大小为f16：强光，适合喜光植物。

光圈大小为f8~11：相当于有遮蔽的光照强度，适合需充足光照、忌阳光直射的植物。

光圈大小为f4~5.6：弱光，适合喜阴植物。

光圈大小为f2.8：只适合耐阴性强的植物，冬季摆放在此处的植物很难存活。

＊ 另一种方法是在打算摆放植物的位置看报纸，前提是测试人视力较好，若感觉光线太暗，看不清楚，这样的位置对植物来说可能过于阴暗。

＊ 适合光照较弱位置摆放的植物

亮丝草属、南洋杉属、铁线蕨属、蜘蛛抱蛋属、桃叶珊瑚属、鳞茎植物（如风信子，花期来临之前需保证充足的光照）、假提、八角金盘属、蕨类植物（多数）、薛荔、网纹草属、常春藤、棕榈树（多数）、蔓绿绒、凤尾蕨属、虎尾兰属、绿萝（又名黄金葛、魔鬼藤，室内种植时斑叶效果可能不是很好）、"婴儿泪"。

植物生长离不开水，但有些植物浇水过多比缺水更危险。要做好植物的养护工作，你必须先了解一些浇水的相关知识。

将测量仪插入盆栽土中，可以检测盆栽土的湿度。但是盆栽植物较多的话，这种方法就不太适用了。因为要将测量仪插到每个盆栽中，然后一一读取数据，太麻烦了。不过对于刚开始种植室内盆栽的人来说却非常实用。

❀ 应该给植物浇多少水

其实没有既定的标准规定该给植物浇多少水。植物的需水量以及浇水频率不仅取决于植物的特性，还取决于花盆的种类（种在陶制花盆中的植物需水量比种在塑料花盆中的多）、盆栽土的种类（泥炭打底的基质比肥土打底的基质蓄水能力更好）、周边环境的温度以及湿度。

只有亲身实践才能获得浇水的经验，懒得自己摸索的话，最好选择能自动浇水的花盆或用培养液栽培的植物。

❀ 检测盆栽土湿度的实用技巧

你可以从以下方法中选择最合适的方法检测盆栽土湿度，条件允许的话最好每天检测一次。

* 肉眼观察。干燥的盆栽土往往比湿润的盆栽土颜色浅，但是表面干燥并不意味着底层同样干燥。如果表层土壤湿润，则无须浇水。对于花盆下还有盛水托盘的植物，只需确保托盆内有水即可，盘内无水时再浇水。

* 触摸法。手指轻轻按压土壤表层，就可以感知土壤到底是湿润的还是干燥的。

* 声音测试适用于陶制花盆，尤其是那些种有大型植株、盆栽土较多的花盆。在园艺杖上插上棉线团，敲打花盆：声音

盆栽土检测

在园艺杖或铅笔上插上棉线团，敲打陶制花盆：声音清脆说明土壤干燥；声音沉闷说明土壤湿润。有一定经验后能明显感觉到声音的差异。

沉闷说明土壤湿润（也可能是花盆有裂纹）；声音清脆说明土壤干燥。用这种方法检测泥炭土湿度不太准确，也不适用于塑料花盆。

* 经过不断地实践和摸索，经验丰富的人只要提一提花盆就能知道土壤干燥与否：土壤干燥的花盆往往比土壤湿润的花盆轻很多。

❀ 如何正确浇水

浇水时要浇透——仅仅湿润表层土是不够的。若盆栽土已经干硬板结，浇入的水很可能直接渗到花盆里，此时可以将花盆浸在水桶中，直到水中不再冒气泡为止。

从盆栽土表层浇水

小型洒水壶是室内盆栽最常用的浇水工具。选择顺手、喷嘴细长的洒水壶，更容易将水直接浇到盆栽土上，而不会淋湿植物。

浇水后一般应检查盆底托盘上是否有残留的水，若有，则需要将残留的水倒掉。若盘内有鹅卵石或大理石避免水与盆栽土直接接触，则不检查问题也不大。托盘内残留的水是导致植物死亡最常见的原因。除了一些特殊植物，其他植物长期置于水中都会死亡。

多数植物用长颈洒水壶浇水最为方便，长颈可以伸入叶丛，细长的喷嘴容易控制水流，避免水流太大冲走盆栽土。

非洲紫罗兰等叶片向地生长的植物，用洒水壶浇水可能会淋湿叶子和花冠，造成叶子腐烂。因此最好将这种植物的花盆墩在水盘中，一旦盆栽土表面变湿，就立即将花盆移出，这种方法比较稳妥。不过，如果能将喷嘴伸到叶子下面浇水，使用长颈洒水壶也可以。

❀ 部分植物对水的特殊需求

自来水并不是浇灌植物最理想的水，但多数植物都可以接受。有些植物不适合生长在碱性土壤中，若自来水硬度较高（钙或镁含量较高），需要进行特殊处理。这类植物包括单药花属植物、杜鹃花、绣球属植物、兰花，以及非洲紫罗兰。最好能用雨水灌溉植物，不过很难随时随地得到水质好的雨水，而且有些地区的雨水也存在污染问题。

硬度不高的自来水也不要随接随用，

最好能搁置一夜再用。硬度较高的自来水，可以煮沸冷却后使用，因为沸腾过程能降低水的硬度。经过上述两种方式软化后的水仍然不适用于所有植物。如果有条件，可以用专门的设备除去水中的矿物质，剩下蒸馏水。不过除非种植大量植物，不然这种方法并不划算。

植物缺水的情况

植物缺水萎蔫（如顶图所示），可以将花盆浸在装有水的容器中几个小时，然后移至阴凉处，植物就能恢复生机了（如上图所示）。注意：浇水过多也会导致植物萎蔫，所以事先需确定造成萎蔫的原因，不能不加判断就使用这种方法。

托盘浇水

少数植物根部可以浸在水中，这样的植物可以在花盆底盘或外部容器中加水。只有生长于沼泽环境的植物才能采用这种方法。

自动浇水花盆

觉得浇水麻烦的话，可以使用自动浇水花盆。自动浇花盆的水从底部贮液槽慢慢渗入盆栽土中，可以减少浇水次数。

植物浇水过多的情况

植物因浇水过多而枯萎，通常是有预兆的。图中左边的植物浇水过多，右边的植物水量适中。

不施肥，植物就会显得死气沉沉的，只要正确施肥，植物就能茂盛生长，生机盎然。现代肥料让施肥变得很简单，肥效更长因而不需要经常添加。

花盆并不是植物生长的有利环境，因为盆栽土远远不能满足植物根部对营养的需求，小型盆栽尚且如此，大型植物能从盆栽土中获得的养分更是少得可怜。

施肥有利于植物生长。不同的植物可以使用不同的肥料，不想这么复杂的话，可以使用同一种肥料，毕竟施肥总比不施好。

❋ 施肥时间

无法确定施肥时间的话，可以查看购买植物时附带的标签或相关的书籍。通常情况下，植物处于生长旺盛期或光照及温度条件能促进植物吸收肥料时，才需要施肥。一般是春季中期到夏季中期这段时间，当然也有例外——尤其是冬季开花的植物。

仙客来常冬季施肥，冬春两季开花的林中仙人掌冬季施肥，夏季不施。其实关键并不是何时施肥，而是何时植物生长最为旺盛。

植物为什么需要施肥

图中的两株植物购买时植株大小相同，种植时间也相同。左边那盆植物经常施肥，并移植过一次；右边那盆植物买回后从未施过肥，呈现典型的缺肥症状。

缓释肥料适用于室内盆栽，不过这些肥料的肥效受温度影响。冬季室外的肥料肥效很差，室内相对而言就好一些。

❋ 施肥频率

只有通过反复尝试摸索，才能掌握合理的施肥频率。相关书籍或植物标签上可能会说明"每两周施肥一次"或"每周施肥一次"，但这并不适用于所有植物，因为此类说明主要针对液体施肥法。用其他方式施肥的话，要具体问题具体分析。

❋ 缓释肥料

这种肥料现在已经推广开来了，主要用于室外盆栽植物的种植，或用于长期供应盆栽植物所需养分。与普通肥料不同，这种肥料能在几个月时间内缓慢而持续地发挥效力，多数植物一年只需施一两次肥即可。

这种肥料适用于室外盆栽植物，但只有在土壤温度能促进植物吸收养料的情况下，肥料才会发挥效力。

移植盆栽植物时，可以将这种肥料添加到盆栽土中。

❋ 液体肥料

液体肥料见效快，植物急需肥料时非常适用。不同肥料的浓度和需要稀释的程度有所不同，通常情况下应该采用厂家的建议，使用浓度恰当的肥料并保证合理的施肥频率。有些肥料浓度较低，可在浇水

❋ 切忌施肥过度

＊肥料有利于植物生长，但并不意味着施肥越多越好。施肥不应超过厂家的建议用量，否则植物会枯死。因为肥料中的盐分会在盆栽土中不断累积，影响植物吸收水分和养料，加上过多的肥料会刺激植物生长，导致植物早衰。

时同时使用，有些肥料浓度很高，不能经常使用。

❀ 固体肥料

目前，各式各样的固体肥料大大减轻了施肥的负担。从长远来看，使用这些肥料成本相对较高，但过程不像使用液体肥料那么麻烦，而且可以节省时间。这些肥料形状各异，主要有片状和条状两种，但使用方法大致相同：在盆栽土上挖一个小孔，埋入肥料条或肥料片，肥效大约能持续一个月（持续时间应参考使用说明）。

❀ 小包装缓释肥料

目前市面上还有小包装的缓释肥料，可以整包直接放在盆栽土底部供养。移植植物时很适用。

❀ 可溶性肥料粉

可溶性肥料粉和液体肥料作用原理相同，只需用水将粉末溶解即可，操作简单，而且价格也比液体肥料便宜。

缓释肥料

多数泥炭土（即基质为泥炭藓的盆栽土）一两个月后营养物质会大大减少。因此添加缓释肥料是个不错的选择，可以连续数月为植物提供肥料。

未施肥　　　　　施肥

施肥的作用

这是两盆种植时间相同、大小相同的植物。我们只给其中一盆植物施肥，一段时间后就能清楚地看出施肥的作用。

肥料条和肥料丸

条状（见顶图）和丸状（见上图）肥料可以埋入盆栽土中。多数人认为这些肥料比液体肥料方便得多。

颗粒状肥料

颗粒状或粉末状肥料可以用叉子拌入盆栽土，栽种植物后充分浇水，以便肥料发挥效力。

→ 选择合适的盆栽土

有了质量较好的盆栽土，植物才能长势良好。施肥能解决植物营养缺失的问题，盆栽土土壤结构能平衡植物根部对水分和空气的需求，它们对植物的健康生长同样重要。商家采用的盆栽土通常质量较轻，便于搬动，有利于毛细浇水法的实施，但并不利于室内盆栽苗壮成长。

盆栽土既能起到固定植物的作用，又能积蓄营养。结构合理的盆栽土能满足植物根部对水分和空气的需求。另外，盆栽土中还含有大量微生物，有利于植物生长。

早期的花农会给不同盆栽植物使用不同的盆栽土，如今为了省事多数植物都用同样的盆栽土，只有少数植物对盆栽土有特殊要求。

最常见的盆栽土有堆肥土和泥炭土，除了少许特殊植物，这两种盆栽土适合多数植物生长。

堆肥土　　　　　泥炭土

以堆肥为基质的堆肥土：主要成分为各种植物的残枝落叶和易腐烂的垃圾废物等，加入砂和泥炭藓改善土壤的营养结构。

堆肥土较重，能增加花盆的稳定性，适合大型植株，尤其是茎叶较多的植物，如大型棕榈。

以泥炭藓为基质的泥炭土：质量轻，便于搬动，适合多数植物。有时会添加砂或磷钾等营养元素，这主要取决于植物的需求。若盆栽土中养分流失很快，不及时施肥的话会影响植物生长。

商家使用自动浇水系统养护植物，泥炭土比较能适应这种养护方式。而自己种植，最好选择堆肥土，因为泥炭土很容易干硬板结，之后就很难再浇透水，而且还很容易出现浇水过多的现象。

随着生长泥炭藓的湿地面积大大减少，有些花农不再使用泥炭土。目前有很多代替泥炭土的盆栽土，比如用椰糠（椰子果实加工后的废料）和树皮碎末作栽培基质的盆栽土，有时也用这些物质的混合土。根据制作方式和组成成分的不同，盆栽土的效果参差不齐。你可以尝试使用不同基质的盆栽土分别种植几株同样的植物，然后哪种基质的盆栽土最好就一目了然了。

❀ 对盆栽土的特殊要求

＊少数植物对盆栽土有特殊要求，常用的盆栽土并不适用。有些植物不喜欢碱性土，如杜鹃属植物、多数秋海棠属植物、欧石南属植物、非洲紫罗兰，常用的盆栽土不利于这些植物的生长。即使以泥炭藓为基质的盆栽土，也普遍呈碱性，因为为了适应多数室内盆栽植物的需求，盆栽土中会添加少量石灰。不喜欢碱性土壤的植物，可以使用"欧石南属"植物专用盆栽土，这种盆栽土在多数花店都能买到。

凤梨科植物、仙人掌科植物和兰科植物对盆栽土也有特殊要求，可以从专业苗圃或较好的花店购买经过特殊处理的盆栽土。

→ 选择合适的花盆

选择花盆时，实用只是其中一个要求，漂亮有趣也可以成为选择花盆的标准。不管如何选择，花盆的大小必须和所种植物协调一致，因为植物和花盆的比例会影响盆栽的整体形象。大小合适的花盆会令盆栽熠熠生辉，反之则可能破坏盆栽的整体美感。

普通的瓦盆（又称陶盆）或塑料花盆外观不怎么漂亮，因此很多人喜欢在这些花盆外面套一个稍大的装饰性托盆。使用装饰性托盆时，最好能在托盆里放些沙砾、黏土粒或鹅卵石，防止花盆底部和托盆中积留的水直接接触。也可以在花盆和托盆之间填入泥炭藓块吸收多余的水分，这样还有助于在植物周围形成湿润的局部环境。采用第二种方法时一定要先浇水，因为一旦填入泥炭藓块，就很难看出花盆和托盆之间是否有积水了，也很难将多余的水倒出。

瓦盆用来种植仙人掌和部分多浆植物比较合适，但有一种较浅的花盆更适合种植仙人掌，因为仙人掌根系不发达，较浅的花盆就足够了。浅盆直径和普通花盆相同，但高度只有普通花盆的一半儿左右。育种盆和浅盆相似，但更浅一些，如今已不常见到了，育种盆原本用于育苗，也可以用来种植植株矮小或匍匐生长的植物。

还有很多植物适合种在浅盆中，如杜鹃花、多数秋海棠属植物、非洲紫罗兰以及多

图中的镀锌容器有一种老式厨房的情调。较大的容器可容纳两三种可共生的植物，如图中的铁线蕨和纽扣蕨。

藤编容器可用作花盆，也可用作花盆托盆，适用于小型鳞茎植物或植株较小的植物，如非洲紫罗兰。

瓷盆独具风格，比瓦盆和塑料花盆色彩丰富。

和树有关的植物种在树皮做的花盆里更好看，如攀附在树上的常春藤。

❀ 应该选择塑料花盆还是瓦盆？

＊多数花店的植物都种在塑料花盆里，因为塑料花盆对花商来说有很多好处，如干净、轻巧、容易搬动、不易长青苔、价格低廉等。而且塑料花盆中水分不易流失，盆栽土也不易变干。

瓦盆的寿命往往比塑料花盆长。塑料花盆容易老化，老化后轻轻一碰就支离破碎了。瓦盆除非重重砸到地上，一般不易破碎。对于植株较大、茎叶较多的植物，沉重的瓦盆还能起到固定作用。

数凤梨科植物。你可以根据植物买回时所用的容器来选择合适的花盆，原来的容器较浅的话，移植时就可以使用浅盆。

有些比较高档的塑料花盆经过上色，还带有垫盘，外观和工艺花盆一样漂亮，特别是那些颜色和房间色调协调的塑料花盆，装饰性就更强了。

普通的瓦盆或塑料花盆可以自己动手画上一些图案，增加花盆的美观性。瓦盆可以选用涂料（涂料颜色有限，因而可以设计比较抢眼的图案来弥补不足），塑料花盆可以选用油画颜料。

相对于室内盆栽而言，方形花盆更适合摆在温室。大量种植像仙人掌这样的小型植物，方形花盆比较节省空间。

配合时尚现代的装修，可使用独具风格的花盆，如图中的镀锌花盆。花盆本身就很漂亮，盆中的紫鹅绒正与其交相辉映。

苔藓编成的花篮适合某些春季观花植物，如报春花、番红花。直接将植物种在这种花盆里必须保证浇水时不淋湿花盆表面。

镶在墙上的陶瓦花盆室内外都能使用。图中的攀援喜林芋每隔数月需修剪一次，否则就把漂亮的花盆挡住了。

配套的托盘非常实用，可以使盆栽的整体外观更加漂亮。

用吊盆种植半下垂生长的植物，比用塑料花盆更漂亮，如图中的肾蕨。

生活中，只要用心就常常会有意想不到的发现。图中别致的花盆居然是用干枯的菌类做的。

只要和周围环境搭配得当，图中的金属花盆就会散发出迷人的魅力。这样的花盆可填入苔藓，看上去更像悬挂式花盆。

商店或花店中出售各式各样的工艺花盆，你可以依照自己的品位选择。

图中的瓷制工艺花盆与白色的仙客来花朵交相辉映。

紫砂盆适合放在厨房里，图中紫砂盆中的"婴儿泪"和圆形的花盆浑然一体。

有时老式的手工瓦盆效果也很好，盆壁上白白的灰渍有种古老的感觉。图中的两个手工瓦盆种了常春藤。

植物一般都需要移植，移植能让生长状况不良的植物重新变得生机勃勃。但并非所有植物都需要经常移植，而且有的植物移植后适合种在较小的花盆中。通过不断地实践和摸索，就能掌握移植的正确时机，以及移植时该使用多大的花盆。

不必过早将植物移植到较大的花盆中，因为频繁移动可能导致根部损伤，影响植物生长。

每年都要考虑植物是否需要移植，但这并不是说每年都要进行移植，移植与否应视植物的需要而定。

植物幼株比成熟植株移植频率要高。移植时最好选用大小合适的花盆，移植后要进行追肥或简单施肥。

❀ 什么时候进行移植

植物根须伸出花盆底部并不意味着必须进行移植，因为通过毛细衬垫浇水或使用托盘的花盆都会有少数根伸出花盆底部吸收水分。

不确定是否需要移植的话，可以取出植株查看植物根部。将花盆倒置并轻轻敲打花盆壁，可轻易将植物连同盆栽土取出。植物有少量根沿花盆内壁生长属于正常现象，如果有较多根都是这样的话必须进行移植。

移植植物方法很多，这里介绍两种最常用的方法。

❀ 上盆、换盆、移植

＊这三个术语常常混用，其实所指不同。

＊上盆指首次将幼苗或插条种到花盆中。

＊换盆指连同盆栽土移植植物。

＊移植指将植物移植到与原来大小相同的花盆中，并更换盆栽土。植物不适合移植到较大花盆中才采用该方法。

大量根须伸出花盆底部（如左图）说明必须将植物移植到更大的花盆中。同样，大量根须沿着花盆内壁生长（如右图）也必须将植物移植到更大的花盆中。

盆套盆法

1. 若使用瓦盆，可事先按照传统做法处理花盆。若使用塑料花盆并打算在盆底铺设毛细注水衬垫，则需注意不要盖住排水孔。

2. 在底部铺上一层潮湿的盆栽土，嵌入旧花盆（或与旧花盆大小相同的空盆），在两盆之间的空隙中填入盆栽土，填至离新花盆顶部约1厘米处。

3. 将填入的盆栽土压实，保证取出旧花盆后，盆栽土中央能形成与旧花盆轮廓相同的完整空间。

4. 取出旧花盆，接着将需移植的植物连同盆栽土一起取出，放到新花盆中央的空间内。用手指轻轻按压植物根部周围的土壤，充分浇水。

❀ 更换表层土

* 有些植物种在直径为25~30厘米的大型花盆中，移植较为困难。可以用叉子松动表层盆栽土，将这些盆栽土除去，填入新的盆栽土。经常这样做，可以保证盆栽土营养充足，植物可在同一个花盆中种植数年而不需要移植。

传统方法

1. 若使用瓦盆，准备比旧盆大一两个型号的新花盆，用陶片或小块树皮盖住排水孔。

2. 移植前给植物浇透水。捏住植物靠近根部的位置，轻轻地左右晃动，或将花盆倒置，轻轻敲打花盆壁，即可将植物连同盆栽土一起取出。

3. 在新盆底部铺上一层盆栽土，保证植物放入后高度合适。

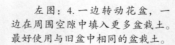

左图：4.一边转动花盆，一边在周围空隙中填入更多盆栽土。最好使用与旧盆中相同的盆栽土。

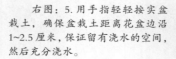

右图：5.用手指轻轻按实盆栽土，确保盆栽土距离花盆边沿1~2.5厘米，保证留有浇水的空间，然后充分浇水。

➜ 修枝剪叶和清洁植物

时常清洁和打理植物，既能保证植物外观漂亮，又能提前发现植物病虫害的迹象。

修枝剪叶和清洁既能保持植物漂亮有型，又能促进植物繁茂生长，甚至还能延长花期。

如果发现枯黄的叶子，你最好立即摘除。清洁工作需每周进行一次，其他打理工作可以间隔较长时间进行一次。有规律地打理植物，既能尽早发现植物是否发生病虫害、是否缺乏营养，又能学习如何更好地观赏植物，可谓一举两得。

❀ 摘除植物枯花

摘除枯花能保证植物生机盎然，多数情况下还能促进开花，同时还能预防病虫害，植物真菌感染一般是从枯花开始，然后逐渐蔓延至叶子的。

生有须根的秋海棠属植物（如四季秋海棠）花型小、开花多，摘除枯花的工作比较艰巨，但不摘除的话，枯花可能落在家具或植物枝叶上，既影响环境，又破坏植物外观。

除了有穗状花序的植物，其他植物可以连同花柄一起摘除枯花。

绣球属等有穗状花序或较大头状花序的植物，可以在花全部盛开之后剪除整个枯萎的花序。

❀ 叶面清洁

植物的叶子和家具一样也会落上灰尘，但只有叶面光滑的叶子才能明显看出有灰尘。叶子积有灰尘说明植物缺乏打理，灰尘会影响叶子接收阳光，不利于植物进行光合作用，提供生长所需营养。

光滑的叶子积有灰尘的话可以用柔软的湿布擦拭。有些人喜欢在水中加牛奶，令叶子更富光泽。除了牛奶，也可以使用专业

摘除枯叶

植物迟早都会有枯叶，即使是常绿植物也会有枯叶。你需要及时摘除枯叶，以免影响植物外观。大部分枯叶轻轻一搓就能摘下，而有些需要用剪刀剪除。

❀ 打理植物所需工具

＊家庭常备的日用品完全可以胜任打理室内盆栽的工作，但有人还是会购买专业的园艺工具，其实普通海绵或柔软的布和厨房使用的剪刀也很合适。

最好有专门的工具箱收纳这些工具：

＊尖而锋利的剪刀、修枝剪或采花用的剪刀。

＊劈好的木条，可用于支撑植物。

＊园艺专用线，颜色最好是绿色的，或是若干封口机上用的那种金属圈。

＊清洁光滑叶子的海绵。

＊清洁长绒毛叶子的毛刷。

叶面光亮剂令叶子恢复光泽。还可以使用喷雾型叶子清洁器，但应严格按照产品说明使用，尤其要注意喷雾距离。

以上两种清洁叶子的方法都不适用于叶面长有绒毛的植物，这样的叶子可以用柔软的毛刷清洁。仙人掌属植物也可以采用这种方法清洁。

植株矮小、不开花、叶子无绒毛的植物——如亮丝草属植物，可以将叶子浸入温水中，轻轻晃动，以达到清洁的目的。清洁后应自然风干残余的水珠，避免阳光直射灼伤叶子。

❀ 修剪和整形

摘心能防止多数盆栽植物新枝生长过快，促进植物分权，有助于植物造型，植物的冠也能生长得更为茂密。凤仙花属、枪刀药属、冷水花属、紫露草属都属于这类植物。植株较小时就要开始摘心，枝条疯长时更要如此。摘心尤其有利于蔓生植物的生长，如紫露草。紫露草枝叶茂密，叶子下垂生长，通过摘心，使枝条保持在30厘米左右最为漂亮，枝干细长的植株看起来很像野草，毫无美感。

斑叶植物长出全绿叶子的话，需要立即摘除，否则很快整株斑叶植物就会变成一株名副其实的绿叶植物。

攀缘植物和蔓生植物需要花更多时间打理，应该及时将新抽枝条系到附着物上，并及时剪除影响植物外观的细长枝条。

擦拭叶子
　　叶面光亮剂效果明显，擦拭后叶面光泽亮丽。

用海绵擦拭叶子
　　菩提树等叶面光滑的植物，通常用蘸有少量肥皂水的海绵擦拭，可以保持植物外观漂亮。不及时清洁灰尘会影响植物接收光照，并堵塞植物"呼吸"的气孔。

浸润清洁法
　　小型植株只需将叶子浸到温水中轻轻晃动即可完成叶面清洁。该方法不适用于叶面长有绒毛或较为娇嫩的植物。

用毛刷清洁叶子
　　非洲紫罗兰等叶面长有绒毛的植物，清洁时不适合用海绵擦拭，可以使用柔软的毛刷。

摘除枯花
　　凋落的枯花会弄脏桌子或窗台。及时摘除枯花，既能保证植物外观漂亮，又能防止枯花滋生霉菌或其他病菌。

左图：摘心
　　植株较小时进行几次摘心，可以保证植物生长茂密，因为摘心可以促进植物侧枝茂盛生长。除了部分生长缓慢的植物，摘心适用于大多数植物。

→ 外出时植物的养护

节假日人们可以尽情享受生活，而无人照料的植物却可能遭殃。若无邻居帮忙照料植物，你必须采取措施，保证外出时植物仍然有水源供应。

冬季应事先给植物充分浇水，并保证家里供暖系统的温度较低，那么即使不继续浇水，植物也能存活几天甚至一周。但夏季即使外出两三天，也必须采用特殊方法保证植物供水。

外出时，若无法保证邻居能每隔两天给植物浇一次水，就应该提前做好预防措施：

* 夏季尽可能将植物搬至室外阴凉处，将花盆齐沿儿埋入土中。在盆栽土上盖上一层厚厚的树皮碎片或泥炭藓块，这样既能提供温度较低的环境，又能维持土壤湿度。外出前充分浇水，即使不下雨，多数植物也能存活一周左右。

* 娇嫩的植物不能搬到室外，但可以放在室内阴凉、无阳光直射的地方。

* 最好将室内的植物放在盛有沙砾和水的托盘上，但要保证盘中的水不直接接触花盆底部。这样虽然不能增加盆栽土的湿度，但能增加空气温度，有利于植物生长。

* 生长受水分影响较大的植物，一定要有相应的自动供水系统。

❀ 专业供水设备

大部分供水设备在各大商店都有销售，而且几乎每年都会出新产品——多数是由传统供水设备改良而成的。

渗漏器：将渗漏器注满水埋入盆栽土中。水会慢慢从器壁渗出，持续供水时间从几天到一周不等。只有一两盆植物的话，短期内可以采用该装置供水。但该装置容量较小，作用有限。

陶瓷蘑菇：作用原理和渗漏器相似。

节假日短期植物养护

外出时间较短的话，可以将植物集中起来放在一个较大的浅容器里。容器中垫上湿润的毛细衬垫，以保证盆栽土湿润。外出时间较长的话，需要采用特殊供水系统维持衬垫湿润。

吸水条

将毛细衬垫剪成条状可以做成吸水条。外出前确保吸水条和盆栽土湿润，并检查花盆中吸水条是否放好了。

维持湿度

如图所示，将植物放在充气的塑料袋中，可以较长时间维持湿度，但时间太长的话可能引起叶子腐烂。另外要尽量确保塑料袋不接触叶子。

但陶瓷蘑菇顶部密封，通过管子和大容量注水器（如水桶）相连。水从蘑菇柄渗出后，密封蘑菇内气压下降，外连注水器中气压增大，将水压入蘑菇。这个简单有效的装置可持续供水数周，但每个花盆都需要配备一个。

吸水条：花盆底部若有托盘，可以在盆栽土中埋入吸水条，从托盘内吸水供给植物。盆栽数量较少的话，这种方法不失为好的选择，要是盆栽较多，单是安放吸水条就让人烦不胜烦了。

滴灌装置：常用于温室和苗圃，能很好地解决供水问题，但成本较高，而且便携式袋状注水器放在家中影响美观——不过外出时不妨用用。

🌸 临时供水设备
较正规的花卉商店和装修店都能买到毛细衬垫，配合浴缸或厨房的水槽使用，就成了一套实用的供水装置。

若使用水槽，你需要剪一块大小合适的衬垫垫在花盆底部，这样既能挡住花盆的排水孔，又能从水槽中吸水。

可以事先在水槽里面注好水；也可以拔掉水槽塞，打开自来水龙头，往露出盆底的毛细衬垫上滴水，维持一定的湿度。采用第二种方法前要先进行试验，保证衬垫湿润的同时避免浪费自来水。

浴缸中也可以使用类似装置。浴缸注水后，在水中放几块砖，砖上放木块，再摆上衬垫和花盆，确保花盆底不会浸在水中。

瓦制花盆排水孔上盖着瓦片的话，使用毛细供水装置的效果不很好（即使配合使用衬垫做成的吸水条，效果也不理想）。塑料花盆使用临时供水装置，不盖住排水孔的效果比较理想。

耐寒植物
多数耐寒植物在长期无人照料时可以搬到室外，选择阴凉的地方，将花盆齐盆沿儿埋入土中。给植物充分浇水，并在盆栽土上铺上一层厚厚的树皮碎片。

渗漏器
外出时间较短的话，渗漏器非常适用。事先确保盆栽土湿润，并在渗漏器中注满水。

吸水条
将吸水条埋入盆栽土，并设法使其穿过盆底的排水孔。

陶瓷蘑菇
陶瓷蘑菇供水效果很好。陶瓷蘑菇中的水渗出后，内部气压下降，外连注入器中的水进入蘑菇。较大的注水器可持续供水一周甚至一周以上。

利用浴缸制作供水装置
浴缸配合使用毛细衬垫用作供水装置，效果较好；也可以使用吸水性好的砖块代替衬垫。事先塞好浴缸塞子，确保浴缸内的水不会渗漏。

→ 无土栽培

无土栽培——也称溶液栽培——即不用土壤或盆栽土栽种植物。无土栽培的植物只需每隔几周浇一次水，每年施两次肥即可，无须花太多心思。

实验室溶液栽培利用成本较高的精密仪器解决植物供养问题，是科技含量较高的栽培方法。普通人出于个人爱好尝试无土栽培的装置设计通常较为简单，初学者也能使用。

刚开始尝试溶液栽培法栽培植物时，你最好购买目前适用于溶液栽培的植物，并购买配套的花盆、沙砾和特殊的肥料。适应需要一段时间，不过一旦尝到无土栽培的甜头，很多人都乐意尝试用溶液栽培法栽培更多的植物。

❀ 日常养护

水位器显示最小数据前不能注水，就算显示最小数据也不要急着注水，一般要再等上一两天。注水时液面不能太高，不能超过最大数值——这样能保证有足够空气供植物呼吸，这对植物生长至关重要。

最好注入自来水，因为自来水中有各种矿物质，与肥料相互作用，可以使肥效

更显著。

确保水温接近室温。因为无土栽培不使用盆栽土，温度较低的水会导致植物受冻，这是导致无土栽培失败最常见的原因。

施肥的时间最好作记录，每6个月施肥一次。可以将条状肥料嵌入花盆内，也可以用少量水溶解肥料粉注入盆中。

和传统方法栽培的植物一样，无土栽培的植物也会逐渐长大。无土栽培的植物不需要通过伸长根部来吸收更多的水分和养料，因此根系不像传统方法栽培的植物那样发达。即便如此也需要及时移植，特别是植株过大，已与花盆不协调的情况下更需要移植。

移植时通常需拿掉原来的花盆，这时要轻拿轻放，减少对植物根部的伤害，也可以直接在原来的花盆外面套上较大的花盆。如果移植时发现植物根系发达且凌乱无序，应该适当进行修剪。

❀ 适合溶液栽培的植物

并非所有植物都适合用溶液栽培法栽培，你必须亲自尝试。不过还是有相当多的植物适合溶液栽培的，比如仙人掌和多浆植物（这两类植物无土栽培前要经历一段"干燥期"，容器中水位不宜过高），以及兰科植物也是。

如果你刚开始尝试无土栽培，最好选择下面这些植物种植。有一定经验后，再尝试新品种。这类植物包括：蜻蜓凤梨、亮丝草属、花烛属、天门冬属、蜘蛛抱蛋属、铁十字秋海棠、蟆叶秋海棠、仙人掌属、白粉藤属、君子兰属、变叶木属、花叶万年青属、孔雀木属、龙血树属、一品红、榕属、三七草属、常春藤属、木槿属、球兰属、竹芋属、龟背竹属、肾蕨属、喜林芋属、非洲紫罗兰、虎尾兰属、鹅掌柴属、矮小苞叶芋、黑鳗藤属、扭果苣苔属、紫露草属、丽穗凤梨、丝兰属。

1. 选择植物幼苗，洗净根部的盆栽土，注意不要碰伤根部。然后选用网状容器，放入植物。

2. 在容器中填入沙砾，尽量不要碰伤根部。

3. 将该容器放入更大且不透水的容器中，事先在外容器的底部铺上一层沙砾，保证内外容器间有1厘米左右的空隙。

4. 在沙砾中插入水位器。如果没有，也可以使用测量植物根部湿度的仪表。

5. 在两容器之间填入沙砾固定内容器和水位器。

6. 在沙砾上撒上无土栽培专用肥料。

7. 浇水至水位器最大刻度处，使肥料溶解并渗入沙砾中。如没有水位器，则可加入相当于容器容量1/4的水。水位器显示干燥再浇水，最好使用自来水。

8. 几个月后，盆栽植物就会开枝散叶了。

*多数仙人掌属植物都适合用无土栽培法栽培。但要注意控制容器水位，水位过高容易导致植物死亡。

❀ 无土栽培的原理

*植物具有两种类型的根：土壤根和水下根。将插条插在水中，就会长出水下根，一旦移栽到盆栽土中，又会长出土壤根。两种栽培方法间的转换较为困难，不过一旦度过了适应期，无土栽培的植物也能长得像在盆栽土中一样茁壮。

控制营养液的量至关重要，营养液过多会影响根的呼吸，容易造成植物死亡。

健康花草的繁育方法

→ 播种繁殖

家中有自己播种繁殖的盆栽，着实可以为你迎来朋友们艳羡的目光。多年生植物很难通过播种繁殖，而且实验证明并非所有多年生植物都适合播种繁殖，而一年生植物播种繁殖基本都很容易。

如果你从未试过自己播种繁殖，最好先选择易成活的一年生植物，这样比较容易成功。但很多人都想尝试那些不易成活但充满趣味性的植物，如仙人掌、苏铁、蕨类植物（蕨类植物其实通过孢子繁殖的，并非真正的种子），以及特别受人喜爱的非洲紫罗兰。这些种子较难发芽，但或许正是由于具有挑战性，许多盆栽爱好者才会乐此不疲。

有些多年生植物生长缓慢，通过播种繁殖可能要等数年才能长成一定大小的植株。有温室或暖房的话，可以将多年生植物放在里面，等到长成大小合适的植株，

如何在育种盘中播种

1. 盘中装入松软的播种用土（含防腐剂）——堆肥土和泥炭土适用于多数种子，忌用一般的盆栽土。一般的盆栽土营养含量高，容易滋生细菌。

2. 用木板或硬纸板将土壤齐沿刮平，再用木板轻轻将土压实，保证土壤不会高出盘沿，确保土面平整。

3. 将种子均匀地撒到土上。可使用折叠的纸片帮助播种细小的种子。然后用手指轻轻将种子按入土中。

❀ 微型种子播种法

*有些种子细小得像灰尘一样，很难播种。播种时，可以先将种子和少许银粉拌匀，然后用示指和拇指将混合物撒入育种盘。只要混合均匀，种子在盘中的分布就会比较均匀。银粉有助于判断播种是否均匀。

4. 除非种子较为细小，或明确指出播种后需要光照，通常播种后种子表面需要撒上一些盆栽土。原则上这层土不宜过厚，和种子的直径差不多就行了。一般用筛子筛土，既能保证厚度均匀，还不会有大块的土撒到盘子里。

5. 浇水时，可以使用带莲蓬头的洒水壶。也可以将盘子放到盛有水的盆中，让水从盘底渗入给植物补充水分。然后将盘子放到育种箱中，或用玻璃盖住。遵照播种说明上对光照、温度等的指示，保证植物有适宜的生长环境。

再搬进室内作装饰。

种植大量植物可以使用育种盘播种，否则只需用花盆播种即可，因为花盆所占的空间较小。

❀ 移栽植物

幼苗长到一定大小，就可以移栽到其他的花盆或育种盘中，待大小合适时再单独种到花盆中。

移栽幼苗时用手提住叶子，不要提脆弱的茎干。移栽后可使用一般的盆栽土。

❀ 防止水珠凝结

＊育种盘内壁或用来盖盘子或花盆的玻璃上可能会有水珠凝结，凝结的水珠过大可能会砸伤正在生长的幼苗。加强栽培器通风或及时擦干玻璃可以防止这种现象发生。

如何在花盆中播种

1. 在花盆中装入播种用土（含防腐剂），将土轻轻压实、压平整。

2. 均匀播种。最简单的方法是用拇指和示指将种子均匀地撒到盆栽土中，就像平时烧菜时撒盐一样。除非种子很小，或有特殊说明，一般播完种后应撒上一层土，土的厚度和种子的直径差不多。

3. 使用浸润法浇水。将花盆浸在盛有水的容器中，确保水面不超过花盆上缘。待盆栽土表面湿润后取出花盆，自然排出多余的水。该方法也适用于细小的种子。

4. 将花盆放入暖箱中，或用玻璃盖住花盆。

右图：波斯紫罗兰（Exacum affine）是最易播种繁殖的室内盆栽植物之一。春季播种，夏秋季开花，或秋季播种，来年春季开花。

➜ 扦插枝条

大部分室内盆栽可以通过扦插枝条进行繁殖，有些植物放在水中就能生根，有些植物较难生根，需要使用生长素和栽培箱。

✿ 幼枝扦插

选择春季新抽芽的枝条，在变硬之前，将梢部剪下扦插。成熟枝条扦插步骤大致相同。

✿ 水中生根的枝条

幼枝通常都能在水中生根，尤其是较易扦插的植物，如鞘蕊花属和凤仙花属植物。

在果酱罐等容器中装满水，瓶口蒙上铁丝网或钻有洞的铝箔。将剪下的幼枝直接通过铁丝网或铝箔上的洞插入水中。

要保证容器中有足够多的水，待插条生根后，就可移入花盆，使用普通盆栽土种植了。

硬枝扦插的方法

1. 在花盆中装入扦插用土（含防腐剂）或播种用土，轻轻压实。

2. 选择本季新生枝条，在枝条变硬前，剪下 10～15 厘米作插条（小型植物可适当短些）。应该选择有一定韧性的插条。

3. 以"节点"为切口，将枝条分为几段，用锋利的小刀削去"节点"以下的叶子，便于将枝条插入盆栽土中。

4. 插条刀口处蘸取适量生根剂，若是粉末状的生根剂，要先将插条末端蘸湿。

5. 用小铲子或铅笔在土中挖洞，放入插条至最底端叶子处。轻轻压实枝条周围的盆栽土。

6. 浇水（水中加入真菌抑制剂可降低插条腐烂的风险），贴上标签，放到暖箱中。若无暖箱，可用透明塑料袋套住花盆。

→ 扦插叶子

扦插叶子通常比扦插枝条更有趣，多数植物都可以通过这种方法繁殖，操作简单方便，下面将介绍几种常见的扦插方法。最为常见的通过扦插叶子繁殖的植物有非洲紫罗兰、观叶秋海棠属、扭果苣苔属以及虎尾兰属植物。

扦插叶子时要注意以下几点：有些叶子需要保留合适长度的叶柄便于扦插；有些叶子的叶片特别是叶脉受损处会长出新植株；有些叶片不必整张扦插到盆栽土（含防腐

叶面切片扦插法

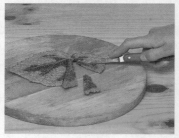

1. 用锋利的小刀或刀片，沿主叶脉将叶片切成宽约为3厘米的长条。

剂）上，将叶片切成方形的小块，单独扦插就可以成活。扭果苣苔属等植物的叶子又细又长，可以将叶片切成几段进行扦插。

叶柄扦插法

1. 选择健康的成熟叶子，用锋利的小刀或刀片，将叶片连同5厘米左右的叶柄割下。

2. 在花盘或花盆中装入促进生根的盆栽土（含防腐剂），用小铲子或铅笔挖洞。

3. 将叶柄插入洞中，将叶片留在土壤之上，轻轻按压叶柄周围的土壤固定叶子。一个花盘或花盆中可扦插多张叶子。水中加入真菌抑制剂，适当喷洒，注意排掉多余的水分。

4. 放入暖箱或用透明塑料袋套住盆。确保叶子不接触暖箱或塑料袋，定期除去凝结的水珠。
保证温暖湿润的生长环境，光照充足，避免阳光直射。一两个月后就会长出新植株，等到植株大小合适再进行移栽。

❀ 可以扦插叶子进行繁殖的植物

* 叶柄扦插的植物

秋海棠属（除蟆叶秋海棠）、皱叶椒草、非洲紫罗兰

* 叶面切片扦插的植物

蟆叶秋海棠

* 叶中脉扦插的植物

南美苦苣苔属、虎尾兰属①、大岩桐、扭果苣苔属

①若使用这种方法繁殖金边虎尾兰，长出的新植株没有斑叶。

2. 将长条形叶片切成方形小叶片。

3. 花盆中放入生根盆栽土（含防腐剂），然后将小叶片插入土中，确保原来靠近主叶脉的一边朝下。

4. 一两个月后，这些切片就会长成新植株。待生长稳定后再单独移栽到较大的花盆中。

中脉扦插法

1. 最好选择生长旺盛的植物，剪下健康、未受损的叶片。

2. 将叶片反过来放在坚硬、干净的平面上，如玻璃板上，切成宽度不超过5厘米的小段。

❋ 叶面纵向切片扦插法

＊ 好望角苣苔属植物的繁殖；

＊ 将叶片放在坚硬的平面上，沿主叶脉两边纵向切割，去除主叶脉，只取净叶片。

＊ 将切好叶片的1/3左右插入盆栽土中。

3. 在花盘或较大的花盆中装入促进生根的盆栽土（含防腐剂），将叶片段插入土中2.5厘米左右。原来靠近中脉的一边朝下。叶片至少有1/3插入土中。

一段时间后，土中会长出新植株，等到大小合适、方便移栽时移到较大的花盆中。

→ 分株繁殖

分株繁殖是培育新植株最为迅速、简单的方法。该方法成活率高，适用范围广，枝叶茂密或成簇生长的植物都可以进行分株繁殖。

很多蕨类植物都能进行分株繁殖，如铁线蕨属、对开蕨属植物以及大叶凤尾蕨。竹芋属植物以及同类的肖竹芋属植物如枝叶茂密，也可以进行分株繁殖。其他能进行分株繁殖的还有花烛属和蜘蛛抱蛋属植物。

分离植物一小时前先给植物浇水。根系发达的植物，可以用锋利的小刀分离根团。

分株繁殖一般步骤

1. 将植物取出花盆。植株较大、根系较发达的话，可以将花盆倒置，轻轻敲打花盆壁，用手拿住植株靠近根部的位置，将植株取出。

2. 除去底部及侧面的多余盆栽土，露出一些根。

3. 先将整簇植物分成两份，也可视需要多分几份。

4. 分离根又粗又多的植物较为困难，如吊兰属。可先用园艺专用叉将缠绕的根部分离，再用锋利的小刀将根团分成几部分。

5. 使用较小的花盆和较好的盆栽土（含防腐剂）栽种分离出的长势较好的植物。必要时用小刀削去部分较大的根，但必须保证细小的须根完整无缺。

浇水后将植物放到光照充足的位置，避免阳光直射，直到植物生长稳定。

→ 压条繁殖

压条适用于培育少量植物。普通压条法只适用于部分植物，要繁育主干底部枝叶所剩无几的菩提树的话，最好使用空中压条法。

普通压条法适用于枝条细长柔韧的攀缘植物或蔓生植物。可以在母株附近放上花盆，直接将枝条压到新盆盆栽土中。这种方法常用于培育常春藤和喜林芋属的新植株。

空中压条法常用于大型桑科植物，如橡皮树，当然也可以用于其他植物，如龙血树属植物。通常在枝条下方不长叶的部位进行压条，若枝条有部分老叶，可将老叶剪去。

普通压条法

1. 在母株周围放上几个花盆，装入适宜的盆栽土（含防腐剂）。

2. 选择较长且长势较好的新枝，尽量不要和其他枝条纠结，方便压条。

用普通压条法就能成功培育攀援喜林芋 (Philodendron scanden) 的新植株。

3. 将该枝条有"节"的部位埋在土中，并用金属丝固定。

4. 压条生根后——通常需要4周左右——开始抽新芽，此时可将压条从母株上剪下。将新生植株放到光照充足但无阳光直射的地方，浇水需特别小心，直到植物情况稳定、苗壮生长为止。

用空中压条法能培育这种橡皮树 (Ficus elastica Roxb.ex Hornem) 的新植株。

空中压条法

1. 准备一个透明塑料套，用透明胶带固定在即将压条的位置下方。用锋利的小刀或刀片在靠近节的部位划一个长约2.5厘米的切口。确保切口深度不超过枝条直径的1/3，否则会导致主条断裂。

2. 用小毛刷将适量植物生长素刷到切口处，在切口中填入一些泥炭藓块。

3. 在切口处裹上更多泥炭藓块，卷起塑料套固定。

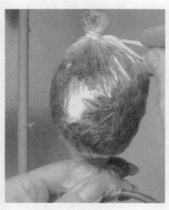

4. 用透明胶带扎紧塑料套上方开口。

5. 经常查看泥炭藓是否湿润，切口处是否已经生根。

6. 一旦可以透过塑料套明显看到新长出的植物根须，就可以从根须下方将枝条剪下并进行移栽。移栽时不要移除泥炭藓，只要稍微松动一下即可，因为此时植物根系还很娇嫩，泥炭藓最好多保留几周。

→ 利用侧枝和幼株繁殖

这种方法最为简单方便，而且不会损伤原来的植株。

少数植物可用叶子繁殖——叶子上萌生的幼株遇土就会生根。另一些植物的走茎上会长出幼株，摘下这些幼株就能培育新植株。很多植物——如凤梨科植物——母株旁边会长出莲座状的短枝，分离这些短枝就可以培育新植株。

❀ 幼株

叶子上会长出幼株的多浆植物最常见的有两种：大叶落地生根和棒叶落地生根。这些幼株长到一定程度通常会脱落，在母株旁的盆栽土中扎根生长。松土后可

以小心地将幼株单独移栽到其他花盆中，也可以在幼株脱落前直接取下，轻轻插到盆栽土（含防腐剂）中。其他能在母株上萌芽的植物，如芽子孢铁角蕨，也能用同样的方法培育新植株。

千母草叶子基部会长出幼株。从母株上剪下一片这样的叶子，剪去幼株周围多余的叶片，埋入盆栽土中，但不能将整个植株埋入，否则可能造成植株死亡。

❀ 走茎

有些室内盆栽，如虎耳草，走茎上会长出发育不完全的幼株。还有一些植物，如吊兰，弯曲的枝条末端会长出幼株。这些幼株都可以用来培育新植株，方法如下：在母株周围放上装有插条栽培土（含防腐剂）的

幼株

1. 棒叶落地生根叶子基部会长大量幼株。轻轻取下这些幼株，避免碰伤根部。

2. 将幼株种到排水良好的插条栽培土（含防腐剂）中，植株很快就会正常生长。

3. 大叶落地生根叶子边缘会长出幼株。取下生有幼株的整片叶子，培育新植株的方法与棒叶落地生根相同。

4. 成簇生长的植株较大后可单独移栽。

走茎

1. 吊兰细长弯曲的枝条末端会长出幼株，可用这些幼株繁殖新的吊兰植株。

2. 用金属丝将生有幼株的走茎固定在小型花盆中。

3. 植株生根情况良好并苗壮生长后可将幼株与母株分离。

小型花盆，用金属丝或发卡将生有幼株的走茎固定在花盆中，确保幼株和栽培土接触良好。适当浇水，待植株长出足够根须并开始生长后，分离幼株和母株。

到花盆中，保证盆栽土湿润。将花盆放到光照充足但无阳光直射的地方，侧枝很快就会生根，之后只需像普通植株一样养护即可。

❀ 侧枝

有些植物会长出侧枝，可分离新生侧枝单独种植——凤梨科植物通常通过这种方法进行繁殖。

多数附生的凤梨科植物（自然界中附生于树木或岩石上）开花后莲座状叶丛会枯死，枯死前叶子周围会长出大量侧枝。侧枝长到大小约为母株1/3时，就可以分离出来单独种植。分离时，有些侧枝可以直接用手掰开，较硬的可以用锋利的小刀分离。

菠萝等部分地面凤梨科植物，匍匐茎（短而与地面平行生长的茎）上会长出大量侧枝。可以从花盆中取出母株，在尽量不损伤母株的前提下剪下侧枝种植。

剪下的侧枝应立即移栽

侧枝

1. 凤梨科植物开花后，主花部位的叶子枯死前，周围会长出侧枝。侧枝高度长到母株1/3时就可以分离出来移栽到其他花盆中。

2. 侧枝一般徒手就能分离，也可以使用小刀。

3. 移栽侧枝。

4. 将侧枝周围的土压实，放到温暖湿润的地方，避免阳光直射。

特殊的繁育技巧包括茎扦插、叶芽扦插、仙人掌扦插和仙人掌嫁接。这几种繁育新植株的方法不常用，但对特定的植物却非常实用。

有些室内盆栽植物的茎又粗又直，如朱蕉属植物，龙血树属植物，以及花叶万年青属植物，可以通过茎扦插法繁殖。如果植物叶子大量脱落，枝条变得光秃秃的，就可以尝试这种繁殖方法。和压条法一样，此时最好是选用细长的茎梢。

空中压条不能繁育大量新植株，因此需要大面积繁殖时往往使用叶芽扦插。叶芽扦插还可用于单药花、龙血树属植物、麒麟叶属植物、龟背竹以及喜林芋属植物。

茎扦插

1. 将较粗的茎切成长为 5 ~ 7.5 厘米的几段，确保每段至少有一个节（两节之间长叶的部位）。

2. 通常都是将插条平放于花盆中，也可将插条垂直扦插到盆栽土中，露出一半，确保叶芽朝上。

多数仙人掌科植物插条容易生根，扦插繁殖成功率很高。处理形状特殊的仙人掌以及这些仙人掌的针刺需要一些特殊技巧。

有的仙人掌科植物（如仙人掌）长有圆形扁平的茎，可以从分杈处将茎割下作为插条。将插条放置约48小时直至切口处干燥。将粗沙和泥炭土混合制成盆栽土，插入插条。待插条生根并开始生长后移入普通的盆栽土（含防腐剂）中。

柱状仙人掌，可以将顶部5~10厘米切下作为插条。和处理圆形扁平插条一样，扦插前需放置至切口处干燥。

昙花等茎扁平的仙人掌科植物，可以切下大约5厘米的茎作为插条，扦插前处理方法和其他仙人掌科植物相同。

❀"流血的伤口"

* 部分多浆植物，如大戟属植物，割破时伤口处会流出乳状汁液。发生这种情况时，可以将插条切口浸入温水几秒钟，直至不再有汁液流出为止。母株切口处可以用湿布包裹一段时间。有些植物汁液具有刺激性，注意不要接近眼睛或皮肤，以免产生过敏反应。

❀处理带刺仙人掌的方法

* 取放仙人掌插条时往往需要轻拿轻放，可以戴一双较厚的手套，但大多情况下针刺还是会刺穿手套。可以将报纸折成宽度约为2厘米的厚条，在纸条两端留出富余量当作"手柄"，这样就能轻易拿取插条。除了报纸，也可以使用柔韧的纸板，注意纸板不能太硬，以免碰伤仙人掌的刺。

叶芽扦插

　　1. 春季或夏季时选择新长的茎，将茎切成长为1～2.5厘米的几段，每段留一张叶一个叶芽。

　　2. 每段插条末端蘸取适量植物生长素，插入装有插条栽培土（含防腐剂）、高约7.5厘米的花盆中。

　　3. 将叶子卷起用橡皮筋固定，这样既能减少叶面水分蒸发，又能节省空间。如果任由枝叶铺展的话，可将多个花盆放在一起，这样也能节省空间。

　　4. 将花盆放在暖箱中，大约1个月后插条就会生根，此时可拿掉橡皮筋给新植株更多生长的空间。几周后将新植株移栽到普通盆栽土（含防腐剂）中。

仙人掌科植物扦插

　　1. 这样的仙人掌科植物或多浆植物扦插操作很简单，关键是选择大小合适的插条。

　　2. 将插条放置48小时左右直至切口干燥。

　　3. 如图所示，将插条插入盆栽土中，不需要使用植物生长素。

　　4. 柱状仙人掌一般只有一根茎，不太可能分权。通常可切下顶部5～10厘米的茎作为插条。扦插前放置约48小时直至切口处干燥。

　　5. 长有扁平茎的仙人掌容易生根但不易取放，可以参考上文提到的处理带刺仙人掌的方法，取放其他带刺植物时也可用同样方法。

　　6. 图中的两种插条分别取自柱状仙人掌（左边花盆）和长有扁平茎的仙人掌（右边花盆）。

嫁接仙人掌有时只是出于兴趣，有时却是为了促进仙人掌开花，因为有的仙人掌嫁接在其他品种的仙人掌上能提前开花。而部分彩色仙人掌，如橙红色裸萼球属仙人掌，由于缺乏进行光合作用的叶绿素，只有嫁接到绿色仙人掌上才能存活。所有嫁接方法中，平接最为简单。

兰科植物长有假鳞茎（生长在盆栽土表面的鳞茎）可以单独分离出来培育成新植株。兰科植物也可以用分株法繁育新植株。

蕨类植物可以通过孢子繁殖：孢子形似极为细小的种子，但并非真正的种子。蕨类植物的植株和孢子是无性繁殖过程中的两个不同阶段。孢子萌发后，有性生殖过程开始，形成原叶体。原叶体为绿色，匍匐生长，形似叶片，雌雄同体。原叶体受粉后植株才开始生长。

繁育兰科植物

1. 兰科植物成簇生长，需进行分株。可以分离外缘植株进行移植。有些兰科植物长有假鳞茎（不长叶的老鳞茎），可以移植假鳞茎培育新植株。

2. 将分出的植株移栽到较大的花盆里，使用兰科植物专用盆栽土（含防腐剂）。移植假鳞茎的处理方法与此相同。

嫁接仙人掌

1. 用锋利的小刀削去砧木的顶部，形成一个平面。

2. 用小刀略微修整砧木边缘。

3. 切下需嫁接的仙人掌，同样修整切口边缘。

4. 进行嫁接。用橡皮筋箍住嫁接好的仙人掌和花盆的底部进行固定。

5. 贴上标签，放到温暖、光照充足的地方。嫁接部位长在一起后可去掉橡皮筋。

蕨类植物的孢子繁殖

1. 选择较浅的花盆，装入含泥炭藓的盆栽土（泥炭土）。有时也可以在盆栽土上撒上一层薄薄的草木灰。轻轻将土壤压实压平整。

业余盆栽爱好者买到的孢子通常不纯，常常混杂有耐寒品种或热带品种。比如图中这种鸟巢蕨（Asplenium nidus）就常常鱼目混珠，掺杂其中。想种植特定的某个品种，最好亲自收集孢子。

2. 将孢子均匀撒入盆中。

3. 用玻璃盖住花盆，放到盛有水（最好是雨水或软水）的托盘上。将花盆置于温暖昏暗的地方，确保盘内一直有水。

4. 1 个月左右，盆栽土表面会长出原叶体。此时一定要保持盆栽土湿润，也不要拿掉玻璃。

5. 一两个月后，长出孢子体，就是平常见到的蕨类植株。此时可以拿掉玻璃，但仍需避免阳光直射。植株大小方便拿取时进行疏苗，将成簇植株移栽到育种盘中。

植株长到一定大小后，单独移植到大小合适的花盆中。

居家花草种养常见问题及解决方法

→ 植物虫害

无论是刚开始种植室内盆栽的新手，还是经验丰富的人，甚至是专业人员，都不能保证所种的植物永远不发生虫害。蚜虫等害虫会对各种植物带来危害，有些害虫则更具针对性，是某些植物的大敌，或者在特定环境下才会侵害植物。一旦虫害发生，应该迅速采取有效措施消除虫害。

害虫大致可以分为三类。发现虫害时如果你不能马上识别是什么害虫，可以先根据以下内容判断害虫属于哪一类，再采取相应的措施除虫。

❀ 吸汁害虫

蚜虫是最常见也最令人头痛的害虫。它们通常多批轮番上阵侵害植物，因此成功消灭一批蚜虫后仍然不能放松警惕。

蚜虫等吸汁害虫，不仅对植物造成直接损害，还会影响植物将来的生长。植物花苞或芽苞受蚜虫之害，长出的花或叶会变形。蚜虫吸食叶脉中相当于植物"血液"的汁液时，可能会将病毒传染给其他植物。因此需要认真对付，最好在蚜虫大量繁殖前采取措施。

粉虱看上去像小飞蛾，一碰到就会扬起一阵粉尘。粉虱的蛹（幼虫）绿色偏白，形似鳞片，在孵化前转为黄色。

红蜘蛛不容易察觉，通常只能看到它们所结的精细的网，或者只能发现受害的植物叶子变黄、出现斑点。

防治方法：几乎所有用于室内盆栽的杀虫剂都能控制蚜虫，可以选择操作方便、药效时间合适的杀虫剂。也可以购买专杀蚜虫的杀虫剂，这种杀虫剂对益虫无害，因此你不必担心会影响授粉昆虫或一些害虫天敌的生长。多数药性强的杀虫剂不适合在室内使用，可以将植物搬到室外喷洒。也可以经常使用药性较弱、药效较短的杀虫剂——这些杀虫剂常以除虫菊酯等天然杀虫物质为主要成分。

内吸式杀虫剂药效长达数周，在室内使用很方便，可以用水稀释后浇到盆栽土中，也可以装在渗漏器中插入盆栽土使用。

蚜虫

蚜虫是最常见也最令人头痛的害虫，不过一经发现尽快采取行动很容易控制。

粉虱

粉虱看上去像白色的小飞蛾，搬动患病植物时常会扬起一阵粉尘。粉虱很小，但会逐渐影响植物生长，受感染植物的症状可见图中的菜豆属植物。

红蜘蛛

红蜘蛛甚小，要用放大镜才能看到，但是其危害不容小视。图中是生红蜘蛛的八角金盘，可见后果有多严重。

粉蚧

粉蚧行动迟缓，繁殖速度比蚜虫慢，却仍会影响植物生长，而且会造成大面积虫害。

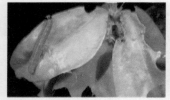

毛毛虫的危害

　　花园和室内的植物都可能长毛毛虫，图中的木麒麟属植物正受毛毛虫侵袭。

生物防治法

　　又名智利小植绥螨，可用来控制红蜘蛛。如图所示，将寄生有捕食螨的叶片放到室内盆栽上。

线虫和象鼻虫幼虫

　　目前针对象鼻虫幼虫可以用微型寄生性线虫进行生物防治，将其与水混合后浇到盆栽土中。图中的仙客来正在用该法处理。

葡萄象牙虫幼虫

　　葡萄象牙虫幼虫啃噬植物根部，植物枯萎时才能被发现，因此很令人头痛。

内吸式杀虫剂

　　如图所示特殊的渗漏器缓慢释放内吸式杀虫剂，供植物根部吸收，对付吸式害虫药效可达数周。

蚜虫防治

　　将植物的叶子浸入水中，轻轻晃动，可防止蚜虫等害虫大量滋生。

　　粉虱等害虫需要重复使用普通的触杀式杀虫剂，千万不能使用一两次就觉得万事大吉了。

　　红蜘蛛不喜欢潮湿的环境，杀虫后可以经常给植物喷雾，这样既有助于植物生长，又能防止红蜘蛛再生。

　　粉蚧和其他较难杀灭的吸汁害虫，可以用棉签蘸取酒精，擦拭害虫感染的叶片表面。因为这类害虫具有能抵挡多数触杀式杀虫剂的蜡制外壳，而酒精能破坏这层外壳。除此以外，也可以使用能进入植物汁液的内吸式杀虫剂。

❀ 食叶害虫

　　一旦叶子出现虫洞，食叶害虫就暴露无遗了。食叶害虫体型普遍较大，容易看到，要控制也相对容易一些。

　　防治方法：毛毛虫、蛞蝓和蜗牛等较大的害虫，可以直接下手捉（若叶片受害严重则需剪掉整张叶片），因此室内种植时无须使用杀虫剂，温室里可以使用毒饵（家中有宠物的话用花盆碎片盖住毒饵，防止宠物误食）诱杀这些害虫。

　　蠼螋等晚上才出来觅食的害虫较难处理，可以使用专门的家用杀虫粉末或喷雾，在植物周围喷撒。

❀ 根部害虫

　　啃食根部的害虫很可能要到植物枯死时才会被察觉，但那时为时已晚，这就是此类害虫最令人头痛的地方。某些蚜虫及象鼻虫等害虫的幼虫，都属于这一类。植物出现病态，如果能排除浇水不当的原因，而且植物地上部分也没有发现害虫，就基本可以确定是根部害虫在作祟。这时，可以将植物取出花盆，抖落盆栽土，查看植物根部。若有虫卵或害虫，这可能就是引起上述情况的原因；若无害虫但根稀少或出现腐烂现象，则植物很可能感染了真菌。

　　防治方法：取出植物抖动根部进行检查，若有害虫，重新移植前先将根部浸到溶有杀虫剂的溶液中，杀灭害虫，然后用溶有杀虫剂的溶液将盆栽土浇透，预防害虫卷土重来。

→ 植物病害

病害会影响植物外观，甚至可能导致植物死亡，因此必须认真对待。植物感染真菌，只摘除受感染叶片不能有效控制病情，最好尽快施用杀菌剂。植物感染病毒，最好将植株扔掉，以免病毒扩散，感染其他植物。

有时，不同真菌感染表现出的症状非常相似，很难准确判断，但这并不妨碍控制真菌感染，因为用于控制常见病症的杀菌剂几乎对所有真菌感染都能起作用——当然，不同的杀菌剂对不同病症的效果也有差异。使用前需仔细阅读标签上的使用说明，确定这种杀菌剂对哪一种病害最有效。

❀ 叶面斑点

各种不同的真菌和细菌都能导致植物叶面出现斑点。如果受感染的叶片表面出现黑色小斑点，可能是感染了结有孢子的真菌，此时可以使用杀菌剂。如果叶面未

叶面斑点

各种真菌感染可能导致叶片出现斑点。只有少数叶片感染的话，只需摘除受感染的叶片，并给植物喷洒杀菌剂。

由真菌引起的病害

葡萄孢菌通常长在已死亡或受损的植物上，也可能是由通风不足引起的。

出现黑色小斑点，可能是细菌感染，使用杀菌剂也会有些效果。

防治方法：剪除受感染的叶片，用溶有内吸式杀菌剂的水喷洒植物，天气好的话可增强通风。

❀ 腐根

健康的植物突然枯萎很可能是由根部腐烂引起的，主要表现为：叶片卷曲、变黄变黑，然后整株植物枯萎。腐根一般是浇水过多导致的。

防治方法：根部腐烂通常没有挽救措施。不过情况不太严重的话，尽量降低盆栽土湿度或许可以控制病情。

❀ 烟霉病

烟霉病通常发生在叶片背面，有时也会长在叶片正面，看上去像成片的炭灰，对植物健康不会有直接危害，但会影响植物外观。

防治方法：烟霉以蚜虫和粉虱分泌的"蜜露"（排泄物）为食，只要消除这些害虫断绝烟霉的食物来源，烟霉自然就会消失。

❀ 霉病

植物霉病分为很多种，最常见的是粉

烟霉

烟霉属于真菌，以蚜虫和其他吸汁害虫分泌的含糖排泄物为食。烟霉病对植物危害不大，但会影响植物外观。只要将上述害虫消除，烟霉病自然就会消失。

霉病

室内盆栽植物可能感染的霉病有很多种，秋海棠属植物最易感染霉病。一旦植株病情严重，就很难采取措施控制。杀菌剂可以用于早期防治。

状霉病。病症为叶片上出现白色粉状积垢，好像撒了一层面粉。开始时霉菌只感染一两块区域，但会逐渐蔓延开来，很快就能感染整株植物。秋海棠属植物最易感染霉病。

防治方法：尽早摘除受感染的叶片，使用真菌抑制剂防止病情扩散。增强通风，降低植物周围的空气湿度——直到病情得到基本控制为止。

❀ 病毒感染

植物感染病毒的主要症状有：生长停滞或变形，观叶植物的叶片或观花植物的花瓣上会出现异常的污斑。病毒可以通过蚜虫等吸汁害虫传播，也可以经未消毒的剪切插条的小刀携带传播。

目前并无有效措施控制植物病毒感染，除了需要病毒形成斑叶的部分斑叶植物，其他植物一旦感染，最好将植株扔掉，以免感染其他植物。

杀菌剂的使用方法

需要使用杀菌剂的话，可以选择室外植物专用的药剂，加水稀释后，喷洒受害植物。

→ 长势不良

在植物的生长过程中，并非所有问题都是由病虫害引起的，有时低温、冷风或营养不良等原因也会导致植物出现问题。

只有仔细检测才能发现导致植物长势不良的真正原因。以下所列举的一些常见问题有助于你在某种程度上确定主要原因，不过需要特别留心其他可能的原因——如是否移动过植物，浇水是否适量，温度是否适宜，利用供暖设备调高温度的同时是否注意增加湿度并增强通风。集中各种可能因素，锁定直接原因，并采取相应措施避免以后出现同样的问题。

❀ 温度

多数室内盆栽能抵抗霜冻温度以上的低温，但却不能适应温度骤变或冷风。

低温可能引起植物落叶。冷天没有及时移回室内，或在搬运途中受冻的植物，通常都会出现这种现象。叶片皱缩或变得透明，植物可能冻伤很严重。

冬季温度过高也不好，可能会导致大叶黄杨等耐寒植物落叶或引起未成熟的浆

植物缺乏打理

图中的植物很明显缺乏打理，而且营养不良。这样的植物最好扔掉。

果脱落。

❀ 光照

有些植物需要强度较高的光照，光照不足，叶子和花柄就会因向光生长而偏向一边，而且植物茎干会变得细长。这种情况发生时，如果无法提供充足的光照，可以每天将花盆旋转45度（可在花盆上标记接受光照的部位），以便植物各个部位都可以接受充足的光照。

充足的光照有利于植物生长，但阳光直接和透过玻璃照射植物却会灼伤叶子——灼伤部位会变黄变薄。雕花玻璃像凸透镜一样具有聚光作用，灼伤

浇水过多的影响

植物下部叶子变黄通常是由浇水过多引起的，冬季低温也可能导致这一现象的发生。

日照引起的叶子灼伤

有些植物不适应强光，透过玻璃加强的阳光很可能会灼伤叶子。

气雾剂引起的叶子灼伤

气雾剂可能导致叶子灼伤（室内盆栽专用杀虫剂使用不当也会导致这样的情况）。图中的花叶万年青属植物使用气雾杀虫剂时距离太近，以致叶片灼伤，大量脱落。

空气干燥的影响

干燥的空气会影响多数蕨类植物的生长。图中的铁线蕨表现出环境干燥的症状。

更为严重。

❀ 湿度

干燥的空气可能导致娇嫩的植物叶尖泛黄，叶片变薄。

❀ 浇水

浇水不当会导致植物枯萎，这包括两种情况：若盆栽土摸起来很干，可能是缺水引起的；若盆栽土潮湿，花盆托盘中仍有水，则可能是浇水过多引起的。

❀ 施肥

植物缺肥可能导致叶片短小皱缩、缺乏生机，液体肥料可迅速解决这一问题。柑橘属和杜鹃属等植物种在碱性盆栽土中，会出现缺铁现象（叶子泛黄），用含有铁离子的螯合剂（多价螯合）施肥，移植时使用欧石南属植物专用盆栽土（尤其是专为不喜欢石灰的植物设计的盆栽土），可以大大缓解这一

症状。

❀ 花蕾脱落

花蕾脱落通常是由盆栽土或空气干燥引起的，花蕾刚形成时，挪动或晃动植物也会出现这一现象。如蟹爪兰，花蕾形成后挪动植株，由于不适应，很容易导致花蕾大量脱落。

植物缺水

图中的山牵牛属植物表现出典型的缺水症状。若盆栽土干燥，就更能证明植物缺水。此时可将花盆浸在盛有水的盆中，持续几小时，直到盆栽土完全湿润为止。泥炭土干透后容易板结，很难浇透，在水中加入几滴温和的洗涤剂有助于泥炭土恢复吸水的功能。

花蕾脱落

根部干燥、浇水过多或刚长出花蕾就移动植物都有可能引起花蕾脱落。

一旦植物出现枯萎或倒伏的情况，首先应找出原因，然后尽快急救让植物恢复正常。

植物出现枯萎或倒伏现象属于比较严重的问题，不注意的话，植物很可能会死亡。植物枯萎的原因通常有三个：

* 浇水过多
* 缺水
* 根部病虫害

前两种原因导致的枯萎通常很容易判断：若盆栽土又硬又干，可能是缺水；若托盆中还有水，或盆栽土中有水渗出，很可能是浇水过多。

若不是这两种原因，可以检查植物基部。若茎呈黑色且已腐烂，很可能是感染了真菌，这种情况下，最好将植物扔掉。

若上述原因都不是，可以将植物取出花盆，抖落根部盆栽土，若根部松软呈黑色，且已腐烂的话，可能是根部发生了病害。另外查看根部是否有虫卵或害虫，某些甲虫如象鼻虫的幼虫也可能引起植物枯萎。

🌸 根部病虫害的急救

根部腐烂严重的话很难恢复原状，不过可以用稀释后的杀菌剂浇透盆栽土，数小时后用吸水纸吸去多余水分。若根系受

干枯植物的急救措施

1. 如果植物叶子像图中一样打卷儿，很可能是由盆栽土过于干燥引起的。但也不能下定论，最好先摸一摸盆栽土，因为浇水过多也会引起叶子卷曲。

2. 若确定是由缺水引起的，可将花盆浸在盛有水的容器中，直到水中不再冒气泡为止。

3. 几小时后植物才能恢复正常。经常给植物喷水雾能加速枯萎植物复原。

4. 植物恢复正常后，从水盆中取出，在阴凉处至少放置一天。

损严重，尽量去除原来的盆栽土，使用经消毒的新盆栽土，移植植物。

某些根部害虫，用杀虫剂浸泡盆栽土就可以消灭，但深红色的象鼻虫幼虫和其他一些难缠的根部害虫很难控制。这种情况下，可以抖动植物根部，撒上粉末杀虫剂，然后将植物移植到经消毒的新盆栽土中。病害不严重的话，移植后只要植物重新生长，就能存活。

浇水过多植物的急救

1. 先将植物取出花盆。若不易取出，可捏住植物靠近根部的地方，将花盆倒置，轻轻敲打花盆壁。

2. 在根团上包上几层吸水纸，吸收盆栽土中多余水分。

3. 包上更多吸水纸，将植物放在较为暖和的位置。若仍有水渗出，定期更换吸水纸。

❀ 植物枯萎的其他原因

＊ 其他原因也可能引起植物枯萎。

＊ 夜晚的低温，尤其是冬季夜晚的低温，可能引起植物枯萎，昼夜温差较大的话更容易出现这一现象。

＊ 透过窗玻璃直射的灼人强光会导致很多植物枯萎。这种情况发生时，将植物搬到阴凉处通常就能恢复正常。

＊ 空气干热也会引起某些植物枯萎，如娇嫩的蕨类植物。

4. 直到盆栽土湿度合适，才能将植物移植到花盆中，一周后再适当浇水。

花草巧摆放，健康又美家

→ 室内摆设

家具摆设和装修风格会反映出你的性格。或许你无力改变外面的世界，甚至连工作环境也无法改变，但在家里你可以尽情彰显个性。室内盆栽能帮助你营造理想的氛围：温馨田园、简约有型、时尚典雅，各种风格室内盆栽都能帮你办到。无论是乡间小屋、都市公寓，还是城市住房，只要选择合适的盆栽植物就能彰显不一样的家居风格。

没有植物的住宅如同不加调料的饭菜一般沉闷无味。我们固然更注意住宅的外观和实用性，但如果室内也充满情趣就更好了，室内盆栽恰好能做到这一点。有些人不喜欢沿着楼梯生长、过于茂盛的常春藤，因为上下楼梯时可能被绊住；有些人不喜欢摆在餐具柜上的蓬莱蕉，因为放餐具时可能被刺到。但只要你精心选择，室内盆栽不仅不会给你惹麻烦，还能让原本呆板阴暗的房间熠熠生辉。

有些植物还能起到屏风的作用。植物屏风往往比普通屏风更为自然，丝毫不会显得突兀。

❀ 确定风格

你必须先确定你所要营造的整体风格，然后再购买合适的植物，这有助于你实现预期。条件允许

最好购买几株名贵植物，虽然价钱比普通植物贵一些，但前者产生的视觉效果却是后者无法匹敌的。若要营造复古的村舍格调，只需在窗台上摆放一些传统植物，或用漂亮的装饰性花盆种一株大型蜘蛛抱蛋或虎尾兰。那些线条粗糙，中规中矩的大型植物适合摆放在宽敞的居室、办公室或门厅中，不适合营造村舍格调。

❀ 组合种植还是单独种植

几株植物组合种植能够形成局部小气候，有利于植物生长。和分散种在室内不同角落相比，三五棵植物种在一起能产生更为强烈的视觉效果。组合种植需要更大的容器，所选容器也要有助于塑造特定的

上图和左图：将相同的几株植物分别种在不同花盆中，或组合搭配种在同一个花盆中，产生的效果不同，可以分别尝试，以选出最佳方案。上图是将三株仙客来单独种在花盆中，左图是将三个花盆放到一个装饰性托盆中。两种摆设方法都很漂亮，但视觉效果却截然不同。

风格。

　　大型植株一般都单独种植，如丝兰属植物、喜林芋属植物，以及垂叶榕和琴叶榕等桑科植物，单独种植就足以吸引眼球了。植物一旦长高，就会露出底部光秃秃的主干，此时可以在盆中种入小型观花植物或攀援常春藤，遮住光秃秃的主干。

植物摆放过密往往显得呆板，但能形成有助于植物生长的小气候。图中将植物按高矮摆放，在餐厅和厨房间形成了一个引人注目的绿色屏风。

❀ 选择合适的背景

　　大部分植物在朴素背景的映衬下最为漂亮。如果墙纸有花纹，特别是带有叶或花图案的花纹，最好选择叶子宽大且醒目的观叶植物。此时和斑叶植物相比，普通的绿叶植物显得更有优势，因为斑叶植物与色彩斑斓的墙纸放在一起，让人觉得眼花缭乱。

❀ 充分利用高度

　　把植物都摆在桌子或窗台上固然很漂亮，却难免显得有点儿呆板。因此可以将某些大型植物直接摆在地上。居室的上层空间缺乏装饰，但光照较好，可以悬挂吊篮植物。壁炉不用时，可以在壁炉架上摆放攀缘植物，壁炉垫座也能作为漂亮的容器种植绿萝等攀缘植物，龙血树等长刺的植物以及肾蕨等枝叶下垂的植物。

❀ 选择合适的容器

　　容器不能喧宾夺主，但巧妙运用容器可以让原本普通的植物变得特别，而且很多容器本身就可以作为装饰。尽量为植物选择漂亮的容器，旧水桶或藤编筐等也可以种植植物，但要注意使植物和容器浑然一体，相得益彰。

❀ 植物和房间大小的比例

　　要想实现预期风格，就不能忽视植物和房间比例的问题。单独种植的非洲紫罗兰，即使摆在引人注目的桌子上，也不会对整体布局产生多大影响；同样，村舍的小房间中摆放一株大型垂叶榕虽然引人注目，却显得和整体风格格格不入。

合理摆放植物，废弃的壁炉也能让人眼前一亮。

→ 案头摆设

漂亮的观花植物或观叶植物无论是作为普通的案头装饰，还是作为重要场合的餐桌摆设，都能成为引人注目的焦点。可惜的是，适合案头摆设的植物并不多，而且大部分植物都喜欢窗边光照充足的生长环境，因此你需要仔细选择合适的植物作为案头摆设，并经常更换。

❀ 观花植物

选择颜色和桌布搭调的观花植物，能让整张桌子更具格调。特别是作为餐桌摆设的植物，即使植株较小，精心选择和搭配也能让整张餐桌更加赏心悦目。

桌布对毫不起眼的桌子具有装饰作用。有图案或颜色淡雅的桌布能自成风格，也能和所摆的植物一起构成一道更为亮丽的风景。仙客来植株漂亮，单独摆在光秃秃的桌子上略显单调，如果铺上粉红色的桌布，效果就完全不同了。

非洲菊等花色鲜亮的观花植物花梗较长，可以放在装有镜子的桌上。镜里镜外花朵交相辉映，看上去像花朵的数量增加了。

非洲菊是典型的适合案头摆设的植物。植株买回时一般都已开花，而且很难养护到来年，和保存时间较长的鲜花差不多。非洲菊花期可达数周，打算开花后扔掉植株的，就不必在乎案头光照是否充足了。

其他能给昏暗角落带来亮色和情趣，但花期过后通常需要扔掉植株的植物包括全年生长的菊花、瓜叶菊属植物、冬石南、巴西鸢尾以及紫芳草等小型一年生植物。春季和冬季，风信子等鳞茎植物可以作为案头摆设，可以先将这些植物放到光照充足的地方，待植株开花后，再将它们移到案头，第二年种植时不能对这些植物进行催花处理。

❀ 观叶植物

虽然大部分观叶植物的耐阴性极强，但其中很多并不适合作案头摆设。例如多数榕科植物植株偏大，而常春藤等为蔓生植物，都不适合摆在案头。形状匀整的耐寒斑叶植物，如"劳伦蒂"虎尾兰，或广东万年青属植物的斑叶变种适合作为案头

植物和背景颜色协调能创造出雅致的效果。图中仙客来 (cyclamen) 粉红色的花和桌布以及墙纸的镶边相得益彰。

像非洲菊 (gerbera) 这样的植物可以摆在镜子前，小型植株也能带来令人震惊的效果。

摆设。

桃叶珊瑚的变种适合种在较为阴凉的位置，如无供暖系统的卧室、通风不好的门厅等处。

配合花泥制作插花装饰

1. 使用图中这样的篮子做容器，需要内衬塑料布防止漏水。　　2. 先放入观叶植物，最好是较浅的花盆。

3. 将花泥切成大小合适的块儿，放在花盆之间。　　4. 将剪下的鲜花（或叶子）插到潮湿的花泥上。

❀ 插花装饰

* 插花装饰有很强的艺术表现力，最能体现插花人的审美能力。热衷于插花艺术的人可以尽情施展自己的才华。

* 制作典型的插花装饰，需先选择漂亮的花盆（最好是能自动供水的花盆），种上三五种观叶植物（也可用更大的花盆多种几种）。然后在盆栽土中插入玻璃管或金属管，可插在正中，也可稍微偏一点儿。

* 在管中注入水，插入剪下的鲜花（也可以是具有观赏价值的叶子，随喜好而定）。寥寥几朵花就能为整个装饰增添一抹亮色。时常更换鲜花，整体布局可以不断变化。观叶植物枯萎了也可随时更换。

图中的插花装饰使用花泥来固定鲜花，把花插在哪里更加自由。图中的装饰摆在壁炉旁边，运用了百合、小苍兰、蕨叶以及常春藤。

座墩摆设以及悬挂式花盆和花篮

如果能够充分利用上层空间，悬挂或下垂生长的植物可以将你的居室装点得绿意葱茏又层次分明。如果家中空间有限，地板上能摆植物的地方都摆满了，就可以使用悬挂式花盆种植植物，充分利用上层空间。悬挂式花盆可以营造出绿色瀑布之感。

❀ 座墩摆设

有些座墩本身就非常美观，足以吸引眼球。这样的座墩不适合摆放枝条太长的蔓生植物，因为过长的枝条会遮住富有特色的座墩。但可以摆放枝条较短的蔓生植物，这些蔓生植物包括具刺非洲天门冬、意大利风铃草，以及蟹爪兰属和假昙花属的开花杂交品种。

想同时展示漂亮的花盆和座墩的话，就应该使用枝条弯曲但不下垂的植物：吊兰和细叶肾蕨非常合适。有些座墩实用但缺乏装饰性，就可以用来摆放瀑布式下垂生长的植物，如常春藤、垂枝香茶菜、斑叶香妃草，或金色的绿萝(又名黄金葛)。

❀ 实用性比较

＊ 座墩比悬挂式花盆更加实用。一方面，座墩上的植物能获得更好的光照（阳光是向下照射的，离天花板越近的地方越阴暗）；另一方面，座墩可以摆放普通花盆，浇水更为方便，而且不存在妨碍人走动的问题。

吊兰属植物 (chlorophytum) 既可以作为座墩摆设，又可以种在悬挂式花篮里，两种方法都能凸显吊兰枝条优美的曲线。需要注意的是，悬挂式花篮更适用于温室。

细叶肾蕨 (nephrolepis fern) 是最常见的座墩盆栽，顺着它下垂生长的枝条自然而然会注意到漂亮的座墩。图中外形美观的座墩上以及下方的座墩架上各摆了一盆细叶肾蕨。

❀ 悬挂式花盆和花篮

普通的悬挂式花盆多用于温室，并不适合室内使用。浇水量不容易控制，室内使用悬挂式花盆，一旦浇水过多，水就会顺着盆底排水孔滴到地毯或家具上，因而最好使用有托盘的悬挂式花盆，或者选择专为室内设计的"吊篮"（形似花篮，有时带有渗漏器）。

悬挂式容器较难安置：多数适合种在悬挂式花篮中的植物需要充足光照，挂得高了，光照满足不了；挂得低了，又会碰到人。较小的房间可以选择较浅的吊篮或壁式花盆。在素净或灰白墙壁的映衬下，许多悬挂式容器中的蔓生植物或枝条弯曲的植物都会显得格外动人。

❀ 可以尝试的蔓生植物和枝条下垂的植物

* 观花植物

芒毛巨苔属植物

鼠尾掌

意大利风铃草

鲸鱼花属植物

假昙花

蟹爪兰

* 观叶植物

具刺非洲天门冬

银边吊兰

绿萝（又名黄金葛）

常春藤以及其细叶变种

香茶菜属植物

菱叶白粉藤

制作座墩盆栽的方法

1.选择直径大但较浅的容器，这样的容器摆在座墩上更稳，而且不会抢了盆栽和座墩的风头。

2.选择合适的观花或观叶植物，可先用原盆摆设，整体效果满意后再将植物移到选好的容器中。

3.移栽时，花盆外围植物可稍微倾斜，这样有利于枝叶向外生长，并倾泻而下。

悬挂式花篮通常需要挂在阳光充足的地方，窗户附近的光照充足，而且强度从高到低是渐变的，是较为理想的位置。

座墩盆栽不一定只用一种植物，可以使用多种植物，但所有植物必须种在同一个容器中。

组合搭配大型植物

有时大型植物适合单独摆设，高大醒目的植株给人造成很强的视觉冲击。有时大型植物组合搭配，特别是摆在小型植物后面时效果更好。

植株特别高大的植物，如高达1.8米甚至更高的丝兰，或高度接近天花板的垂叶榕，大可以单独摆放，这样就足以吸引眼球了。较小的植物通常更适合组合搭配，因为这样比单独摆放更具视觉冲击力，让人有置身花园的感觉。

要组合搭配小型植物，只需将几种植物种在一个较大的花盆中即可，但大型植物就行不通了，因为办公室和酒店大厅使用的大花盆不适合家庭使用，不过可以把单独种在花盆中的大型植物排在一起，并在前面摆些较小的植物。

大型室内盆栽植物多为斑叶或彩叶的观叶植物。组合摆放绿叶植物可以制造凉爽、静谧的氛围，搭配使用斑叶或彩叶植物也不失为一种好的选择。斑叶植物的叶子只有绿色部分可以利用阳光进行光合作用，对光照的要求通常比绿叶植物高，不适合摆在阴暗的位置。

家中缺少装饰的地方最好组合摆放一些植物。废弃的壁炉可以用

一棵较大的蕨类植物进行装点。壁炉及其周围很适合组合摆放植物——壁炉架的后部可以摆放较高的植物，前部可以摆放小型植物，而壁炉台上可以摆放枝条弯曲的植物或蔓生植物。

❀ 组合摆放的原则

基本原则是高大的植物摆在后面，矮小茂盛的植物摆在前面，这样看上去最为自然。同时要考虑植物摆放的位置。两端有窗的狭长房间，摆在中间的植物能起到屏风的作用，可以将高大的放中间，矮小

一般来说，植物组合摆放更为美观，不过一定要选择大小与环境协调一致的植物。图中的壁炉旁如果摆放小型植物就不太协调，而几株大型植物却可以让这个位置更具风格。

的放两边。房间的角落摆上一株大型植物，前面随意放些小型植物，就会非常漂亮。

植物高度相差无几的话，可以摆在高低不等的桌子上，或通过其他方法制造层次感。

为防止地板受损，可以在花盆底部放上托盘——最好使用和花盆风格一致的托盘。成组摆设时，放在后面的植物浇水会更麻烦，容易有水洒出，这时托盘的作用就显现出来了。

图中座墩上的肾蕨单独摆放可能略显单调，搭配其他植物则显得更富有趣味，整体也更协调。

❀ 搭配摆放生长环境相似的植物

＊ 可能的话最好将生长环境相似的植物放在一起。比如，丝兰和棕榈都耐旱，而多数喜林芋和龙血树都喜阴，因而比较适合摆放在一起。如果是短期摆放并没有这么多讲究，不过你希望植物长势良好的话，最好选择对生长环境要求相似的植物，这样也能简化养护工作。

组合摆放的绿叶植物中，若放上一两盆观花植物，能增添一抹亮色。

高大的植物更能吸引眼球，但底部光秃秃的主干有失美观，在前面放些较小的植物就能弥补这一不足。搭配使用叶子大小和形状各异的绿叶植物和斑叶植物，就能带来绝佳的视觉享受。

→ 组合搭配小型植物

小型植物组合摆放往往比单独摆放更具创意，可以将几株小型植物种在同一个花盆中，也可以将几盆单独种植的小型植物摆放在一起。

植物组合摆放不但便于养护，而且比单独摆放时更漂亮，更引人注目。按植物的高矮从内往外摆放能让整体布局更具层次感。薜荔和玲珑冷水花等匍匐生长的小型植物搭配其他植物摆放会有令人耳目一新的感觉。由于自身的生长特点，这些植物一般都会作为一组植物中的底层植物。组合摆放还可以掩盖植物的一些不足，如放在底层的小型植物能遮住另一些植物生长不匀称或底部光秃秃的缺点。几种植物放在一起还能形成局部气候，有利于植物

生长。植物多了，植物周围空气的湿度会相对高一些，能更为有效地防止干燥的空气和冷风对植物生长造成的不利影响，可以容纳多种植物的大型花盆中盆栽土的湿度也更容易得到保持。带自动供水系统的花盆中种植的植物和无土栽培法栽培的植物更适合组合摆放，稳定均匀的水分供应更有利于这些植物生长。

✿ 成组摆设的造型

成组摆设的造型并无硬性规定——只要有利于植物生长，可以随喜好搭配（当然对生长环境要求截然不同的植物不能放在一起）。以下所列的几种造型既漂亮又适用于多数植物，不过尝试一下其他形式也蛮有意趣的。例如，环境合适的话，可以在壁炉上摆放旧煤桶种植的植物，这会令你的壁炉变得与众不同。

收纳盆灵活性强，可以随意移植自己喜欢的植物进去，还可以按照自己的喜好做造型。像菊花、一品红等花期较短的植物比多年生植物更适合组合种植。在各种观叶植物（茎干挺拔的植物、枝条弯曲的植物、毛茸茸的植物或蔓生植物）间点缀少量观花植物，能创造出良好的视觉效果。摆放时收纳盆中各个花盆之间应该留有空隙，但空隙不能太大，否则看起来就像毫不相关一样。

利用收纳盆成组摆放植物

1. 这种碗状容器没有排水孔，不必担心其损毁家具，但必须用沙砾在容器底部铺设排水层，并控制浇水量。

2. 在容器中放少许盆栽土，然后将植物移入，注意合理搭配观叶植物和观花植物。

3. 移植完成后，如有必要，在植物根部再加些盆栽土，轻轻压实。然后浇水，注意控制水量。

桌上摆这么一盆植物，真是让人赏心悦目。

盛有鹅卵石的托盘适用
于喜阴植物。选择适合案头
或窗台摆设的托盘，装入鹅
卵石。将花盆安放在鹅卵石
上。盆中不一定要装水，有
水的话必须保证花盆底不与
水接触。

自动供水花盆大小合适
的话至少可种三种植物。这
样的花盆外观雅致，又能减
轻浇水负担。可以选择不需
要经常移植或移动的植物，
直接种到盆栽土中。

和大型植物一样，成组种植同样有助于小型植物生长。你可将几种
植物种在一个较大的花盆里，也可以将单独种植的植物组合摆放。后者
灵活性较强，可以随心所欲地移动和重摆，若是短期观花植物，这一点
显得尤为重要。

摆在较低位置、需要俯观的小
型植物，最好组合摆放。少数观花
植物（如图中的非洲菊和秋海棠）能
让整组观叶植物更加生机勃勃。

组合放在浅盘中的小型植物也别有一番风味。图中的浅盘中使用的
是沙砾，盘底可盛些水，但水不能浸到盆栽土——除非种植的是蕨类植物。

❀ 警惕潜在的问题

* 组合种植植物也有一些不足之处。例如，由于其他植物的遮挡，很难及时发现植
物病虫害的早期症状，导致病情迅速蔓延，难以控制。不过只要经常打理植物，这些问
题很容易克服。

有花房或暖房的话，你几乎可以成功种植所有室内盆栽植物。但也存在问题，因为必须要处理好植物生长环境和人的居住环境之间的矛盾，人待在适合热带植物生长的环境中可能会有不适感。不过只要精心安排，花房可以成为居室的延展部分，不但不影响生活，还能让你更好地观赏植物。

通常可以在室外扩建花房或暖房，也可以将有光照的房间改建为花房或暖房，天气晴朗但气温不高时暖房内的植物仍能正常生长，而且还能成为室内装饰。如果能保证空气湿度和温度，从地板到天花板可以分层种植各式各样的植物，创造一种热带风情。

❀ 人性化设计的暖房

如果暖房光照适宜、环境舒适，适合久坐，你可以摆上一张咖啡桌，几张漂亮的椅子，周围放一些雅致的盆栽植物，这样的设计别有一番风味。

将暖房的墙刷成白色或米色，靠墙种上一株九重葛，摆上几盆棕榈，再放上一两盆开花灌木，如夹竹桃、橘树或柠檬树，立即就会让人陶醉其中。

❀ 专为植物设计的暖房

如果购置暖房只是为了增加所种植物的种类和数量，可以将暖房当作温室使用，其实现在简约而时尚的温室和暖房差别不大。

可以充分利用攀缘植物来装点你的暖房。每隔30～60厘米在墙壁上扯上一根镀锌金属丝，植物就会贴着墙壁攀援而上，直至覆盖整个墙壁和屋顶，夏季能为你带来一片清凉。如果种植的是葡萄或西番莲属等落叶攀缘植物，你不必担心在它们绿荫下生长的植物会缺乏充足的阳光进行光合作用。不过夏季还是要注意定期修剪，以免植株生长过于茂盛，遮挡阳光，不利于其他植物生长。

橘树等柑橘属植物，可用于室内摆设，但更适合摆在暖房中。暖房的墙壁刷成白色可以反光，靠墙放上一盆橘树，观赏效果极佳。

高大醒目的植物，如图中的棕榈树，能成为暖房内一道抢眼的风景。它与钢铁锻造的扶梯相互衬托，美妙无比。

暖房靠墙的四周摆放植物，并充分利用房顶的空间安置悬挂式花盆，既给人一种绿意葱茏的感觉，又有足够的空间作为休憩的场所。

布置暖房不能浪费任何空间，可以靠墙或使用悬挂式花盆种植攀缘植物。如图所示，暖房中阳光充足，有利于悬挂式花盆中植物的生长。

暖房中植物长势普遍比较茂盛，可组合摆放几种不同的绿叶植物。地面可铺上瓷砖，给植物提供湿润环境的同时又不必担心洒出的水损坏地板。

　　如果暖房是建在土地上的，可以直接在暖房靠墙的地面上种几株攀缘植物，再种上几株灌木。摆放植物的花架可以购买别人设计制作好的，也可以自己动手搭建，那将别有一番趣味。不要仅仅在暖房靠墙的四周摆放植物，只要位置合适都可以摆放植物，比如，可以在休息区摆上几盆植物，作为背景装饰。

　　暖房通常用来种植地面盆栽植物，但也不妨尝试一下适合种植在悬挂式花盆中的植物，比如下垂生长的倒挂金钟属植物和细叶金鱼花等。

　　暖房内最好铺设遇水不会受损的地板。高温天气使用加湿器增加空气湿度。冬季注意保暖，多数室内盆栽植物7℃以下很难存活，而更娇嫩一些的植物则要求温度不能低于13℃。

→ 瓶状花箱

密闭的玻璃瓶也可以种植植物，瓶内水分蒸发后凝结于瓶壁，再沿瓶壁流下循环利用。一些在普通室内环境中很难成活的植物，可以用此法种植。这些植物植株较小，但对生长环境的要求很高，瓶装花箱恰恰能满足这一条件。瓶状花箱还能以特有的方式展示各式各样的植物，具有很好的装饰作用，肯定能让客人啧啧赞叹。

密闭式瓶状花箱环境湿润、稳定，对植物具有保护作用，可以种植小型热带雨林植物。这些植物在干燥的环境中很容易死亡。开放式瓶状花箱可以种植对湿度要求不太高的植物，不过浇水要小心。如果能及时摘除枯花、预防病害，瓶状花箱还可以种植观花植物。

密闭式瓶状花箱中的植物，包括不易成活的卷柏笋蕨类植物，无人养护也能维持数月，因此你可以放心外出度假。开放式瓶状花箱浇水需小心，如果种的是观花植物或生长速度较快的植物，还需要定期摘除枯花、修枝剪叶。

瓶状花箱也有不足之处。植物需要充足光照，但瓶状花箱的有色玻璃（能买到的多数呈绿色）很可能过滤掉大部分可用

瓶状花箱植物种植法

1. 在干净的瓶子底部铺上一层木屑、鹅卵石或沙砾，用厚纸片或薄纸板卷成漏斗加入盆栽土。

2. 移植小型植物。尽可能移除植物根部连带的培养土，方便放入瓶子。瓶口较大的花箱容易放入植物。

3. 压实植物根部附近的盆栽土（可借助绑在园艺棒上的棉线团），喷水雾润湿植物和盆栽土，并将附着在瓶壁上的盆栽土冲刷干净。

开放式瓶状花箱需要经常浇水，若瓶内种有生长较快的植物，还需要定期修剪。

阳光，就算放在有阳光直射的窗台上，也并不比放在阴暗角落多得多少光照。而且，阳光透过两层玻璃，温度会增加，瓶内的植物会感觉不适。最好将瓶状花箱放在有光照但无阳光直射的窗台或靠窗的桌子上。

瓶状花箱放在金属架上别具特色，可以选择高度合适的金属架，以便植物接收阳光。

❀ 密闭式和开放式比较

瓶状花箱一般都配有塞子，根据不同需要，可盖可不盖。瓶内环境达到平衡后，塞上塞子，即使不浇水，瓶内的植物也能存活数月。但这不适合观花植物或生长迅速的观叶植物，只有长期处于潮湿、阴暗的环境中也能正常生长的植物才适合种在密闭式瓶状花箱中。

左图：厨房中较大的贮物罐也能用作瓶状花箱。图中瓶内种有很小的非洲紫罗兰 (saintpaulia)，需经常摘除枯花，以免枯花腐烂导致其他部位腐烂。

如果瓶口过小，手无法伸入，可在园艺棒上分别绑上勺子和叉子，代替双手将植物种入瓶中。

瓶状花箱可用于展示各种不同的观叶植物，如卷柏 (selaginella)、斑叶常春藤 (variegated ivy) 以及色彩鲜艳的龙血树 (dracaena)（如左图所示）。种植同类植物也一样有趣，如一个瓶子内种上三株冷水花属植物 (pilea)（如右图所示）。

❀ 密闭式瓶状花箱的生态平衡

* 密闭式瓶状花箱浇水过多会导致植物腐烂，或者瓶壁凝结大量水珠；浇水过少也会影响植物生长。只有不断尝试才能把握合适的浇水量。

* 若盆栽土过于潮湿，可拔去塞子，瓶口敞开几天，直到土壤湿度合适为止。

* 瓶外温度下降，瓶壁上常会有水珠凝结，早晨看到这种情况是正常现象。若到了中午水珠还不消失，可能是因为盆栽土过于潮湿（可拔去塞子，瓶口敞开一天）。若室温大幅度下降，瓶壁却无水珠出现，可能是盆栽土过于干燥了。

→ 各式各样的栽培箱

形式各异的栽培箱通常摆在靠墙或窗边的桌子上，配上人工灯光，就成了一件极好的装饰品。这样既能展现容器的魅力，又能促进植物生长。如果你想突显容器的装饰作用，种植的植物越简单越好；如果你更想突显容器的实用性，可以在容器中种植生长较为茂盛的植物。

栽培箱与瓶状花箱的功能和工作原理相似，因而有着和瓶状花箱类似的优点和不足。你可以充分发挥想象，使用各式各样的栽培箱。其中老式沃德箱（目前很少见，比较昂贵，不过可以买到仿制品）特别有格调。旧水族箱也很合适，而且因为不防水，价格往往非常便宜。

多数玻璃栽培箱是开放式的，少数可以和瓶状花箱一样密闭。玻璃栽培箱可以保持植物周围空气温暖湿润，免受干燥影响。

多数栽培箱的容积比较大，即使种植较大型的植株，你也不必担心容纳不下。水族箱等较长或较深的容器，可以在里面放上小假山，甚至还可以造个微型池塘，可发挥的空间非常大。

栽培箱浇水的方式和瓶状花箱相同，种植前的准备工作和种植过程都需小心进行：

小型高凉菜属植物(kalanchoe)和非洲紫罗兰(saintpaulia)种在任何栽培箱中，都能给周围的环境带来一抹亮色，如图所示，再种上对比鲜明的观叶植物，整体效果更佳。

❀ 合适的容器

* 你可以从花卉商店买到精美的栽培盆，也可以买回小木桶或小木盆自己制作。栽培盆的设计从朴素到华丽，应有尽有，不过大部分栽培盆是用玻璃和铅条制作的。若更注重植物本身而非栽培盆，完全可以自己动手制作，实用又实惠。

* 布置水族箱可发挥的余地很大。无盖的水族箱，可以铺上石头或瓦片，创造干燥的环境种仙人掌；有盖的水族箱环境湿润，可以种植娇嫩的蕨类植物。你还可以选购带有灯光效果的水族箱，如此一来，即使放在阴暗角落，整个盆栽也能熠熠生辉。选择此类水族箱时要注意配置专用的荧光灯管，以便提供适合植物生长的光照。

* 小型鱼缸可以容纳一两株植物。其实单独种上一株非洲紫罗兰就很漂亮，也可以选择蔓生小叶植物，如婴儿泪，这些植物会沿着鱼缸内壁攀援生长，甚至长到缸外。

* 标本罐原用于保存生物标本，作为栽培箱也很漂亮，不过很难得到（可从实验用品商店购买）。

1. 箱底铺上一层排水物。使用沙砾与木屑混合物，防止箱内有水分滞留。

2. 图中的棕榈树种入栽培箱显得过高，可适当修剪。最好不要在栽培箱中种植长势过快的植物，否则会影响其他植物的生长。

3. 移植前最好去除植物根部的多余盆栽土，将植物稳稳地种在栽培箱中。

* 底部铺上至少1厘米厚的木屑和沙砾。

* 使用消过毒的盆栽土（含防腐剂），勿使用养分含量高的堆肥土。栽培箱中的植物不能施肥过多，否则会导致植物长势过快。

* 可放入小石块或鹅卵石美化栽培箱，勿放入木制品，因为木头易腐烂，会导致植物感染病害。

* 若想创造密闭环境，可在箱顶盖上大小合适的玻璃板。

像图中这样漂亮的栽培箱价格较高，有些人选择自己动手制作，也可以买回元件自己装配，价格都会便宜一些。

右图：非洲紫罗兰（saintpaulia ionantha）适合种在瓶口较大、方便摘除枯花的容器里。容器内湿润的环境有利于非洲紫罗兰生长。可搭配种植苔藓或低矮的卷柏。

→ 样品植物

每个住宅至少要有一两株样品植物吸人眼球。样品植物不一定非得植株高大，只要植物本身漂亮有特色即可。例如，能充当屏风的攀缘植物、摆在座墩上的大型蜘蛛抱蛋或细叶肾蕨，都可以成为样品植物，效果并不比个头儿高大的垂叶榕差。

种植样品植物是为了引人注目。利用悬挂式花盆种植长势良好的吊兰，垂下柔顺修长的枝条，或摆上一盆昂贵的大型棕榈，都能起到这样的效果。样品植物只需选择同类植物中较为突出的即可，摆放时要选择合适的背景，以便突显植物的特点。

叶片有型或造型优美的大型植物，摆在大房间里。会令光秃秃的墙壁增色不少，使原本单调的门厅更具特色，狭长的走廊也会平添些许格调。必要时可以用聚光灯突显样品植物，而且合适的灯光还有利于植物生长。大型植物从幼苗长成样品植株通常需要几年时间，期间，室内光照不足、空气干燥等都很容易导致植物生长出现问题，因此亲自培育大型植株幼苗成活率很低。大型样品植物一般价格较高，在购买前要做周密考虑，比如摆放位置、生长环境等，否则投入的成本会付诸东流。

❀ 背景和灯光

合适的背景才能将植物的大小、造型凸显到极致。朴素的墙壁最适合作为背景，浅色的墙壁也能很好地展示植物的特点。色彩缤纷、略显杂乱的背景，可以选择琴叶榕等朴素大气的绿叶植物。自然光线不足时可以使用聚光灯突显家中主要的盆栽植物，但应注意光源不能距离植物太近，否则产生的热量会影响植物生长。

❀ 容器

选择能够充分显示植物特点的容器。高贵典雅的棕榈树或枝条下垂生长的无花果树，种在普通的大型塑料盆或瓷盆中，整体效果会大打折扣，可以选择较大的、精美的陶瓷花盆（用于室内种植，不

漂亮抢眼的植物，如图中高贵的绿巨人 (spathiphyllum)，房间内只需摆上一株即可。

必苛求花盆一定要具有防霜冻的功能）。室内装潢比较时尚的话，可以选用外观漂亮、颜色大胆的花盆。

确保所选花盆的颜色与室内装潢的颜色协调一致，大小与植物相称，太大或太小的花盆都会影响盆栽的整体效果。

大型落地窗或小天井处，摆上一两盆大型植物十分引人注目。丝兰(yucca)或图中这样的棕榈树(palm)是理想之选。

不一定要花钱购买昂贵或奇特的样品植物。普通的吊兰(Chlorophytum comosum)容易培育和繁殖，只要精心养护，也能长成不同凡响的样品植物。

龟背竹(Monstera deliciosa)是很受欢迎的样品植物，个中原因从图中便能略知一二。巧妙地利用镜子，不仅能映出精致的壁钟，还能映出龟背竹漂亮的叶子。

❀ 常见的样品植物

＊ "有型"植物

异叶南洋杉（又名小叶南洋杉）

八角金盘

垂叶榕

橡皮树及其变种

琴叶榕

棕榈树

羽叶蔓绿绒

丝兰

＊攀缘植物

南极白粉藤

龟背竹

锄叶蔓绿绒

→ 选择合适的容器

除了实用性，栽种植物的容器还具有观赏性，像花瓶和其他装饰品一样，能成为室内装潢的一部分。合适的容器既能突显漂亮植物的特点，又能弥补普通植物的不足。对容器的选择能体现你的艺术品位。

普通花盆适用于温室，不适合室内盆栽。有些室内盆栽植物，比如大型棕榈树，需要用较大的瓷盆和肥沃的盆栽土才能保持植株稳定生长，当然了，如果能使用图案精美、装饰华丽的花盆种植这些植物效果会更好。而其他室内盆栽植物，使用专门设计的花盆也会产生不一样的视觉效果。

❀ 装饰性套盆

并非所有植物移植时都需要换新盆，放在装饰性套盆（套在花盆外用作装饰的容器）里，看起来就像植物移植到新花盆中了一样，但又省去了移植过程。室内摆放时间较短的观花植物、生长迅速需要经常移植的植物，特别适合使用装饰性套盆。

任何能起点缀作用的容器都能用作装饰性套盆。你可以从商店或花店购买漂亮的容器，也可以在家中就地取材，选择合适的容器。茶壶、深平底锅等厨具也能制成容器，用来种植厨房摆设的植物。

感兴趣的话，你还可以尽情展示自己的艺术才华，亲手制作装饰性套盆。

❀ 塑料和陶瓷容器

较好的花店出售大量精美

实用的容器，在购买时，要选择底部有排水孔的容器，否则只能作为装饰性托盘使用。不过如果能控制浇水量，无排水孔的容器也可以种植植物。但是，最好还是不要冒险尝试，因为再有经验的人也无法确保每次浇水都恰到好

与环境融为一体的容器，如图中蕨叶做成的花篮，或与环境形成强烈反差的容器，都能产生特殊的不错的效果。

如果没有合适的容器组合摆放植物，可以自己动手制作。在普通塑料花盆和托盘外裹上一层白棉布，能让平凡的花盆变得与众不同。

金属容器，如图中的装饰性铁桶，令鸟巢蕨 (Asplenium nidus) 等植物看起来更加新鲜清爽。

较有特色的容器，可以种一些不会喧宾夺主的植物，如图中这个古色古香的"自动供水"花盆中文竹 (Asparagus plumosus) 的叶子轻薄飘逸，半遮半掩间，容器本身的风情展露无遗。

如图所示，漂亮的奶粉罐等容器很适合种植皱叶欧芹 (Petroselinumcrispum) 等草本植物，作为厨房摆设。使用这种容器应控制浇水量，否则就要在底部挖个排水孔。

处，一旦浇水过多，植物根部就会浸在滞留的水中，引起根部缺氧，导致植物死亡。

时尚的塑料容器也不失为好的选择。一些塑料花盆色彩鲜亮、干净清爽，适合摆在现代风格的住宅或办公室中。

不论选择什么容器，颜色和设计都要符合你的品位和室内装潢的风格。

❀ 托盘和自动供水花盆

托盘一般指较大、能种好几种植物的容器，适合组合搭配种植植物。

一些托盘底部有蓄水槽，具有自动供水功能。植物种在这种托盘中一般都能生长旺盛，几天不浇水也没有问题，但是托盘比普通容器成本高。如果塑料花盆与室内装潢不协调，则最好使用托盘。

❀ 形状新奇的花盆

小型植物很难搭配合适的容器，比如红果薄柱草等匍匐生长的植物种在常用花盆中看上去会很奇怪——因为植株实在太小了，种在常规型号的花盆中完全不显眼。这样的植物可以种在小型、美观或

图中为挖空的南瓜做成的圆形容器，外观漂亮，与秋海棠 (Begonia grandis) 的花交相辉映。容器边缘的苔藓是整个盆栽的点睛之笔。

有趣的容器中，例如形似鸡鸭的容器。两三个这样的容器，种上几种不同的匍匐植物，能给住宅增添几分活泼气息，同时也不失品位。

❀ 花篮

多数观叶植物和观花植物种在柳条篮或贴有苔藓的花篮中都非常漂亮。普通的篮子，如果直接放入花盆或盆栽土，会有水渗出，弄脏篮子下方的家具，长此以往，还会导致篮子腐烂，因此使用时最好在里面衬上防水层。

防水层可以选用柔韧的塑料布或防水羊皮纸（若手头上没有这些材料，可以使用厨房用的锡箔纸）。防水层铺平整后放入栽培土，要保证种上植物后从外面看不到篮内的防水层。

小型植物种在提篮中别有一番风味，而枝叶茂盛或植株高度和篮柄接近的植物，种在提篮中就会显得别扭。

❀ 用心发现不同寻常的容器

有些容器只适合某些特定的植物或家中某个特定的位置，只有尝试过才能知道是否合适。充分发挥想象力和创造力展示各种植物，是种植室内盆栽的乐趣之一。

你可以从花店买到不少实用的容器，但风格都很普通。如果想购买更别致的容器，可以到产品设计独特的家具店、现代室内饰品店甚至古玩店选购。只要用心，你甚

透明的玻璃容器格调不凡，装入苔藓比装入盆栽土更为美观。任何无排水孔的容器浇水时都需要特别小心。

观赏性甘蓝和羽衣甘蓝常用作室外装饰，也可以在室内摆放几周。若作为案头摆设，可以在塑料盆外裹上白棉布。

❀ 温馨提示

* 装饰性套盆通常没有排水孔，不用托盘也不必担心渗水。但是如果浇水量没有控制好，套盆内可能积水而导致植物迅速死亡。

* 托盘底部可铺上鹅卵石或大理石，垫高花盆，避免水直接接触花盆底部。若只有少量水渗入，花盆内的盆栽土不会过于潮湿，问题还不大。时常查看花盆内是否积水过多。

* 使用无排水孔的容器种植植物，很难判断盆底是否有积水，浇水时需要特别谨慎。短期摆放很快就扔掉的植物才可以使用无排水孔的花盆，否则这样的花盆只能当作装饰性套盆使用。

选对容器会让斑叶植物增色不少。图中的斑叶常春藤沿容器倾泻而下别有一番风味。

植株矮小、造型奇特的植物或匍匐生长的植物，如"婴儿泪"，需要大小合适的小型容器。

至可以从二手市场淘到合适的容器，而且花钱不多，因为其他人丢弃的旧东西很可能引发你的灵感，变废为宝，成为你的一件新作品。

苔藓做成的花篮不同凡响，可种植合适的植物，图中白鹤芋 (spathiphyllum kochii Engl.et krause) 的高度合适，花朵刚好高出篮柄。

厨房摆设可充分发挥想象力，比如可以共同展示水果和植物，如图中木制容器中摆有橘子、苹果和海豚花 (Streptocarpus saxorum)。

→ 走廊摆设

耐寒、喜光、需要较大空间的植物，可以摆在走廊上。只要你用合适的植物精心装点，走廊看上去也能像小暖房一样生机勃勃。

走廊常常能影响客人对住宅的第一印象。和空荡荡的走廊相比，用植物精心装点的走廊更能给人温馨的感觉。封闭式走廊全年都能摆放色彩斑斓的植物，背阴的开放式走廊温度较低时可以摆放耐寒的观叶植物。

❀ 封闭式走廊

封闭式走廊就像小型温室，全年都能摆放葱翠茂盛的观叶植物和色彩斑斓的观花植物。但要注意的是，天气较冷开门时，冷风吹进走廊，会影响一些植物生长，导致植物落叶，甚至死亡，因而不能在走廊上摆放太过娇嫩的植物。

冬季走廊温度较低，可以选择耐寒的植物，如报春花、风信子和郁金香等鳞茎植物、仙客来和杜鹃花。夏季走廊中温度较高，可以选择丽格天竺葵、红色天竺葵、仙人掌科植物和多浆植物。即便在冬季，走廊中的温度也不会降至0℃以下，可以选择仙人掌科植物和多浆植物，而且经历低温后，大多数仙人掌科植物会开出更艳丽的花。

走廊的墙边最好种上攀缘植物，西番莲就很合适，不过它生长过于繁茂，可能会成为你的困扰。你可以选择长势更易控制的植物，如球兰或素馨（生长稳定后修剪一次），甚至还可以选择九重葛属植物。摆放斑叶植物也不错，如南极白粉藤或菱叶白粉藤。

较宽的走廊，可以直接摆放大型植物，如八角金盘（斑叶变种放在走廊上更漂亮），或欧洲夹竹桃。小型植物需要放在花架上，否则太不起眼，起不到装饰作用。

❀ 开放式走廊

开放式走廊也能装点得十分漂亮，可以组合摆放耐寒的常绿植物，如桃叶珊瑚的变种、八角金盘以及茵芋属植物（多数茵芋属植物冬季结漂亮的小浆果）。如果想种攀缘植物或蔓生植物，可以选择常春藤。山茶花或杜鹃花盆栽，开花时也可以摆在其中，给走廊增添一抹亮色。

冬石南、细叶石南、玛瑙珠及其杂交品种，还有全年生长的菊花，都能在走廊上摆上数周甚至数月，到花期结束后扔掉植株。

夏季多数耐阴的室

走廊分封闭式和开放式两种，有的光照充足，有的较为阴暗，应该根据不同的走廊选择合适的植物。图中的垂叶榕夏季很适合摆在这个位置，天气转冷就必须移至室内。

图中的大型杜鹃花（Rhododendron Simsii Planch）一般摆在室内，鲜花怒放时也可移至室外，让路人和你分享美丽的花朵。

内盆栽植物都能放到走廊上。其中丝兰和吊兰是上佳之选，色彩鲜亮的锦紫苏和开花的九重葛属植物也很不错。还可以在走廊上摆放几盆不同寻常的植物，如大黄，这样的话，来访的客人肯定会对你别具一格的走廊交口称赞。

❀ 实际操作可能遇到的问题

* 封闭式走廊只要能控制温度稳定，很多植物都能繁茂生长。

* 在走廊上安装电热器或恒温器能防止植物霜冻，在门口安装热风扇则能迅速提高开门时乘虚而入的冷空气的温度。但走廊上不可避免会有冷风吹入，因此最好还是种植耐寒的植物。

* 夏季走廊上过高的温度也会带来问题。与温室和暖房不同，走廊一般通风不足。向阳的走廊阳光直射较多，需要安装至少一个自动通风设备，在温度升高之前尽量打开走廊上所有窗户，保证通风，不过这样可能会招来盗贼。

* 温度较高时提供些许荫凉有助于植物生长。和百叶窗相比，攀缘植物的遮阴效果更好。

丝兰 (yucca) 通常摆在室内，夏季可移至室外阴凉处，图中组合摆放着几种耐寒的室内盆栽植物，丝兰在其中鹤立鸡群，引人注目，同时还增加了整组植物的层次感。

走廊上既能摆放耐寒植物，又能摆放喜温植物。图中娇嫩的秋海棠 (begonia)、耐寒的小型水仙和盆栽迷迭香 (rosemary) 摆在一起。小型迷迭香幼株可作为室内盆栽，一段时间后最好移植到室外。

起居室通常较为温暖、光照充足，有足够的空间发挥想象力展示各种植物，因此很多人都喜欢在这里摆放植物。

起居室一般有采光好的大窗户，窗台、桌子、壁架或壁龛都可以摆放植物，因而可能是家中最适合室内盆栽生长的房间。同时起居室也是人们最喜欢精心装饰的房间，因为人们大部分时间都在这里度过。

家具的摆设会影响房间的整体美感，植物的摆设也是如此，尤其是作为焦点的大型样品植物和组合种植充当屏风的大型植物。

不同的植物有特定的色彩，不论是植物与背景融合还是形成反差，对起居室的整体效果都会产生影响。巧妙运用植物的形状和色彩可以突显这种影响。

摆放植物之前，应充分考虑色彩搭配。叶片或花的颜色与花盆或室内其他装饰品的颜色相协调，整体效果会更有品位。墙面最好是单色或与植物反差大的颜色，最好不要把墙面装饰的花里胡哨的。当然，如果墙面是彩色的，也不是就无可救药了，可以选择合适的植物进行搭配，说不定会形成特别的视觉效果。例如，利用白色的网眼帘掩饰彩色的墙壁，旁边的白色桌子上摆放白色的类似雏菊的观花植物、绿色蕨类植物，以及白绿相间的花色万年青，就能营造一种和谐的氛围。

不同质感的搭配能让整体效果更加丰富多彩。光滑的浅色墙面能衬托紫背天竺葵细长的紫色叶片，粗糙的砖墙能令带有针刺的仙人掌科植物更加具有特色。而有色背景则能凸显彩叶芋叶子轻薄、形似翅膀的异国情调（不同彩叶芋从白绿相间到明亮的红色，颜色各不相同，需根据不同背景选择合适的品种），无论从哪个角度观察，最重要的是要突显彩叶芋精致的叶片。铁十字秋海棠叶面有褶皱，给人视觉享受的同时仿佛多了一份触觉

小型花盆成组种植仙人掌

1. 确保花盆底部排水孔足够大，用花盆碎片半盖住排水孔。

2. 最好使用仙人掌专用盆栽土，当然也能使用普通盆栽土。

3. 用我们先前介绍的方式取放仙人掌。

仙人掌科植物和多浆植物组合种植更为漂亮，最好选用较浅的花盆。

的感受。

形状能弥补颜色的不足。多数喜林芋属植物叶片较大，形状有趣，如叶片呈掌状和穗状的羽叶喜林芋，以及叶片深裂的裂叶喜林芋。大叶榕属植物中，琴叶榕宽大的蜡质叶片酷似倒置的小提琴。这些植物产生的视觉效果足以和鲜艳的观花植物以及斑叶植物相媲美，而且这些植物含蓄内敛，能为起居室创设高雅的格调。

起居室通常宽敞明亮，广东万年青属 (aglaonema) 等喜光但忌阳光直射的植物，最好放在挂有网眼帘的窗边。白色网眼帘非常适合作植物的背景。

右图一：人们通常喜欢在起居室摆上杜鹃花等让人眼前一亮的植物，装饰性花盆也很有观赏价值。这些植物花期一过，最好立即换上新植物，保证盆栽时刻亮丽夺目。

右图二：多浆植物，如图中的青锁龙，对环境要求不高，只需放在窗边即可。多浆植物多数为单调的绿色，因而最好选用色彩明亮的花盆。

图一

图二

→ 厨房摆设

以前，很多厨房昏暗无光，人们使用煤气或烧柴的炉灶，烟熏火燎的让厨房更加暗无天日，因而厨房里只能种植耐阴性极强的植物。现在的厨房一般都宽敞明亮，多数植物都能繁茂生长。

厨房的窗台最适合植物生长，尤其是喜光植物。一天中温度最高的时段，如果厨房的窗台有阳光直射，透过玻璃光照强度会增加，因而只能选择摆放特定的植物，如仙人掌和多浆植物、天竺葵属植物、紫露草属植物。

要充分利用橱柜顶部的空间种植蔓生植物，这里浇水不太方便，光照条件也不是很好，不过蔓生植物下垂的枝条通常能帮助接受足够的阳光，只要精心照料，及时修剪过于细长的枝条，就能保证植物长势良好。

厨房操作台或餐桌附近最好不要摆放蔓生植物，但可以选择直立生长的植物，如金边虎尾兰、龙血树属植物（特别是树干较细的品种）、君子兰属植物，以及广东万年青属植物，这些植物放在厨房中既漂亮又不影响人的活动。

❀ 实用的盆栽植物

很多人喜欢在厨房中种植可以当作调料的植物，烧菜时顺手摘些叶片调味，但频繁采摘可能会影响植物美观。这类植物能散发独特的香味，应急时偶尔使用一两次无妨，但经常用作调料未免有点儿可惜。几乎所有植物都需要充足光照，这种植物也不例外，最好放在明亮的窗边。

窗台上可以单独摆放几盆植物。如果放上与窗台等宽的装有沙砾的托盘，再摆上植物，会显得更加漂亮，也有利于植物生长。罗勒和马郁兰等植物需要经常转动花盆保证均匀受光，才能正常生长。多数植物还需经常摘心。罗勒不及时摘心或修剪主枝的话，会长得过高，开花后迅速枯萎。马郁兰也需要经常摘心保持枝叶紧凑。马郁兰花朵漂亮，但不勤加修剪，植株会过于高大和茂盛，不适合摆在窗

厨房的窗台空间有限，可充分利用置物架，白色墙壁能反射阳光，促进植物生长。

如图所示，蔓绿绒 (Philodendron) 等蔓生植物可摆在不妨碍人活动的地方。操作台附近可选择枝叶紧凑的植物，如图中的斑叶驮子草 (Tolmiea menziesii)。

❀ 需要注意的问题

* 在厨房摆放盆栽，首先要考虑的就是如何克服高温。尽量不要把植物放在距灶台很近的架子或橱柜上，避免高温灼伤叶片。

* 冬季，几乎没有室内盆栽植物能抵御大开房门灌进来的冷风，因而，最好将植物摆放在远离门口的地方。

1. 节约起见，可自己动手用塑料槽制作摆放窗台盆栽的容器，刷上油漆，让容器的颜色与厨房装潢的颜色保持一致。

2. 容器底部最好先铺一层有助于排水的物质，如沙砾和煤渣的混合物，然后再放入盆栽土（含防腐剂）。

3. 如果选用枝叶繁茂的小型植物，需经常摘心，防止有些植物生长过快。

台上。鼠尾草和迷迭香等小型木本植株价格便宜，可以用作厨房摆设，这些植物在花园中会长成大型植株，室内摆放寿命就没有那么长了，很快就会枯萎，摆上两三个月就需更换新植物。如果精心养护，第二年春季植株仍鲜活亮丽，可以移植到花园中继续种植，不过不能再搬回厨房了。

家里种些香料，可备烹调的不时之需。室外种植受季节影响，室内却可以常年种植，而且能起装饰作用。图中窗台小花坛中种有罗勒、百里香、欧芹、迷迭香以及斑叶苹果薄荷（自左往右）几种植物。

橱柜顶部可摆放植株矮小的植物或蔓生植物，不过橱柜顶部光照不足，对植物生长不利，而且蔓生植物的枝条可能会妨碍开关柜门。

变叶木属植物 (codiaeum) 很适合作厨房摆设，但不能放在可能有冷风的位置。

如果客厅和厨房都摆放了盆栽，你仍不觉得过瘾，你还可以用植物装点卧室。

很多人觉得卧室里摆放植物对人体健康不利，其实这是对植物的误会。植物放在卧室中并不会抢走人呼吸所需的氧气，非但如此，植物还能起到净化空气的作用。摆上几盆绿意葱茏的植物，卧室会变得更加宁静素雅，一觉醒来或许还能闻到千金子藤或风信子扑鼻的芳香。

卧室温度通常比客厅低，有利于多数植物生长，尤其是冬季开花的植物，温度较低会延长植物的花期。

多花黑鳗藤 (Stephanotis floribunda) 等植物能散发怡人的香味，你一早醒来就能闻到花朵散发的自然清香，根本不需要空气清新剂。

❀ 适合卧室摆放的植物

卧室中摆放的植物不像摆在其他地方的那样引人注目，人们虽然大多数时间都待在卧室中，但很多人都只把卧室看作睡觉休息的场所，并不过多关注摆放的植物。

卧室适合种植仙人掌和多浆植物，或对环境要求相对较低的大型样品植物，如叶兰、藤芋属植物。

和客厅相比，卧室的湿度更高。如果能经常给植物浇水、喷雾，卧室甚至还能摆放娇嫩的蕨类植物。

芳香植物最适合作卧室摆设，一打开卧室门，就能享受植物扑鼻的香味。

❀ 墙边桌和梳妆台摆设

植物能成为墙边桌或梳妆台的点睛之笔，不过这些地方通常自然光线较差，夜晚台灯虽然能照亮桌上的植

一坐到摆有素馨 (Jasminum polyanthum) 的梳妆台边，你就能闻到清幽的香味。植株在梳妆台上只能摆放一段时间，之后需移至光照条件更好、生长环境更为合适的位置恢复生机。

物，但对植物生长并无多大作用（距离太近还会灼伤植物）。因此植物在墙边桌或梳妆台上最多只能摆放一两周，然后就要移到光照充足的地方使各项功能恢复正常。

❀ 植物修养所

你肯定希望卧室中摆放的植物美观大方、具有格调，但有些植物只能在短期之内维持光艳动人的状态。因此你可以单独布置一个房间，当作状态不佳植物的休养所。例如，兰花、孔雀仙人掌以及娇嫩的樱草属植物，花期结束后就可以移到这里，摆在光照条件较好的位置，待重新开花再放到家中较为显眼的位置。

若喜欢栀子花浓烈的香味，可以在床头桌上摆上一盆，待花期结束后移到光照条件更好的位置恢复生机。

多数凤梨科植物买回时已开花，花期结束后一般会扔掉植株，因此可以摆在离窗户较远的桌子上。图中为虎纹凤梨 (Vriesea splendens)，穗状花序非常特别，长度可达 60 厘米。黄色的鸡冠花 (Celosia Cristata) 为一年生植物，较为廉价，作为短期室内盆栽通常可以摆放数周。

→ 门厅和楼梯平台摆设

门厅和楼梯平台通常光照不足，空间较窄，冬季前门吹入的冷风还会影响植物生长。不过在这种环境下有些植物仍能茂盛生长，有些还能尽显风姿，引人驻足观望。盆栽爱好者应充分利用各个地方摆放植物，门厅和楼梯平台当然也在选择之列。

有中央供暖系统的住宅，门厅和楼梯也很暖和；如果没有，门厅和楼梯通常温度较低，还缺少自然光照。尽管存在这些不足，调查显示仍有超过1/3的人会在门厅里摆放植物，若能推荐合适的植物，更多人表示愿意一试。以下推荐的植物耐阴性强，在上述不利的环境中也能生长。冬季温度适宜的情况下，可以通过人工光照满足植物的生长需求。

引种植物色彩亮丽，但摆在门厅或楼梯平台很容易枯萎，这两个位置更适合摆放枝繁叶茂、外形漂亮的常绿植物。

❁ 大型植物

门厅或楼梯平台摆上一两盆大型样品植物，定会让来访的客人眼前一亮。根据门厅构造，植物可以放在通往门口的过道尽头、前厅、楼梯的平台上。适合摆放在门厅的大型样品植物包括：垂叶榕（斑叶品种尤为漂亮）、龟背竹、白边铁树、大叶伞、象脚丝兰、金帝葵等耐寒棕榈。如果白天光照不足，可以使用荧光灯提供光照，平衡植物生长，也可以使用专为植物设计的聚光灯。

尽量让样品植物与室内装潢相得益彰，朴素的淡色墙体作背景效果最佳。在靠近植物的墙面上安装一面镜子，既能让门厅看起来更为宽敞，又能映出植物，营造特殊的视觉效果。白色或米色的天花板可以反光，从而增加环境的光照强度。

楼梯上摆设植物需小心谨慎。较为宽敞但缺乏装饰的位置，如图中楼梯的转角处，摆上植物会让人眼前一亮。

❁ 攀缘植物和蔓生植物

楼梯天井很适合摆放繁茂的攀缘植物和蔓生植物，不过需注意所摆植物不会给人的行动带来不便。

在大小合适的槽内种上蔓生植物，摆在楼梯天井的平台上，植物下垂的枝条会形成天然的帘子。门厅和楼梯底层的植物还能沿着扶手向上生长。

在门厅这种环境中能繁茂生长的植物包括菱叶白粉藤以及普通常春藤的小叶变种。

常春藤可以随意攀爬，小叶攀援喜林芋和绿萝更为有趣，都有修长下垂的枝条。线纹香茶菜和香妃草生长速度快得惊人，很快就能形成天然的帘子。

❁ 案头摆设植物

前门旁的桌子是门厅中最适合摆放

古香古色的门厅，可在入口处摆放大型植物，如棕榈树、大型桑科植物，修长的竹子也可以，但应注意所选植物应该不受冷风影响。

植物的位置。若门和周围环境比较呆板，最好用剪下的鲜花作摆设，增添环境活力。若门厅装修用了大量的玻璃材料，可以选生长不受冷风影响的植物。还要注意：雕花玻璃像放大镜一样具有聚光作用，阳光直射时容易灼伤叶子。

光照条件较好的门厅，桌上可以摆放吊兰属植物以及耐寒蕨类植物，如全缘贯众和鸟巢蕨。

若有白色或淡色墙面反光，植物不放在窗边也能繁茂生长。图中的位置原本略显单调，摆上蕨类植物后顿显高雅大方。

选择楼梯平台摆放植物。考虑高度的同时还应注意植物不会造成过道拥挤，尽量将植物摆在角落里。图中白色的墙面反光，更能突显植物的特点。

→ 浴室摆设

有人认为浴室不适合种植植物，因为浴室通常湿度很高，还有其他局限性。其实不然，浴室是可以种植植物的，只是挑选植物时需要更加谨慎。

浴室环境条件较为独特：只有短时间（使用时）会有很高的温度和湿度，其他时间一般温度较低（特别是在没有一直开着中央供暖系统的情况下），窗户普遍较小，自然光照不足。人们洗浴使用的香波或爽身粉等用品，也不利于植物繁茂生长。

❀ 选择合适的位置

浴缸或洗脸盆旁边不太适合摆放植物，因为水很容易溅到植物的叶子上，导致叶片腐烂。而且花盆放在这些地方不够稳当，光照条件也不够好。

你可以充分利用浴室的窗台，摆放观花植物尤其漂亮。耐寒的观叶植物，如蜘蛛抱蛋、文竹等，可以放在镜子前面，镜子既能通过反光增加光照强度，又能让植物看起来更富有层次感。

蔓绿绒等蔓生植物对环境适应性较强，可以摆在较高的架子上，也可以摆在镜子前面。

❀ 用心养护植物

＊ 和摆放在其他地方的植物相比，浴室中的植物更需要定期清洁，每周至少清洁叶子一次。有些植物的叶子长有绒毛，很难清除粉末等脏物，最好不要摆放在浴室中。其他植物，特别是叶子较多的植物，积有厚厚的灰尘粉末，一一擦洗比较麻烦，可以将叶子浸入水中清洗。如果使用肥皂、洗发水或牙膏进行清洁，清洁后应及时擦净，以防叶片有残留。时常转动花盆，可以防止植物因光照不足向光弯曲生长。

一旦植物长势不良，要立即更换新的植物。换下的植物放到更合适的环境中，待一两个月恢复生机后，再轮换使用。

浴室自然光照不足，因而最好将植物放在窗边。利用任何可利用的位置，创造漂亮宜人的浴室环境并不困难。

梳妆台或组合式盥洗盆上可以摆放非洲紫罗兰或长寿花，可以配合环境使用漂亮的装饰性托盆。但这些植物不能长时间摆在浴室里，摆放几周后就要移到其他地方修养一段时间。

作为浴室摆设，蔓生植物蔓绿绒 (Philodendron) 是非常不错的选择；白鹤芋 (spathiphyllum Kochii Engl.et krause) 枝繁叶茂，白色花朵形似船帆，尽显典雅高贵；观花植物，如仙客来，可短时间作为浴室摆设。

从耐寒的常春藤到较难成活的铁角蕨 (Asplenium trichomanes L.sp.)，很多植物都能在浴室中繁茂生长。光照不足的浴室可以种植常春藤，而浴室的湿润环境有利于蕨类植物的生长。

充分发挥想象利用蔓生植物。浴室通常窗户较小，相对阴暗，可将植物在浴室和其他房间之间轮换摆放，这样家中所有位置都会有漂亮的植物了。

❀ 适合浴室摆设的植物

✳ 以下植物基本上都适合浴室摆设：

✳ 大型植物
八角金盘、龟背竹、肋叶蔓绿绒

✳ 蔓生植物
绿萝（又名黄金葛）、龙利、小叶常春藤

✳ 灌木
广东万年青属植物、袖珍椰子（又名矮棕）

✳ 短期观花植物
菊花、仙客来属植物、紫芳草属植物

第三章

27种敏感监测空气污染的健康花草

一些植物对某一种污染物较为敏感，因而当这些植物接触到这种污染物时就会产生相应的反应，从而产生某些特殊的变化。我们利用植物的这一敏感性，即可对周边空气中的污染物进行监测，从而能够较为迅速或者准确地反馈潜在的危险，保卫我们的健康。当我们了解了这些敏感植物的特性作用后，在购买或者布设绿色植物品种时就能更有针对性。下面，就让我们从这个角度来为您挑选合适的植物。

虞美人

【花草名片】

- ◎学名：*Papaver rhoeas*
- ◎别名：赛牡丹、丽春花、蝴蝶满园春、小种罂粟花。
- ◎科属：罂粟科罂粟属，为一二年生草本植物。
- ◎原产地：最初产自欧亚大陆温带地区，现美洲和大洋洲都有分布。比利时把它定为国花。
- ◎习性：虞美人喜阳光充足、温暖、通风的环境，可耐寒冷，畏酷暑。对土壤适应性强，最适宜在有肥力、土质松散且排水通畅的沙壤土中生长。
- ◎花期：5～6月。
- ◎花色：红、粉、紫、白等色，有的一朵花兼具两种颜色。

花言草语

据说，虞美人这种美丽的花卉是项羽的爱姬虞姬死后变的。另据《广群芳谱》记载，当人们击掌唱《虞美人曲》时，虞美人的叶片就会跟随掌声微微摆动，就像在跳舞一样，因此虞美人也叫"舞草"。

虞美人的植株葱绿俊秀，婀娜多姿，随风而舞时犹如振翅欲飞的彩蝶，令人遐想万千。虞美人集淡雅和浓丽于一体，很有几分中国古典艺术里的佳人神韵，可以称得上是花卉里的绝妙精品。

监检功能

虞美人对有毒气体硫化氢的反应异常敏感，能够对硫化氢进行监测。当虞美人遭受硫化氢的侵害后，叶片就会变焦或出现斑点。

选盆

家庭种植虞美人需准备两个盆，一个普通盆或营养钵用于育苗，一个排水效果较好的深盆用于移栽。

新手提示：由于虞美人的根系较长而柔软，所以移栽时要选用深一点儿的花盆。

择土

最好选择有肥力、土质松散且排水通畅的沙壤土。

栽培

❶ 将花土过细筛后放入普通盆或营养钵内。

❷ 在花土表层均匀撒播虞美人的种子，然后将花盆或营养钵置于20℃的环境里。

❸ 7～10天长出幼苗后，挑选1～2株较茁壮的苗留下，将其余弱小的花苗拔除。

❹ 待幼苗长出3～4片真叶后，将幼苗连根带泥掘出。

❺ 在深盆内铺一层花土，将根系带泥土的幼苗摆入深盆中扶正。

❻ 向花盆内填土、压紧，期间轻提幼苗一次，以便其根系伸展开来。

❼ 将移栽好的虞美人幼苗放在荫蔽处养护。

新手提示：撒播种子无须覆土。移栽幼苗的时间最好选择在阴天，移栽前先浇透水，以便挖掘幼苗时避免伤到根系。移栽时应浅栽，以方便虞美人的长根向下生长。

浇水

① 盆栽虞美人平时浇水不宜过多，通常每隔3～5天浇一次水。

② 立春前后是虞美人的生长期，应适当增加浇水的次数，保持土壤湿润，但应避免水涝。

③ 冬天是虞美人的休眠期，浇水不宜过多过勤，以土壤不过分干燥为宜。

温度

虞美人畏酷暑，可耐寒冷，喜欢温暖的环境，生长温度以15～28℃为宜。冬季是虞美人的休眠期，可稍耐低温。

繁殖

一般来说，虞美人适合采用播种法繁殖，春秋两季都可播种。

病虫防治

在栽植过密、通风不良、土壤过湿、氮肥过多的情况下，虞美人容易受到霜霉病的侵害，这种病可导致幼苗枯死，成株则表现为叶片上产生色斑和霜霉层、花茎扭曲、不开花。发病初期应及时剪除病叶，并喷50%代森锰锌可湿性粉剂600倍液，或20%瑞毒素可湿性粉剂4000倍液，或50%代森铵可湿性粉剂1000倍液杀毒。

光照

虞美人喜欢充足的光照，一般将其摆放在光线良好的室内。但刚刚移栽的虞美人需遮阴，待其成活之后才可稍见阳光，以后再逐渐延长光照时间。

修剪

虞美人幼苗长出6～7片叶时，开始摘心，以促进幼苗分枝。对于不打算留种的虞美人，在其开花期间应及时剪掉未落尽的残花，以利于聚集营养，使之后开放的花朵更大、更鲜艳，进而延长花期。

施肥

虞美人喜欢肥沃的土壤，在生长期内每2～3周施用一次5倍水的腐熟尿液，在开花之前宜再追施一次肥料，以保证花朵硕大、鲜艳。

摆放建议

虞美人姿态优美、花朵鲜艳，家庭种植的盆栽虞美人适合摆放在阳台、窗台、客厅等光线充足、通风的地方。也可以制成瓶插摆放在书房、客厅、餐厅。

秋海棠

【花草名片】
◎学名：*Begonia evansiana*
◎别名：八月春、相思草、岩丸子。
◎科属：秋海棠科秋海棠属，为多年生常绿草本花木。
◎原产地：最初产自中国，在山东、河北、河南、江苏、四川、陕西秦岭及云南等地区皆有分布。
◎习性：喜欢温暖、半荫蔽、潮湿润泽的环境，不能忍受寒冷，畏强光直射，怕酷热与水涝，在有肥力、土质松散、排水通畅的沙壤土中生长最好。
◎花期：4～11月。
◎花色：红、粉、白色等。

监检功能

秋海棠能够对二氧化硫、氟化氢和氮氧化合物进行监测。秋海棠对这些有毒气体反应较为灵敏，一旦遭受这些气体的侵袭，其叶脉间就会出现白色或黄褐色的斑点，叶片的顶端先变焦，之后周围部位逐渐干枯，导致叶片枯萎脱落。

选盆

选择普通花盆即可。

择土

最好选用高温消毒的腐叶土、培养土及细沙混合成的土壤。

栽培

❶ 将混合好的培养土过细筛后放入盆内。
❷ 把秋海棠的种子均匀撒播在盆内，无须盖土。
❸ 用一块木板轻压盆土，使种子嵌入土壤。
❹ 在盆口盖一块玻璃，以保持培养土的温度。
❺ 把盆放在温度为18～22℃的半阴的地方，20天左右后便可萌芽。
❻ 约2个月后，幼株可长出2～3片真叶，这时可将幼株移栽到稍大一点儿的花盆中。

新手提示：家庭采用播种法培育秋海棠一般选择在4～5月或8～9月进行，因为这两个时期是秋海棠的生长开花期，种子比较容易萌芽成活。

光照

秋海棠喜欢半荫蔽的环境，光照时间不足容易导致叶片纤小变薄，光照时间过长或光线过强容易导致植株长不高、叶片变紫偏厚、花苞不开放。因此，夏天应注意避免阳光直射秋海棠，冬天要保证给秋海棠提供足够的光照时间。此外，还要需经常变动花盆的摆放方向，使整个植株均匀接受光照。

施肥

在秋海棠生长季节应每半个月施用一次腐熟液肥，在开花之前需追施一次肥料，可以让花朵更加艳丽。

浇水

❶ 秋海棠喜欢潮湿润泽的环境，但忌积水。

❷ 给秋海棠浇水应遵循"不干不浇，干则浇透"的原则。

❸ 春秋两季是秋海棠生长开花期，需要的水分相对较多，这时的盆土应稍微湿润一些，可每天浇一次水。

❹ 夏季是秋海棠的半休眠期，可适当减少浇水次数，浇水时间应选择在早晨或傍晚。

❺ 冬季是秋海棠的休眠期，应保持盆土稍微干燥，可3~5天浇一次水，浇水时间最好选在中午前后阳光充足时。

新手提示：给秋海棠浇水可记住"二多二少"要诀，即春秋多、夏冬少。秋海棠开花前可适当增大浇水量，开花后要相对减少浇水量。

温度

秋海棠喜欢温暖的环境，15~25℃的环境最利于它生长。秋海棠怕酷暑，当环境温度超过32℃时，秋海棠的生长会受到严重影响，所以夏季应将秋海棠置于半荫蔽处养护。此外，秋海棠不耐寒冷，冬季环境温度不能低于10℃。

花言草语

根据《采兰杂志》上记载：古时候有一位妇女非常思念她的心上人，但始终无法与其相见。于是，这位妇人经常在一面墙下悲伤啼哭。她的眼泪落进土里，日久天长竟从土里长出一棵形姿柔媚的花来。这种花的颜色颇似妇人的面庞，叶片的正面为绿色、背面为红色，而且常在秋天盛开，被人们叫作"断肠草"。断肠草就是我们所说的秋海棠。

病虫防治

如栽培管理不当，秋海棠在高温、高湿的季节容易感染叶斑病。这种病害可导致植株萎蔫、叶片大量掉落。一旦发现叶片上有病斑，应立即剪掉病叶，并加强室内通风、降低环境湿度。

新手提示：修剪病叶的剪子应事先用70%的酒精溶液消毒，避免细菌从创口侵入植株体内，造成二次感染。

修剪

为防止植株长得过高，在苗期需进行1~2次摘心，促使植株分枝。在生长期内应及时剪掉纤弱枝和杂乱枝。

繁殖

秋海棠可以采用播种法或扦插法进行繁殖。

摆放建议

家庭种植秋海棠适合盆栽，小型盆栽可摆放在餐厅、客厅、书房的桌案、茶几、花架上欣赏，大型盆栽可用于装饰阳台、客厅。

芍药

【花草名片】

- ◎**学名**: *Paeonia lactiflora*
- ◎**别名**: 余容、将离、殿春花、婪尾春。
- ◎**科属**: 毛茛科芍药属,为多年生宿根草本植物。
- ◎**原产地**: 最初产自我国北部地区,以及朝鲜、日本、西伯利亚等地。
- ◎**习性**: 芍药喜欢冷凉荫蔽的环境,耐旱、耐寒、耐阴。适宜在排水通畅的沙壤土中生长,特别喜欢肥沃的土壤。
- ◎**花期**: 4~5月。
- ◎**花色**: 白、红、粉、黄、紫、紫黑、浅绿色等。

花言草语

芍药为我国著名传统花卉,有着三千多年的栽植历史。《本草纲目》载道:"芍药……处处有之,扬州为上。"宋代以后,栽植芍药的盛况已不局限在扬州。《析津日记》载:"芍药之盛,旧数扬州……今扬州遗种绝少,而京师丰台,连畦接畛……"可以看出那时栽植的盛况。古代人在评花时把牡丹列为第一,芍药列为第二,将牡丹称作花王,芍药称作花相。由于花开得较晚,因此芍药也叫"殿春"。古时候男女往来,为表结情之意或不舍离别之情,经常互赠芍药,所以它也叫"将离草"。

监检功能

芍药能够对二氧化硫与烟雾进行监测。当芍药遭受到二氧化硫与烟雾的侵害时,其叶片尖端或叶片边缘就会呈现出深浅不一的斑点。

选盆

可选择排水、透气性良好的泥瓦盆或陶盆,栽种芍药的土壤层越深厚越好,所以最好选择高盆。

择土

可以选择肥沃、排水通畅、透气性好的沙质土壤、中性土壤或微碱性土壤。

栽培

❶ 挖出3年以上的芍药株丛,抖掉根上的泥土。

❷ 将母株移至阴凉干燥处放置片刻。

❸ 母株稍微蔫软后,用刀将根株剖成几丛,确保每丛根株上有3~5个芽。

❹ 将小根株放置在阴凉干燥处阴干。

❺ 在盆底铺一层花土,土层约为盆高的2/5。

❻ 将阴干略软的小根株栽入盆中扶正,向盆中填土、压实。

新手提示: 芍药的分株栽培时间最好选在9月下旬到10月上旬,也就是白露到寒露期间,这一期间的气候温度适合芍药的生长,可使新株有充足的时间在冬天到来之前长出新根。

繁殖

芍药可以采用播种法、扦插法及分株法进行繁殖,主要采用分株繁殖的方法。

 浇水

❶ 芍药比较耐干旱，怕水涝，浇水不可太多，不然容易导致肉质根烂掉。

❷ 在芍药开花之前的一个月和开花之后的半个月应分别浇一次水。

❸ 每次给芍药浇完水后，都要立即翻松土壤，以防止有水积存。

 温度

芍药喜欢温和凉爽的环境，比较耐寒，温度应该控制在15～20℃间，冬季温度不宜低于-20℃。冬季上冻之前可以为芍药根部垒土，以保护新芽。

 病虫防治

芍药常见的病患为褐斑病，其病原为牡丹枝孢霉。此病主要伤害其叶片，发病初期新叶背面出现绿色的小点，之后扩大成紫褐色近圆形斑，最后整个叶片枯焦。此病以预防为主，要在春季喷施一次石硫合剂；展叶期每隔10～15天喷施一次50%多菌灵可湿性粉剂800倍液，共用药3～4次。

 光照

芍药对光照要求不严，但在阳光充足的地方生长得更加茂盛。春秋季节可多照阳光，夏天忌烈日暴晒，可放置于半阴处。

 修剪

花朵凋谢后应马上把花梗剪掉，勿让其产生种子，以避免耗费太多营养成分，使花卉的生长发育及开花受到影响。

 施肥

在花蕾形成后应施一次速效性磷肥，可以令芍药花硕大色艳。秋冬季可以施一次追肥，能够促使其翌年开花。

新手提示：在每一次施肥之后都要立即疏松土壤，使芍药生长得更顺利。

 摆放建议

芍药在阳光充足的地方生长茂盛，因此最好摆放在阳台、窗台、庭院等向阳处。

梅花

【花草名片】

◎学名：*Prunus mume*

◎别名：红梅、绿梅、春梅、干枝梅。

◎科属：蔷薇科李属，为落叶乔木。

◎原产地：最初产自中国，主要生长于长江流域和西南区域。

◎习性：喜欢温暖、略潮湿，以及光照充足、通风性好的环境。比较能忍受寒冷，可以短时间忍受－15℃低温，当温度为5～10℃时便能开花。

◎花期：12月～次年3月。

◎花色：红、紫、浅黄及彩色斑纹等色。

监检功能

梅花能够对甲醛、苯、二氧化硫、硫化氢、氟化氢及乙烯进行监测。梅花对这些有毒气体皆有监测能力，尤其对硫化物、氟化物的污染的反应更为灵敏，受到硫化物侵害的时候其叶片上面就会呈现斑纹，严重时还会变枯、发黄、凋落。

选盆

种梅花最好选用透水透气性好的泥瓦盆，也可用紫砂盆，一定不要用瓷盆和塑料盆。

择土

栽植梅花时以排水通畅、有机质丰富的沙质土壤为宜。

新手提示： 盆栽时宜选用园田土、煤渣、腐殖土配合而成的土壤。

栽培

❶ 在盆底平铺一层碎盆片，以方便排水和避免养分流失。

❷ 修剪掉过长的主根和少量的侧根，多留一些须根。

❸ 先在盆中倒入少量的土，然后将母株放入盆内，添土。

❹ 添土后轻轻摇动花盆，使疏松的土壤下沉，与根部结紧。

❺ 最后浇足水，放置在阳光充足的地方。

新手提示： 每年11月到次年3月是最适宜梅花栽培的时期。

浇水

❶ 梅花不耐水湿，浇水要根据盆土的干湿情况来确定，应以"不干不浇，浇就浇透"为浇水原则，防止盆中积聚过多水分。

❷ 大约在6月，花芽分化期内，要减少浇水量，同时使花开接受充足的光照，使植株开花繁茂。

❸ 夏天应浇足水，不然会导致梅花叶片凋落，影响花芽形成。

❹ 在梅花生长鼎盛期内要每日浇一次水，秋季天凉后要渐渐减少浇水，以促使枝条生长健壮。

新手提示： 如果发现梅花叶片严重枯萎，可将整株梅花放入水中，浸40分钟后取出，即可恢复正常。在梅雨季节，梅花一般不用浇水，如遇阴雨连天，需要将花盆倾斜放置，避免盆中积水。

光照　梅花喜欢有充足光照、通风性好的生长环境，不适宜长时间遮阴。

温度　梅花在环境温度为5～10℃时就可开花，虽然耐寒，在-15℃的条件下也可短暂生长，但不宜长时间放置阴冷处。

施肥　梅花要在冬天施用一次磷、钾肥，在春天开花之后和初秋分别追施一次稀薄的液肥即可。每一次施完肥后都要立即浇水和翻松盆土，以使盆内的土壤保持松散。

病虫防治　梅花易受蚜虫、红蜘蛛、卷叶蛾等害虫的侵扰，在防治时应喷洒50%辛硫磷乳油或50%杀螟松乳油，不能使用乐果、敌敌畏等农药，以免发生药害。

繁殖　梅花经常采用嫁接法进行繁殖，也可采用扦插法，通常于早春或深秋进行。另外，还能用压条法进行繁殖，这样比较容易成活。

花言草语

传说隋朝赵师雄游览罗浮山的时候，曾在晚上梦到和一名衣装淡雅的女子把酒同饮，那名女子香气撩人，身边还有一个绿装童子在欢快地歌舞。天将亮的时候，赵师雄由梦里醒过来，见自己睡在一棵梅树之下，树上有只翠鸟在欢快地鸣唱，并无那素装女子与绿装童子。其实，梦里的那名女子便是梅花树，绿装童子便是那只翠鸟。当时，赵师雄看到月亮已悄悄落下，星斗已经横斜，更感到孤独寂寞、惆怅迷惘。此后，这个传说便被用作梅花的典故。

修剪
❶ 在栽植的第一年，当幼株有25～30厘米高的时候要将顶端截掉。
❷ 花芽萌发后，只保留顶端的3～5个枝条作主枝。
❸ 次年花朵凋谢后要尽快把稠密枝、重叠枝剪去，等到保留下来的枝条有25厘米长的时候再进行摘心。
❹ 第三年之后，为使梅花株形美观，每年花朵凋谢后或叶片凋落后，皆要进行一次整枝修剪。

摆放建议　梅花适合摆放在宽敞的客厅、门厅、书房，也可以单枝插瓶摆放在案几、书架、窗台上，但不宜摆放在卧室内。

八仙花

【花草名片】

◎学名：*Hydrangea macrophylla*

◎别名：斗球、绣球、紫阳花、粉团花。

◎科属：虎耳草科绣球属，为落叶灌木或小乔木。

◎原产地：最初产自中国华中及西南区域，现在全国各个区域都广为栽植。

◎习性：喜欢温暖、潮湿、润泽的半荫蔽环境，光照充足也可以，忌干旱和水涝，不能忍受寒冷。

◎花期：6～7月。

◎花色：粉红、蓝、白色。

监检功能

八仙花对二氧化硫的反应非常灵敏，空气里的二氧化硫浓度达到0.05～0.5ppm（1ppm是百万分之一）后8小时，八仙花便会受到侵害，受侵害部位的叶脉会失绿，叶脉之间的叶片表面会变为白色，被损伤的叶组织会使叶片表面出现褐色斑点或斑块，同正常叶组织的绿色叶面有清晰的分界线。另外，八仙花长时间置于二氧化硫浓度比较低的环境中，叶片表面会褪绿，叶组织甚至会渐渐坏死。

选盆

最好选用透气性良好的泥盆，也可使用瓷盆，最好不要用塑料盆栽种。

择土

宜选用排水通畅的酸性土壤。在酸碱度不一样的土壤中，八仙花的颜色也会有显著的不同，在酸性土壤中为蓝色，在碱性土壤中则主要是粉红色。

栽培

❶ 把植株移栽到新花盆中后，先将土压好。

❷ 浇充足水分，再将盆放置在荫蔽的地方。

❸ 大约10天后，可将盆移至室外正常料理。

浇水

❶ 八仙花喜欢潮湿，怕旱怕涝。在春、夏、秋三个生长期内，每日应浇一次水，令盆土经常处于潮湿状态。

❷ 在炎热的夏天，花盆中的水分蒸发量较大，更要为其提供足够的水分，从5月到8月末，除浇水外，还要每日或每隔一日朝叶片表面洒一次水。

❸ 冬天则要以"不干不浇"为浇水原则。

光照

八仙花喜欢温暖、潮湿的半荫蔽环境，耐阴，阳光直射会造成日灼，因此需遮阴。

温度

冬季，要把盆花移入房间里，室内温度宜控制在5℃上下，以促使其进入休眠状态。自12月中旬开始，应把盆花搬至朝阳的地方，室温需保持在15～20℃，以促进枝叶的生长发育。

施肥

　　八仙花嗜肥，在生长季节通常需每隔15天左右施用腐熟的稀薄饼肥水一次。如果将1%～3%的硫酸亚铁加到肥液里施用，就能够很好地维持土壤的酸性；如果想让植株枝繁叶茂，那么就可以常浇施矾肥水；在孕蕾期内多施用1～2次磷酸二氢钾，则可以令植株花大色艳。

新手提示：勿在炎热的伏天施饼肥，否则会导致发生病虫害及使花开的根系受到损伤。

病虫
防治

　　八仙花不易受虫害，常见病害多为叶部病害，如白腐病、灰霉病、叶斑病等。所以要定期喷施药剂预防，发现病情后需及时喷施65%代森锌可湿性粉剂600倍液，病重叶片可摘除烧毁。

繁殖

　　八仙花可采用扦插法、分株法或压条法进行繁殖。

修剪

　❶ 八仙花的生命力较强，经得住修剪。当幼株长到10～15厘米的时候便能进行摘心，这样可以促其下部萌生腋芽。

　❷ 摘心后，可挑选4个萌生好的中上部的新枝条，把其下部的所有腋芽都摘掉。

　❸ 等到新枝条有8～10厘米长的时候，再施行第二次摘心，促进新枝条上的芽健壮成长，对翌年开花十分有益。

　❹ 花朵凋谢后应马上把老枝截短，仅留下2～3个芽，以促使其萌生新枝，防止植株长得太高。

　❺ 为了不让枝条再生长，也为了能安全过冬，在立秋以后应及时将植株的新枝顶部剪掉。在搬进室内料理之前，要把植株的叶片摘去，以防止叶片腐烂。

新手提示：每年初春3月，都要从基部把瘦弱枝、病虫枝剪掉，留下健壮枝并对其短截，让每枝留下2～3个芽，以促使其萌生新的枝条，令其多结蕾、多开花。

摆放
建议

　　八仙花适宜摆放在客厅、书房的窗台、桌案上。

牡丹

【花草名片】
- ◎学名：*Paeonia suffruticosa*
- ◎别名：洛阳花、谷雨花、富贵花、木芍药。
- ◎科属：毛茛科芍药属，为多年生落叶小灌木。
- ◎原产地：最初产自中国。
- ◎习性：喜欢冷凉、干燥，怕酷热、潮湿，喜欢阳光，略耐荫蔽。
- ◎花期：4～5月。
- ◎花色：红、黄、紫、粉、白和复色等。

监检功能

牡丹能够对臭氧进行监测。如果大气里的臭氧含量高于1%，牡丹的叶片上面便会呈现出斑点。牡丹的叶色会由于遭受污染程度的不一样，而出现不一样的颜色，比如红褐色、浅黄色及灰白色等。

选盆

栽种牡丹多用立筒盆，一般以素烧泥盆、瓦缸为宜。

择土

适宜选用有肥力、土质松散、排水通畅的中性土壤或沙壤土。

新手提示：盆栽时可以用园土和1/3～1/2的黄沙来配制。

栽培

❶ 将选择好的植株放置于阴凉处，晾1～2天，以免根太脆上盆时断根。

❷ 上盆栽植时，先用瓦片盖住盆孔，垫上3～5cm厚颗粒较大的碎砖块、木炭或其他透气透水物，再盖上一层3～5cm厚的土壤。

❸ 放进植株，使根系均匀伸展在盆中，填入土壤，并将土壤塞入根缝间。

新手提示：将植株种入盆中后，应马上浇透水一次。浇水最好与施肥结合进行，肥料以豆饼或麻渣泡水发酵后的上清液为最佳。

花言草语

牡丹是中国独有的传统珍贵花卉，它华丽典雅、仪态万千，深受世人喜爱。

一提起牡丹，人们自然而然就想到了洛阳的牡丹。关于洛阳牡丹，民间有这样一个传说：天授二年（691）腊月初一，长安大雪纷飞，武则天饮酒赋诗，乘着酒兴传下诏书："明朝游上苑，火速报春知，花须连夜发，莫待晓风吹。"百花慑于武则天的威严，连夜竞相开放，唯独牡丹不违时令，闭蕊不开。武则天一怒之下，将牡丹施以火刑后贬出长安，发配洛阳。牡丹遭此劫难，虽体如焦炭，根枝却没有松散，依然挺立在凛冽的寒风中。第二年春天，被发配到洛阳的牡丹开得更娇艳了。于是，人们就把牡丹誉为"焦骨牡丹"。洛阳牡丹遂驰名天下，洛阳人培育牡丹、观赏牡丹也逐渐成了习俗。

牡丹不仅极具观赏价值，还具有很高的药用价值。丹皮（由牡丹的根加工制成）具有清热凉血、活血化瘀等功效。

浇水

❶ 牡丹无法忍受土壤过湿，怕水涝，具有一些抗旱性。因此要视盆土干湿情况浇水，要做到不干不浇，干透浇透，水勤、水多则烂根。

❷ 栽植后浇透水，之后等盆土干燥时再浇一次少量的水，直到开花，然后令盆土保持略湿就可以。

光照

牡丹喜欢光照充足的环境。

温度

牡丹喜欢冷凉的环境，怕较高的温度，畏酷热，具有一定的耐寒能力。适宜温度为16～20℃，低于16℃不开花。

新手提示： 夏季高温时，牡丹会呈半休眠状态，最好将其移至阴凉处。

修剪

❶ 在牡丹栽植2～3年后，要对其枝条进行修剪整形。为了让植株茁壮、花多色艳，要依照栽植年数掌控花朵的数量，在萌生花蕾的早期要留下一些发育良好的花芽，并及时把多余的芽及瘦弱的芽去掉。

❷ 通常对5～6年生的植株，要留下3～5个花芽；对新栽植的植株，次年春季要把花芽全部去掉，以积聚养分、促使植株生长。

❸ 花朵凋谢后应尽快把未落尽的花除去，暮秋落叶后要把徒长枝、病弱枝、干枯枝等剪去，以降低营养损耗，对第二年的植株生长十分有利。

施肥

牡丹的生长需要较多肥料，且喜欢高效优良的肥料，新栽培的植株半年内不必施肥，半年后再施用即可。

繁殖

牡丹可以采用播种、分株、嫁接、扦插和压条等方法来繁殖，其中分株法较为简单方便，适宜家庭种养花卉时采用。

病虫防治

牡丹的常见病有叶斑病和紫纹羽。

❶ 叶斑病主要浸染叶片，发病初期叶的背面有较小的褐色斑点，边缘色略深，最终叶片会枯焦凋落。防治时可喷洒50%甲基托布津可湿性粉剂、50%多菌灵可湿性粉剂500～800倍液，7～10天喷一次，连续3～4次。

❷ 紫纹羽病主要浸染根茎处，受害处有紫色或白色棉絮状菌丝，初呈黄褐色，后为黑褐色，重者整个根茎和根系腐烂，植株死亡。防治时可用500倍五氯硝基苯药液涂于患处。

摆放建议

牡丹花朵雍容华贵，是装点家居的上选花卉。牡丹可摆放在阳台、客厅、书房等处，但要注意夏天时避免强光直射。

连翘

【花草名片】

◎学名：*Forsythia suspensa*

◎别名：黄金条、黄花杆、女儿茶、干层楼。

◎科属：木樨科连翘属，为落叶灌木。

◎原产地：最初产自中国、朝鲜等地。

◎习性：喜欢温暖、潮湿且润泽的环境，喜欢阳光，较耐寒冷和干旱，稍耐荫蔽，忌积水。

◎花期：3～5月。

◎花色：金黄色。

监检功能

连翘能够对二氧化氮、臭氧及氨气进行监测。连翘对上述气体的反应皆较为灵敏，当连翘遭受二氧化氮侵袭的时候，其叶脉之间或叶片边缘会呈现为条状或斑状，新生的嫩叶在变黄以前可能先掉落；当臭氧从植株的气孔进入连翘的叶片时，在同叶肉细胞接触后会先损坏其细胞膜，进而导致细胞死亡，伤斑多数在叶片表面上，叶脉之间较少，还有可能呈现出黄色斑点和白色斑纹，或叶片表面被全部漂白；当空气里存在氨气的时候，连翘的叶片便会很快发黄。

选盆

最好选用紫砂陶盆或釉陶盆，不宜用塑料盆，因为它的透气性很差。

择土

连翘适宜在有肥力且排水通畅的钙质土壤里生长，以较有肥力的园土为最佳。

栽培

❶ 连翘的栽植一般在春季进行。首先选取1～2年生的连翘幼枝，剪为长约30厘米的小段。

❷ 在盆中放置2/3的土壤，松软度要适中。

❸ 把幼枝斜向插进土里，深度为18～20厘米即可，并让上面露出土壤表面一点儿。

❹ 最后再埋土并镇压结实，然后浇足水，要让土壤保持略潮湿状态，但勿积聚太多的水。

新手提示：每1～2年要将连翘翻盆一次，盆土要求疏松肥沃，排水透气性良好，并结合换盆进行一次修剪。

浇水

❶ 连翘比较能忍受干旱，在潮湿且润泽的环境中也能生长得较好，因此浇水无须太过频繁，每周浇水一次即可保证其生长。

❷ 春天应及时给连翘补充水分，特别是在开花之后，要让土壤保持略湿的状态，不可太干，否则不利于植株分化花芽。

新手提示：连翘成活后浇水应掌握"不干不浇，浇则浇透"的原则，盆土积水和过于干旱都不利于植株生长。

温度 连翘对气候无严格要求，喜欢温暖的环境，同时也较耐寒冷，可忍受半荫蔽的环境。

繁殖 连翘采用播种、扦插、分株或压条的方法进行繁殖都可以，其中扦插法经常被采用。

施肥 在春季和秋季每15～20天要对连翘施一次腐熟的稀薄液肥或复合肥，夏季则停止施肥，秋季还可向叶面喷施磷酸二氢钾等含磷量较高的肥料，以促使花芽的形成。

连翘花与迎春花乍看起来非常相似，但连翘的植株比较高，叶片也比迎春花大，仔细观察下还可发现连翘的枝干是褐色的，而迎春的枝干为绿色。

连翘果实的药用价值很高，具有清热解毒、消肿散结的功效，连翘是中国临床常用传统中药之一，常用来治疗急性风热感冒、痈肿疮毒、淋巴结结核、尿路感染等症；其种子油还可以制成化妆品。

修剪
① 在每年花朵凋谢后应尽早把干枯枝、病弱枝剪掉，对稠密老枝要进行疏剪，对疯长枝要进行短剪，以促其萌发更多的新枝条。
② 立秋以后应再进行一次修剪，可让植株次年枝繁叶茂、花多色艳。

光照 连翘喜欢阳光充足的环境，平日要为其提供良好的光照，但也不要长期暴晒。

病虫防治 连翘几乎无病害发生。虫害主要有钻心虫及蜗牛，钻心虫危害茎秆，蜗牛危害花及幼果。
① 发现蜗牛时，可人工捕杀，或用石灰粉触杀。
② 发现钻心虫时可用紫光灯诱杀，并用棉球蘸50%辛硫磷乳油或40%乐果原液堵塞虫孔。

摆放建议 连翘的萌生能力强，同时喜欢阳光，可以摆放在客厅、阳台和书房等处。

鸢尾

【花草名片】

◎学名：*Iris tectorum*

◎别名：屋顶鸢尾、扁竹花、蓝蝴蝶。

◎科属：鸢尾科鸢尾属，为多年生宿根草本植物。

◎原产地：最初产自中国和日本。法国把它定为国花。

◎习性：喜欢温暖、潮湿、润泽和半荫蔽的环境，无法忍受较高的温度和过度潮湿，怕积水，不能忍受寒冷。喜欢湿润度适宜且排水通畅的土壤。

◎花期：4～6月。

◎花色：紫、蓝、黄、白色等。

花言草语

鸢尾的花瓣形似鸢鸟的尾巴，故而得名。它已被法国定为国花。传说，法兰西王国首个王朝的国王克洛维在接受洗礼的时候，上帝将鸢尾馈赠给他作为礼物。在法国，鸢尾象征着光明与自由。

鸢尾花的属名iris在希腊语中是"彩虹"的意思，所以人们据音译把它通俗地叫作"爱丽丝"。在希腊神话里爱丽丝是彩虹女神，为诸神与人世间的使者，其职责是把善良之人死后的灵魂，通过天地之间的彩虹桥带往天国。直到现在，希腊人依然经常在墓地栽植这种花，期望人死后的灵魂可以委托爱丽丝带往天国，这便是其花语"爱的使者"的产生缘由。

监检功能

鸢尾能够对二氧化硫、甲醛、氮氧化物和氯化氢等进行监测。鸢尾具有非常强的抗毒能力，可以吸收空气里的一定浓度的有毒气体，能够经由叶片将毒性较强的二氧化硫吸收掉，并通过氧化作用把其转化成没有毒或毒性较低的硫酸盐等物质。

选盆

最好选用素烧陶盆或塑料盆，以多孔盆为好。为了保持良好的透气性，宜用浅盆，盆高最好小于盆的直径。

择土

鸢尾对于土壤并不挑剔，但以种植在深厚肥沃疏松的中性沙质壤土中生长最佳。同时，在土壤中建议加入泥炭、蛭石或粗沙。

栽培

❶ 选择一个饱满、颜色鲜润的鸢尾球茎。

❷ 种植前先要松土，并使其稍微湿润，同时施入足够的底肥，主要是施入磷、钾肥。

❸ 接着，用拇指轻轻压球茎，直到球茎大部分都没入土中。

❹ 栽完后要浇足水。

新手提示： 种植时间最好选在9～10月，应将植株种植在排水通畅、朝阳且风吹不到的地方。

浇水

① 栽种后浇一次透水，之后不宜频繁浇水，但在生长期内，土壤要保持湿润。

② 长成后的鸢尾不能忍受过度潮湿的环境，怕积水，在浇水时应视土壤的实际干湿情况供给水分。

③ 一般以土壤稍干燥为原则，不可长时间太湿或积聚太多水，否则会导致植株根系腐烂或引发病害。

> **新手提示：**鸢尾耐旱性较强，即使一个月也不浇一次水也不会枯萎，但前提条件是空气的湿度要比较高。

温度

鸢尾喜欢温暖、半荫蔽的环境，既不能忍受炎热，又不能忍受寒冷，在北方地区栽植时要采取保护措施才能安全过冬。

繁殖

鸢尾可以采用播种法或分株法进行繁殖。播种繁殖可以在春天直接点播，采用分株法进行繁殖时在春天或秋天进行都可以。

病虫防治

鸢尾的虫害主要是豆金龟子，成虫咬食叶片及花瓣，不利于植株的生长，影响其观赏性。豆金龟子的成虫可以人工捕捉、灭杀，幼虫可以使用敌百虫800～1000倍液浇灌植株根部进行毒杀；如果有很多成虫，则可以喷洒敌百虫、西维因、杀螟松等1000倍液，喷洒2～3次就可有效处理。

光照

鸢尾是光敏植物，无须长时间接受日照，适宜在半荫蔽的环境下生存。

施肥

从春天发芽生长期到开花之前，应对鸢尾施用腐熟的稀薄饼肥水或复合花肥1～2次；在花朵凋谢后，应再增施一次液肥。

摆放建议

鸢尾花形飘逸，极具观赏价值。盆栽鸢尾可摆放在客厅、门厅，但由于其花香会使喉头充血并使人感觉麻痹，所以不宜摆放在卧室内。

萱草

【花草名片】

◎学名：*Hemerocallis fulva*
◎别名：忘忧草、川草花、金针花、丹棘。
◎科属：百合科萱草属，为多年生宿根草本植物。
◎原产地：最初产自中国的南部，如今全国各个地区都广泛栽植。
◎习性：喜欢温暖、湿润的环境，能忍受寒冷。具有较强的适应性，喜欢潮湿也较耐干旱，喜欢光照充足也能忍受半荫蔽，对环境没有严格的要求。
◎花期：5～8月。
◎花色：橘黄到橘红色。

监检功能

　　萱草能够对氟进行监测。当萱草受到氟污染侵害的时候，其叶片尖端便会变为褐红色。另外，萱草对空气里的有毒气体氟化氢也具有比较强的抵抗性，可以被用来监测指示大气里的氟化氢和重金属蒸气。

选盆

　　宜选用透气性较好的泥盆，避免使用瓷盆或塑料盆，选盆时一定要选大盆。

择土

　　萱草适宜种在腐殖质丰富、潮湿且排水通畅的土壤里。

栽培

❶ 先在盆中施入足够的底肥，然后埋入种子。
❷ 将土壤轻轻压实，浇透水。
❸ 将花盆放置在阴凉处，大约经过20天就可长出幼苗了。

新手提示：如果在春季播种栽种，则要在前一年秋季把种子沙藏，这样播种后萌芽快且齐整；如果在秋季播种，等到种子成熟并采收后要马上播种。

浇水

❶ 春秋两季萱草长势较强，应每天浇一次水。
❷ 夏天气温高，蒸发量大，应每隔1～2天给萱草浇一次水，但浇水量不宜过多。
❸ 在萱草的花蕾期，必须经常保持土壤湿润，防止花蕾因干旱而脱落，要多浇水。浇水要浇足、浇匀，以早晨和傍晚为宜。

新手提示：植株长大后，可每日给它的叶子喷洒一些水，使它更加健康、漂亮地生长。

光照

萱草喜欢充足的日照，因此应放置在阳光充足的地方。

温度

萱草喜欢温暖，也可以忍受半荫蔽的环境，可以忍受寒冷。

施肥

从种植的第二年时要施一次肥料，以后每年追施3次液肥为好。此外，在进入冬天之前宜再施用一次腐熟的有机肥，以促进萱草第二年的生长发育。

修剪

由于萱草的根系生长得比较旺盛，有一年接一年朝地表上移的动向，因此每年秋、冬交替之际皆要在根际垒土，厚约10厘米即可，并注意及时除去杂草。

繁殖

萱草可以采用播种法或分株法进行繁殖。播种繁殖在春秋季都可进行，分株繁殖可以在秋季植株叶片干枯后或春季萌芽前进行。

花 言 草 语

萱草在我国已经有几千年的栽植历史，也叫作谖草，"谖"即"忘"之意。有关文字记载最早出于《诗经·卫风·伯兮》："焉得谖草，言树之背。"朱熹注释道："谖草，令人忘忧；背，北堂也。"

萱草的别名为忘忧草。在古时候，游子远行之前都会先在北堂栽植萱草，期望母亲忘掉忧愁，减少对孩子的挂念。比如唐朝诗人孟郊的《游子诗》里写道："萱草生堂阶，游子行天涯；慈母倚堂门，不见萱草花。"我国的萱草在康乃馨作为母爱的象征以前，就早已经是母亲之花了。

病虫防治

锈病、叶斑病和叶枯病是萱草极易发生的病害。

❶ 锈病可危害其叶片、花葶。叶片初产生少量黄色粉状斑点，后逐渐扩展到全叶，以致全株枯死。防治主要以喷施粉锈宁、敌锈钠等杀菌剂为主。

❷ 叶斑病常发生在叶片主脉两侧的中部，穿孔后造成水分与养分运输中断，叶片尖端先行枯黄，最后全叶萎黄枯死。发病时可喷洒波尔多液或石硫合剂。

❸ 叶枯病主要危害叶片，也危害花葶，严重时全叶枯死。防治时可用50%多菌灵可湿性粉剂600~800倍液喷洒。

摆放建议

萱草适应性强，但喜好阳光照射，因此可栽种在庭院里，也可以盆栽或插瓶摆放在客厅、书房等处。

碧桃

【花草名片】

◎学名：*Prunus persica*

◎别名：粉红碧桃、花桃、千叶桃花、观赏桃花。

◎科属：蔷薇科李亚科桃属，为落叶小乔木。

◎原产地：最初产自中国，生长在西北、华北、华东及西南等地。如今世界各个国家都已经引种栽植。

◎习性：喜欢光照充足、通风性好的环境，可以忍受干旱和较高的温度，忌水涝，畏碱。

◎花期：3～5月。

◎花色：粉红、白、深红、洒金（杂色）等。

花言草语

在我国，碧桃是传统的园林观赏树木。早春时，它的花朵先于叶绽放，灿烂娇媚，甚是可人。在园林中一般成片种植碧桃，以形成"桃花园""桃花林""桃花山"及"桃花坞"等景致。花朵盛开的时候，犹如漫天色彩绚丽的云霞，使人流连忘返。

古代人经常用桃、李来喻学生弟子，叫作"桃李满天下"，所以校园里常种植桃李。在庭院的一处，分散栽植几棵碧桃，也比较合适。碧桃与翠竹混在一起栽种，构成"竹外桃花三两枝，春江水暖鸭先知"的风景，更是使人如入诗画中描摹的美好境界。

监检功能

碧桃能够对硫化物和氯气进行监测。当碧桃遭受到硫化物或氯气侵袭的时候，其叶片便会呈现出大片的斑点，并渐渐干枯死亡。

选盆

碧桃对花盆的要求较高，在植株生长期间多用泥瓦盆，长成后则最好选用釉陶盆。

择土

碧桃喜欢排水通畅、腐殖质丰富的沙质壤土，不能在碱土中生长，也不喜欢太黏重的土壤。

栽培

❶ 在盆中栽种碧桃通常采用嫁接法。先用桃、李、杏的实生苗做砧木，于8月份进行芽接。

❷ 将嫁接成活的碧桃苗，于第二年3月前后，从接芽以上1.5厘米至2厘米处剪去，促使接芽生长。

❸ 接着便可将芽植入盆中，置入土壤，并将土壤轻轻压实。

❹ 入盆后浇足水分，此后精心照料即可。

新手提示： 上盆时可先在盆底放置腐熟的豆饼屑等作为基肥。

浇水

❶ 碧桃忌积水，如果遭受水涝3～5天就会使叶片凋落，甚至导致植株死亡。

❷ 浇水量要适中，应掌握"不干不浇"的浇水原则。

❸ 碧桃的开花坐果期要适当多浇些水，7～8月份花芽分化期要适当扣水，以促进花芽分化。

❹ 冬季休眠期要减少浇水的次数。

温度

碧桃可忍受较高的温度，较能忍受寒冷，但室内温度需保持在5℃以上。

繁殖

碧桃可以采用播种法、嫁接法和压条法进行繁殖。

病虫防治

碧桃比较易生蚜虫，病害主要有白锈病和褐腐病。

❶ 白锈病用50%萎锈灵可湿性粉剂2000倍液喷洒。

❷ 褐腐病用50%甲基托布津可湿性粉剂500倍液喷洒。

❸ 碧桃生蚜虫时，可以用40%氧化乐果乳油1000～1500倍液或80%敌敌畏乳油1500倍液喷杀。

光照

碧桃喜欢光照充足的环境，因此要多见阳光，但切忌摆放在风口处。

施肥

碧桃对肥料无严格要求，不需要太多肥料。种植时在穴里要施入少量底肥，在生长季节可以视植株的生长状况来决定是不是需施用肥料，通常在每年开花前后分别施用1～2次肥料就可以。

修剪

❶ 碧桃生长势强，修剪主要是进行疏枝，一般修剪为自然开心形。

❷ 在花朵凋谢后要马上修剪，开过花的枝条仅留下基部2～3个芽就可以，并把其他的芽都摘掉。

❸ 对长势太强的枝条，在夏天要对其进行摘心，以促进花芽的形成；对长势较弱的植株，需防止修剪太重，要压制强枝、扶助弱枝，令枝条生长匀称，保持通风流畅。

❹ 在冬天应适度剪短较长的枝条，以促进植株萌生更多的花枝。

摆放建议

碧桃喜光，宜盆栽摆放在阳台、露台、天台等光照充足的地方，也可制成切花和盆景装点书房和客厅。

木槿

择土

喜欢有肥力的中性到微酸性土壤，也能在贫瘠的土壤中生长。

新手提示： 盆栽时最好选用园土、腐叶土、炉渣混合而成的土壤。

栽培

❶ 选择即将栽植的木槿枝条最好在土壤偏干时进行。

❷ 将剪好的木槿枝条基部用1000微升/升萘乙酸浸泡3~5秒，插入土中。

❸ 用塑料薄膜覆盖保温保湿数月，方可移植入盆，置入土壤，轻轻压实后浇入充足的水分。

❹ 入盆中后要放置阴凉处一周，再放到阳光处进行正常养护。

新手提示： 栽入盆中一个月后要薄肥勤施，当年就可开花。

【花草名片】

◎学名：*Hibiscus syriacus*
◎别名：白饭花、篱障花、无穷花、朝开幕落花。
◎科属：锦葵科木槿属，为落叶灌木或小乔木。
◎原产地：最初产自东亚，中国从东北南部到华南各个地区都有栽植。韩国把它定为国花。
◎习性：喜欢温暖、光照充足、潮湿且润泽的生长环境，略耐荫蔽，比较能忍受寒冷。喜欢潮湿，怕积水，又比较能忍受干旱，具有比较强的抵抗烟尘及有害气体的能力。
◎花期：6~10月。
◎花色：紫红、粉红、白等色，有时花瓣基部为红色或紫红色。

光照

木槿喜欢温暖且光照充足的生长环境，略耐荫蔽，因此要让它多见阳光。

监检功能

木槿能够对二氧化硫进行监测。当木槿遭受二氧化硫侵袭的时候，其叶片便会变为灰白色，叶脉之间出现形状不一的斑点，且会失绿、发黄。

选盆

种木槿选用泥盆最佳，其次是瓷盆和紫砂盆，尽量不用塑料盆。

浇水

❶ 木槿喜欢潮湿，怕积水，所以要让土壤维持适宜的湿度，不可积聚太多水。

❷ 在花期之内如果土壤较干应马上对植株浇水。

❸ 立秋以后宜再浇一次水，以提高其抗寒性。

温度

木槿较能忍受寒冷，生长的适宜温度是15~28℃。

施肥

在移入盆中前要施入有机肥料，比如麸肥。在生长季节每月要施用2次肥料，以"少施薄施"为原则。

病虫防治

木槿生长期间病虫害较少，病害主要有叶斑病和锈病；虫害主要有红蜘蛛、蚜虫、蓑蛾、夜蛾、天牛等。

❶ 病虫害发生时，可剪除病虫枝，选用安全、高效低毒的农药喷杀。

❷ 患上叶斑病和锈病时，可用65%代森锌可湿性粉剂600倍液喷洒。

繁殖

木槿可采用播种法、扦插法及压条法进行繁殖，主要采用的是扦插法。多在早春或梅雨季节进行，秋末冬初也可，这时的植株易生根成活。

修剪

❶ 木槿具有较强的萌芽能力，经得住修剪，在暮秋要及时把稠密枝、瘦弱枝等剪掉，以降低营养的耗费量，对植株的正常生长很有利。

❷ 为了培育丛生状的苗木，可以在第二年春天对植株进行截干，以促使其基部蘖生新枝。

❸ 最好在冬季将枝修剪到1.5米左右高，3月份再剪枝一次，但不要剪枝太多。

摆放建议

木槿大多栽种在庭院里，也可以盆栽摆放在客厅、阳台等向阳的地方，木槿枝条可以编制成花篮装点居室。

木槿的花朵较多，花期可长达百天，花开的时候如缎似锦、绚烂多姿。因为韩国人非常喜欢木槿较长的开花时间，所以把它叫作"无穷花"，还将其定为国花。

唐菖蒲

【花草名片】

◎ 学名：*Gladiolus gandavensis*

◎ 别名：剑兰、菖兰、扁竹莲、十三太保。

◎ 科属：鸢尾科唐菖蒲属，为多年生球根草本植物。

◎ 原产地：最初产自非洲好望角、地中海沿岸及西亚一带，如今世界各个地区都广泛栽植。

◎ 习性：喜欢温暖、光照充足的生长环境，在长日照条件下可以促进其分化花芽。具有一定程度的耐寒能力，可是畏严寒。无法忍受较高的温度，怕酷热和积水。

◎ 花期：6～9月。

◎ 花色：红、紫、蓝、黄、白、洒金、条纹和复色等。

监检功能

唐菖蒲能够对氟进行监测。空气里的氟浓度达到0.1微升/升30小时后，唐菖蒲的叶缘及叶片尖端便会呈现出褐色斑点。

选盆

盆栽时宜选用泥盆，避免使用瓷盆或塑料盆，因为这两种盆的透气性较差。

择土

唐菖蒲对土壤没有严格的要求，喜欢有肥力、土质松散、排水通畅的沙质土壤，土壤的酸碱度宜保持在5.6～6.5之间。

栽培

❶ 挑选好球茎，以没有斑点或斑纹、萌芽部位及发根部位皆无破损的扁球状的小球茎为最佳。

❷ 在盆中置入土壤，将球茎栽植入盆，球茎较大、土质疏松时宜栽植8～10厘米深；球茎较小、土质黏重时宜栽植6～8厘米深。

❸ 入盆后应浇一次透水，同时让土壤保持潮湿，之后放在通风良好且朝阳的地方管理就可以。

新手提示：浅栽利于唐菖蒲新球的生长发育，然而雨后容易使植株歪倒，而且抵抗干旱的能力较弱；深栽尽管不容易使植株歪倒，然而其萌生的新球较小、子球较少。

光照

唐菖蒲属于喜光性的长日照植物，若每日接受16小时光照则最有利于其生长。在生长期内，植株每日最少要接受10～12小时光照；冬天栽植时，若遇到阴天则应对其补充光照。

浇水

① 幼苗长出后应每隔2～3天浇水一次。

② 夏季则每隔1～2天浇水一次。

③ 长出花蕾后要为植株供应足够的水分，需每天或隔一天浇一次水，同时稍加遮蔽阳光。

④ 从10月开始，应对植株停止灌水。

新手提示： 唐菖蒲需要比较多的水分，在生长季节若土壤太干则植株的叶尖会发黄，因此要常浇水，令土壤保持适度湿润，同时还要避免积水，否则会导致球茎腐烂。

温度

唐菖蒲喜温暖，怕严寒冰冻，夏天喜欢清凉的环境，不能忍受高温和酷热。冬天栽植时若温度在0℃以下则植株会受冻死亡。球茎在萌芽后，其白天的适生温度为20～25℃，晚上则为10～15℃。

花言草语

唐菖蒲花形美丽，是世界四大切花之一，可以用作花篮、花束及瓶插等，也可以对花境和专类花坛进行点缀，矮生品种则可以盆栽欣赏。

唐菖蒲对氟化氢的反应十分灵敏，已经被大范围地应用在环境生物学的研究中，被当作氟污染的指示植物，堪称监测环境的"哨兵"。另外，它的茎叶中含有维生素C，球茎还能用作药物，具有清除内热、活血化瘀、消除肿胀的功用。

施肥

对唐菖蒲不要施用过多肥料，否则会导致叶片疯长。在幼苗长出2枚叶片后，应大约隔15天追施一次腐熟的有机肥；在孕蕾期内改为施用磷肥一次；在浇水的同时施用一次过磷酸钙和骨粉；开花之后再施用一次钾肥。

新手提示： 若唐菖蒲的叶片变薄，叶梢干枯发黄并出现白点，那么就说明植株缺少肥料，要马上进行补充。

病虫防治

唐菖蒲常见的病害有球茎腐烂病、叶枯病等。

① 球茎腐烂病防治时可用酒精消毒后阴干贮藏，且保持通风、干燥。

② 患上叶枯病后可用1%等量式波尔多液或50%代森锌可湿性粉剂1000倍液，8～10天喷洒一次。

繁殖

唐菖蒲可以采用分球法、切球法、组织培养法和播种法进行繁殖，主要采用分球法。

摆放建议

唐菖蒲多用于切花装点家居，也可盆栽摆放在窗台、阳台、天台等光线较好的地方，还可以直接种植在庭院里观赏。

矢车菊

【花草名片】

◎学名：*Centaurea cyanus*

◎别名：荔枝菊、翠兰、蓝芙蓉。

◎科属：菊科矢车菊属，为一二年生草本植物。

◎原产地：最初产自欧洲东南部地区。德国把它定为国花。

◎习性：喜欢阳光，不能忍受阴暗和潮湿。喜欢凉爽气候，比较能忍受寒冷，怕酷热。

◎花期：4～5月。

◎花色：蓝、紫、红、白等色。

监检功能

矢车菊能够对二氧化硫进行监测。如果空气中的二氧化硫太浓，矢车菊便会由于失去水分而变枯或倒下，无法正常开花或无法开花。

选盆

栽种矢车菊时最好选用泥盆，避免使用瓷盆或塑料盆，因为这两种盆的透气性较差，易导致植株烂根。

繁殖

矢车菊采用播种法进行繁殖，春、秋两季都能进行，以秋季播种为宜。

择土

矢车菊适宜在土质松散、有肥力且排水通畅的沙质土壤中生长。盆土应尽量保证其良好的排水及通气性，土壤若黏性较重时，可混合3～4成的蛇木屑或珍珠石。

栽培

❶ 选取好矢车菊的幼株，以生长出6～7枚叶片的为最佳，移入花盆中。

❷ 在花盆中置入土壤，土壤最好松散且有肥力。

❸ 轻轻压实幼株根基部的土壤，浇足水分。

❹ 将花盆放置在通风性良好且温暖的地方，细心照料。

❺ 入盆后需浇透水一次，以后的生长期需经常保持土壤微潮偏干的状态。如果土壤存水过多，矢车菊容易徒长，其根系也容易腐烂。

新手提示： 矢车菊因不耐移植性，因此在移栽时一定要带土团，否则不易缓苗。

温度

矢车菊喜欢凉爽的生长环境，比较能忍受寒冷，怕炎热。

花言草语

德国的国花矢车菊是幸福的象征。关于它，还有一个优美的小故事。

在一次德国的内部战争中，王后路易斯受局势所迫携着两名王子逃出柏林。半路上车子坏了，他们只得走下车。在路旁他们看到了一片片蓝色的矢车菊，两名王子开心得在花丛里嬉戏，王后还用矢车菊花编成了一个漂亮的花环，给9岁的威廉王子戴到了头上。之后，威廉王子成了统一德国的首位皇帝，然而他一直不能忘记童年逃难的时候看到盛开的矢车菊时激动的心情，还有母亲用矢车菊为他编的花环。所以他非常喜爱矢车菊，之后便将它定为德国的国花。

光照

矢车菊一定要栽植于光照充足且排水通畅处，否则会由于阴暗、潮湿而死亡。

浇水

❶ 每日浇水一次即可，但夏日较干旱时，可早晚各浇一次，以保持盆土湿润并降低盆栽的温度，但水量要小，忌积水。

❷ 矢车菊无法忍受阴暗和潮湿，因此在生长季节每次浇水量要适量，避免因过于潮湿导致植株根系腐烂。

施肥

在种植前应在土壤中施入一次底肥，然后每月施用一次液肥，以促使植株生长，到现蕾时则不再施肥。

新手提示：矢车菊喜肥，但如果叶片长得过于繁茂，则要减少氮肥的比例。

病虫防治

矢车菊的主要病害为菌核病，病害一般会先从基部发生，患病时，可喷洒25%粉锈宁可湿性粉剂2500倍液，也可喷洒70%甲基托布津可湿性粉剂800倍液。染病严重的植株要及时剪除，以防继续感染。

修剪

矢车菊的茎干较细弱，在苗期要留心进行摘心处理，以让植株长得低矮，促其萌生较多的侧枝。

摆放建议

矢车菊喜光，可直接地栽成片，也可以盆栽摆放在阳台、窗台等向阳的地方，还可以作为切花装点客厅、餐厅和书房。

万寿菊

【花草名片】
◎学名：*Tagetes erecta*
◎别名：万盏菊、臭菊花、臭芙蓉、蜂窝菊。
◎科属：菊科万寿菊属，为一年生草本植物。
◎原产地：最初产自墨西哥，如今世界各个地区都广为栽植。
◎习性：喜欢温暖、潮湿、光照充足的生长环境，能忍受寒冷和干旱。
◎花期：6～10月。
◎花色：橙红、橙黄、金黄、柠檬黄到浅黄等色。

监检功能

万寿菊能够对二氧化硫与臭氧进行监测。它对上述两种气体的反应皆十分灵敏，当受到二氧化硫侵袭时，它的叶片便会变为灰白色，叶脉间出现形状不固定的斑点，逐渐失绿、发黄；当受到臭氧侵袭时，它的叶片表面便会变为蜡状，出现坏死斑点，变干后成为白色或褐色，叶片变成红、紫、黑、褐等色，并提前凋落。

选盆

栽种万寿菊最好选用素烧陶盆，塑料盆也可，以多孔盆为宜。

择土

万寿菊对土壤没有严格的要求，然而在土质松散、有肥力、排水通畅的沙壤土中生长得最好，同时土壤最好细碎如粉。

栽培

❶ 将幼枝剪成10厘米长做插条，顶端留2枚叶片，剪口要平滑。

❷ 将生根粉5克，兑水1～2千克，加50%多菌灵可湿性粉剂800倍液混合成浸苗液，将插条的1/2侵入药液中5～10秒后取出。

❸ 立即插入盆土中，深度约为1/2盆高。将盆土轻轻压实，然后浇透水分。

新手提示：万寿菊栽种后一般约15天就能长出新根，约30天便可以开花。

浇水

❶ 万寿菊的浇水时间和浇水量都要合适，勿积聚过多的水，令土壤处于略湿状态就可以。

❷ 刚刚栽种的万寿菊幼株，在天气炎热时，要每天喷雾2～3次，使盆土保持湿润。

❸ 给万寿菊浇水应以"见干见湿"为原则。

新手提示：万寿菊喜欢潮湿，也能忍受干旱，但在湿度较大的环境中生长不好。

万寿菊属于一年生草本植物，从它的花朵中能够提取纯天然黄色素。天然黄色素是一种性能良好的抗氧化剂，现在已广泛应用于食品、饲料、医药等许多领域，是工、农业生产中非常重要的添加剂。天然黄色素属于纯绿色产品，没有任何有害物质，将来一定会成为人工合成色素的替代品。万寿菊的鲜花进行过发酵、压榨、烘干等工序的处理后，还可制成万寿菊颗粒，再进行溶剂浸提法，即可制成色素精油。

温度

万寿菊的生长适宜温度为15～25℃，冬天温度不可低于5℃。夏天温度高于30℃时，植株会疯长，令茎叶不紧凑、开花变少；当温度低于10℃时，植株也能生长，不过生长速度会减缓。

繁殖

万寿菊可采用播种法或扦插法进行繁殖。采用播种繁殖时，一年中都可进行。采用扦插繁殖时，以在5～6月进行为宜，此时植株易于存活。

病虫防治

万寿菊易患茎腐病和叶斑病。
❶ 万寿菊患上茎腐病后，茎会变成褐色，甚至枯萎。这时，应立即拔除病茎并烧毁；发病初期可喷洒50%多菌灵可湿性粉剂1000倍液。
❷ 万寿菊患上叶斑病后，叶片会出现椭圆形或不规则形的灰黑色斑点。这时，可喷洒50%苯来特可湿性粉剂1000倍液或50%多菌灵可湿性粉剂800倍液。

光照

万寿菊性喜阳光，充足的阳光可以显著提升花朵的品质。

施肥

万寿菊的开花时间较长，所需要的营养成分也比较多。它喜欢钾肥，氮肥、磷肥与钾肥的施用比例应为15：8：25，在生长期内需大约每隔15天施用一次追肥。在开花鼎盛期，可以用0.5%的磷酸二氢钾对叶面进行追肥。

修剪

万寿菊的开花时间较长，后期植株的枝叶干枯衰老，容易歪倒，不利于欣赏。所以，要尽快摘掉植株上未落尽的花，并尽快追施肥料，以促进植株再开花。

摆放建议

万寿菊的花期比较长，可盆栽摆放在窗台、书桌、案几上，也可单枝制作成切花插瓶。

三色堇

【花草名片】

◎学名：*Viola tricolor*

◎别名：蝴蝶花、猫儿脸、人面花、蝴蝶梅。

◎科属：堇菜科堇菜属，为一二年生草本植物。

◎原产地：最初产自欧洲。波兰把它定为国花。

◎习性：喜欢冷凉气候，能忍受半荫蔽环境，比较能忍受寒冷，畏酷热和积水，一般无法结出种子。

◎花期：4～6月。

◎花色：蓝、黄、紫、白、古铜色等。

监检功能　三色堇能对二氧化硫进行监测，当受其侵袭时，它的叶片会变为灰白色，叶脉间出现形状不固定的斑点，渐渐失绿、发黄。

选盆　栽种三色堇用普通的泥盆为好，尽量不要使用塑料花盆。

光照　三色堇对日照的要求并不高，但如果阳光不好或不充足，也会使植株的开花受到影响。

择土　对土壤没有严格要求，可以忍受瘠薄，适宜在土质松散、有肥力、排水通畅的沙壤土中生长，在湿度较大、排水不畅的土壤里则很难正常生长发育。

浇水

❶ 三色堇怕积水，在湿度较大、排水不畅的土壤里很难正常地生长发育，所以浇水一定要适量。

❷ 刚刚栽种后应每天给它浇水一次，连浇7～10天。

❸ 植株开花后，浇水应以"见干见湿"为原则。

❹ 春秋季每三天下午5点左右浇水一次。

❺ 夏季植株生长旺盛，隔天上午9点浇一次水。

❻ 冬季光照弱，温度低，隔周浇水一次已足够，最好在上午10点前进行。

新手提示：当屋内干燥时，可用喷雾器直接向叶面洒水，但在花期喷水一定不要将水雾喷到花朵上。

栽培

❶ 先将花盆清洗干净，再在花盆的底部置入少量的土壤。

❷ 将三色堇幼苗（带着土坨）置入花盆中，加入土壤。

❸ 将盆中的土壤轻轻压实，然后浇透水分，放在荫蔽、凉爽的地方大约一周时间。

❹ 幼苗发芽并长出叶片后，应换一次盆，盆中施肥一次，再将花盆移到朝阳的地方。

温度

　　三色堇忌温度过高或湿度过大，在白天温度为15～25℃、夜间温度为3～5℃的环境条件下生长较好。如果温度超过28℃，则应及时改善通风效果，以起到降温的作用，避免植株干枯死亡。

施肥

　　栽种和养护三色堇以较稀的豆饼水做肥料最安全，每月施用一次即可。要少施用氮肥，多施用磷肥和钾肥。

繁殖

　　三色堇可采用播种法、扦插法及压条法进行繁殖，其中播种繁殖最常用。

病虫防治

　　三色堇易受蚜虫的侵害，易患灰霉病。

❶ 在生长季节内，如果三色堇遭受到蚜虫的危害，可以喷施氧化乐果乳油2000倍液或敌敌畏水溶剂800倍液来灭除。

❷ 三色堇患上灰霉病后，苗的茎、叶会呈水浸状腐烂，最后茎基腐烂，生出灰褐或灰绿色霉层。发病初期应喷洒50％多菌灵可湿性粉剂600～700倍液，每7～10天喷洒一次，连续喷洒3～4次。

修剪

❶ 在三色堇生长期间采取摘心处理，一般在早春时便可开花。

❷ 在三色堇花朵凋谢后尽快把未落尽的花剪掉，能令植株再次开花。

摆放建议

　　三色堇适应性强，家庭盆栽一般适宜摆放在门厅、厨房、餐厅、客厅、书房、卧室等处。

百日草

择土　能忍受贫瘠，然而在土质松散、有肥力、排水通畅、土层深厚的土壤中长得最好。

栽培
❶ 选取优良的百日草花种，播入已置好了土壤的培植器皿中，上面覆盖一层蛭石。
❷ 5～7天后，百日草的幼苗就会长出，出苗后气温应高于15℃，否则生长不良。
❸ 当小苗长出4～5枚真叶时，要摘心之后才能移栽入盆中，随后浇透水分。
❹ 当苗高10厘米时，留两对叶摘心，促使其萌发侧枝，此后正常照料即可。

【花草名片】

◎ **学名**：*Zinnia elegans*
◎ **别名**：百日菊、对叶菊、火球花、步步高。
◎ **科属**：菊科百日草属，为一年生草本植物。
◎ **原产地**：最初产自南美洲墨西哥高原，如今世界各地都有栽培。阿拉伯联合酋长国把它定为国花。
◎ **习性**：喜欢温暖，不能忍受寒冷，在长日照条件下舌状花会变多，畏炎热，能忍受干旱，在夏天阴雨连绵、排水不畅的环境下生长不好。
◎ **花期**：6～10月。
◎ **花色**：红、粉、橙、黄、绿、白等色，有时具斑纹，或花瓣基部具色斑。

浇水
❶ 百日草能忍受干旱，怕积水，若阴雨连绵或排水不畅就会使其正常生长受到影响，所以浇水量应适量。
❷ 要以"不干不浇"为浇水原则。
❸ 夏天由于蒸发量大，可每日浇一次水，但水量一定要小。

> **新手提示**：浇水宜在上午进行，以利于叶面在夜间得以干燥。

监检功能　百日草能够对二氧化硫及氯气进行监测。若空气中的二氧化硫太浓，百日草便会由于缺少水分而枯萎，无法正常开花或无法开花；若百日草遭受到氯气的侵袭，其叶脉间被损伤的组织便会使叶面出现不定型的斑点或斑块，但是同正常叶组织的绿色叶面并没有清晰的分界线。

光照　百日草喜欢光照充足的环境，可全天接受太阳直射。如果日照不足，则植株容易徒长，抵抗力也较弱，同时开花也会受影响。

修剪　百日草的开花时间长，后期植株生长会减缓，茎叶多而乱，花朵变得较小。所以，秋天要进行1～2次摘心。

选盆　栽种百日草最好选用泥盆，避免使用瓷盆或塑料盆，因为这两种盆的透气性较差。

繁殖

采用播种法或扦插法都可进行繁殖，主要采用播种繁殖。

病虫防治

百日草极易患褐斑病和白星病。

❶ 患上褐斑病时，百日草叶片上一开始会出现黑褐色的小斑点，随后会扩大为形状不规则的大斑，最终导致整个叶片干枯。发病时可用50％代森锌可湿性粉剂或代森锰锌可湿性粉剂5000倍液喷洒。

❷ 白星病也是在叶上发病。一开始会长出暗褐色的小斑点，而后逐渐扩大，严重时叶片卷枯。发病初期，要及时摘除病叶，然后立即喷洒75％百菌清可湿性粉剂500～800倍液。

新手提示： 如果百日草患上褐斑病，喷药时一定要将叶背表面喷洒均匀。

温度

百日草喜欢温暖的环境，不能忍受寒冷，畏酷热。它的生长期适宜温度是15～30℃，适宜在北方栽植。

施肥

百日草能忍受贫瘠，可在开花期内应追施肥料，主要是追施磷、钾肥，以促使花朵繁茂、花色艳丽。

摆放建议

百日草可直接栽种在庭院里，也可以盆栽摆放在客厅、书房、阳台等光线充足的地方，其花期较长，高秆品种也可以作为切花装点居室。

花言草语

百日草的花期很长，从6月到9月，期间花朵陆续开放，并且花的颜色始终保持鲜艳。因此，百日草象征着友谊天长地久。更有意思的是，百日草开的第一朵花一定是在顶端，然后才在侧枝顶端开花，并且比第一朵开得更高，因此得名"步步高"。

金鱼草

【花草名片】

◎学名：*Antirrhinum majus*

◎别名：龙头花、龙口花、狮子花、洋彩雀。

◎科属：玄参科金鱼草属，为多年生草本植物，经常被作为一二年生草本植物栽植。

◎原产地：最初产自南欧地中海沿岸和非洲北部。

◎习性：喜欢光照充足，也能忍受半荫蔽环境。比较能忍受寒冷，怕炎热。

◎花期：4～10月。

◎花色：深红、浅红、深黄、淡黄、黄橙、肉色及白色等色。

监检功能

金鱼草能够对氯气进行监测。若金鱼草受到氯气的侵害，其叶脉间被损伤的组织便会使叶面出现不定型的斑点或斑块，但是同正常叶组织的绿色叶面并没有清晰的分界线。

浇水

❶ 金鱼草对水分的反应比较灵敏，一定要让土壤处于潮湿状态，幼苗移入盆中后一定要浇足水。

❷ 除了每天适量的浇水之外，还应隔2天左右喷一次水。

光照

金鱼草喜欢阳光，在光照充足的环境中，花朵颜色鲜艳；在半荫蔽的环境中，植株长得较高，花序变长，花朵颜色较浅。

选盆

金鱼草对花盆的要求较高，在植株生长期间应多用体型较大的泥瓦盆。

择土

栽种金鱼草最好选用土质松散、有肥力、排水通畅的微酸性沙质土壤。

栽培

❶ 选取优质的金鱼草种子，播入盛有少许土壤的培植器皿中，不要覆盖土壤，将种子轻压一下即可。

❷ 播种后浇透水，然后盖上塑料薄膜，放置半阴处。

❸ 7天后，金鱼草种子即可发芽，这时切忌阳光暴晒。

❹ 再过一个半月左右，即可将幼苗移栽至盆中。

新手提示：将金鱼草幼苗移栽至盆中时一定要带上土坨，以保证它的存活。

温度

金鱼草比较能忍受寒冷，怕炎热，温度较高不利于其生长。它的生长适宜温度从9月到次年3月是7～10℃，3～9月是13～16℃，开花的适宜温度是15～16℃。一些品种在高于15℃的环境中就不能萌生出新枝，影响株形美观。

施肥

在生长季节要供给植株足够的养分，需每隔15天施肥一次，最好是施用氮肥。

繁殖

采用播种法或扦插法进行繁殖，一般选用播种法繁殖，因为它在秋天或春天都可以进行。

病虫防治

金鱼草易患多种病害，如茎腐病、草锈病及各种虫害。

❶ 患上茎腐病后，发病初期应喷施40%乙膦铝可湿性粉剂200～400倍液。

❷ 金鱼草患上草锈病后，可喷洒15%粉锈宁可湿性粉剂2000倍液。

❸ 如果金鱼草生了蚜虫，则可喷洒3%天然除虫菊酯或25%鱼藤精稀释800～1000倍液。

修剪

❶ 当金鱼草植株生长到25厘米高的时候，应尽快把由基部萌生出来的侧枝去掉。

❷ 为了使开花时间延长，在花朵凋谢后应尽快把未落尽的花剪掉，以促使新花接着绽放。

新手提示：金鱼草第一次开花后，最好齐土剪去地上的部分，以便使它今后生长得更好。

摆放建议

金鱼草喜光，可以露地栽培，也可以盆栽。盆栽金鱼草最好放置在阳台、露台、天台、窗台等光线较充足的地方。另外，金鱼草也是一种比较优良的切花品种，可作为瓶插装点客厅、书房、卧室、餐厅。

花言草语

金鱼草是一种十分有意思的植物，其花语为"多嘴、好管闲事"。在欧洲，此种花的外形很像狮子或拳狮狗；在日本神户时期，因它的花形特点看上去犹如在水里扭来扭去畅游着的金鱼，所以，它具有多个不一样的名字。不过，金鱼草除了可以供人们观赏之外，其种子被压榨后还能产生出像橄榄油那样好用的油来。

彩叶草

【花草名片】

◎学名：*Coleus blumei*

◎别名：五色草、叶紫苏、洋紫苏、老来少。

◎科属：唇形科紫苏属，为多年生草本植物。

◎原产地：最初产自印度尼西亚的爪哇岛。如今世界各个国家都广为栽植。

◎习性：喜欢温暖、潮湿、光照充足的环境，盛夏时怕强光直射暴晒，夏天温度较高时要略遮阴。不能忍受寒冷，要采取保护措施方可以顺利过冬。

◎花期：8~9月。

◎花色：淡蓝、淡紫、蓝白等色。

监检功能

彩叶草能够对二氧化硫进行监测。若空气中的二氧化硫太浓，彩叶草便会因失水而枯萎，导致不能正常开花或无法开花。

择土

栽种彩叶草适宜选用有肥力、土质松散、排水通畅的沙质土壤。

新手提示：盆栽时可用2份腐叶土、2份园土和1份砻糠灰调配成培养土，并施入适量的有机肥及骨粉做底肥。

选盆

栽种时，盆的大小应与花苗相称，不可过早用大盆，以普通的泥盆为宜。

栽培

❶ 将充分腐熟的腐殖土和沙土各半掺匀，置入苗盆，再将苗盆放入水中浸透。

❷ 将彩叶草的种子播入苗盆中，微覆薄土，用玻璃板或塑料薄膜覆盖在上面，并保持盆土湿润。

❸ 大约10天后，种子即会发芽，这时要勤浇水。

❹ 再过约2周的时间，幼苗长出2片叶后即可移栽进泥盆中。

新手提示：种子发芽时，要保证室内温度在20℃以上，这样生长得更快。

浇水

❶ 彩叶草喜欢潮湿，在生长季节需让土壤处于潮湿而稍干的状态，若土壤过湿则容易造成植株疯长，影响株形美观，因此浇水要适量。

❷ 刚刚播种后要及时浇水，直至苗盆底部有水渗出。幼苗长出真叶后水分不宜过多，土壤湿润即可。

❸ 夏天水分耗费得多，每日需浇2次水，不然植株容易打蔫，并要时常朝叶面淋水，以保持适宜的空气湿度。

❹ 冬季则应控制浇水的次数，2~3日一次即可，保证干湿相宜。

花言草语

彩叶草可以入药，具有解毒散寒、行气和胃的功能。它的种子还有镇咳平喘、祛痰的功能。此外，用彩叶草的种子榨取的苏子油，长期食用，对冠心病及高脂血症皆有明显疗效。但彩叶草不可贸然服用，否则会引起肠胃不适，严重时会加重病情。

温度

彩叶草喜欢温暖，不能忍受寒冷，其生长的适宜温度是20~25℃，冬天如果温度在5℃以下则容易受冻害。

繁殖

彩叶草可采用播种法或扦插法进行繁殖。

病虫防治

彩叶草易患叶斑病和虫害的侵扰。

❶ 彩叶草患上叶斑病时，可以喷施50%托布津可湿性粉剂500倍液。

❷ 当彩叶草遭受介壳虫、红蜘蛛及白粉虱等的侵害时，可使用40%氧化乐果乳油1000倍液喷杀。

施肥

彩叶草嗜肥，日常要多施用磷肥，以使叶面颜色艳丽；不要施用太多氮肥，不然叶面颜色会变浅变暗。

新手提示： 进入秋天之后，彩叶草的生长会变快，应经常施用薄肥。

摆放建议

彩叶草色彩绚丽、株形美观，其中小型盆栽适合摆放在窗台、案几上欣赏。

光照

彩叶草喜欢光照充足，可是怕强光直射久晒，在炎夏阳光强烈的时候要注意遮阴。

修剪

❶ 当彩叶草幼苗生出4~6枚叶片时，要多次进行摘心处理，以促其萌生新枝，令株形丰满。

❷ 如果植株长得太高，要对其进行截顶，以促进基部萌生新枝。

❸ 对于长势过强的植株应采取摘心措施，以使株形美观。

❹ 对于不用留存种子的植株，应尽快把花穗摘掉，以益于植株吸收及利用营养成分。

❺ 为了不让老株的观赏价值受影响，可以利用修枝、摘心等措施促进其萌生新枝，令枝叶繁密茂盛。

向日葵

【花草名片】

◎**学名：** *Helianthus annuus*

◎**别名：** 葵花、太阳花、日头花、朝阳花。

◎**科属：** 菊科向日葵属，为一年生草本植物。

◎**原产地：** 最初产自北美洲，如今世界各个地区都有栽植。俄罗斯把它定为国花。

◎**习性：** 喜欢温暖、光照充足的生长环境，能忍受干旱和酷热，具有较强的适应性，有一些耐寒能力。

◎**花期：** 7~9月。

◎**花色：** 黄色。

监检功能

向日葵能够对二氧化硫、氨气及氯气进行监测。当向日葵受到二氧化硫侵袭时，其花朵就会枯萎、皱缩；当它遭到氨气的侵害时，其叶组织会被完全破坏，叶脉间会出现褐黑色的斑点或斑块；当它遭到氯气的急性侵害时，其叶脉间被损伤的组织便会使叶面出现不定型的斑点或斑块。

选盆

栽种向日葵宜选用体型大一些的泥盆。

择土

向日葵喜欢土质松散、有肥力的土壤。

新手提示： 盆栽时的土壤最好选用由培养土、腐叶土及粗沙配制而成的混合土。

栽培

❶ 向日葵体型较大，因此盆栽时以选择矮性品种，也就是观赏类型的为宜。

❷ 在花盆中置入细沙土，土底部放些有机肥料。

❸ 在细沙土中间挖一个小坑，深3~4厘米。

❹ 将向日葵的种子播入花盆内，覆土，轻轻用手压实，放置于光照充足处，浇透水分。

❺ 此后每天都需浇水，直至长出幼苗后，即可正常护理。

繁殖

向日葵采用播种法进行繁殖。播种时间通常在3月下旬到4月中旬，时间越早，植株的产量和品质就越高，直接播种或育苗移植都可以。

浇水

❶ 向日葵喜欢阳光，新陈代谢迅速，所以需水量较大。在幼苗阶段，应为其提供足够的水分。

❷ 春天不用浇太多水，每3日浇一次即可。夏初温度较高、水分蒸发得较多时，则要对植株增加浇水量，但盆土也不宜太湿，不然基部叶片易变黄。

温度

向日葵对温度的要求不甚严格，生长适宜温度是15～30℃，然而在夏天长得比较快。

病虫防治

向日葵易患白粉病，会伤害叶片，可以喷洒波尔多液预防，在发病初期可用50%托布津可湿性粉剂500倍液进行喷洒。

光照

向日葵对光照的要求比较严格，在播种之初及生长期内皆要为其提供足够的光照。

修剪

从现蕾期至开花期，要接连进行2～3次打杈，直到把所有分枝及侧枝除干净。

摆放建议

向日葵一般地栽在庭院里，小型向日葵可盆栽摆放在阳台、客厅、天台等阳光充足的地方，也可以制作成瓶插摆放在餐桌、书架、案几、窗台上。

施肥

向日葵长得较快，需肥量较大，仅施用底肥及种肥不能满足花蕾萌生后植株对营养的需求，所以要在合适的时间对其追施肥料。

新手提示：在播种之初可以少施用肥料，以防止花头太大、茎干太粗。

花言草语

关于向日葵，历来有一个哀伤而美丽的希腊神话故事。

克吕提厄是古希腊的海洋女神，曾经是太阳神赫利俄斯的恋人，但赫利俄斯之后又与波斯公主琉科托厄相爱了。克吕提厄非常忌妒，于是对波斯王俄耳卡摩斯揭发了琉科托厄和赫利俄斯的关系。俄耳卡摩斯便下达命令将琉科托厄活埋了。赫利俄斯得知后，从此便不再同克吕提厄交往。然而克吕提厄依然深深迷恋着他，连续好多天都不进食，每日注目远望着赫利俄斯驾着太阳车从东方升起又从西方落下，越来越黄瘦，却始终得不到他的爱。因此，诸神便把她变为一棵向日葵，以便使她能够一生跟随太阳神。

香豌豆

【花草名片】

◎学名：*Lathyrus odoratus*

◎别名：小豌豆、花豌豆、豌豆花、香豆花。

◎科属：豆科香豌豆属，为一二年生攀缘性草本植物。

◎原产地：最初产自意大利。

◎习性：喜欢冬季温暖、夏季凉爽的气候，以及光照充足、空气潮湿的环境。喜欢干燥，不能忍受水湿，略耐荫蔽，然而太荫蔽或荫蔽时间过长容易令植株生长不好，最怕干热风及阴雨不断。

◎花期：依照开花时间的不同，通常可以分成三个类别，即夏花类、冬花类和春花类。

◎花色：红、粉、紫、黑紫、黄、褐、白等色，也有带斑点、斑纹或镶边等复色。

监检功能

香豌豆能够对氯气进行监测。当香豌豆受到氯气侵袭的时候，其叶脉间被损伤的组织便会使叶面出现形状不固定的斑点或斑块，但是同正常叶组织的绿色叶面并没有清晰的分界线。

选盆

香豌豆对盆的要求不高，即使是用塑料盆栽种也能存活。

择土

香豌豆喜欢土质松散、有肥力、土层厚、排水通畅的沙质土壤，土壤的酸碱度最好在6.5~7.5。

新手提示：家庭栽种香豌豆可选用腐叶土、泥炭、河沙及一定量的有机肥配制而成的土壤。

栽培

❶ 香豌豆的种子有硬粒，因此要在播种前用温水浸润约20个小时。

❷ 然后将种子播入盆中，每盆播入种子2~3粒，然后放在温度约为20℃的房间内。

光照

香豌豆喜欢阳光照射，因此最好把盆花放在窗户前，并加强通风，以防植株疯长或花蕾凋落。

浇水

香豌豆喜欢干燥，不能忍受水湿，怕水涝，通常每2~3天浇一次水就可以。

新手提示：要保持香豌豆的通风性良好，防止盆土耳其过于潮湿，植株疯长。

温度

香豌豆喜欢冬季温暖、夏季凉爽的环境，能忍受—5℃的低温；北方栽植时要移入室内过冬，温度在5℃以下会令植株生长不好。它萌芽的适宜温度是20℃，生长的适宜温度约为15℃。开花期内室内温度要控制在15～20℃，对花梗长粗及开花都有利。

新手提示：如果温度太高，会导致植株尚未发育好便开始现蕾，不利于植株的生长。

施肥

土质松散且有肥力的土壤，由幼苗期到开花之前，需每隔10～15天施用稀薄液肥一次。在幼苗期需适当多施用一些氮肥，在成株之后，则需适当多施用一些磷肥和钾肥。在植株的花蕾形成之初，要追施0.5%过磷酸钙或0.2%磷酸二氢钾1～2次。

病虫防治

香豌豆易患病毒病。患上病毒病时，叶片会出现浅绿与深绿相间或鲜黄与淡绿相间的斑驳，并逐渐皱缩。此病主要通过蚜虫传播，所以要及时施用杀虫剂防治蚜虫。

香豌豆花香馥郁，但它的种子却是有毒的，植株体也有毒。如果有小动物不慎吞食的话，不一会儿就会发狂起来，因为这种毒素会使它们的神经系统处于亢奋状态。人误食后会出现一系列脊髓功能障碍，一开始两腿无力，腰痛逐渐加重，举步难行，行走时足向内翻或贴地不易抬起，以致痉挛性瘫痪；同时还可能出现小便失禁、阳痿等症状。这正是香豌豆的一种天生的防卫能力。因此，千万不可顾名思义，将香豌豆同可食的豌豆一并送入口中。

繁殖

香豌豆采用播种法进行繁殖。春天和秋天都能进行播种。

修剪

❶ 当小苗长高到12厘米时就需采取摘心处理，以促其萌生新枝。

❷ 当主蔓长到约20厘米时要马上进行摘心，以促使侧蔓生长，令植株多开花，另外还需搭设支架供茎蔓朝上攀缘。

❸ 在开花期内，为确保花朵开放的数量，要及时把开败了的花朵摘掉，以使开花时间变长。

摆放建议

香豌豆花型独特，可盆栽摆放在客厅、书房、门厅，也可在春夏将其移植到户外用于垂直绿化。香豌豆枝条细长柔软，还可作为切花制作成花篮装点居室。

美人蕉

【花草名片】

◎**学名：** *Canna indica*

◎**别名：** 红艳蕉、小芭蕉、兰蕉、昙华。

◎**科属：** 美人蕉科美人蕉属，为多年生宿根草本植物。

◎**原产地：** 最初产自中国的南部、印度和南美等地区，如今各个国家的园林里都广泛栽植。

◎**习性：** 喜欢温暖、光照充足的环境，畏风力较强的风的吹袭，不能忍受寒冷。

◎**花期：** 6～10月。

◎**花色：** 大红、紫红、鲜红、鲜红镶金边、粉红、橙黄及乳白等色，或具橘红色斑点等。

监检功能

美人蕉能够对二氧化硫及氯气进行监测。当美人蕉受到二氧化硫及氯气侵害的时候，其叶片便会褪绿变为白色，并落花、落果。美人蕉不仅有监测作用，还对空气中的氟化物、氯气和二氧化硫等有毒气体有吸收功能，其中黄花美人蕉的净化空气能力最强。

选盆

栽种美人蕉宜选用透气性良好的体型较大的泥盆或木桶。

择土

美人蕉喜欢土层厚、有肥力的土壤，盆栽时需选用土质松散、排水通畅的沙质土。

栽培

❶ 截取一段美人蕉的根茎，根茎上必须保留2～3个芽。

❷ 将土壤移入花盆中，再将美人蕉的根茎插入土壤，深度为8～10厘米，栽好后浇透水分。

❸ 当美人蕉的叶子伸展到30～40厘米后，需进行一次平茬（即将茎秆全部截剪，不留任何枝叶）。

❹ 平茬后每周施2次稀薄的有机肥液肥，并保持土壤湿润，大约30天后就会开出花朵。

光照

美人蕉喜欢光照充足的环境，并能长时间耐烈日暴晒，因此要多让其接受日光照射。

花言草语

根据佛教的说法，美人蕉是由佛祖脚趾上淌出的血变成的，"昙华"之名就是从这里得来的。在炎热的天气里，花大色艳的美人蕉依然在太阳的照射下尽情绽放，使人见之便可感受到其坚强的品质与蓬勃的生机。唐朝诗人徐凝的《红蕉》一诗把美人蕉描绘得十分生动："红蕉曾到岭南看，校小芭蕉几一般。差是斜刀剪红绢，卷来开去叶中安。"清朝诗人庄大中也称赞美人蕉："照眼花明小院幽，最宜红上美人头。无情有态缘何事，也倚新妆弄晚秋。"

浇水

❶ 美人蕉可以忍受短时间的积水，然而怕水分太多，若水分太多易导致根茎腐坏。

❷ 美人蕉刚刚栽种时要勤浇水，每天浇一次，但水量不宜过多。

❸ 干旱时，应多向枝叶喷水，以增加湿度。

温度

美人蕉喜欢较高的温度，生长适温是15～28℃，如果温度在10℃以下则对其生长不利。

新手提示： 北方栽植时应在秋天霜冻之前尽早把植株搬到房间内料理过冬。

施肥

栽植前应在土壤中施入充足的底肥，生长期内应经常对植株追施肥料。当植株长出3～4枚叶片后，应每隔10天追施液肥一次，直到开花。

新手提示： 若是肥料不足或缺乏磷肥，则植株瘦弱，只长茎叶，开花少或不开花。

病虫防治

美人蕉的病虫害很少，但较易患卷叶虫害和黑斑病。

❶ 每年的5～8月是美人蕉卷叶虫害的高发期，染上会伤其嫩叶和花序。防治时，可喷洒50％敌敌畏800倍液或50％杀螟松乳油1000倍液。

❷ 当美人蕉患上黑斑病时，叶片会生有大枯斑。因此，在发病初期应剪除病叶并烧毁，同时喷洒75％百菌清可湿性粉剂，每周一次，连续喷洒2～3次即可。

繁殖

美人蕉可采用播种法或分株法进行繁殖。

修剪

❶ 开花之后要尽早把未落尽的花剪除，以降低营养的耗费，促进植株继续萌生新花枝。

❷ 北方各地霜降后，美人蕉如果遭受霜冻，露出地上的部分会全部枯黄，此时应将地上枯黄的部分剪掉，挖出根茎，稍稍晾晒后放在屋内用沙土埋藏，第二年春天再重新栽植。

摆放建议

美人蕉可以直接栽种在庭院里欣赏，也可以用木桶或大型花盆栽种，摆放在客厅、阳台、天台、走廊等处。

合欢

【花草名片】

◎学名：*Albizzia julibrissin*

◎别名：夜合花、绒花树、合昏、马缨花。

◎科属：豆科合欢属，为落叶乔木。

◎原产地：最初产自亚洲和非洲。

◎习性：喜欢阳光，能忍受干旱，不能忍受荫蔽和多湿，有一定的耐寒性。

◎花期：6~8月。

◎花色：淡红色、金黄色。

合欢能够对二氧化硫、二氧化氮及氯化氢等进行监测。它对以上这些有害气体有着较强的抵抗能力，也有一定的净化作用，是兼具绿化与监测两种功效的树种。

监检
功能

选盆

栽种合欢时宜选用泥盆，也可用瓷盆，但最好不要使用塑料盆。

择土

合欢对土壤没有严格的要求，能在贫瘠的土壤中生长，但以在有肥力且排水通畅的土壤中生长为宜。

栽培

❶ 选好合欢的种子，最好在9~10月采种，采种时要挑选籽粒饱满、无病虫害的荚果。

❷ 选好种后需将其晾晒脱粒，干藏于干燥通风处，以防止种子发霉。

❸ 播种前先用60℃的水浸泡合欢的种子，第二天更换一次水，第三天从中取出种子。

❹ 种子取出后要与跟水等量的湿沙混合，然后堆放在温暖避风处，再覆上稻草、报纸等以保持湿度，促使它长出幼苗。

❺ 幼苗出土后需逐步揭除覆盖物，当第一片真叶抽出后，则将覆盖物全部揭去，以保证其正常生长。

浇水

❶ 合欢能忍受干旱，不能忍受潮湿，除了在栽种之后要增加浇水次数并浇透一次之外，以后皆可少浇水。

❷ 给合欢浇水应以"不干不浇"为原则。

新手提示：夏季天热，水分蒸发量大时，可多给合欢浇水，每天上午浇一次，但水量不宜多。

繁殖

合欢采用播种法繁殖。通常于10月采收种子，把种子干藏到次年3～4月再播种。

病虫防治

合欢主要易患溃疡病和虫害。
❶ 合欢患上溃疡病时，可用50%退菌特可湿性粉剂800倍液喷洒。
❷ 如果合欢感染了天牛，则用煤油1千克加80%敌敌畏乳油50克灭杀。如果合欢感染了木虱，则可用40%氧化乐果乳油1500倍液喷杀。

温度

合欢刚刚栽种时适宜的温度为20～30℃，生长期适温13～18℃，冬季能耐-10℃的低温，但不能长期低温养护。

新手提示： 尽管合欢比较耐寒，但冬季室温不宜低于4℃，且适当减少浇水，否则会影响植株生长。

光照

合欢喜欢光照，不能忍受荫蔽，因此应放置在阳光充足的地方。

修剪

每年冬天末期要剪掉纤弱枝和病虫枝，并适当修剪侧枝，以使主干不歪斜、树形秀美。

施肥

定植之后要定期施用肥料，以春天和秋天分别施用一次有机肥为宜，这样可以提高其抵抗病害的能力。

摆放建议

合欢可以盆栽也可以作树桩盆景观赏，适合摆放在阳台、客厅等光线充足的地方，也可以制作成瓶插或盆景摆放在书房、卧室、门厅等处。

合欢花具有宁神作用，同时具有养心、开胃、理气、解郁的功能，中医上主治神经衰弱、失眠健忘、胸闷不舒等症。对于合欢花的功效，后人有歌曰："欢花甘平心肺脾，强心解郁安神宜。虚烦失眠健忘肿，精神郁闷劳损极。"

在澳大利亚，居民的庭院不是用墙围起来的，而是用合欢做刺篱，种在房子的四周。每年的9月，在这个国家可随处看到盛开着的金黄色的合欢花。

紫花苜蓿

【花草名片】
- ◎学名：*Medicago sativa*
- ◎别名：紫苜蓿、苜蓿。
- ◎科属：豆科苜蓿属，为多年生草本植物。
- ◎原产地：最初产自小亚细亚、伊朗和外高加索地区。如今世界各个地区都广泛栽植。
- ◎习性：喜欢温暖、晴天多、雨水少的半干旱气候，具有较强耐寒能力。
- ◎花期：5～6月。
- ◎花色：紫色。

监检功能

紫花苜蓿能够对二氧化硫进行监测。当紫花苜蓿遭受二氧化硫侵袭的时候，其叶脉间便会呈现出点状或块状的黄褐斑或黄白色斑，但叶脉依然是绿色的。

选盆

栽种紫花苜蓿最好选用泥盆，不宜用瓷盆。

择土

紫花苜蓿适宜生活在排水通畅、富含钙质的中性至微碱性土壤里，不适应强酸、强碱性土壤。

栽培

❶ 紫花苜蓿的种子硬度较高，因此在播种前应将它用50～60℃的温水浸泡15分钟到一个小时。

❷ 将种子植入装有土壤的花盆中，轻轻压实，浇足水分。

❸ 紫花苜蓿苗期生长缓慢，要1～2个月，需耐心照料，勤浇水，等待幼苗长出。

新手提示：紫花苜蓿的生命力非常强，是最适合新手养殖的花卉之一，因此只要经心照料就能长期存活。

浇水

❶ 紫花苜蓿的根系较为发达，会耗费大量水分，因此需勤浇水。

❷ 夏季炎热，浇水应频繁，每天至少1～2次。

❸ 冬季应减少浇水次数，每日一次或隔日浇一次水即可。

❹ 紫花苜蓿非常怕水涝，在生长季节被水淹24～28小时就会死亡。因此，浇水量和浇水次数一定要合适，不能太多或太频繁。

新手提示：给紫花苜蓿浇水时也要注意水量，以"见干见湿"为原则。

光照

紫花苜蓿属于长日照植物，因此应放在阳光充足的地方。

温度

紫花苜蓿喜欢温暖的环境，比较能忍受寒冷。它生长的最适宜温度是20~25℃，较高的温度会抑制其生长发育。

施肥

紫花苜蓿具根瘤，可给根部供应氮素营养，所以普通地力条件下不主张施用氮肥。由于在生长期间其茎叶需要很多的钾，为了保证其正常生长，可以施用适量的钾肥和磷肥。

繁殖

采用播种法进行繁殖，北方地区通常于秋季播种。

摆放建议

紫花苜蓿有"牧草之王"的美誉，是世界上分布最广的栽培牧草。一般家养观赏类紫花苜蓿可用阔口盆栽种，适合摆放在窗台、阳台等光照充足的地方。

　　苜蓿，也称作幸运草，通常仅有三枚叶片，四枚叶片的十分少见。有人说，它是亚当和夏娃从伊甸园带至人间的礼物，然而也有人说它的名字源于拿破仑。一次，拿破仑率领军队经过一片草原，见到一棵四叶草，觉得非常特别，当他弯下身子采下时，正好避开朝他射来的子弹而躲过劫难，从那以后长有四枚叶片的三叶草就被视为幸运的象征。

　　四叶的三叶草上的每枚叶片，分别代表着名誉、财富、爱情及健康四种不一样的含义。有人说，能够寻找到有四枚叶片的苜蓿的人，便能够获得幸运和幸福。

病虫防治

　　紫花苜蓿的病害主要有苜蓿锈病、褐斑病、霜霉病、白粉病及苜蓿叶象虫害等。

❶ 紫花苜蓿患锈病后，叶片就会失绿、萎缩且提早凋落，此时可以喷施15%粉锈宁可湿性粉剂1000倍液。

❷ 在患褐斑病后，发病之初可喷施75%百菌清可湿性粉剂600倍液。

❸ 在患霜霉病后，可喷施58%甲霜灵锰锌可湿性粉剂500倍液或70%乙膦铝锰锌可湿性粉剂500倍液。

❹ 在患白粉病后，发病之初可每隔7~10天喷施一次25%阿米西达可湿性粉剂2000~4000倍液，连续喷施2~3次即可。

❺ 紫花苜蓿生有苜蓿叶象虫时，可喷施50%二嗪和80%西维因可湿性粉剂。

榆叶梅

【花草名片】

◎学名：*Prunus triloba*

◎别名：榆梅、小桃红、榆叶鸾枝。

◎科属：蔷薇科桃属，为落叶灌木。

◎原产地：中国。

◎习性：喜光，耐寒、耐旱，对轻度碱土也能适应，不耐水涝，有较强的抗病力。

◎花期：3～4月。

◎花色：粉色、浅紫红色。

监检功能

榆叶梅对氟化氢具有很高的敏感度，当植株吸进氟化氢后，会在叶片尖端和边缘积累，积累到一定浓度时，叶肉细胞便会产生质壁分离而死亡，因此会在叶尖和叶缘产生伤斑。其伤斑呈环带分布，逐渐向内扩展，一般为暗红色，严重时叶片枯萎脱落。

浇水

❶ 每年春季干燥时要浇2～3次水，其他季节可不浇水。

❷ 刚刚栽种后，需浇透一次水分，此后便无须再浇水。

新手提示：雨季时，如果盆栽放在室外，应注意及时排涝或将其移至室内。

择土

榆叶梅对土壤的要求不高，以中性至微碱性、肥沃的土壤为宜。

新手提示：盆栽时宜用3份菜园土和1份炉渣调配，或用4份园土、1份中粗河沙和2份锯末调配，也可用水稻土、塘泥、腐叶土中的一种作培养土。

栽培

❶ 选取质地较好的榆叶梅幼枝，剪为长约20厘米的小段。

❷ 先在盆底放入2～3厘米厚的粗粒土作为滤水层，然后在盆中放置2/3的土壤，松软度要适中。

❸ 把榆叶梅幼枝斜向插进土里，深度为10～15厘米即可，并让上面露出土壤表面一点儿。

❹ 最后再埋土并镇压结实，然后浇足水分。

选盆

盆栽榆叶梅时宜选用体型偏大的泥盆或紫砂陶盆，避免使用瓷盆或塑料盆，因为这两种盆的透气性较差。

光照

榆叶梅喜光，因此适宜放于阳光充足的地方。但光照越强，榆叶梅体内的温度就会越高，植株的蒸腾作用越旺盛，消耗的水分越多，这样不利于它的成活和生长，因此在阳光强烈时要适当为其遮光。

花言草语

榆叶梅是我国北方春季园林中观花灌木的主角之一，具有很强的抗盐碱能力。在北京园林中，榆叶梅被大量种植，用来体现春光明媚、花团锦簇、欣欣向荣的美好景象。园艺工作者经常将榆叶梅同柳树间植或配植山石间，或同苍松翠柏丛植，或同连翘配植，景观非常美丽，现在已被人们广泛用于盆栽或做切花。

温度

适宜榆叶梅生长和存活的温度为20～25℃。低于20℃时，榆叶梅生根会很困难、缓慢；高于30℃时，榆叶梅易受到病菌侵染而腐烂，而且温度越高，腐烂的比例越大。尤其是刚刚栽种时，温度一定要控制好。

施肥

每年的5月份或6月份可施追肥1～2次，以促使植株分化花芽。肥料可以用氮、磷、钾复合肥，如果同时施用一些腐熟发酵的厩肥则效果更好。

新手提示：需要注意的是，施肥时应宜浅不宜深，施肥后需及时浇水。

病虫防治

榆叶梅易患黑斑病，这种病主要危害榆叶梅的叶片，一般病斑呈圆形，上面着生黑褐色霉状物。治疗时可喷洒50%多菌灵可湿性粉剂600倍液，或80%代森锰锌可湿性粉剂500～700倍液。

繁殖

榆叶梅可采用分株、嫁接、压条、扦插、播种等方法进行繁殖。其中采用分株及嫁接方法繁殖居多。

修剪

❶ 由于榆叶梅生长很快，生命力较强，因此生长过程中，一定要注意修剪过密的枝条，以利于它的生长。

❷ 在花谢后可以对枝条进行适度短剪，每根健壮的枝条上留3～4个芽即可。

❸ 夏天应再进行一次修剪，并进行摘心，使养分集中，促使花芽萌发。

新手提示：修剪后可施一次液肥。

摆放建议

榆叶梅喜光，因此适宜放在阳台、庭院和室内靠窗户的地方。

报春花

【花草名片】
- ◎学名：*Primula malacoides*
- ◎别名：年景花、樱草、四季报春。
- ◎科属：报春花科报春属，为多年生宿根草本植物，但多数作一二年生花卉栽培。
- ◎原产地：北半球温带及亚热带高山地区。
- ◎习性：喜欢气候温凉、湿润、通风良好的环境，不耐高温和强烈的阳光直射，较耐阴、多数不耐严寒。
- ◎花期：12月～次年4月。
- ◎花色：深红、纯白、碧蓝、紫红、浅黄等色。

花言草语

报春花花色五彩缤纷，色彩艳丽，花期长，多数品种还具有香气，深受养花爱好者的喜爱，盛花期正值元旦、新春佳节，若在家里摆放几盆报春花，会给节日增添热闹欢乐的气氛。报春花除了具有净化空气作用和较高的观赏价值外，还可以入药，用来治疗咳嗽、气管炎、头痛、流感等疾病，在许多中草药学典籍上都有药用的记载，但作药使用时必须谨遵医嘱。

报春花种类繁多，全世界报春花属植物有580余种，其中约有400种原产于我国。最常见的栽培品种有藏报春、四季报春、欧洲报春、多花报春几种。

监检功能

报春花具有监测过氧化酰基硝酸酯的功能，如果周围环境中过氧化酰基硝酸酯含量超标，报春花就会表现为幼叶背面出现古铜色，叶向下方弯曲生长，伴有上部叶片尖端枯死并呈现白色或黄褐色等现象。

选盆

选择普通花盆即可。

新手提示： 幼苗长到约5片真叶后可移栽在口径约10厘米的小花盆内；长到一定高度时可定植在口径约16厘米的花盆中。

栽培

❶ 一般适宜在5～6月进行播种。

❷ 由于报春花种子容易丧失发芽力，所以购买新鲜种子后应立即进行播种。

❸ 播前将土壤浇透水，然后将种子与细沙土混匀播撒在盆土上。因种子极细小，播后覆土要薄，以见不到种子为度。

❹ 盆上盖上玻璃保温保湿，在15℃温度下，约一周即可发芽。

择土

适宜生长在排水良好、富含腐殖质的土壤上。

新手提示： 宜选用腐叶土2份、园土1份并施入少量基肥的培养土。

浇水

❶ 报春花喜欢湿润的环境，但不宜浇水过多，生长期间浇水要见干见湿，避免因盆土过湿而导致根部沤烂。

❷ 夏季应掌握浇水量和浇水次数。一般每天早、晚应各浇一次水，如果中午前后天气特别干热，要向植株及盆周围地面喷水，以降低气温和增加空气湿度，创造凉爽湿润的环境以利其生长。

❸ 秋凉时应适当减少浇水量和浇水次数。

❹ 冬季入室后，随着其生长和孕蕾开花，要注意适当浇水。

温度

10月中下旬将其移入室内，放在阳光充足处，12月份即可陆续开花。开花时将其置于阴凉处可使其新陈代谢活动缓慢，延长花期。

繁殖

报春花主要通过种子繁殖，还可采用分株或分蘖繁殖。

病虫防治

报春花幼苗软弱，极易发生猝倒病，引起幼苗腐烂死亡，应注意及早防治。如已发病，可取少量70%敌克松原粉拌40倍细沙土施入盆土中，或配成800倍液喷洒土面，均有良好的效果。

光照

报春花性喜光，但忌强光直射，夏季将幼苗置于阴凉通风多见柔和光处养护。

施肥

9月后，施腐熟的饼肥水或复合花肥1~2次。

入室后至花开前可每隔10天左右施一次稀薄的饼肥水。

花茎露头时可增施1~2次以磷肥为主的液肥。

花谢后及时剪除残花，施1~2次薄肥，以利于新花枝生长，令植株继续开花。

修剪

开花期间，选刚结籽的植株，摘除一部分花枝，花谢后要及时剪除枯花。

摆放建议

报春花适应性强，一般家庭盆栽摆放在门厅、厨房、餐厅、客厅、书房、卧室等处。

玉簪

【花草名片】

◎学名：*Hosta plantaginea*
◎别名：玉春棒、白鹤花、白玉簪、玉泡花、玉簪棒。
◎科属：百合科玉簪属，为多年生草本植物。
◎原产地：原产于我国和日本，现在欧美各国均有栽培。
◎习性：性强健，耐寒，长江以南地区可露地越冬，华北及其以北地区最好放置在温暖的室内过冬。喜阴湿环境，不耐阳光照射，耐适度干旱。不择土壤，但在潮湿、肥沃、排水性能良好的沙质土壤中会长得更好。
◎花期：6～9月。
◎花色：白色。

监检功能

玉簪对氟化物很敏感，可作为大气中氟化物的检测指示植物。倘若大气中的氟化氢日平均浓度达到0.034毫克/克的时候，玉簪可出现各种受害症状，如叶边缘出现乳黄色或浅棕褐色斑痕，或在叶片的受害部分和健康部分之间有一条棕褐色的线等。而叶片的受害部分在失水后容易破碎掉落，使叶缘呈现缺刻状。

除了能检测氟化物之外，玉簪还可吸收硫化物，其叶片的含硫量可达2～3毫克/克。同时玉簪对二氧化硫也具有较强的抗性。

选盆

栽种玉簪适宜用大盆，底部排水孔要大些。瓦盆、泥盆、塑料盆均可。

栽培

❶ 家庭栽种玉簪，通常在3～4月份播种。将种子放到锅里炒热，然后用温热的水浸泡种子12～24个小时，直到种子吸水膨胀为止。

❷ 直接把种子播种到土壤中，覆土要薄，之后给土壤浇透水即可。玉簪会在播种后2～3年开花。

❸ 家庭盆栽的玉簪一般2～3年分根一次，这样植株才会生长得更好。一般来说，在早春3～4月份是换盆分根的好时机。

❹ 分根时，将母株从花盆内取出，把盘结在一起的根系分开，再将母株分成2株或2株以上，分出来的每株都要带有一些根。

❺ 有条件的家庭，最好把分割下来的每株都放在百菌清1500倍溶液中浸泡5分钟。

花言草语

玉簪素有"冰姿雪魄"的美誉，千百年来，它的雅致打动了许多文人墨客。黄庭坚咏之："玉簪堕地无人拾，化作江南第一花。"王安石也咏之："瑶池仙子宴流霞，醉里遗簪幻作花。"

择土

玉簪适合生长在富含腐殖质、疏松、通透性强的沙质土中。盆栽玉簪时，可用草炭、珍珠岩、陶粒按2：2：1的比例混合作为培养土；也可将草炭、蛭石按1：1的比例混合作为培养土；或者将园田土、腐叶土、草炭土、细河沙适当调配作为培养土也行。

浇水

❶ 玉簪喜潮湿的环境，在其生长期要保持土壤湿润。

❷ 夏季浇水要勤，最好早上9点之前、下午4点之后各浇一次水。温度较低的天气或者阴雨天则少浇或不浇。

❸ 注意花盆内不要积水。

温度

❶ 玉簪虽然喜欢温暖的气候，但在夏季高温季节生长缓慢。此时，可通过加强空气对流或将其周围地面喷湿的办法来降低环境温度。

❷ 冬天环境温度低于0℃时，最好将玉簪放在温暖的室内。如果温度更低时，可用薄膜将它包起来，不过隔两天最好就在中午时把薄膜掀开让它透透气。来年3～4月份温度回升时，可将其搬至室外。

光照

❶ 将玉簪置于室内养护时，应当放在有明亮光线的地方。

❷ 春、秋、冬三季阳光不是太强烈，可将玉簪置于能直接接受阳光照射的地方。

❸ 玉簪夏季高温时节要避免阳光直射，否则植株叶片容易发黄、焦枯。

繁殖

玉簪可用播种、分株法繁殖。

病虫防治

玉簪常见的病害为锈病。发现锈病时，应及时剪除病叶，同时隔10天左右为其喷一次1%等量式波尔多液。

施肥

❶ 秋季，可对玉簪的幼苗勤施肥。

❷ 冬季，玉簪生长较慢，对肥水要求不多，可间隔1～2个月为其施肥一次。

❸ 春季，玉簪生长速度较快，并逐渐进入开花期，对肥水要求很大，可一周左右为其施肥一次，不过要注意，晴天间隔时间短些，阴雨天间隔时间长些。

修剪

玉簪的枝叶过于浓密时应修剪掉一些，以免通风不佳导致整株死亡。

摆放建议

玉簪除了适合放置在庭院外，还适合放置在采光良好的客厅、卧室、书房等地。

牵牛花

【花草名片】
- ◎学名：*Ipomoea hederacea*
- ◎别名：牵牛子、喇叭花、朝颜。
- ◎科属：旋花科番薯属，为一年生攀缘草本植物。
- ◎原产地：最初产自热带、亚热带地区，中国中部和西南区域都有栽植。
- ◎习性：喜欢温暖、朝阳、通风适宜的环境，可耐较高的温度，但不畏炎热。
- ◎花期：6～10月。
- ◎花色：鲜红、桃红、紫、蓝或混合色。

监检功能　牵牛花能对二氧化硫与氧化酰硝酸酯进行监测。当它受二氧化硫侵害时，其叶片会呈现出斑点或干枯萎蔫；当空气里含有氧化酰硝酸酯的时候，其叶片便会皱缩、发黄。

选盆　种牵牛花宜选用透气性较好的泥盆，避免使用瓷盆或塑料盆。

择土　栽植时宜选用潮湿、润泽、有肥力的沙质土壤。

栽培
❶ 先将种子浸温水4～6小时，然后取出。
❷ 选择一个器皿，置入一层土，将种子置入其中，然后覆土约1厘米，保持土壤温湿。5～6天后，牵牛花的幼苗即可慢慢长出。
❸ 当幼苗长出两三片叶后，此时根系已发展好，即可定植在中盆中。

新手提示：将植株移入盆中后应搭设支柱或支架来支撑植株，这样有利于牵牛花日后的生长。

温度　牵牛花喜欢温暖地方，其萌芽的适宜温度为20～25℃，生长的适宜温度为22～34℃。

光照　牵牛花喜欢照射阳光，全日照才能保证其花量繁茂，但也不宜暴晒。

施肥　可用马掌、熟麻渣做底肥。生长期可每15天施一次稀薄液肥，氮肥不要施过多，否则不利于开花。

浇水
❶ 生长期内盆土表层稍干的时候应及时补充水分，要浇足水。
❷ 浇水也不可太勤，盆土始终潮湿会影响根系的生长。
❸ 梅雨季节少浇水。如果盆内长期积水，根部易腐烂。

病虫防治　易患褐斑病。治疗时应喷洒75%百菌清可湿性粉剂1000倍液加70%甲基硫菌可湿性粉剂1000倍液，每隔7～10天用药一次，连续防治2～3次即可。病害严重时，叶片应及时摘除。

繁殖　采用播种或扦插法进行繁殖。我国南方通常在4～5月栽种，北方则要提早在温室里进行播种。

修剪　可以常对牵牛花的植株摘心，留2～3个叶芽，可促其分枝，令花朵更加繁茂。

摆放建议　牵牛花是一种优良的垂直绿化植物，喜欢阳光照射，一般可放在阳台、庭院处。

第四章

51种有效净化空气的
健康花草

　　一部分绿色植物，由于其自身的特点而能够使房间里的空气变得洁净、清新，在房间里栽植或摆设几种这样的植物，能够很好地将房间里的有毒气体吸收掉，净化房间里的空气，还能提高房间里的负离子浓度，非常益于人们的身心健康。

吊兰

【花草名片】

◎学名：*Chlorophytum comosum*

◎别名：垂盆草、挂兰、钩兰、折鹤兰。

◎科属：百合科吊兰属，为多年生常绿宿根草本植物。

◎原产地：最初产自热带及亚热带区域，主要生长于南非，如今世界各个地区都广泛栽植。

◎习性：喜欢温暖、潮湿和半阴蔽的环境，怕强烈的阳光直接照射，通常适合在中等光线环境中生长，也能忍受较弱的光线。具有较强的适应能力，比较能忍受干旱，忍受寒冷的能力不太强。

◎花期：开花时间在春夏之际，冬天在房间里养护时也能开花。

◎花色：白色。

花言草语

吊兰是一种非常优良的悬垂观叶植物。它淡雅秀丽，叶片纤长柔韧，由叶腋抽出的葡萄茎上生有小植株，从花盆边沿朝下伸展弯垂，刚柔相济，其形犹如振翅欢跳的仙鹤，所以也叫作"折鹤兰"。吊兰经常被作为盆栽悬吊欣赏，或悬吊在房间外面的门廊下、窗户前，或摆放在门厅、高架上面，也能用来装饰山石、崖壁等，因而又被称为"空中花卉"。

净化功能

吊兰吸收有毒气体的能力非常强，在面积为8~10平方米的房间里，一盆吊兰能够在24小时之内将房间里80%的有害物质消除掉，其效用接近于一个空气净化器。它能吸收86%的甲醛，能很好地吸收二氧化碳，能彻底将火炉、电器、塑料制品及涂料等释放出来的一氧化碳与过氧化氮等气体吸收掉，能将香烟里的尼古丁吸收掉，还可以把复印机、打印机等放出的苯分解掉。所以，吊兰被叫作"绿色净化器"。

选盆

种吊兰时宜选用中等大小的泥瓦盆，最好不要用紫砂盆，因为它的透水、透气性较泥瓦盆差，容易烂根，影响开花。

新手提示： 为求茎叶茂盛，在每年的3月份应给吊兰换土、换盆一次。

栽培

❶ 在花盆底部放入一些瓦片或碎盆片，用于盆底垫孔以利排水通气。

❷ 将适量的土壤放入盆中，放到花盆的1/3处。

❸ 放入吊兰的幼苗，扶正，然后再放入适量土壤，到花盆的2/3处。

❹ 将土壤轻轻压实，浇透水即可。

新手提示： 吊兰放置的高度以不碰头为宜，并要注意通风。

择土

吊兰对土壤没有严格的要求，但适宜在排水通畅、土质松散、有肥力的沙质土壤中生长。

新手提示： 盆栽时的培养土常用腐叶土或泥炭土、园土及河沙等量混合，并加入较少量的底肥来配制。

浇水

❶ 吊兰喜欢潮湿的环境，其肉质根储藏水分的组织较发达，抗旱性较强，然而在3～9月植株生长旺盛时需要较多水分，要时常浇水、喷水，以提高空气湿度。

❷ 浇水应掌握"夏秋不可干，冬春不可湿"的原则。

❸ 一般夏秋季每天可早晚浇水或喷水1～2次。

❹ 冬春季4～5天浇水一次即可。

新手提示：需留心的是，不可让盆内积聚太多的水，否则会造成植株根系腐烂，或患根腐病等。

繁殖

吊兰采用分株法进行繁殖。除了冬天温度太低时不适合分株外，别的季节都能进行，一般结合春天更换花盆时进行。

施肥

在植株生长的旺盛期，要每月施用2次稀释的液肥，主要是施用氮肥，但在施肥时需防止肥液污损叶片。

病虫防治

吊兰的病虫害防治宜掌握"防重于治"的原则。在雨季高温时，吊兰易患白绢病，可用波尔多液或托布津预防。当吊兰生有介壳虫时，可用乐果等药剂进行杀灭。

光照

若将吊兰摆放在光线太强烈或不充足处，其叶片便易变为浅绿色或黄绿色，没有生机，丧失原有的观赏性，或干枯而死；若太阳直接照射，气候干旱，最容易造成吊兰干枯，因此应把其摆放在阴凉且通风良好的地方，并注意维持一定的环境湿度。

温度

吊兰喜欢温暖、半荫蔽的环境，其生长的适宜温度是15～25℃，冬天在温度不低于5℃时便可顺利过冬。

修剪

要尽早除去干枯萎蔫的叶片，对枝叶进行修剪，以使枝叶生长得均匀、美观。

摆放建议

吊兰枝叶低垂，占地面积小，是一种常见的家居花草，盆栽吊兰可悬吊在窗台、阳台一角，也可以摆放在门厅、卧室、客厅、书房、厨房、餐厅来净化空气。

仙人球

【花草名片】
- ◎学名：*Echinocactus wislizenii*
- ◎别名：花球、草球、长盛球。
- ◎科属：仙人掌科仙人球属，为多年生肉质多浆草本植物。
- ◎原产地：最初产自阿根廷和巴西南部地区。
- ◎习性：喜欢充足的光照，比较能忍受干旱，然而夏天怕长时间的阳光直射，也怕荫蔽，喜欢温暖，不耐寒冷。
- ◎花期：夏季。
- ◎花色：银白、金黄、粉红色等。

净化功能

仙人球对二氧化硫和氯化氢具有比较强的抵抗能力，能强力吸收一氧化碳、二氧化碳及氮氧化物，同时可在吸收分解上述气体后制造并释放出大量清新的氧气，增加室内空气中的负离子浓度，有利于人体健康。另外，它还可减少电磁辐射对人体的伤害，其产生的气味还具有抑制细菌、杀死细菌的功能。

选盆

仙人球对花盆没有特别的要求，但适宜在透气性良好的泥盆中栽植，球的大小以能容纳球体而略有空隙为好，不宜太大。

栽培

❶ 在花盆底部铺放一些碎小的砖石或瓦片，然后置入土壤。

❷ 在母株上选好一个子球，进行切割。

❸ 将子球晾2~3天，然后插入盆土中，并对其略微喷水即可，不用浇水。

❹ 大约一周后，子球就可成活。

择土

仙人球适宜在排水通畅、肥力适中的沙壤土中生长，但在较差的土壤里也能生长。

新手提示：家庭盆栽可以用等量草炭土与细沙混合调配，也可以用粉碎后的松针与细沙混合调配而成。

光照

仙人球需要充足的光照，然而在夏天不可被强烈的阳光久晒，应适度遮蔽阳光；在房间里栽植时，可以使用灯光进行照射，以令其健康、苗壮生长，但也不宜长期摆放在房间里。

浇水

❶ 浇水应适量，以浇透为度，在浇完水后宜尽快翻松土壤，防止土壤表层变硬，影响植株生长。

❷ 新种植的仙人球不可浇水，每日进行2~3次喷雾就可以，15天后可以浇少量的水，一个月后生出新根方可渐渐加大浇水量。

❸ 在开花期内浇水应相应多一些，但需留心不可让水滴溅到仙人球的凹陷处和刺毛上，否则会导致腐坏。

❹ 夏天是仙人球的生长季节，因气温较高，植株需要大量的水，所以浇水一定要充足，以在早、晚温度较低时进行为宜，不适合在正午酷热时进行，以防止烧伤球体。

❺ 在温度较高的梅雨季节，应控制浇水量。

❻ 在冬天植株处于休眠期时，也要控制浇水，令盆土处于不太干燥的状态即可，而且浇水要在晴天的上午进行。

新手提示： 仙人球能忍受干旱，怕水涝，浇水要把握"见干见湿"的原则，每次浇完水后，待盆土表面干燥后再浇水。

温度

仙人球喜欢温暖，不能忍受寒冷，冬天应把盆栽仙人球移入房间里朝阳的地方养护，令室内温度始终高于5℃就能顺利过冬，若温度太低容易导致烂根，若温度太高则容易遭受介壳虫的侵害。

繁殖

仙人球采用播种法、扦插法或嫁接法进行繁殖，主要采用扦插繁殖与嫁接繁殖。

病虫防治

在气温较高、通风不畅的环境中，仙人球容易遭受病虫的危害。

❶ 若植株得了病害，可以喷施多菌灵或托布津溶液。

❷ 若植株遭受了害虫的侵害，可以

新手提示： 应当留意的是，不管喷施什么种类的药液，皆要在室外进行。

施肥

在生长期内，可以每10~15天施用完全腐熟的稀释的液肥或复合肥一次；进入秋天后应控制施肥，通常每月施用一次，到10月上旬则不再施用肥料；冬天及炎夏也要停止施用肥料。

新手提示： 在更换盆土的时候，要在花盆底部加入一点儿底肥，比如麻酱渣、豆饼或马蹄片。

摆放建议

仙人球株型奇特，开花时优美素雅，适合摆放在窗台、案几、书架、阳台上欣赏，由于它可减少电磁辐射对人体的伤害，也可以摆放在电视和电脑旁。有小孩的家庭注意不要让孩子靠近仙人球，以免被刺伤。

金琥

【花草名片】

◎学名：*Echinocactus grusonii*
◎别名：金桶球、象牙球。
◎科属：仙人掌科仙人球属，为多年生肉质多浆草本植物。
◎原产地：最初产自墨西哥中部的沙漠地带。如今我国各个地区都有引种栽植。
◎习性：喜欢温暖、干燥、光照充足的环境，能忍受干旱，不能忍受寒冷，怕水涝。
◎花期：6～10月。
◎花色：黄色。

净化功能

金琥可以在夜间吸收很多二氧化碳，增加房间里的负离子浓度，能令房间里的空气维持新鲜，有益于人们的身体和精神健康。此外，它也是仙人掌类植物中吸收和削弱电磁辐射能力最强的一个种类，特别适合摆设在家电周围。

择土

金琥喜欢含有石灰质的沙质土壤。

新手提示： 栽植时的培养土可以用同量的壤土、腐叶土、粗沙和较少的石灰质混合调配。

栽培

❶ 在母株上选好长1～2厘米的子球，将其切下来。
❷ 在培植器皿中放好沙土，将子球插入其中。
❸ 当子球在沙床中长出根后，即能入盆。
❹ 入盆后可浇或喷洒少量的水一次，几日后就能成活。

选盆

金琥适宜在泥盆中栽种，但在瓷盆和塑料盆中也能生存。

光照

金琥喜欢充足的光照，然而在夏天正午气温较高、天气酷热时要适度遮蔽阳光，防止强烈的阳光烧伤球体。在上午10点之前或下午5点之后，可以把它放在太阳光下，以促使其萌生较多的花蕾。

浇水

❶ 金琥能忍受干旱，怕水涝，可是在生长季节需适量浇水。
❷ 夏天是金琥生长比较旺盛的季节，应加大水分的供给量。
❸ 干旱的时候应常浇水，适宜在早晨或傍晚时分进行，不可在酷热的正午浇太凉的水，不然容易引发病害；若正午盆土太干燥，可以喷少量水令盆土表面略湿。

新手提示： 需留意的是，每次浇水一定要待盆土彻底干燥后再浇，且不可朝球体、球的顶部和嫁接部分浇水或喷水，防止其由于积聚水分而腐坏。

温度

金琥喜欢温暖，不能忍受寒冷，若温度过低，球体便会出现黄斑，最合适的过冬温度是8～10℃。

金琥的球体巨大，呈深绿色，周身生有金黄色的硬刺，顶部具金黄色的茸毛，如果栽培为大型标本球则具帝王豪气，用来装饰宾馆、商场等公共场所，更是华丽夺目。

繁殖

金琥采用播种法、扦插法及嫁接法进行繁殖。

摆放建议

金琥浑圆带刺，透露豪爽、阳刚之气。大型球体盆栽可摆放在客厅、阳台，小型盆栽可摆放在书房、卧室的桌面、窗台或电器旁，但要注意远离儿童，以免刺伤他们。

施肥

在生长季节，应结合浇水大约每15天施用1～2次含氮、磷、钾等成分的稀薄液肥；如果使用有机肥，那么就要完全腐熟，浓度应适宜。炎夏时金琥进入休眠状态，不要再对其施用肥料；秋天气温下降后，肥水的供给则需恢复到正常状态。

病虫防治

金琥易患焦灼病和虫害。

❶ 金琥患上焦灼病，喷施50%托布津可湿性粉剂500倍液即可。

❷ 金琥容易遭受介壳虫、红蜘蛛及粉虱等的危害，喷施40%氧化乐果乳油或50%杀螟松乳油1000倍液可以杀灭红蜘蛛，对介壳虫和粉虱则可以人工捕捉、灭杀。

黄毛掌

【花草名片】
- **学名:** *Opuntia microdasys*
- **别名:** 黄毛仙人掌、金乌帽子、兔耳掌。
- **科属:** 仙人掌科仙人掌属,为多年生肉质草本植物。
- **原产地:** 最初产自墨西哥北部地区。
- **习性:** 喜欢温暖、干燥及光照充足的环境,比较能忍受寒冷,能忍受干旱,不能忍受潮湿。在阳光强烈、白天和夜间温差大、年降水量约为500毫米的地方长得最好。
- **花期:** 夏季。
- **花色:** 浅黄色。

净化功能

黄毛掌对二氧化硫和氯化氢的抵抗能力比较强,可以将一氧化碳、二氧化碳及氮氧化物吸收掉,同时在将以上有害物质吸收分解后还可以制造并释放出大量清新的氧气。另外,黄毛掌在晚上可以吸收很多二氧化碳,能够使房间里的负离子浓度增加,令房间里的空气始终清爽新鲜。

选盆

栽种黄毛掌适宜选用泥盆,因为它的透气性较好。

择土

黄毛掌的生长力很旺盛,对土壤没有严格的要求,但适宜在有肥力、排水通畅的沙质土壤中生长。

新手提示: 盆栽的时候,可以用腐叶土、粗沙和石灰质材料混合调配成培养土。

栽培

❶ 将黄毛掌的种子置入培植器皿中,然后覆盖约1厘米厚的石英细沙。

❷ 给沙土中喷洒些水分,令播种基质处于潮湿状态。

❸ 大约10天后,黄毛掌的幼苗便会长出来,但这时它的根系比较少,长得比较慢,需要细心照料。

新手提示: 幼苗长出后不宜多浇水,隔两至三天见沙土已干,喷洒些水分即可;生长期需充足阳光;每月还要施肥一次。

施肥

在生长季节需每月施用一次肥料，以促使植株加快生长。冬天则不要施肥。

> **新手提示：**需注意勿将肥液浇在其掌上，如果浇在了掌上，需立即用清水淋洗，以免腐烂。

光照

黄毛掌在生长季节需充足的阳光，不适宜摆放在过分昏暗的地方，不然容易令茎节长得纤弱且无光亮。夏天如果在室外养护，能令植株的茎节长得更加健康、充实。

> **新手提示：**冬天可把黄毛掌摆设于房间里光照充足的地方，同时需加强房间里的通风。

繁殖

黄毛掌的繁殖能力很强，可以采用播种法及扦插法进行繁殖，播种繁殖通常于春天进行，扦插繁殖一般于4～5月进行。

病虫防治

黄毛掌的病害主要是炭疽病和虫害。

❶ 当黄毛掌患上炭疽病时，可以喷施10%抗菌剂401醋酸溶液1000倍液。

❷ 黄毛掌发生的虫害主要是介壳虫及粉虱造成的危害，这时喷施40%氧化乐果乳油1000倍液就可以将其杀灭。

浇水

❶ 黄毛掌能忍受干旱，畏潮湿，平日浇水需把握"不干不浇，浇则浇透"的原则，不能积聚太多的水，否则会造成根系腐烂。

❷ 夏天可每隔一周喷洒一次水，土壤非常干燥的时候可每个月少量浇一次水，切忌水量过多。同时，浇完水后一定要保证它通风性良好。

❸ 冬天要少浇水，令盆土处于略干状态为宜。

温度

黄毛掌喜欢温暖，也比较能忍受寒冷，生长的适宜温度是20～25℃，在3～9月是15～25℃，9月～次年3月是8～10℃。冬天要将它搬进房间里过冬，室温不可低于5℃，然而其也可忍受短期0℃的低温。

修剪

在为植株更换花盆的时候要把干枯或老弱的根系剪掉，以降低营养的耗费量，促使其长出新根。

摆放建议

黄毛掌生存能力极强，栽培简单，繁殖容易，是目前栽培比较普遍的仙人掌种类。一般家庭栽种采取盆栽方式，摆放在卧室、客厅、书房均可，但应注意远离儿童活动区，避免刺伤儿童。

杜鹃

【花草名片】
- ◎ **学名**：*Rhododendron simsii*
- ◎ **别名**：映山红、满山红、红踯躅、山石榴。
- ◎ **科属**：杜鹃花科杜鹃花属，为常绿、半常绿或落叶灌木或小乔木。
- ◎ **原产地**：最初产自中国长江流域，广泛分布在长江流域和以南各个区域。尼泊尔把它定为国花。
- ◎ **习性**：属浅根性植物，喜欢温暖、潮湿、通风良好的半荫蔽环境，畏干燥，也畏积聚太多的水，具一定的忍受寒冷的能力。
- ◎ **花期**：4～5月。
- ◎ **花色**：深红、浅红、玫瑰紫、粉、黄、白等色或复色。

净化功能　杜鹃可以抵抗二氧化硫、一氧化氮、二氧化氮和臭氧的侵害，还可以将放射性物质吸收掉，尤其适合置于刚刚装修完毕的居室里。另外，杜鹃对氨气的反应非常灵敏，能作为监测氨气的指示植物。此外，杜鹃还能对环境中的氟化氢进行监测，若存在氟化氢，其花朵便会枯萎、皱缩，叶片会发黄。

选盆　花盆以透气性良好的泥盆最佳，紫砂盆次之，釉盆及瓷盆最差。

栽培
❶ 在花盆底部铺上一些碎瓦片，再放入1/3的粗土粒，并少加一点儿细土。
❷ 将杜鹃幼苗置入盆中，一手扶正幼苗，一手向盆中填土。
❸ 土壤填至盆口下2厘米处，然后将土壤轻轻压实，浇透水分。

新手提示：种好后一定要浇透水分，否则会使盆花干死。

光照　杜鹃对光照无严格要求，喜欢半荫蔽环境，畏强烈的阳光久晒。夏天应注意遮蔽阳光，防止植株被灼伤，冬天移入室内后可将其摆放在室内朝阳的地方。

温度　北方盆栽杜鹃时，其生长适宜温度是15～25℃，当气温在30℃以上或5℃以下时则生长接近停滞状态。

新手提示：在冬天杜鹃有短期的休眠，要留意保持温暖、防御寒冷，要将其搬到房间里料理，房间里的温度控制在10℃上下就能顺利过冬。

繁殖

杜鹃可以采用播种法、扦插法、分株法或压条法进行繁殖。

择土

杜鹃喜欢排水通畅、土质松散且有肥力的酸性土壤，在钙质土壤中生长不好或不能生长，也不能在地势比四周低且积聚太多水的黏重土壤中生长，是酸性土壤的指示植物。

施肥

植株开花之前需每10天施用磷肥一次，接连施用2～3次，可令花朵硕大、花色鲜艳、花期变长；在开花期内不可施用肥料；开花之后为了促进植株抽生新枝、萌生新叶，可以补施氮肥。夏天温度较高时，杜鹃的生长处于停滞阶段，不适宜施用肥料；秋天移入室内前为它的长蕾期，需每7～10天施用磷肥一次；冬天植株进入休眠状态后，则不要再施用肥料。

浇水

❶ 春天和秋天可以每2～3天浇水一次，且要浇够。
❷ 夏天酷热时，为了提高空气相对湿度，除了每天早晨及黄昏要分别浇一次水之外，还需朝叶面和花盆四周地面喷水，可是盆内不可积聚太多的水。
❸ 立秋之后应渐渐减少浇水量；冬天移入室内后更要控制浇水，令盆土保持稍潮湿状态就可以。

摆放建议

杜鹃生命力旺盛，可地栽于庭院中观赏，也可盆栽摆放在阳台、窗台等处。但要注意黄杜鹃有剧毒，不要在卧室、饭厅、厨房里摆放黄杜鹃，以免引起误食中毒。

病虫防治

杜鹃易患黑斑病及红蜘蛛虫害。
❶ 杜鹃患上黑斑病后，叶片会形成黑斑，渐渐干枯脱落直至植株死亡。此时需喷洒70%托布津可湿性粉剂800倍液或50%多菌灵可湿性粉剂300倍液。
❷ 杜鹃感染上红蜘蛛后，被害叶会焦枯脱落，此时可喷洒40%三氯杀螨醇800～1000倍液。

修剪

❶ 在花朵凋谢后需尽早把未落尽的花剪掉，以降低营养的损耗量，促使植株生长和形成新的花芽。
❷ 老龄植株要在早春新芽萌动前对其采取修剪复壮处理，把枝条保留约30厘米，将上部剪掉就可以。

新手提示：修剪后需对植株增施肥料，并需精心料理。

晚香玉

【花草名片】

◎学名：*Polianthes tuberosa*

◎别名：月下香、月情香、夜来香。

◎科属：石蒜科晚香玉属，为多年生球根类草本植物。

◎原产地：最初产自墨西哥和南美洲，在暖温带区域分布较广，中国南方区域大多有栽植。

◎习性：喜欢温暖、光照充足的环境，略能抵御寒冷，不能忍受霜冻。喜欢潮湿，但也怕积水，在湿度较低且不积聚太多水的地方可以长得很好。

◎花期：7～11月。

◎花色：白色。

花言草语

　　一般的植物都是白天开花，并且开花后就放出香气。晚香玉却不是这样，只有到了夜间才会散发出浓郁的香气来。这是因为晚香玉是靠夜间出现的飞蛾传粉的。晚香玉的花瓣跟一般花瓣构造不同，它的花瓣上的气孔一旦空气的湿度大，就张得大，气孔张大了，散发的香气就多。夜里虽没有太阳照晒，但空气比白天湿得多，所以气孔就会张大，放出的香气也就特别浓。在黑夜里，晚香玉就凭借着自身散发出来的强烈香气，引诱长翅膀的飞虫前来拜访，为它传送花粉。但如果长期把晚香玉放在室内，其浓烈的香气会引起人们头昏、咳嗽，甚至气喘、失眠。所以，白天可以把晚香玉放在室内，傍晚时则应搬到室外。

净化功能

　　晚香玉有强力抵抗二氧化硫、氯气及氯化氢的能力，不管是白天还是晚上皆可以吸收很多二氧化碳，同时释放出大量清新的氧气，可以很好地提高房间里的负离子浓度，令空气保持清爽新鲜。

选盆

　　栽种晚香玉时宜选用泥盆，避免使用瓷盆或塑料盆，因为这两种盆的透气性较差。

择土

　　晚香玉对土壤没有严格的要求，有较强的适应能力，具一定的忍受盐碱的能力，然而以有肥力、土质松散、排水通畅的沙壤土为宜。

> **新手提示：**其盆土一般用泥炭土或腐叶土3份加粗河泥2份和少量的底肥配成。

栽培

❶ 在花盆底部铺上约1/5深的细碎砖块，以利于排水，然后置入少量土壤。

❷ 一手扶正晚香玉幼苗，置入盆中，然后继续填土，用手轻轻压实。

❸ 向盆中浇透水分，放置于阴凉处，细心照料。

浇水

❶ 晚香玉喜欢潮湿，畏积水，平日令土壤维持较低的湿度就可以，不可积聚太多水。

❷ 刚刚栽种后也不用浇太多水，以免造成植株徒长，不利于开花。

❸ 花朵开放前期，需浇灌充足的水并令土壤维持潮湿状态。

> **新手提示：**晚香玉一定要放置在通风良好的环境里，以免浇水后盆中积水过多。

温度

晚香玉喜欢温暖的环境,略能抵御寒冷,不能忍受霜冻,生长适温白天是25~30℃,晚上是20~22℃。

繁殖

晚香玉经常采用分球法进行繁殖,也可以采用播种法繁殖,然而播种繁殖大多用在新品种的培育上。

病虫防治

晚香玉经常会受到根腐病及蓟马的危害,此时需喷施2.5%溴氰菊酯乳油4000倍液进行灭杀。

修剪

❶ 当晚香玉的花梗长至40厘米高时宜搭设架子,以稳固花枝。
❷ 立秋以后它的地上部分会干枯萎缩,应尽早把干枯发黄的茎叶剪掉,以避免耗费太多的养分。

施肥

一般在种植一个月后要施用稀薄的腐熟饼肥1~2次;在夏天温度较高时,应严格控制追肥的施用量及浓度,以避免造成茎叶徒长;花茎抽生出来时和现蕾期间应分别施用一次磷肥和钾肥,能令植株苗壮、花朵繁多娇艳。

> **新手提示:** 晚香玉嗜肥,栽植时需施入充足的底肥,在生长季节需每月施用一次肥料。

光照

晚香玉喜欢光照充足的环境,因此应多放置于阳光充足处,但在夏季的中午应避免烈日暴晒。

摆放建议

晚香玉可盆栽摆放在门厅、门廊,也可以制作成插花装点客厅。但因其具有比较浓郁的香气,不宜摆放在卧室。

非洲菊

【花草名片】

- ◎学名：*Gerbera jamesonii*
- ◎别名：扶郎花、灯盏花、猩猩菊。
- ◎科属：菊科大丁草属，为多年生宿根草本植物。
- ◎原产地：最初产自非洲南部地区，少数生长在亚洲。
- ◎习性：喜欢温暖、潮湿、空气畅通、光照充足的环境，属半耐寒性植物，怕酷热和积水。
- ◎花期：若条件适宜，一般全年都能开花，其中以春天4～5月及秋天9～10月最为繁盛。
- ◎花色：大红、橘红、浅红、黄、浅黄、粉等色。

净化功能

非洲菊吸收甲醛的能力比较强，还可以将打印机、复印机排放出来的苯分解掉，将烟草里的尼古丁吸收掉。

选盆

栽种非洲菊一般选用素烧陶盆或塑料盆，以多孔的浅盆为好，盆高最好小于盆直径。

择土

非洲菊对土壤没有严格的要求，最适宜生长在土质松散、有肥力、排水通畅且腐殖质丰富的沙质土壤或腐叶土中，不能在黏重土壤中生长，微酸性土壤较为适宜。盆栽时适宜用腐叶土或泥炭土。

新手提示：非洲菊在中性或微碱性土壤中也可以生长，但在碱性土壤中植株的叶片容易出现缺铁的症状。

繁殖

非洲菊可以采用播种法、扦插法及分株法进行繁殖。

修剪

❶ 非洲菊叶片过多，会不利于植株接受阳光照射及通风流畅，容易引起病虫害，所以在生长季节应时常适当摘除叶片。

❷ 在保证每一株丛里的每一分株留下3～4片功能叶的前提下，应尽早将病虫叶、枯黄叶和已经被采下花朵的老叶摘除，同时将重叠在相同方向的不必要的叶片摘除。

❸ 除了摘除叶片之外，还应对植株适度疏除花蕾。如果在一个相同的时间段内，植株上有多于3个的发育程度相近的花蕾，为了集中营养成分，需把不必要的花蕾摘掉。

浇水

❶ 非洲菊在生长过程中需要大量水分，必须常浇水才能满足植株所需，然而不可积聚太多的水。

❷ 夏天水分蒸发得迅速，需适度多浇一些水，可以每3～4天浇一次水，并结合追施肥料进行。

❸ 冬天需适当少浇水，令土壤保持略干状态为宜，半个月左右浇水一次就可以。

新手提示： 浇水最好在早晨或太阳西下后一小时进行。

施肥

非洲菊全年都可开花，自身需要耗费大量肥料，因此在一个完整的生长周期内需接连追施肥料，然而需把握"薄肥勤施"的原则。在植株分化花芽前需加施氮肥及有机肥，以促进植株叶片生长；在花芽形成到开花之前需加施磷、钾肥1～2次；在开花阶段若叶片既小又少，可以适量加施氮肥。

光照

非洲菊属喜光性植物，每日阳光照射的小时数不可低于12小时。盆栽时一定要将盆花置于阳光充足处，能令叶片健康壮实、花梗直立高耸、花朵颜色鲜艳。

摆放建议

非洲菊色彩艳丽，可直接种植在庭院里观赏，也可以盆栽摆放在窗台、阳台、书房、客厅等处。

温度

非洲菊喜欢温暖，怕酷热，属半耐寒性植物。它的生长适宜温度白天是20～25℃，晚上是14～16℃。非洲菊能忍耐短时间的0℃低温，如果在0℃以下，就会遭受冻害；如果温度超过30℃，植株的生长便会受到阻碍，令开花变少。

病虫防治

非洲菊的病害主要是枯萎病、白粉病、叶斑病及各种虫害等。

❶ 对于枯萎病，可以喷施65％代森锌可湿性粉剂600倍液进行防治。

❷ 对于白粉病，可以每7～10天喷洒一次70％甲基托布津可湿性粉剂1500倍液或75％粉锈宁可湿性粉剂1000～1200倍液，接连喷洒2～3次即可有效防治。

❸ 对于叶斑病，可以喷洒50％多菌灵可湿性粉剂500倍液或70％甲基托布津可湿性粉剂800～1000倍液来防治。

❹ 非洲菊的常见虫害为蚜虫与红蜘蛛，出现时可喷施40％氧化乐果乳油2000倍液进行灭杀。

栽培

❶ 选在盆底铺上一层碎瓦片，再填入少量土壤。

❷ 将非洲菊幼苗置入盆中，继续填土，非洲菊有"收缩根"，所以必须种植得浅一些，令根颈部略露出土壤表面为好。

❸ 上盆后需马上浇水，并适度遮蔽阳光，令土壤维持湿润状态，直到植株萌生出充足的叶片可以自我调整为止。

太阳花

【花草名片】
- ◎学名: *Portulaca grandiflora*
- ◎别名: 半支莲、死不了、午时花、草杜鹃、龙须牡丹、松叶牡丹、大花马齿苋、洋马齿苋。
- ◎科属: 马齿苋科马齿苋属，为多年生肉质草本植物。
- ◎原产地: 最初产自南美巴西。
- ◎习性: 喜欢温暖、干燥、光照充足的环境，不能抵御寒冷，怕水涝，在阴湿的环境里会生长不好。花朵见到阳光就开放，清晨、晚上和天阴时则闭合，光线较弱时花朵不能够完全盛开，因而又被叫作"午时花"。
- ◎花期: 6～10月。
- ◎花色: 红、粉、橙、黄、白、紫红等深浅不一的单色及带条纹斑的复色。

净化功能

太阳花对吸收一氧化碳、二氧化硫、氯气、过氧化氮、乙烯和乙醚等有害气体很有成效，也能够较好地抵抗氟化氢的污染。盆栽太阳花在房间内观赏时，能够较好地吸收及抵抗家电设备、塑料制品、装修材料等释放出来的有害气体，减少它们对人们身体健康的伤害。

选盆

太阳花对花盆没有特别要求，用泥盆、瓷盆及塑料盆皆可，也可以用其他底部能排水的容器。

择土

太阳花具很强的适应能力，非常能忍受贫瘠，在普通土壤中都可以正常生长，然而最适宜在土质松散、有肥力、排水通畅的沙质土壤中生长。

新手提示: 可用3份田园熟土、5份黄沙、2份砻糠灰或细锯末，再加少许过磷酸钙粉均匀拌和成培养土。

栽培

❶ 在花盆底部排水的地方需铺放几块碎砖瓦片，以便于排水。
❷ 在花盆中放入土壤，然后将太阳花种子播入其中，浇透水分。
❸ 太阳花播种后不用细心照料也能成活，只是盆土较干时浇一下水即可。

修剪

当植株比较大、渐趋老化、枝叶徒长或开花变少的时候，可以采取重剪措施，仅留下高5～10厘米的枝叶，这样能令老植株得到更新，使其恢复原有的优良特性。

浇水

❶ 太阳花喜欢干燥，畏潮湿，若水分太多会使根茎发生腐坏，在生长季节需把握"见干见湿"的浇水原则，不可积聚太多的水。
❷ 在雨季及雨水较多的区域则需留意尽早排除积水，防止植株遭受涝害。

太阳花的植株低矮娇小、茎叶茂密、花朵颜色鲜艳，适合陈设花坛、花丛，也能盆栽供室内观赏，为良好的景观植物。另外，太阳花全株能提取出黑色的染料，还能用作药物，具活血化瘀、减轻疼痛、清除内热、消除肿胀及解毒的功用。

施肥

太阳花通常不需施用肥料，在开花之前施用复合肥一次，能令植株生长繁茂，促进其萌生更多的新枝，令开花繁盛。如果每15天对植株施用1%磷酸二氢钾溶液一次，能令其花朵硕大、花色艳丽并能延长花期。

温度

太阳花喜欢温暖，能忍受炎热，在温度较高的条件下长得很快，生长适宜温度是26～29℃，如果温度再略高一点儿也能正常生长发育。如果温度下降，植株的生长会变得缓慢；如果气温低于15℃，那么植株的生长就会停滞。

新手提示： 太阳花不能忍受霜冻，遇到霜便会干枯而死，所以秋天长出来的幼苗冬天要在温室里过冬。

光照

太阳花喜欢光照充足，在生长季节要使其接受充足的阳光照射，夏天也不用遮蔽阳光，如果长时间摆放在昏暗的地方则生长不好。

摆放建议

太阳花喜欢光照条件好的环境，可以盆栽摆放在阳台、窗台等光线较充足的地方，也可以直接栽种在庭院里观赏。

病虫防治

太阳花的病害很少，它经常受到的虫害主要是斜纹夜蛾及蚜虫危害。

❶ 对于斜纹夜蛾危害，在幼虫发生期可以用40%乐斯本乳油800～1000倍液或50%辛硫磷乳油1000～2000倍液进行喷洒灭除。

❷ 对于蚜虫危害，在植株的花芽胀大期内可以喷洒吡虫啉4000～5000倍液，在萌芽后用吡虫啉4000～5000倍液加入氯氰菊酯2000～3000倍液便可杀死蚜虫，坐果后则可以喷洒蚜灭净1500倍液来处理。

繁殖

太阳花经常采用播种法与扦插法来繁殖。

一叶兰

选盆　栽种一叶兰时宜选用泥盆或瓷盆，尽量不用塑料盆。

栽培
❶ 在花盆底部排水的地方需铺放几块碎砖瓦片，然后放入少量土壤。
❷ 将一叶兰幼苗植入盆中，继续填土，一叶兰需要浅植，深则易影响生长。
❸ 浇透水分，并将花盆摆放在背阴凉爽的地方料理。

> **新手提示：**一叶兰长得比较迅速，通常每隔1~2年需更换一次花盆。

修剪　一叶兰长得比较迅速，平日需留意进行间苗，并尽早把干枯发黄的叶片剪掉，以改善通风效果、降低营养成分的损耗量和减少病虫害的发生。

光照　一叶兰喜欢半荫蔽的环境，对光照有着广泛的适应范围。不论是在全日照条件下，还是在十分荫蔽处，它都能生长。一叶兰有非常强的忍受荫蔽的能力，然而在生长季节要接受十分充足的光照。一叶兰不能忍受强烈的阳光久晒，在夏天阳光较强时应在凉棚下料理，防止叶片变黄或被烧伤。

【花草名片】

◎学名：*Aspidistra elatior*
◎别名：一帆青、苞米兰、箬兰、箬竹、蜘蛛抱蛋。
◎科属：百合科蜘蛛抱蛋属，为多年生常绿草本观叶植物。
◎原产地：最初产自中国南方各省。
◎习性：喜欢温暖、潮湿的环境，有很强的忍受荫蔽的能力，不能忍受强烈的阳光照射，比较能忍受寒冷。具有很强的适应能力，生长迅速。
◎花期：4~5月。
◎花色：花朵外侧为紫色，内侧为深紫色。

净化功能　一叶兰能够将空气里80%以上的众多有害气体吸收掉，尤其对吸收甲醛、消除甲醛污染很有成效，也能够较强地吸收掉二氧化碳和氟化氢。

择土　一叶兰对土壤没有严格的要求，能忍受贫瘠，然而最适宜在有肥力、土质松散、排水通畅的沙质壤土中生长。

> **新手提示：**通常用2份园土、1份腐叶土、0.5份厩肥与0.5份砻糠灰来混合拌匀就可以。

施肥　在春天和夏天植株生长旺盛期内，主要施用氮肥，可以每月施用1~2次浓度较低的液肥，以促进其萌生新的叶片及健康苗壮生长。冬天则不要再对植株追肥。

繁殖　一叶兰采用分株法进行繁殖。全年都能进行，通常于春天结合更换花盆时进行。

温度

一叶兰喜欢温暖，也比较能抵御寒冷，生长适宜温度约为15℃，但温度在5℃上下时也不会遭受冻害。冬天温度高于0℃时，它就能顺利过冬。

浇水

❶ 一叶兰喜欢潮湿，栽植环境要阴暗潮湿。植株在生长鼎盛期需要足够的水分，可以每天浇一次水。

❷ 夏天和秋天气候干燥时，除了每天浇水之外，还要每天朝植株的叶片表面喷1～2次水，以维持较高的空气相对湿度。

❸ 在冬天需少浇水，令土壤维持偏干燥状态就可以，不然容易使植株的根系腐烂。

病虫防治

一叶兰的病害很少，在房间里没有通风或光线比较昏暗的地方养护时，容易产生介壳虫危害。一旦出现虫害后，可以于每年2～3月幼虫活动期进行人力刷除或用抹布抹掉；也可以用面做成糨糊并加进少量敌敌畏，之后用小刷子或牙刷把糨糊刷在有介壳虫处，3～5天后再用清澈的水把糨糊洗掉就可以；另外，还可以喷洒乐斯本配液来灭除。

摆放建议

一叶兰叶宽浓绿，盆栽一叶兰可以用来装饰客厅、卧室、书房。

花言草语

一叶兰的地下部分有粗大结实的根茎，叶柄直接由地下茎长出来，一个叶柄一片叶子，挺拔直立且瘦长，因此叫作"一叶兰"。又由于它的果实非常像蜘蛛卵，因而又被叫作"蜘蛛抱蛋"。一叶兰全年都不凋谢，是不老的青春的象征。

君子兰

【花草名片】

- ○ **学名：** *Clivia miniata*
- ○ **别名：** 大花君子兰、大叶石蒜、剑叶石蒜、达木兰。
- ○ **科属：** 石蒜科君子兰属，为多年生常绿宿根草本植物。
- ○ **原产地：** 最初产自非洲南部，如今世界各个地区都有栽培。
- ○ **习性：** 喜欢温暖、潮湿且半阴蔽的环境，怕强烈的阳光直接照射。喜欢凉快的气候，畏酷热、干燥和较高的温度，不能忍受积水和寒冷。
- ○ **花期：** 主要在冬天及春天开花，有的品种也在夏天6～7月开放。
- ○ **花色：** 橙红、橘黄、黄等色。

净化功能

君子兰能够比较强地抵抗空气里的污染物质，对净化空气很有成效。它宽厚结实的叶片能够强力吸收一氧化碳、二氧化碳、硫化氢及氮氧化物，还可以将硫化氢烟雾吸收掉，使房间内不清洁的空气变得洁净。在晚上，君子兰可以吸收二氧化碳，不论白天黑夜都能给房间内增加很多清新的氧气。

选盆

栽种君子兰适宜选用透气性良好的泥瓦盆或陶盆。

择土

君子兰喜欢在有肥力、土质松散、腐殖质丰富、透气性好且排水通畅的微酸性土壤中生长。

栽培

❶ 在花盆底部铺上几块碎盆片，凹面向下，便于通气排水。

❷ 再填入一层2～3厘米厚的用碎盆片、碎石、粗沙等组成的排水物。

❸ 将君子兰的幼苗根系理顺，然后将幼苗放在花盆的中央，一手将它扶正，一手将土壤填入花盆中。每填一层土，就要将苗轻轻向上提一下，并碰磕一下花盆，以便使根系舒展。

❹ 入盆后立即浇透水分，同时在5～7天内可不用再浇水，以后保持盆土湿润即可。

❺ 将盆置于阴凉通风处，7～10天后方可移置阳光充足处养护。

> **新手提示：** 如果幼苗是在春秋季上盆，则要罩上塑料薄膜袋保温保湿，便于其生根成活。

浇水

❶ 君子兰喜欢潮湿，然而也畏积水，因此浇水量必须要合适，令土壤维持潮湿状态且不积聚太多水就可以。

❷ 春天可以每日对植株浇水一次。

❸ 夏天浇水可以用细喷水壶喷洒叶片表面和盆花四周地面，晴天以每日浇2次水为宜。

❹ 秋天可每隔1～2天浇水一次。

❺ 冬天每周浇水一次即可，或者次数更少。

> **新手提示：** 在浇水的时候需留意，不可使水流进叶心里，否则会引起烂心病。

光照

君子兰喜欢半荫蔽的环境，无阳光照射不可以，强烈的阳光直接照射也不可以，以在透光率为50%的环境中生长最为适宜。冬天在房间内料理时，需将花盆置于阳光充足处，在开花之前更需接受较好的阳光照射。

繁殖

君子兰可采用播种法及分株法进行繁殖。

病虫防治

君子兰经常发生的病害是炭疽病、白绢病及介壳虫危害。

❶ 当植株患炭疽病时，应马上用50%多菌灵可湿性粉剂800倍液来喷施，6天左右喷施一次，连喷3~5次就能产生效果。

❷ 当植株患白绢病时，每周在植株的茎基部和基部四周的土壤上浇施50%多菌灵可湿性粉剂500倍液一次，连浇2~3次就能有效处理。

❸ 君子兰经常受到介壳虫的危害，此时可以喷施25%亚胺硫磷乳油1000倍液来灭杀。

施肥

君子兰嗜肥，然而也不能施用太多的肥料，不然会对植株的正常生长发育造成不良影响，适宜以"薄肥勤施"为原则。盆栽时，需在盆土中施入充足的底肥，以厩肥、堆肥、豆饼肥及绿肥等为主。

修剪

❶ 在栽植过程中，若植株的叶片变得干枯发黄，需尽早剪掉，以免耗费太多的营养物质。

❷ 在修剪的时候应尽可能把叶片端部剪为和好叶一样，不能剪为直平头，以叶片端部呈尖状为佳。

温度

君子兰生长的最合适的温度是15~25℃，当温度在30℃以上时，植株会进入半休眠状态；当温度在10℃以下时，植株的生长就会停止。

摆放建议

君子兰喜欢半荫蔽的环境，可盆栽摆放在客厅、书房、阳台。因君子兰夜间会消耗氧气、放出二氧化碳，对睡眠不利，所以神经衰弱和睡眠质量不好的人不宜在卧室摆放君子兰。

龙舌兰

选盆

栽种龙舌兰适宜选用泥瓦盆或紫砂盆，最好不用透气性不好的塑料盆。

择土

龙舌兰喜欢有肥力、土质松散、排水通畅的沙质土壤，能忍受贫瘠，也能在轻碱及微酸性土壤中生长。

> **新手提示：** 用花盆栽植时的培养土，经常用等量的沙壤土和腐叶土混合，另外再加上少量的骨粉来调配。

浇水

❶ 在生长季节要令盆土维持潮湿状态，浇水的时候不可让水溅落到叶片上，以免引起褐斑病。
❷ 夏天温度较高、气候干旱时，应加大浇水的量，以使植株叶片维持翠绿。
❸ 进入秋天后龙舌兰的生长速度渐渐变慢，需控制浇水量和次数，尽量使土壤保持干燥。

繁殖

龙舌兰可采用播种法及分株法进行繁殖。

栽培

❶ 取龙舌兰母株周围的分蘖芽，准备入盆。
❷ 在花盆底部铺排水层，然后放入盆土。
❸ 将龙舌兰的分蘖芽植入盆土中，轻轻将土壤压实，浇透水。
❹ 将花盆放置在半阴处，成活后再移至光线充足的地方。

摆放建议

龙舌兰是一种观叶植物，适合摆放在阳台、客厅、窗台等光线充足处欣赏，也适合摆放在厨房里。

【花草名片】

- ◎**学名：** *Agave americana*
- ◎**别名：** 龙舌掌、世纪树、番麻。
- ◎**科属：** 龙舌兰科龙舌兰属，为多年生常绿草本植物。
- ◎**原产地：** 最初产自南美洲墨西哥等地，现在我国华南和西南亚热带区域都广泛栽植。
- ◎**习性：** 喜欢温暖、干燥且光照充足的环境，略能抵御寒冷，怕积水，也怕强烈的阳光久晒。不能忍受荫蔽，具有非常强的忍受干旱的能力，也能忍受较高的温度及酷热。
- ◎**花期：** 6～7月。
- ◎**花色：** 浅黄绿色。

花言草语

龙舌兰最初产自南美洲，其中一些种类在原产地需生长十年或数十年方可开花。它的花序非常大，能长到7～8米高，可谓是世界上最长的花序，花朵呈铃状，有几百朵之多，为白色或淡黄色，然而开花后植株就会干枯死亡，所以龙舌兰被叫作"世纪树"。

净化功能

龙舌兰净化空气的能力非常强。在24小时提供照明的环境下，一盆龙舌兰在面积为10平方米的室内便能将70%苯、50%甲醛及24%三氯乙烯清除掉。

光照

龙舌兰喜欢光照充足的环境，不能忍受荫蔽，畏强烈的阳光久晒。在房间里料理时需将它置于通风良好且朝阳的地方，并每隔一段时间就换一下放置的位置，以令植株接受均匀的光照。对有白边或黄边的龙舌兰品种，在夏天阳光比较强烈的时候应适度进行遮阴。

病虫防治

龙舌兰经常发生的病害是炭疽病和介壳虫危害。

❶ 如果龙舌兰患上炭疽病，用50%退菌特可湿性粉剂1000倍液进行喷施即可。

❷ 如果龙舌兰受到介壳虫危害，可以喷施80%敌敌畏乳油1000倍液来杀除。

温度

龙舌兰喜欢温度较高、天气干燥的环境，略能抵御寒冷，其生长适宜温度是15～25℃，在气温高于5℃的条件下能够在露地过冬栽植。成年龙舌兰当温度降到—5℃时，其叶片只会遭受程度较轻的冻害；当温度降到-13℃时，它的地上部分会遭受冻害并发生腐坏，然而地下茎不会死亡，次年可以萌生出新的叶片继续正常生长。在我国北方区域经常用花盆栽植，进入冬天前要将盆花移入房间里过冬，且需摆放在光照充足的地方，房间里的温度控制在8℃就可以，次年5月上旬再移到房间外养护。

施肥

在生长季节需每月施用一次肥料，可以施用有机肥料，也可以施用氮、磷、钾肥。进入秋天后植株的生长速度变慢，不要再对其施用肥料。

修剪

若用花盆栽植欣赏，应随着新叶片的生长尽早把下部干枯发黄的老叶片剪除，并将旁边生长出来的蘖芽去掉，以令植株形态好看。

虎尾兰

【花草名片】
- ◎学名：*Sansevieria trifasciata*
- ◎别名：千岁兰、虎尾掌、虎皮兰、锦兰。
- ◎科属：龙舌兰科虎尾兰属，为多年生肉质草本植物。
- ◎原产地：最初产自非洲热带和印度、斯里兰卡的干旱区域。
- ◎习性：喜欢光照充足、通风顺畅的环境，也能忍受半荫蔽，夏天怕强烈的阳光久晒，冬天要接受充足的光照。具有很强的适应能力，喜欢温暖，能忍受干旱，怕水涝，略能抵御寒冷。
- ◎花期：5～8月。
- ◎花色：浅绿色、白色。

选盆

栽种虎尾兰可选用体型较大的泥瓦盆或木桶。

择土

虎尾兰对土壤没有严格的要求，能忍受贫瘠，然而最适宜在土质松散、透气性好、排水通畅的腐殖土及沙质土壤中生长。

新手提示：用花盆栽植时可以用有肥力的园土3份和煤渣1份来混合配制，并加上少量的豆饼屑或鸡粪作为底肥。

净化功能

虎尾兰能够强效吸收二氧化碳和放射性物质，能够强力消除甲醛、苯、苯酚、硫化氢、氟化氢、三氯乙烯、乙醚及重金属颗粒等。

一盆虎尾兰在面积为10平方米的房间里可以将超过80%的有害气体吸收掉，比如甲醛、苯、硫化氢及三氯乙烯等。2～3盆虎尾兰大体上能令普通房间里的空气变得彻底洁净，尤其具有非常强的吸收甲醛的能力。在晚上，虎尾兰可以吸收很多二氧化碳，同时制造并释放出大量的氧气，能够提高房间里的负离子浓度。另外，它还可以吸收掉很多铀等放射性物质，可以强力消除苯酚、氟化氢、乙醚及重金属颗粒等。

浇水

❶ 对虎尾兰浇水时，浇水量一定要合适，不能浇太多或浇得太频繁，应以"宁干勿湿"为原则。

❷ 春天植株的根颈处萌生新的植株时，浇水应适度多一些，以令盆土维持潮湿状态。

❸ 夏天温度较高时也需令盆土保持潮湿状态，并需每日朝植株的叶片表面喷水。

❹ 暮秋后要控制浇水量，令盆土维持相对干燥状态，以提高其抵御寒冷的能力。

❺ 冬天植株进入休眠期后应掌控浇水，令土壤保持干燥状态就可以。

新手提示：平日浇水时不可将水浇进植株的叶簇里，但可以时常用清水洗去叶片两面的灰尘，以令叶片干净、鲜亮。

光照

虎尾兰喜欢阳光充足，能承受太阳光的直接照射，要将其置于通风顺畅且朝阳的地方料理，然而光线过分强烈时，叶片的颜色会变得暗淡或变白，所以夏天在室外料理时应防止强光久晒。

病虫防治

虎尾兰容易患叶斑病和象鼻虫害。

❶ 虎尾兰患上叶斑病后，可以每隔7~10天喷洒一次50%多菌灵可湿性粉剂500倍液或70%甲基托布津可湿性粉剂1000倍液，连喷2~3次就能有效处理。

❷ 虎尾兰受到象鼻虫害时，喷洒50%杀螟松乳油1000倍液就能进行杀除。

温度

虎尾兰喜欢温暖，略能抵御寒冷，生长适宜温度是18~27℃，当温度在13℃以下时其生长就会停止。暮秋气温下降的时候，需把花盆移入房间里养护，并置于温暖朝阳的地方，房间里的温度高于5℃就能顺利过冬。

栽培

❶ 将成熟的虎尾兰叶片从植株基部剪下来，截成数段，每段长6~10厘米。

❷ 将叶片段插进盆土中，约插进3厘米深即可，浇透水分，置于半荫蔽且通风良好的地方，令土壤维持湿润状态。

❸ 6~8周，虎尾兰就能生出不定根和不定芽，当幼株萌生出2~3枚叶片时就可以正常养护了。

新手提示： 刚栽种的虎尾兰浇透水分后可不必再浇水，经常喷水保持盆土湿润即可。

修剪

在栽植虎尾兰期间，应留意及时将干枯发黄的叶片剪掉，并留意修整植株形态。

施肥

虎尾兰的需肥量不大，不要对其施用太多的肥料，而且不可施用大量生肥。在生长期内每月对它施用1~2次浓度较低的液肥就可以，以确保叶片嫩绿和肥壮厚实。在栽植期间，如果长时间仅施用氮肥，叶片上的斑纹便会淡化且缺少光泽，因此通常施用复合肥。冬季则不要对植株施用肥料。

繁殖

虎尾兰可采用扦插法及分株法进行繁殖。

摆放建议

虎尾兰以盆栽为主，适合摆放在光线充足、通风的室内。中型虎尾兰盆栽可用来装饰客厅、卧室，小型虎尾兰盆栽可摆放在书架、案几上或电脑旁。

令箭荷花

【花草名片】
◎ 学名: *Nopalxochia ackermannii*
◎ 别名: 荷令箭、仙人箭、红孔雀、孔雀兰。
◎ 科属: 仙人掌科令箭荷花属，为多年生草本植物。
◎ 原产地: 最初产自墨西哥中南部及玻利维亚、秘鲁等地。
◎ 习性: 喜欢温暖、潮湿及半荫蔽的环境，不能抵御寒冷，能忍受干旱，忌积水，畏强烈的阳光久晒。
◎ 花期: 5~7月。
◎ 花色: 白、黄、洋红、粉红、大红、紫红、紫及蓝紫等色。

选盆

栽种令箭荷花最好选用泥盆，不可使用塑料盆。

择土

令箭荷花喜欢土质松散、有肥力、排水通畅且有机质丰富的微酸性或沙质土壤，在黏重的土壤中生长时容易发生根腐病。

> **新手提示:** 盆栽时的培养土可以用河泥、山泥及腐叶土来混合配制，还应在培养土里添加适量的骨粉作为底肥，以促使植株加快生长。

光照

春天和秋天应将盆花摆放在阳台上通风顺畅、透光性好的地方。夏天温度较高、天气炎热时，需防止植株被强烈的阳光久晒，可将其置于背阴、凉爽且不会受阳光直射的地方。需留意的是，不可过分遮蔽阳光，或在荫蔽的地方摆放过久，否则会使植株的开花受到影响。

净化功能

令箭荷花在晚上可以吸收很多二氧化碳，同时制造并释放出很多氧气，具有非常强的净化空气的能力，能够提高房间里的负离子浓度，令空气保持新鲜自然，对人们的身体健康十分有益。

浇水

❶ 令箭荷花喜欢潮湿，然而盆栽时如果土壤过于潮湿，容易导致根部发霉腐烂或花蕾凋落，因此盆土适宜偏干燥一些。

❷ 春天不适宜浇太多水，以盆土维持稍湿润状态为佳。

❸ 夏天气候干燥时，除了正常浇水之外，还应时常用清澈的水朝植株的变态茎喷雾，并朝花盆四周的地面喷洒水，以增加空气相对湿度，促使植株加快生长及开花。

❹ 进入秋天后应逐渐减少浇水的量和次数，并将盆花置于阳光充足的地方。

❺ 冬天应控制浇水，令盆土稍湿润而偏干燥就可以。

施肥

令箭荷花比较嗜肥，在生长季节可以用充分腐熟的麻酱渣、饼肥或马蹄片水加水进行稀释，每15天施用一次。在春节之后，可以每隔10天施用液肥一次，以促使植株加快生长。在现蕾期内需加施速效性磷肥1~2次，能令植株花大色艳。需留意的是，不可施用太多的氮肥，不然会令叶状茎长得过分繁密茂盛，对植株开花造成不良影响。

繁殖

令箭荷花可采用扦插法与嫁接法进行繁殖。

病虫防治

令箭荷花经常发生的病害主要是褐斑病和各种虫害。

❶ 当令箭荷花患上褐斑病后，可以用50%多菌灵可湿性粉剂1000倍液喷施来处理。

❷ 当令箭荷花受到介壳虫、蚜虫、红蜘蛛危害时，可以喷施50%杀螟松乳油1000倍液来灭杀。

❸ 当令箭荷花受到根结线虫危害时，可以浇灌80%二溴氯丙烷乳油1000倍稀释液来处理。

温度

令箭荷花喜欢温暖和半荫蔽的环境，不能抵御寒冷，北方区域栽植时要在室内过冬。进入室内后应把盆花置于光照充足的地方，室内温度控制在10～15℃就可以，温度太低容易导致植株死去，温度太高则容易令植株徒长，不利于开花及保持良好的株形。

栽培

❶ 在令箭荷花的母株上剪下组织充实的茎，剪成6～10厘米长，晾2～3天。

❷ 将剪下的茎插进盆土中，插入深度为2～3厘米就可以。

❸ 插好后需及时浇水，并摆放在半阴凉的地方，每隔3天浇水一次，令土壤维持潮湿状态。

❹ 一周后，可逐步让盆花接受散射光，约经过一个月即可长出根来，此后便可正常料理了。

新手提示：刚刚萌生出来的叶状茎细长质软，不容易直立，应尽早搭设支架并适当绑缚，以免断裂。

修剪

❶ 每年春天或秋天更换花盆时需将植株干枯腐烂的根剪掉，以促使其萌发新的根。

❷ 在栽植期间需尽早为植株搭设支架，将柔韧的变态茎绑缚住，以免变态茎断裂及植株歪倒。

❸ 在生长季节需尽早将多余的侧芽和基部的枝芽抹掉，以降低养分的损耗量，确保开花繁多茂盛。

摆放建议

令箭荷花姿态娇美俏丽，一般盆栽可用来装点窗台、阳台和门厅。

扶桑花

【花草名片】
- ◎学名：*Hibiscus rosa-sinensis*
- ◎别名：佛桑、火红花、赤槿、朱槿。
- ◎科属：锦葵科木槿属，为落叶或常绿灌木。
- ◎原产地：最初产自中国四川、福建、云南、广东、广西、台湾等省和东印度群岛，如今世界各个地区都广为栽植。马来西亚把它定为国花。
- ◎习性：为强阳性植物，喜欢温暖、光照充足的环境，不能抵御寒冷，也不能忍受荫蔽。喜欢潮湿，畏干旱，同时也不能忍受积水。
- ◎花期：一年四季都能开花，其中以夏天和秋天最为繁盛。
- ◎花色：玫瑰红、大红、粉红、浅红、浅黄、橙黄、黄、白、红瓣白条纹、粉边红心等。

净化功能

扶桑花可以将空气里有毒的苯及氯气吸收掉，房间里栽植或摆设扶桑花，对净化房间里的空气很有效果。

择土

扶桑花对土壤没有严格的要求，具有很强的适应能力，然而最适宜在土质松散、有肥力且排水通畅的微酸性土壤中生长。

新手提示：盆土可以用培养土、腐叶土及粗沙混合并搅拌均匀来调配。

选盆

栽种扶桑花一般选择口径15～20厘米的泥盆。

浇水

❶ 扶桑花喜欢潮湿，畏干旱，也不能忍受水涝，所以浇水的量和时间一定要合适，土壤不可太干或太湿。

❷ 在炎夏气候干燥时，可以每天在清晨和傍晚分别浇水一次。

❸ 春天和秋天在每天下午浇水一次即可，如果上午盆土已干燥也可以浇少许的水。

❹ 在生长季节应时常朝叶片表面喷水，以增加空气相对湿度。

❺ 冬天需依照植株具体的过冬条件来浇水，若在温室里过冬，每隔1～2天浇水一次即可；若在一般的房间里过冬，则应每隔5～7天浇水一次，要注意一次不宜浇太多的水。

病虫防治

扶桑花较少受到病害的侵袭，主要病害是叶斑病及蚜虫危害。

❶ 扶桑花患上叶斑病后，用70%甲基托布津可湿性粉剂1000倍液喷施即可。

❷ 当扶桑花受蚜虫危害时，喷施40%氧化乐果乳油1000倍液就能进行灭杀。

施肥

在生长季节应留意对植株追施肥料，可以每15～20天施用液肥一次。对幼小的植株，适宜薄肥勤施；对成年的植株，施肥适宜略浓一些，前后两次施肥时间可以间隔得略久一些，然而在开花期间不可施用过浓的肥料。

光照

扶桑花属喜欢光照的强阳性植物，在生长季节要接受充足的阳光照射，这样对其生长发育及开花都很有利。扶桑花在荫蔽的地方也能生长，可是花蕾易脱落，花朵少且小，花朵颜色较淡。然而在夏天光照过于强烈的时候，也要为植株适度遮蔽阳光，防止其被灼伤。

繁殖

扶桑花采用扦插法进行繁殖，一般于早春结合修剪进行。

温度

扶桑花喜欢温暖，不能抵御寒冷。它的生长适宜温度是15~25℃，其中在3~10月是18~25℃，10月~次年3月则是13~18℃。当温度高于30℃时，扶桑花依然可以正常生长发育，而且开花繁多茂盛；当温度为2~5℃时，它的叶片就会发黄、凋落；当温度在0℃以下时，植株容易受到冻害。

新手提示：冬天要将盆花搬进房间里过冬，房间里的温度控制在8~10℃就可以。

修剪

❶ 当扶桑花小苗长至20厘米高的时候，可以采取首次摘心处理，以促进其下部萌生腋芽。在基部发芽成枝期间，挑选并留下生长强度相当、分布均匀的3~4个新枝，之后把剩下的腋芽抹掉，令营养成分集中供应给留下的枝条。

❷ 由于扶桑花的花朵长在枝条的顶端，因此春天移出室内前非常有必要进行重剪，通常结合更换花盆进行。在重剪的时候，每个侧枝茎部只需要留存2~3个芽，之后把上部枝条、病虫枝及稠密枝都剪掉。

❸ 夏天通常不需修剪，不然会令植株开花减少。

❹ 秋天则仅适合对纤弱枝和病虫枝进行修剪。

栽培

❶ 选择1~2年生的健康壮实的枝条，剪为长10~15厘米的小段，留下顶端的2枚叶片，别的叶片都摘掉。

❷ 将枝条插进盆土中，插入深度为枝条总长度的1/3左右即可，浇透水分。

❸ 用塑料袋把花盆罩起来，放置在半阴处，每1~2天喷水一次。

❹ 当枝条长出新叶后，揭去塑料袋，正常护理即可。

摆放建议

扶桑花朵艳丽，花期长，适合摆放在客厅、门厅、书房、走廊等处。

吊竹梅

【花草名片】
- ◎学名：*Zebrina pendula*
- ◎别名：斑叶鸭趾草、吊竹兰、甲由草、水竹草。
- ◎科属：鸭趾草科吊竹梅属，为多年生常绿蔓生草本植物。
- ◎原产地：最初产自墨西哥，如今世界各个地区都有栽植。
- ◎习性：喜欢温暖、潮湿的气候，能忍受酷热与多湿，不能忍受寒冷与干旱。喜欢光照充足的环境，也能忍受半荫蔽，但怕炎夏强烈的阳光直接照射。
- ◎花期：7~8月。
- ◎花色：紫红、白色。

净化功能

吊竹梅可以将甲醛吸收掉，也有比较强的抵抗氯气污染的能力。此外，它还能检测出家庭装修材料是否有放射性，若有放射性，其紫红色的花朵就会很快变白。

择土

吊竹梅对土壤及土壤酸碱度的要求都不严格，有很强的适应能力，也比较能忍受贫瘠，然而最适宜在有肥力、土质松散、排水通畅的土壤中生长。

新手提示：用花盆栽植时，可以用同量的腐叶土、园土及河沙来混合配制成培养土。

选盆

盆栽吊竹梅时宜选用泥盆，避免使用瓷盆或塑料盆。

浇水

❶ 吊竹梅喜欢多湿的环境，在平日料理时应令盆土维持潮湿状态，不要过于干燥，不然植株下部的老叶易干枯、发黄、凋落。

❷ 在生长季节植株对湿度有着比较高的要求，除了要每日浇水一次之外，还需时常朝叶片表面和植株四周环境喷洒水，以促使枝叶加快生长。

❸ 当植株处于休眠期时，需注意控制浇水量。

病虫防治

吊竹梅极少患病和遭受虫害。

光照

吊竹梅喜欢阳光充足的环境，也喜欢半荫蔽，畏强烈的阳光直接照射久晒。在它全部的生长过程中，阳光都不适宜过于强烈，以散射光为宜，不然叶片容易被灼伤，叶片颜色会淡且缺少光泽；然而也不适宜将它长期摆放在过于昏暗的环境中，不然植株容易徒长，节间会增长，叶片上的斑纹也会变少或失去，影响美观。

新手提示：春天和秋天适宜将植株置于房间里有充足的散射光照射的地方；夏天要为植株适当遮蔽阳光，防止强烈的阳光久晒；冬天则要将植株摆放在有太阳光照射的地方，能令叶片颜色鲜艳、条纹清晰。

繁殖

吊竹梅采用扦插法及分株法进行繁殖。

温度

吊竹梅喜欢温暖，不能抵御寒冷，生长适宜温度是15～25℃，冬天要搬进房间里过冬，房间里的温度不可在10℃以下。

施肥

吊竹梅对肥料没有很高的要求，可以依照具体生长态势适量施肥。在茎蔓刚开始生长期间，应每半个月追施浓度较低的液肥一次；在生长季节可以每2～3周施用一次液肥，同时增施2～3次磷肥和钾肥，以促进枝叶的生长，令叶片表面新鲜、光亮。

修剪

❶ 吊竹梅在合适的环境条件下长得很快，所以在生长期间要依照具体需求对枝蔓采取适度摘心、修剪、调整措施，令其分布匀称、造型优美。

❷ 平日应留意进行摘心，以促使植株萌生新枝，令株形饱满。

❸ 吊竹梅的根系比其叶片活得时间长，随着茎蔓长得越来越长，基部的叶片便会渐渐干枯、发黄、凋落。此时，应将过于长的枝叶剪掉，以促进基部萌生出新芽、新枝。

❹ 盆栽两年之后，应把老蔓都剪掉，并于春天更换花盆时把根团外面的须根剪除，以促进其萌发新的茎蔓和根系。

摆放建议

吊竹梅植株娇小可爱，具一定的忍受荫蔽的能力，适宜装点客厅、书房、卧室、厨房等处，可以摆放在花架或橱顶上让其自然低垂，也可以悬吊于窗户前。

栽培

❶ 选择健康壮实的吊竹梅枝条五六株（上盆时要把五六株合栽），剪为长10～15厘米的小段，留下顶端的2枚叶片。

❷ 将枝条插进盆土中，插入深度为枝条总长度的1/3左右即可，浇透水分。

❸ 将花盆放置在荫蔽处半个月左右，生根后即可正常护理。

白鹤芋

【花草名片】
◎学名：*Spathiphyllum kochii*
◎别名：白掌、异柄白鹤芋、银苞芋、苞叶芋。
◎科属：天南星科苞叶芋属，为多年生常绿草本植物。
◎原产地：最初产自美洲及亚洲热带区域。
◎习性：喜欢温度较高、潮湿及半荫蔽的环境，怕强烈的阳光久晒及刮西北风，不能抵御极度的寒冷。具有比较强的萌生新芽的能力，长得比较迅速。
◎花期：春天、夏天。
◎花色：白色。

净化功能

白鹤芋吸收甲醛的能力非常强，蒸腾效率也比较高，对提高房间里的湿度及负离子浓度皆很有效，对人们的身体健康特别有好处。此外，白鹤芋对氨气、丙酮、苯等也有一定的吸收能力。

病虫防治

❶ 白鹤芋经常发生的病害主要是细菌性叶斑病、褐斑病及炭疽病等，可以用50%多菌灵可湿性粉剂500倍液喷施来防治。
❷ 白鹤芋经常发生的虫害主要是红蜘蛛及介壳虫危害，喷施50%马拉松乳油1500倍液即可有效杀除。

选盆

选用透气性好的普通泥盆即可。花盆的口径以15～19厘米为宜。

浇水

❶ 白鹤芋的叶片比较宽大，对湿度的反应较为灵敏。在生长季节需令盆土维持潮湿状态，然而不可积聚太多的水，如果盆土长时间太湿，容易令植株干枯发黄及导致根系腐烂。
❷ 在夏天及天气干旱时，需时常朝叶片表面及植株四周地面喷洒水，确保空气相对湿度高于50%，以促进植株的生长和发育。
❸ 暮秋时应少浇水。
❹ 冬天应注意适当控制浇水量，令盆土稍湿润就可以。

> 新手提示：在气候比较干燥、空气湿度比较低的时候，要注意及时为它补水，因为此时新长出来的叶片易卷皱、变小、变黄，甚至会焦枯、凋落。

摆放建议

白鹤芋能吸收部分有毒气体，喜欢高温潮湿的半荫蔽环境，适合摆放在卫生间、厨房等阴湿环境。盆栽的白鹤芋也可用来装饰客厅、书房。

花言草语

白鹤芋的叶片碧绿，苞片纯白淡雅，为世界著名的赏花及观叶植物。由于其卷曲为匙状的花苞白似雪莲、形如合掌，所以白鹤芋又被叫作"白掌"。白鹤芋直立高耸、形姿优美，是纯洁宁静、平安吉祥的象征，为非常优良的花篮及插花装扮材料。它纯白的苞片好似绿色的水面上扯起帆的白色小舟，因而在社会交往中寄托着"一帆风顺"之意，鼓励人生努力上进、事业蓬勃兴盛，一直备受人们的青睐。

繁殖

白鹤芋可采用播种法及分株法进行繁殖。

温度

白鹤芋喜欢温暖，能忍受较高的温度，不能抵御极度的寒冷。它的生长适宜温度是22～28℃，在3～9月是24～30℃，在9月～次年3月是18～21℃。冬天晚上温度最低需保持在14～16℃，白天大约需25℃。

新手提示：当温度在10℃以下时，植株的生长会受到阻碍，叶片容易遭受冻害，所以应于10月下旬搬进房间里过冬，房间里的温度不可在15℃以下。

施肥

在生长旺盛期内，植株需要较多的肥料，要1～2周施用浓度较低的复合肥或充分腐熟的饼肥水一次，这样不仅能促使植株长得健康苗壮，而且能促使其连续开花。

新手提示：当北方冬天温度比较低的时候，不要再对植株施用肥料。

修剪

注意修根和剪除枯萎叶片。

择土

白鹤芋对土壤没有严格的要求，然而最适宜在有肥力、土质松散、腐殖质丰富且排水通畅的沙质土壤中生长，不喜黏重的土壤。

新手提示：用花盆栽植白鹤芋的时候，培养土最好以泥炭土、腐叶土及较少的河沙或珍珠岩调配而成，并在种植前加入较少的骨粉或饼末作为底肥。

栽培

❶ 在早春新芽萌生出来之前把全株由盆里磕出来。

❷ 先剔除根际的陈土。

❸ 用锋利的刀在株丛基部把根茎切分开，令每一个分开的小株丛最少要有3个芽，并尽可能多带一些根，这样对新株比较迅速地抽生新的叶片有利。

❹ 分别栽植上盆就可以。

光照

白鹤芋畏强烈的阳光久晒，比较能忍受荫蔽，仅需约60%的散射光便可满足生长的需求，因此可以长期将其置于房间内有充足的散射光照射的地方养护。

在夏天要遮蔽60%～70%的阳光，防止强烈的阳光直接照射，不然植株的叶片会发黄，严重时则会发生日灼病。然而如果长时间阳光不充足，则植株不容易开花。

在北方冬天于温室内栽植时，可以不用遮蔽阳光或少遮蔽阳光。

绿巨人

【花草名片】
- ○学名：*Spathiphyllum floribundum*
- ○别名：绿巨人白掌、巨叶大白掌、大叶白掌、大银苞芋。
- ○科属：天南星科苞叶芋属，为多年生阴生常绿草本植物。
- ○原产地：最初产自南美洲哥伦比亚区域。
- ○习性：喜欢温暖、潮湿及半荫蔽的环境，不能抵御寒冷，不能忍受干旱，畏阳光直接照射。根系生长得旺盛，有很强的萌生新芽的能力，长得比较迅速。
- ○花期：5～9月。
- ○花色：刚开放时是白色的，后来变成绿色。

净化功能
　　绿巨人消除甲醛及氨的能力比较强。有关测量结果显示，每平方米的植物叶面积24小时内便可将1.09毫克甲醛及3.53毫克氨消除掉，能够很好地净化房间里的空气。

病虫防治
　　绿巨人可能发生的病虫害是蚜虫及绿蟓象。因此用花盆栽植时，植株不可过度稠密，以叶片相互交接为准，并需改善通风效果，这样就可预防上述虫害的发生。如果出现虫害，要尽早人力抹掉或喷洒杀虫剂。

选盆
　　在选择花盆时多选用泥盆或者缸瓦盆，由于绿巨人的根系较发达，因此在选择花盆时要注意选择筒较深的花盆，花盆口径为18～34厘米。

浇水
　　❶ 在新苗期间应浇透水，保持空气湿度在80%以上。
　　❷ 在生长季节，可以每隔1～2天对植株浇一次充足的水。
　　❸ 在炎夏及气候比较干燥的时候，除了每日清晨和傍晚要分别浇水一次之外，还要时常朝叶片表面及植株四周的地面喷洒水，可以起到洗去灰尘、降低温度、防止阳光灼伤、提高空气相对湿度等诸多作用。
　　❹ 在秋天和冬天则需注意对植株适度控制浇水。

繁殖
　　绿巨人经常用分株法来繁殖，通常于春天结合更换花盆时进行。

温度
　　绿巨人喜欢温暖，不能抵御寒冷，生长适宜温度是18～25℃，过冬温度需高于8℃。

施肥
　　绿巨人长得很快，要及时为其供应平衡的肥料，在生长季节可以每10～15天施用以氮肥为主的肥料一次，平日可以每周追施微酸性的且浓度较低的液肥一次。

新手提示： 施肥时不可施用太浓的肥料，也不可施用得过于频繁，否则会导致叶片枯黄或根系腐烂。

择土

绿巨人适宜种植在土质松散、有肥力、有机质丰富、保持水分和肥料的能力较强的中性至微酸性土壤。

新手提示：用花盆栽植时，可以用腐叶土、泥炭土、堆肥土等混合调配成培养土。

栽培

❶ 当植株的分蘖芽生长出4~6枚小叶片，新芽长至15~20厘米时，把母株由花盆里脱出。

❷ 用锋利的刀把小苗和母株切分开，插于珍珠岩或粗沙中，让其长根。

❸ 长根后采用新盆种植。

❹ 种植后要浇够定根水，并将盆花摆放在半荫蔽的地方料理。

❺ 平日要时常转动花盆，以令植株接受匀称的光照，使其生长得健康茁壮，维持均匀、好看的形态。

❻ 通常每隔1~2年就需要更换一次花盆，以在早春进行为佳。

新手提示：1. 分切时注意带部分茎部，用木炭灰沾伤口，以防腐烂。2.在植株没有存活前不可施用肥料，等到恢复生长后再行正常料理。

光照

绿巨人喜欢半荫蔽的环境，怕强烈的阳光久晒，可以长时间将其置于房间里散射光照射的地方料理。在5~9月，要把盆花置于半荫蔽的地方料理，尤其是夏天阳光比较强烈时更要进行遮蔽，防止强烈的阳光直接照射。冬天则可以将盆花摆放在房间里光线充足的地方料理。

修剪

平日要经常把干枯发黄的叶片剪去，以降低营养成分的损耗量，维持优美的植株形态。

摆放建议

绿巨人叶片宽大，是典型的观花、观叶类植物，可直接栽种在庭院里观赏，绿巨人盆栽可用来装饰客厅、阳台、书房。

万年青

【花草名片】
- ◎学名：*Rohdea japonica*
- ◎别名：冬不凋、百沙草、九节莲。
- ◎科属：百合科万年青属，为多年生宿根常绿草本植物。
- ◎原产地：最初产自中国及日本。在我国分布得比较广泛，华东、华中和西南区域都有栽植。
- ◎习性：喜欢温暖、潮湿、通风顺畅的半荫蔽环境，略能抵御寒冷，不能忍受干旱，也畏水涝，怕强烈的阳光直接照射。
- ◎花期：6～8月。
- ◎花色：白绿相间。

净化功能

万年青可以很好地将三氯乙烯吸收掉，能够消除其造成的污染，使室内空气得到净化，很适宜摆放在室内观赏。然而需特别注意的是，万年青具一定程度的刺激性及毒性，其茎叶含有哑棒酶与草酸钙，若人们触碰后皮肤就会奇痒，若不慎误尝则会导致中毒。

选盆

选择透气性能及渗水性能好的泥盆，花盆口径为24～34厘米。

择土

一般土壤即可，但若能采用有肥力、土质松散、透气良好、排水通畅的微酸性沙质土壤效果会更好。

浇水

❶ 平日给盆土浇适量的水就可以，需以"不干不浇"为原则，宁愿偏干燥也不能过分潮湿。

❷ 夏天一定要让盆土维持潮湿状态。为了让小气候保持潮湿，可于每日清晨和傍晚分别朝花盆周围地面喷水。

❸ 春天和秋天浇水皆不适宜过分频繁，只需令空气维持潮湿状态即可。

❹ 冬季要减少浇水量，不要使盆土太湿，以免根部腐烂、叶片发黄。

❺ 在雨季，需留意防止植株遭雨淋，尤其是在花期内，要将其摆放在荫蔽、干燥、通风良好且避雨的地方养护。

> **新手提示：** 高温季节每天都应浇水2次，且叶面最好喷雾2～3次。

栽培

❶ 在装好培养土的花盆里播种。

❷ 播后及时浇水，然后将花盆放在遮蔽阳光的地方料理。

❸ 令盆土维持潮湿状态，使温度控制在25～30℃，约经过25天便可萌芽。

病虫防治

万年青生长期间易受叶斑病危害。

病斑起初为褐色小斑，周边呈水浸状褪绿色，并呈轮纹状扩展，圆形至椭圆形，边缘褐色内灰白色。发病初期或后期均可用0.5%～1%等量式波尔多液或50%多菌灵可湿性粉剂1000倍液喷洒。

光照

万年青极耐阴，可长期放置在室内养护，它喜欢半荫蔽的环境，怕强烈的阳光直接照射，如果短时间久晒，叶片表面就会先变为白色，之后干枯、发黄。在夏天生长鼎盛期内，可将植株摆放在遮蔽阳光的地方，防止其欣赏价值降低。

施肥

每月最好施一次以氮和钾为主的液肥；夏初植株的生长势比较强，可以每隔约10天追施液肥一次，肥料里可兑入0.5%的硫酸铵，这能够促进植株的生长发育，令叶片颜色深绿且具光亮。

新手提示：在植株的开花期内，可以每隔约15天施用0.2%磷酸二氢水溶液一次，以促进其分化花芽及更好地结果实。

繁殖

可采用播种法、扦插法及分株法进行繁殖。

温度

万年青喜欢温暖，略能抵御寒冷，北方栽植时冬天要搬进房间里过冬，并需置于光照充足、通风顺畅处料理，房间里的温度不能低于12℃，控制在12～18℃就可以。

修剪

每年春天更换花盆时，需将植株的老根及干枯的叶片剪掉；在立夏前后要把成株外围的老叶片剪掉一部分，以促进其萌生新的芽和叶片，以及抽生出花莛。

摆放建议

万年青是一种典型的观叶类植物，可直接栽种在庭院中观赏，也可以盆栽摆放在阳台、窗台、书桌或案几上。

花叶万年青的叶片颜色鲜亮，形态优美，有非常高的观赏价值，是当前深受尊崇的一种室内赏叶植物。它适合用花盆栽植欣赏，可以用来装饰客厅、书房和光线较弱的公共场所。然而应留意的是，花叶万年青的叶片及茎部的汁液有毒，会刺激皮肤及呼吸道黏膜，皮肤触及后会令皮肤奇痒且刺痛，不慎误食后则会令舌头强烈地疼痛且不能发出声音，因此要将其置于孩童和宠物不容易触碰到的地方。在扦插过程中也要尽可能地不触及它的汁液，扦插完后要用肥皂清洗双手，以免中毒。

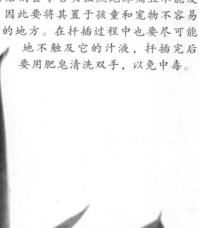

花叶万年青

【花草名片】

◎学名：*Dieffenbachia picta*

◎别名：黛粉叶、银斑万年青、斑叶万年青、六月雪万年青。

◎科属：天南星科花叶万年青属，为多年生常绿灌木状草本植物。

◎原产地：最初产自南美巴西的亚马孙河区域。

◎习性：喜欢温暖、潮湿、阳光充足的环境，也喜欢半荫蔽，不能抵御寒冷，不能忍受干旱，畏强烈的阳光久晒。

◎花期：4～6月。

◎花色：苞片为绿色。

花叶万年青的叶片颜色鲜亮，形态优美，有非常高的观赏价值，是当前深受尊崇的一种室内赏叶植物。它适合用花盆栽植欣赏，可以用来装饰客厅、书房和光线较弱的公共场所。然而应留意的是，花叶万年青的叶片及茎部的汁液有毒，会刺激皮肤及呼吸道黏膜，皮肤触及后会令皮肤奇痒且刺痛，不慎误食后则会令舌头强烈地疼痛且不能发出声音，因此要将其置于孩童和宠物不容易触碰到的地方。在扦插过程中也要尽可能地不触及它的汁液，扦插完后要用肥皂清洗双手，以免中毒。

净化功能

花叶万年青吸收甲醛、一氧化碳、氯气、三氯乙烯及苯类化合物等有害气体的能力比较强，能够很好地净化房间里的空气。

选盆

选择透气性能及渗水性能好的泥盆。经常使用口径为15～20厘米的泥盆作为花盆。

择土

一般土壤即可，但以疏松、透气性好、微酸性壤土最为适宜。种植前需施适量的长效片肥作为底肥，以促使植株快速生长。

浇水

❶ 花叶万年青喜欢潮湿，不能忍受干旱。

❷ 春天浇水要充足，可以每隔1～2天浇一次水。

❸ 在炎夏气候干燥时，要将空气湿度控制在60%～70%，除了每日浇水之外，还需时常朝叶片表面和植株四周的地面喷洒水，以令植株健康茁壮生长；如果长期不喷洒水，植株的叶片表面就会变得毛糙，缺少光泽。

❹ 冬天需掌控浇水，空气湿度控制在约40%就可以。

❺ 从11月到次年3月间，要令盆土保持"见干见湿"的状态。

新手提示：如果将盆花摆放在房间里，需经常用柔软的布擦拭叶片表面，以令叶片洁净且有光泽。

修剪

宜经常剪除老叶，若植株长得比较高，可以仅将基部的2～3节留下，把地上部剪掉，这样可以促进其萌生新的枝芽。

栽培

❶ 当植株基部萌发的新芽比较多时，将植株由盆里磕出来。

❷ 将茎基部的根茎剪断。

❸ 在剪口处涂抹上草木灰或晾半天，等到剪口干燥后再分别入盆种植即可。

❹ 种植后要及时浇足水，约经过10天便可萌芽。

新手提示：早春时分割萌蘖苗，连根一起种植，成活更容易。

光照

花叶万年青在充足散射光的条件下长得良好，可以长期置于房间里通风顺畅、光照充足的地方养护。在春天和秋天，早晨及傍晚可以让植株适度多接受一些光照，正午前后则要适度遮蔽阳光。夏天阳光比较强烈，要留意遮蔽阳光或将盆花摆放在比较荫蔽的地方，防止强光直接照射。冬天可以把它摆放在房间里朝阳的地方料理。

施肥

在3～8月，每两周对花叶万年青施用液肥一次即可。6～9月是植株的生长鼎盛期，要每月施用一次浓度较低的液肥，以促使植株加快生长，主要是施用氮肥，但不能施用太多。进入秋天后要加施2次磷肥和钾肥，能令植株叶片颜色新鲜、光亮。冬天要少施用肥料。对成年植株也要少施用肥料。

新手提示：当室内温度在15℃以下时，则不要再对植株施用肥料。

繁殖

花叶万年青可采用扦插法及分株法进行繁殖。

病虫防治

❶ 常见的病害主要是炭疽病、褐斑病及叶斑病，用50%多菌灵可湿性粉剂500倍液喷施就能防治。

❷ 当生长环境通风不畅及过分潮湿时，经常会产生茎腐病与根腐病，除了改善通风效果、降低湿度之外，用75%百菌清可湿性粉剂800倍液喷施便可有效处理。

温度

花叶万年青喜欢温暖，不能抵御寒冷，生长适宜温度是25～30℃。在2～9月它的生长适温为18～30℃，在9月到次年2月的生长适温则为13～18℃。

新手提示：当温度在10℃以下时，植株容易遭受冻害；室内温度始终高于15℃就能顺利过冬。

摆放建议

花叶万年青叶片宽大，是一种典型的观叶植物，盆栽可以摆放在书房、客厅、阳台等处。

鸾凤玉

【花草名片】

◎学名：*Astrophytum myriostigma*

◎别名：多蕊仙人球、多柱头花星仙人球、多柱星仙球。

◎科属：仙人掌科星球属，为多年生肉质草本植物。

◎原产地：最初产自墨西哥北部及中部高山区域。

◎习性：喜欢温暖、干燥及光照充足的环境，能忍受强烈的阳光照射，也略能忍受半荫蔽。能忍受干旱，畏积水，具有一定的抵御寒冷的能力。

◎花期：春天、夏天。

◎花色：橙黄色或具红心。

净化功能

鸾凤玉在夜间可以吸收大量的二氧化碳，能有效提高房间里负离子的浓度，使空气变得洁净、清新。

选盆

栽种鸾凤玉应选择排水性好的泥瓦盆，尽量不使用塑料盆。

择土

鸾凤玉强壮健康，喜欢在有肥力、土质松散、石灰质丰富且排水通畅的沙质土壤中生长。

浇水

❶ 鸾凤玉能忍受干旱，忌积水过多。

❷ 在4~10月鸾凤玉的生长期，要掌握好土壤的湿度，以盆土稍湿润而略干燥为宜。

❸ 冬天需控制浇水，盆土应维持略干燥状态。

新手提示： 为鸾凤玉浇水的时间最好选在早晨和傍晚。

栽培

❶ 在盆底垫一块瓦片，将选好的花土过细筛后装入花盆。将花盆坐入水盆中，采用盆底渗水的方法使土壤保持湿润。

❷ 将当年收取的种子在常温水中浸泡1小时后均匀撒在花土表面。

❸ 在种子上面均匀铺一层薄薄的花土（也可以不覆土）。

❹ 将花盆连同水盆放置在20~30℃的半荫蔽环境中，8天后，种子就会萌芽。

❺ 种子萌芽后撤去下面的水盆，每隔2~3天采用喷淋法浇少量的水。

❻ 当花盆中的小苗长得过分拥挤时，进行分苗移栽。

❼ 移苗后1~2天，再次用盆底渗水法使土壤湿润。

❽ 撤去水盆后，每隔2~3天采用喷淋法浇少量水，使土壤"见干见湿"即可，并逐渐延长光照时间。

新手提示： 鸾凤玉根系较浅，移栽时不宜深植。要注意花盆中始终不能有积水，防止花苗烂根。

繁殖

家庭种植鸾凤玉宜采用播种法及嫁接法进行繁殖。

光照

鸢凤玉喜欢光照充足的环境，适合摆放在房间里光照充足的地方。但在夏天阳光比较强烈时，也要注意适当为鸢凤玉遮蔽阳光，以免植株被灼伤。

新手提示：在鸢凤玉生长季节，应保证鸢凤玉接受充足的光照，否则鸢凤玉表面的白色星点会减少或颜色变淡，影响观赏。

施肥

❶ 栽植前应以适量的有机肥及骨粉作为底肥，以促使鸢凤玉生长。
❷ 在鸢凤玉的生长季节，应每个月施一次肥。

病虫防治

鸢凤玉易患灰霉病、疮痂病和红蜘蛛虫害。
❶ 在栽植鸢凤玉期间，主要病害有灰霉病和疮痂病，使用70%甲基托布津可湿性粉剂1000倍液喷洒即可。
❷ 鸢凤玉的主要虫害是红蜘蛛，可用40%氧化乐果乳油1500倍液进行喷杀。

修剪

每年春天更换花盆时，需将植株的老根及干枯的叶片剪掉；在立夏前后要把成株外围的老叶片剪掉一部分，以促进其萌生新的芽和叶片，以及抽生出花葶。

摆放建议

鸢凤玉株形奇特，生命力顽强，一般在家庭栽种采用盆栽，可摆放在客厅、书房、卧室、饭厅、阳台、门厅等处。

温度

鸢凤玉喜欢温暖，同时也具有一定的抵御寒冷的能力。冬天进入休眠期时，应将鸢凤玉摆放在室内温度不高的地方。鸢凤玉在5～10℃的环境里即可以安全过冬。

花言草语

据说红叶鸢凤玉是由一个日本植物学家冬天时在他的花园里无意中发现的。一开始，鸢凤玉的红色斑块很小，但随着气候越冷，红块逐渐扩大。到了夏天，鸢凤玉的红色斑块又会逐渐缩小。经过多年来的选育，鸢凤玉红块才固定下来。到了今天，红叶鸢凤玉不仅有绿底红斑，还有黄底红斑和各类黄红斑，颜色非常鲜艳漂亮。

大丽花

【花草名片】
◎学名：*Dahlia pinnata*
◎别名：大丽菊、大理花、东洋菊、天竺牡丹。
◎科属：菊科大丽花属，为多年生草本球根植物。
◎原产地：最初产自墨西哥、哥伦比亚和危地马拉等地区，
　　　　　如今世界各个地区都广泛栽植。
◎习性：喜欢温暖、凉快、朝阳且通风顺畅的环境，然而若
　　　　光照太强烈则会不利于正常开花。不能抵御寒冷，
　　　　也不能忍受较高的温度和炎热，不能忍受干旱，同
　　　　时也不能忍受积水。
◎花期：6～10月。
◎花色：红、黄、橙、紫、粉、白等颜色，也有两种颜色相
　　　　间的。

净化功能

大丽花吸收空气里的二氧化碳、硫化氢等有毒气体的能力比较强，可以有效净化空气。此外，它还可以监测空气里氮氧化物的污染状况。

择土

大丽花适宜生长在土质松散、有肥力、腐殖质丰富、排水通畅的沙质土壤中。

新手提示：盆栽时，培养土可以用5份菜园土、2份腐叶土、2份沙土及1份大粪干来调配。

选盆

宜选用排水性能好的泥盆，且是口面大的浅泥盆，同时把盆底的排水孔尽量凿大，下面垫上一层碎瓦片作排水层。

栽培

❶ 通常10月中旬上盆，每盆可以种植1～2棵植株。

❷ 种植前应在盆土中施进合适量的底肥，以促使植株健壮生长。

❸ 当苗长高到10～12厘米时，留2个节摘顶，培养每盆枝条达6～8枝，最后一次摘心在离春节前40～50天进行，以便控制春节期间开花。

❹ 在最后一次摘心并定枝后，开始绑竹，每枝条一支竹片，同时把过多的侧枝摘除，以便通风。

❺ 当花蕾长到花生米大小时，每枝留2个花蕾，其他花蕾摘除。

❻ 当花蕾露红时，再去一个，使每枝只留一个花蕾。

新手提示：在平日应留意及时翻松盆土，以免盆土表层变硬，影响植株生长，并应尽早清除盆里积聚的过多的水，否则植株的根系容易腐烂。

光照

大丽花喜欢光照充足的环境，不能忍受荫蔽，需种植或放在光照充足的地方。然而大丽花也畏强烈的阳光直接照射，尤其是炎夏雨后放晴的久晒，在这种情况下需为其略加遮蔽阳光，以免影响植株的生长发育。

施肥

施肥的前一阶段主要是施用氮肥，后一阶段则主要是施用磷肥和钾肥。在幼苗阶段，每隔10～15天施用浓度较低的液肥一次即可；从7月中下旬直到植株开花，需每7～10天施用浓度较低的液肥一次，且施用肥料的浓度应渐渐提高。

新手提示： 在大气温度比较高的时候不可对植株施用肥料。

病虫防治

大丽花经常发生的病害主要是褐斑病、白粉病，可以喷施50%托布津可湿性粉剂1000倍液。

温度

它的生长适宜温度是10～25℃，然而在生长季节对温度的要求不太严格，温度在5～30℃都可正常生长。当冬天温度在0℃以下时，大丽花容易遭受冻害。

修剪

大丽花开花的时候容易歪倒，因此需适度采取修剪、整枝及摘心措施，并及时搭设立柱或插竹竿进行支撑。

摆放建议

大丽花花色艳丽，极具观赏价值，可以盆栽摆放在阳台、窗台、书架和案几上，也可以制成插花装点居室。

浇水

❶ 应以"不干不浇，浇则浇透"为浇水原则。

❷ 在幼苗阶段，由于需要的水分比较少，在晴朗的天气每天浇一次水，令土壤维持略潮湿的状态就可以。

❸ 在生长季节，应严格控制浇水，避免茎和叶徒长，以促进茎干长得粗大壮实、花朵肥大。

❹ 夏天温度较高时，需常向叶片表面喷洒清水，以促使茎和叶健壮生长，然而盆土不能过度潮湿。

❺ 在雨季，需控制浇水量并尽早排除积水，宜用砖把花盆垫高，以免花盆底部的排水孔被堵住和地面积聚的水渗进盆中。

新手提示： 在晴朗的天气或刮风的天气，正午时分或黄昏植株容易缺少水分，应留意适度增加浇水量。

繁殖

大丽花采用播种法、扦插法及分株法进行繁殖。

紫露草

【花草名片】
◎学名：*Tradescantia reflexa*
◎别名：紫鸭跖草。
◎科属：鸭跖草科紫露草属，为多年生常绿宿根本植物。
◎原产地：最初产自北美洲。
◎习性：喜欢温暖、潮湿的气候，不能抵御寒冷，能忍受干旱，畏积水。喜欢阳光充足的环境，也能忍受半荫蔽，怕强烈的阳光久晒。生长得强壮健康，有很强的适应能力。
◎花期：5~7月。
◎花色：蓝紫色。

净化功能　紫露草可以强效吸收甲醛，还可以吸滞粉尘，对净化房间里的空气很有效果。

择土　紫露草有很强的适应能力，对土壤没有严格的要求，然而以在有肥力、土质松散、排水通畅的沙质土壤中生长最为适宜。

选盆　适宜紫露草家庭栽植的花盆有泥盆或缸瓦盆，因为这类盆透气性较好。

栽培
❶ 种植时间最好是在春天，一般于3月下旬到4月上旬幼叶钻出土面时结合分株进行移植及定植。
❷ 上盆后放在向阳的或半向阳的地方。

> **新手提示：** 在种植前需在土壤中施入充足的底肥，以促使植株枝叶健壮、开花繁茂。

花言草语

　　紫露草的植株娇小可爱，露地栽植或用花盆栽植都可以，而且料理起来简单、方便，所以很受人们喜欢。盆栽紫露草不仅能绿化房间里的环境，也能置于走廊等地方，装点四周的风景。另外，它还能用来陈设花坛，也能在城市花园广场、公园、路旁、湖边、山坡、林间等处呈条形、环形或片形栽植，并利用灌木或绿篱作为背景而构成美丽的园林画面，也能作为地被植物。紫露草不著名、不珍贵、不娇弱，普通而真切，然而却总是为人们带来欢乐。

光照

紫露草喜欢光照充足的环境，也能忍受荫蔽，怕强烈的阳光直接照射久晒，能长期置于或悬挂在房间里有充足的散射光照射的地方。在夏天若植株受到强烈的阳光直接照射，叶片就会被灼伤，故需适度遮蔽阳光；冬天则将植株置于或悬挂在窗户前光照比较充足处养护即可。

新手提示：如果植株长时间在光线较弱的环境中生长，或在房间里昏暗的地方摆放太长时间，容易令花枝变少、茎叶缺少光泽，植株容易徒长歪倒，所以通常约两周便需更换一次摆放位置。

施肥

在植株的生长旺盛期，需大约每隔半个月施用以氮肥为主的复合肥一次，施完肥后应马上浇水，以免肥料损伤根系。

病虫防治

病虫害较少。

温度

紫露草喜欢温暖，不能抵御寒冷，生长适宜温度是15～25℃，冬天要进入房间里过冬，房间里的温度控制在10℃上下就可以。

浇水

❶ 紫露草喜欢潮湿，同时也畏积水，在生长季节要令盆土维持潮湿状态。

❷ 在夏天和气候干燥时，除了每日浇水之外，还要每日朝枝叶喷洒1～2次清水，以维持比较大的空气湿度，并留意加强通风效果、降低温度。

❸ 冬天需注意控制浇水，并需时常用水温和室内温度相近的清水喷洒、冲洗植株的枝叶，以免灰尘附着在枝叶表面，影响观赏。

繁殖

紫露草可采用扦插法及分株法进行繁殖。扦插繁殖全年皆能进行，其中以初春或秋末扦插最为适宜，非常易于存活。分株繁殖可于春天或秋天进行，一般于春天结合更换花盆时进行，也比较容易存活。

修剪

为了令植株形态维持优美及令开花时间变长，可以于8～9月进行一次平茬，以促使新的蘖芽加快生长。

摆放建议

紫露草怕冷，一般盆栽摆放在卧室、客厅、书房、厨房等处，也可栽种在吊盆里悬挂起来。

垂叶榕

【花草名片】

◎学名：*Ficus benjamina*
◎别名：垂枝榕、垂榕、白肉榕、白榕、柳叶榕、细叶榕、小叶榕。
◎科属：桑科榕属，为常绿乔木。
◎原产地：最初产自亚洲热带和亚热带区域，分布在印度、越南和中国的贵州、云南、广东、海南等地区。
◎习性：喜欢温暖、潮湿的环境，怕较低的温度和干燥。对光照的要求不太严格，比较能忍受荫蔽，怕烈日久晒。
◎花期：11月。
◎花色：白色。

净化功能

垂叶榕能增加室内的空气湿度，对人们的皮肤及呼吸系统皆很有好处。它还可将甲醛、氨气和二甲苯吸收掉，并可使污浊的空气变得洁净，可以说是非常好的"空气净化器"。

选盆

可以选择口径为15～20厘米的塑料盆、瓷盆作为花盆。

新手提示：如果选择口径为15厘米的花盆，每年春天都要更换一次花盆；如果选择口径为20厘米的花盆，则每两年更换一次花盆就可以。

花言草语

在热带雨林里，垂叶榕经常以寄生或绞杀别的植物的方法来获取生存空间，且还可以构成"独树成林"的生态奇观。垂叶榕经常会由又高又大的枝丫上生出很多条气生根，刚开始时像铁丝那样纤细，随风飘摆，只要一触及地面，便会深深插进地里很快生长，并渐渐生长为圆柱形的支柱根，之后再缓慢地朝周围扩展分散，最后构成"独树成林"的景象。

栽培

❶ 剪下长10～12厘米的顶端嫩枝作为插穗，留下2～3枚叶片。

❷ 把下部叶片剪掉，剪口需平整，剪口处经常会分泌出汁液，需用清澈的水冲洗掉。

❸ 等到晾干后再进行扦插。

❹ 室内温度适宜保持在24～26℃，并维持比较高的空气相对湿度，插后约一个月即可长出根来，约45天就能栽种上盆。

新手提示：也可以用长约2米、直径约为6厘米的粗壮枝干，将枝叶剪掉，并在顶端裹上泥，不经过培育，而是直接插干种植。

择土

垂叶榕对土壤没有严格的要求，可以适应很多种土壤，在沙土、黏重土壤、酸性土壤和钙质土壤中都能生长。

新手提示：盆栽时的培养土主要是一般的园土，再掺入1/5的腐叶土和较少的河沙混合配制而成，并加入较少的农家肥作为底肥。

光照

垂叶榕对阳光有比较强的适应能力，对光线也没有严格的要求，夏天阳光比较强烈时要适度遮蔽阳光，防止强烈的阳光久晒，别的时间则不用进行遮蔽。

 病虫防治

❶ 垂叶榕经常发生的病害是叶斑病，在发病之初喷施200倍的波尔多液，连续喷施2~3次即可有效处理。

❷ 垂叶榕在生长季节常发生红蜘蛛危害，喷施40%三氯杀螨醇乳油1000倍液就能进行杀除。

 浇水

❶ 垂叶榕浇水应以"宁湿勿干"为原则。

❷ 在生长鼎盛期内一定要经常对植株浇水，为其供应足够的水分。

❸ 春天和秋天需令盆土维持潮湿状态。

❹ 夏天要时常朝叶片表面喷洒清水。

❺ 冬天温度比较低的时候，需掌控盆中的含水量，等到盆土干燥的时候再行浇水，以防止盆土过分潮湿，导致植株的根系腐烂。

 繁殖

垂叶榕可采用播种法、扦插法、压条法及嫁接法进行繁殖。

 修剪

在垂叶榕茎叶生长茂盛的时候要尽早进行修剪，以促使其萌生更多的侧枝，并将内向枝及交叉枝剪掉，实现初级阶段的塑形。平时要尽早把稠密枝、干枯枝及病弱枝等剪掉，以加强通风效果、改善透光条件，降低营养成分的损耗量。

 摆放建议

垂叶榕的气根状如丝帘，十分奇特。中小型盆栽垂叶榕适合摆放在客厅、书房或门厅。

 施肥

垂叶榕长得比较迅速，通常在生长期内需每月施用1~2次液肥，以促使枝叶长得繁密茂盛。暮秋和冬天可以对植株少施用或不施用肥料。

 温度

垂叶榕喜欢温暖，不能忍受较低的温度，生长适宜温度是13~30℃，其中在2~10月是24~30℃，在10月~次年2月是13~18℃。

新手提示：普通青叶品种的垂叶榕抵御寒冷的能力略强一些，过冬温度为3~5℃；斑叶品种的垂叶榕抵御寒冷的能力则比较弱，过冬温度需在7~8℃，温度过低容易导致叶片脱落。

孔雀竹芋

【花草名片】
◎学名：*Calathea makoyana*
◎别名：五色葛郁金、马克肖竹芋、孔雀肖竹芋、蓝花蕉。
◎科属：竹芋科肖竹芋属，为多年生常绿草本观叶植物。
◎原产地：最初产自热带美洲和印度洋的岛屿上。
◎习性：喜欢温暖、潮湿和半荫蔽的环境，不能忍受寒冷及干旱，畏水涝及西北风，怕强烈的阳光直接照射久晒。
◎花期：夏天。
◎花色：紫红、粉白色。

净化功能

孔雀竹芋消除甲醛及氨气的能力比较强。根据有关测定，每平方米孔雀竹芋的叶面积24小时便可将0.86毫克甲醛及2.91毫克氨消除掉，堪称净化室内空气的"能手"。

选盆

可以选用排水性好，通气性强的泥盆、陶土盆，花盆应口径大且筒浅。

繁殖

孔雀竹芋常采用分株法进行繁殖。

择土

孔雀竹芋对土壤没有严格的要求，但以在有肥力、腐殖质丰富、土质松散、排水通畅的微酸性土壤中生长最为适宜，不宜在黏重的园土中生长。

新手提示：用花盆栽植孔雀竹芋时，培养土可以用3份腐叶土、1份锯末或泥炭、1份河沙来混合调配，并加上较少的豆饼作为底肥。

栽培

❶ 把母株由盆里磕出来，剔除陈土。
❷ 用锋利的刀顺着地下根茎生长的方向把长得繁茂的植株切分开，令每一个子株具3～4个芽及5～7片叶子，并尽可能地留下比较多的健康壮实的根系，以便于存活及以后的生长发育。
❸ 切分后要于切口处涂抹上木炭粉，以免切口腐烂。
❹ 再将子株上盆栽植并浇足水，先放在半荫蔽的地方养护，以使其逐渐恢复生长，经过5～7天才能搬到光照比较良好的地方正常料理。
❺ 栽后通常每两年需要更换一次花盆，多于春夏交替之际进行。

新手提示：上盆之前要先在花盆底部垫上厚约3厘米的粗沙作为排水层，以便于排水通畅。

温度

孔雀竹芋喜欢温暖，不能抵御寒冷，生长适宜温度是18～25℃。在气温高于20℃的5～10月间，植株长得最为迅速。在每年10月到次年4月气温较低的季节，北方栽植时要将植株搬进温室内过冬，室内温度应控制在13～18℃。

光照

孔雀竹芋较能忍受荫蔽，畏强烈的阳光直接照射，可以长期摆放在房间里有充足散射光照射的地方料理。

新手提示： 夏天需将植株置于凉棚下或半荫蔽的地方，遮蔽50%的阳光；冬天则要将植株摆放在房间里向南窗口的、光照充足的地方养护。

施肥

平日可以每隔10天直接朝叶片表面喷施0.2%的液肥一次。在生长季节，需每月追施浓度较低的液肥一次。施肥时要主要施用磷肥和钾肥，不适宜施用太多的氮肥。

新手提示： 冬天不要再对植株施用肥料。

病虫防治

❶ 孔雀竹芋常发生的病害是叶斑病，一旦发现后就要马上将病残叶和杂草全部除掉，防止病害继续蔓延，并用50%代森锰锌可湿性粉剂500～600倍液。

❷ 孔雀竹芋受到介壳虫、粉虱等的危害时，用25%亚胺硫磷乳油1000倍液或40%氧化乐果乳油1500倍液喷洒即可有效处理。

修剪

每年更换花盆的时候应将干枯根及残败叶剪掉，以促使植株加快生长及保持优美的株形。

摆放建议

孔雀竹芋的叶片极具观赏价值，盆栽孔雀竹芋可以摆放在书房、客厅、卧室等处，也可以用吊盆吊放在花架、门廊等处。

浇水

❶ 孔雀竹芋喜欢潮湿，不能忍受干旱，空气湿度宜保持在70%～80%。

❷ 在生长季节要为植株供应足够的水分，尤其是夏天气候干燥时，除了要每日浇水令盆土维持潮湿之外，还要每日朝叶片表面喷洒2～3次清水，以降低温度、保持一定的湿度，促进植株的生长发育。

❸ 暮秋后要逐渐对植株减少浇水量。

❹ 进入冬天后需注意控制浇水，令盆土维持不干燥状态，以便于过冬，等到次年春天植株抽生出新的叶片后再正常浇水。

合果芋

【花草名片】

- ◎学名：*Syngonium podophyllum*
- ◎别名：箭叶芋、紫梗芋、白蝴蝶、丝素藤。
- ◎科属：天南星科合果芋属，为多年生常绿蔓性草本植物。
- ◎原产地：最初产自中美洲、南美洲的热带雨林里，如今世界各个地区都广泛栽植。
- ◎习性：喜欢温度较高、潮湿和半荫蔽的环境，不能抵御寒冷，不能忍受干旱和水涝，怕强烈的阳光久晒。但具有很强的适应能力，能适应不同的光照条件。
- ◎花期：夏天、秋天。
- ◎花色：花序外面具苞片，其内部呈红色或白色，外部则呈淡绿色或黄色。

花言草语

  合果芋有很多品种，其中白纹合果芋、翠玉合果芋、白蝴蝶合果芋、粉蝶合果芋、银叶合果芋及箭头叶合果芋等皆为常见的栽植品种。因它易于繁殖，栽植简单方便，非常能忍受荫蔽而且有很好的装扮作用，如今在世界各个地区均广为使用，已经成了国际市场上十分畅销的室内盆栽赏叶植物中的一种。

选盆

  可选用塑料盆。常用花盆口径为10～15厘米的花盆。

净化功能

  合果芋对房间里的很多有害物质皆有比较强的吸收及净化作用，能吸收大量甲醛及氨气。与此同时，它有比较高的蒸腾效率，具一定程度的调整室内湿度的功能，还能散放出比较多的负离子，提高房间里的负离子浓度，令房间里的空气维持清爽新鲜，对人们的身体和精神健康皆非常有益。

择土

  合果芋喜欢在有肥力、腐殖质丰富、土质松散、排水通畅的沙质土壤中生长。

> **新手提示：** 用花盆栽植合果芋时，培养土可以用泥炭土、腐叶土及较少的粗沙来混合调配。

栽培

❶ 选择生有2～3枚叶片的幼嫩的茎段作为插穗，将其插进沙床或别的基质里。

❷ 给基质浇足水并保持湿润，然后摆放在半荫蔽的地方养护，令温度控制在20℃上下，10～15天后即可长出根来，非常易于存活。

❸ 栽后通常每2～3年要更换一次花盆，以春天进行为宜。

修剪

  在夏天，植株的茎叶长得比较迅速，盆栽欣赏时要留意进行摘心整形。在春天更换花盆时，成年植株可以进行重剪，以促使其重新开始萌发新茎叶。

> **新手提示：** 用吊盆栽植的时候，茎蔓向下低垂，应按期进行疏剪，修整株形，防止茎蔓太长或过于稠密，以令植株形态维持美观。

光照

合果芋喜欢半荫蔽的环境，畏强烈的阳光久晒，能长期摆放在房间里散射光充足的地方养护。平日可以将植株置于光线明亮的地方，并留意防止强烈的阳光直接照射。夏天以遮蔽70%～80%的阳光为好，可以将它置于户外半荫蔽的地方料理；冬天要将它放在房间里有足够的散射光照射的地方料理。

新手提示： 不能长时间将合果芋放在过度荫蔽的地方，以防止茎干及叶柄徒长变长，令叶片变得窄小，影响植株形态。

施肥

在植株的生长季节，每半个月施用浓度较低的液肥一次即可。冬天不要对植株施用肥料。

新手提示： 为了令叶片颜色碧绿，可以每月用0.2%硫酸亚铁溶液喷洒一次。

病虫防治

❶ 合果芋的病害主要是灰霉病及叶斑病，用等量式波尔多液或70%代森锌可湿性粉剂700倍液喷洒就能有效预防和治理。
❷ 合果芋常发生的虫害主要是蓟马及粉虱危害，用40%氧化乐果乳油1500倍液喷洒便能很好地防治。

温度

合果芋喜欢温暖，不能抵御寒冷，生长适宜温度是22～30℃。

浇水

❶ 在其生长季节，浇水要以"宁湿勿干"为原则，然而也不可积聚太多的水。
❷ 合果芋喜欢比较大的空气湿度，在夏天生长鼎盛期和气候干旱时，除了浇水要充足之外，还要每日朝叶片表面喷洒2～3次清水，以维持比较大的空气相对湿度，促使植株健壮生长，令叶片洁净而有光泽。
❸ 冬天将植株搬进房间里料理时，则不要再朝叶片表面喷洒清水，待盆土干燥后再行浇水，注意盆土千万不可太湿，不然容易令植株叶片发黄凋落或根部腐坏死去，不利于欣赏。

繁殖

合果芋可采用扦插法及分株法进行繁殖。

摆放建议

合果芋是一种观叶类植物，一般采用盆栽。小型盆栽合果芋可悬垂、吊挂在客厅、书房、门厅等处，大型支柱式合果芋盆栽一般摆放在客厅。

花叶芋

【花草名片】
◎学名：*Caladium bicolor*
◎别名：五彩芋、彩叶芋、二色芋。
◎科属：天南星科五彩芋属，为多年生常绿草本植物。
◎原产地：最初产自南美洲的热带区域，在巴西及亚马孙河流域分布得最为广泛。
◎习性：喜欢较高的温度、潮湿及半荫蔽的环境，非常不能忍受寒冷，也不能忍受干燥和水涝，畏强烈的阳光久晒，在遮阴较少或荫蔽的环境中才能长得较好。
◎花期：春季。
◎花色：黄色或橙黄色。

净化功能

花叶芋的纤毛可以拦截并吸滞空气里飘浮的极细小的颗粒、烟雾及尘埃，被叫作"天然除尘器"。此外，它还能分泌出植物杀菌素，可以压制或杀灭有害细菌。

选盆

种植花叶芋通常选用口径为12～15厘米的泥盆。

繁殖

花叶芋可采用播种法、扦插法及分株法进行繁殖。

择土

花叶芋不能忍受盐碱及贫瘠的土壤，喜欢在有肥力、腐殖质丰富、土质松散且排水通畅的泥炭土或腐叶土中生长。

新手提示：用花盆栽植花叶芋时，培养土可以用泥炭土或腐叶土和等量的沙壤土来混合调配，并加上较少的充分腐熟的豆饼末或骨粉作为底肥，也可以用土壤2份、腐叶土2份、充分腐熟的有机肥1份、细沙或苔糠灰1份来混合调配。

栽培

❶ 选取1～2块优质的块茎。
❷ 将盆土放入花盆中，植入块茎，不必太深。
❸ 植入块茎后马上浇水，并令土壤维持潮湿状态。

新手提示：花叶芋栽后通常每年春天要更换一次花盆。

温度

花叶芋喜欢温暖，不能抵御寒冷，生长适宜温度是25～30℃，如果温度超过30℃，则新叶萌生得比较迅速，叶片薄且柔弱，令赏叶期变短。10月到次年6月是块茎的休眠期，最适合的温度是18～24℃；冬天块茎休眠时温度需高于15℃才能顺利过冬，如果室内温度在15℃以下，则块茎容易腐坏。

修剪

❶ 在平时料理期间，如果看到叶片发黄或向下低垂，应马上摘掉，以促进植株萌生新的叶片，有利于植株保持整齐、洁净、漂亮。
❷ 为了避免营养物质过度损耗，抑制植株的生殖生长，可以尽早将不必要的花蕾摘掉。

光照

花叶芋喜欢半荫蔽的环境，也喜欢充足的阳光，然而畏强烈阳光直接照射久晒。夏天需置于房间里光照充足的地方，也可把花盆置于荫棚下或适度遮蔽阳光，防止强烈的阳光直接照射灼伤叶片。春天和秋天将盆花置于半荫蔽的地方，能令叶片颜色维持鲜艳、光亮。然而如果长时间光线不充足，植株容易徒长，叶柄会变长而且容易断裂，叶片弱而嫩，叶色变得暗淡，植株形态会不端正。

施肥

花叶芋的生长时期是6～10月，施用肥料时谨记"薄肥勤施"，要每个月施用2～3次浓度较低的液肥，氮肥、磷肥和钾肥配合着施用，主要施用氮肥，比如豆饼、腐酱渣的浸泡液，也可以施用较少的复合肥。10月后花叶芋的叶色会渐渐暗淡而步入休眠状态，在这段时期内不要对其施用肥料。

新手提示： 施用肥料时千万不可让肥液污染叶片，否则叶片会干枯。施完肥后要马上浇水，以防止肥料损伤植株的根系。

病虫防治

花叶芋的病害主要为干腐病及叶斑病。

❶ 花叶芋的块茎在储藏期间容易患干腐病，使用50%多菌灵可湿性粉剂500倍液浸泡或喷粉就能有效预防。

❷ 花叶芋在舒展叶片期间，容易患叶斑病，用50%托布津可湿性粉剂700倍液喷施就能防治。

摆放建议

花叶芋是一种观叶类植物，小型盆栽可摆放在窗台、桌案、书柜等处，大型盆栽一般用来装饰客厅、门厅。

浇水

❶ 花叶芋喜欢潮湿，不能忍受干燥，然而也怕积聚太多的水。

❷ 植株萌芽之初和秋天皆需掌控浇水，令盆土表层变得干燥后再行浇水。

❸ 6～9月是花叶芋生长的鼎盛期，要保证浇水充足，并时常令盆土维持潮湿状态，然而不可积聚太多水，以防止块茎腐坏。

❹ 在夏天气候比较干燥的时候，除了要每日浇水之外，还要每日朝叶片表面喷洒2～3次清水，以增加空气相对湿度，令叶片挺拔、叶色鲜艳而有光泽。

❺ 进入秋天之后，植株渐渐步入休眠状态，要减少浇水量和浇水次数，令盆土维持稍干燥状态就可以。

散尾葵

【花草名片】
- ◎学名：Chrysalidocarpus lutescens
- ◎别名：黄椰子。
- ◎科属：棕榈科散尾葵属，为常绿灌木或小乔木。
- ◎原产地：最初产自非洲马达加斯加，如今世界各个热带区域大多有栽植。
- ◎习性：喜欢温暖、潮湿、通风顺畅及半荫蔽的环境，不能抵御寒冷，畏强烈的阳光久晒。幼苗期长得比较慢，成龄后长得很快。
- ◎花期：3~5月。
- ◎花色：金黄色。

净化功能

散尾葵净化空气的能力非常强，可以很好地消除甲醛、氨、甲苯及二甲苯等有毒气体。根据有关测定，每平方米散尾葵的叶面积24小时便可消除0.38毫克甲醛和1.57毫克氨。它抵抗二氧化硫、氟化氢、氯气等有害气体的能力也比较强。此外，散尾葵每天便可蒸发掉1升水，能显著提高房间里的空气湿度，所以被人们称为最佳的室内天然"增湿器"。

选盆

选用盆体较深的泥盆或者瓦盆。

择土

散尾葵喜欢在排水通畅、腐殖质丰富的沙质土壤中生长。

新手提示：用盆栽植的时候，培养土可以用3份泥炭土、3份腐叶土、1份河沙及较少的底肥来混合调配，不可用细沙或别的透气性比较不好的土壤。

繁殖

散尾葵可采用播种法及分株法进行繁殖，其中以分株繁殖为主。

温度

散尾葵喜欢温暖，抵御寒冷的能力不太强，生长适宜温度是25~35℃，大气温度低于20℃时叶片就会变黄，冬天白天温度最好保持在25℃上下，晚上温度要高于15℃。

栽培

❶ 分株繁殖一般于春天4月结合更换花盆进行。

❷ 选取基部有比较多的分蘖的植株，先剔除一些宿土。

❸ 用锋利的刀从基部相连的部位把其切分为若干丛，需留意不可伤及根系，不然分株后会长得较慢。

❹ 分栽上盆后要放在房间里料理，温度最好控制在20~25℃，并需时常朝植株喷洒清水，令盆土维持潮湿状态，以促使植株尽快恢复生长势头。

❺ 幼株需每年或每隔2~3年更换一次花盆，老株则每隔3~4年更换一次花盆即可，通常于初春或夏初进行。

新手提示：为了方便栽植及有利于欣赏，每一丛以2~3株为宜。为了利于新植株的根系朝土壤里生长，种植时要埋得略深一些。

修剪

大型散尾葵的枝丛生长得比较稠密，在更换花盆时除了要把纤弱枝、干枯枝、病虫枝、残破叶及枯黄叶等剪掉之外，还需把稠密枝剪掉，以令枝丛变得稀疏。

光照

散尾葵喜欢半荫蔽的环境，畏强烈的阳光久晒，在房间里栽植欣赏时，适合摆放在有比较充足的散射光的地方；在昏暗的房间里，也可以连着摆设4~6周，之后应把盆株搬到户外光照比较良好的地方料理，待其恢复生长势头后再移入房间里料理，不然会令植株生长不好，影响欣赏。

施肥

盆栽的散尾葵比较嗜肥，在5~10月植株的生长鼎盛期内可以每1~2周施用浓度较低的液肥一次，以令植株生长繁茂、叶色深绿。肥料最好是用迟效性的复合肥。在秋天和冬天则可以对植株少施用或不施用肥料。

新手提示： 在种植时要在盆土底层适量施入一些牲畜的蹄角片或碎骨块作为底肥，并在种植10天后施用一次浓度较低的有机肥液。

浇水

❶ 散尾葵喜欢潮湿，因此要令盆土时常保持潮湿状态，浇水时要以"干透浇透"为原则。

❷ 在夏天和秋天温度较高的时候，除了要每日浇水之外，还需时常朝叶片表面及植株四周的地面喷洒清水。

❸ 雨季需留意及时排出积水，防止发生涝害。

❹ 秋末后及天阴下雨时，则需注意控制浇水。

❺ 冬天要时常朝叶片表面喷洒清水或擦拭叶片表面，以令叶片维持洁净且有光泽，增强其欣赏性。

新手提示： 注意花盆中千万不可积聚太多的水，不然会导致植株的根系腐烂。

病虫防治

散尾葵经常发生的病害是叶斑病。植株发病的时候，其叶片尖部及边缘最容易遭受危害，经常会变得干枯、卷皱，在发病之初用50%可菌丹可湿性粉剂500倍液喷施就能有效处理。

摆放建议

散尾葵可以盆栽摆放在阳台、客厅、书房、卧室、阳台，在南方也可以栽种在庭院观赏，但秋冬季节需移至室内。

绿宝石

【花草名片】
◎学名：Philodendron erubescens
◎别名：绿宝石喜林芋、长心叶绿蔓绒。
◎科属：天南星科喜林芋属，为多年生常绿蔓性藤本观叶植物。
◎原产地：最初产自美洲的热带及亚热带区域。
◎习性：喜欢温暖、潮湿及半荫蔽的环境，不能忍受寒冷及干旱，怕强烈的阳光久晒。具有很强的攀缘能力，经常攀缘生长于树干及岩石上。
◎花期：春天，一般很难开花。
◎花色：白色。

净化功能　绿宝石吸收甲醛的能力比较强，其通过微微张开的叶子每小时可吸收掉4～6微克甲醛，并可以把其转化成对人的身体没有危害的养分。与此同时，它还可以吸收空气里的苯及三氯乙烯，堪称生物界的"高效空气净化器"，尤其适合置于刚装潢完的房间内。另外，绿宝石还可以增加房间里的空气湿度，对人们的皮肤及呼吸系统非常有好处。

选盆　栽种绿宝石一般使用透气性良好的泥盆，也可使用瓷盆。

择土　绿宝石适合在有肥力、腐殖质丰富、土质松散且排水通畅的土壤中生长。

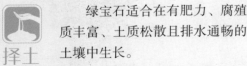

新手提示：培养土可以用等量的园土、腐叶土及泥炭土，再加上较少的河沙与底肥来混合调配。

栽培
❶ 剪下绿宝石茎部的3～4节，把下部的叶片摘掉。
❷ 将节段插进培养土中，浇足水分，并保持盆土的潮湿状态，使温度控制在22～24℃，插后20～25天便可长出根来。
❸ 长出根后，要在花盆中设立柱，以利于小苗攀附生长。

温度　绿宝石喜欢温暖，不能抵御寒冷，生长适宜温度是20～28℃，过冬温度是5℃，冬天要进入房间里料理，房间里的温度控制在5～10℃就能顺利过冬。

病虫防治　绿宝石易患灰霉病和细菌性叶斑病。
❶ 灰霉病的发病初期，叶上会产生水渍状病斑，且有不显著的轮纹，病部有不太鲜明的灰色霉层。此时可用50%速克灵可湿性粉剂2000倍液或70%甲基托布津可湿性粉剂1000倍液交替进行喷洒。
❷ 细菌性叶斑病发病初期叶片上会产生水渍状坏死，病斑逐渐变成深褐色，边缘黄褐色。此时可用72%农用链霉素可湿性粉剂4000倍液或0.1%高锰酸钾溶液进行喷洒。

光照　绿宝石喜欢半荫蔽的环境，畏强烈的阳光直接照射久晒，在生长期内要遮蔽50%～60%的阳光。绿宝石可以在昏暗的房间里生长，然而如果长期光照太弱则容易导致徒长，令节间增长、枝节纤弱，不利于欣赏。

施肥

在植株的生长鼎盛期要时常追施肥料，可以每月施用1~2次肥料，主要是施用氮肥，以促使其健壮生长。需留意不可对植株施用太多肥料或太浓的肥料，不然会令新生叶片的顶尖变为干褐色，叶片会肥大厚实、不伸展且缺乏光亮，老叶片则会干枯、发黄、脱掉。只要出现以上情形，就要马上停止施用肥料，如果情形比较严重，可以用很多清澈的水冲掉一些肥料。在暮秋及冬天，植株长得比较慢或生长会停下来，则不要再对其施用肥料。

繁殖

绿宝石可采用扦插法及分株法进行繁殖。

浇水

❶ 绿宝石喜欢湿度较大的环境，盆土要时常维持潮湿状态，但不可积聚太多的水，不然叶片容易变黄。
❷ 春天要每日浇一次水。
❸ 夏天除了要每日浇水之外，还要每日朝叶片表面喷洒2~3次清水，以增加空气湿度，促使植株健壮生长。
❹ 秋天可以每3~5天浇一次水。
❺ 冬天则要减少浇水的量和次数，以盆土保持稍干燥就可以，但不能彻底干透。

摆放
建议

绿宝石是一种典型的观叶类植物，株形规整雄厚，一般培养成大中型盆栽后摆放在客厅、书房。

修剪

在生长季节要尽早把干枯焦黄的叶片剪掉，以降低营养成分的损耗量，促使植株萌生新的叶片，维持优美的植株形态。

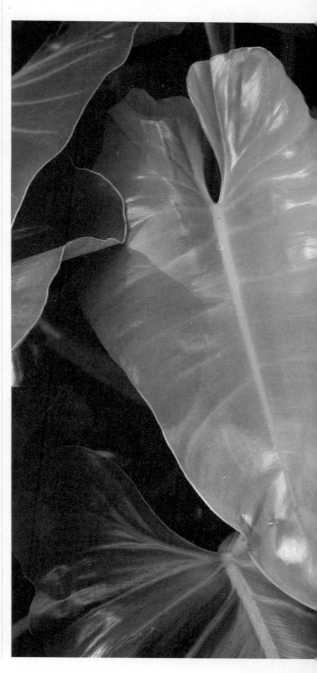

棕竹

【花草名片】
◎学名：*Rhapis excelsa*
◎别名：棕榈竹、矮棕竹、筋头竹、观音竹。
◎科属：棕榈科棕竹属，为常绿丛生灌木。
◎原产地：最初产自中国南方地区。
◎习性：喜欢温暖、潮湿和通风的环境，略能抵御寒冷，能忍受0℃上下的低温，不能忍受干旱，比较能忍受荫蔽，畏强烈的阳光照射和西北风。具有很强的适应能力，生长旺盛，萌生新枝的能力也较强，较耐修剪。
◎花期：4～5月。
◎花色：浅黄色。

净化功能

棕竹对房间里的很多种有毒物质皆有非常强的吸收及净化作用，其中消除重金属污染和二氧化碳的效果比较明显。同时，它也有非常高的蒸腾效率，对提高房间里的湿度及负离子的浓度都很有效果，能令房间里的空气维持清爽新鲜。

修剪

平日要尽早将干枯枝、病虫枝及枯黄的叶片等剪掉，这样不仅可以降低营养成分的损耗量，促进植株萌生新的枝叶，而且还可以增强通风透气效果，避免发生病虫害。

选盆

栽种棕竹需用体型较大的泥盆或瓷盆，也可用木桶来种植。

择土

棕竹喜欢在有肥力、腐殖质丰富、土质松散且排水通畅的酸性土壤中生长，不能忍受贫瘠及盐碱，在表层已经变硬的土壤中会长得不好。

新手提示： 用盆种植时，培养土可以用相同量的园土、腐叶土及河沙来混合调配。种植前可以在培养土中加进合适量的底肥，以促使植株健壮生长。

栽培

❶ 播前宜先用温度为30～35℃的水浸泡棕竹的种子1～2天，等到种子开始萌动的时候再进行播种。
❷ 把种子播于盆土里，然后盖上2～3厘米厚的细土。
❸ 播种后需浇水或喷水，并保持土壤湿润，经过30～50天即可萌芽。当小苗的子叶长至8～10厘米长的时候就可正常料理。

温度

棕竹喜欢温暖，略能抵御寒冷，生长适宜温度是20～30℃。冬天室内温度控制在5℃之上，它就能顺利过冬，然而也可以忍受比较短时间的0℃上下的低温，在我国华南和西南一些区域能露地成丛栽植。

病虫防治

棕竹经常发生的病害为叶斑病及介壳虫危害。
❶ 当棕竹患上叶斑病，连续喷施数次100倍的波尔多液就能处理。
❷ 当它受到介壳虫危害时，只要看到虫害就要马上人工刮掉，或喷施50％氧化乐果乳油1000倍液来杀除，并要改善通风透气效果。

光照

棕竹属于典型的室内赏叶植物，比较能忍受荫蔽，畏强烈的阳光照射，在光线充足的房间里能长时间欣赏。如果房间里比较昏暗，连着放置三个月后就要变换一次放置的地方。在生长期内要注意遮蔽阳光，遮阴度约达到50%就可以。

新手提示： 夏天阳光强烈的时候需格外留意，要为植株适度遮蔽阳光，防止强烈的阳光直接照射久晒，并要保持通风顺畅，不然叶片容易变黄，或叶片的尖部容易被灼伤，不利于植株的正常生长发育和美观。

施肥

在植株的生长季节，需每月施用1～2次浓度较低的液肥，且主要施用氮肥。冬天则不要再对植株施用肥料。

繁殖

棕竹可采用播种法及分株法进行繁殖。

浇水

❶ 在植株的生长季节，要令盆土维持潮湿状态。

❷ 夏天气候干燥的时候，除了浇水之外，还需每日朝植株的枝叶喷洒1～2次清水，以增加空气湿度，促使植株健壮生长。

❸ 秋天适度减少浇水的量和次数。

❹ 冬天盆土最好以"见干见湿"为原则，并要每隔一周用接近室温的水朝植株的枝叶喷洒或淋洗一次，以令枝叶维持洁净、光亮。

摆放建议

棕竹是一种喜阴类的观叶植物，盆栽可摆放在客厅、书房一角。

波士顿蕨

【花草名片】

◎学名：*Nephrolepis exaltata* 'Bosteniensis'

◎别名：肾蕨、玉羊齿、蜈蚣草、石黄皮。

◎科属：肾蕨科肾蕨属，为多年生常绿草本观叶植物。

◎原产地：最初产自热带和亚热带区域，在中国南方各个省亦有分布。

◎习性：喜欢温暖、潮湿及荫蔽的环境，经常生长在溪旁、林下、岩石缝中，或附生在树木上。不能抵御寒冷，稍能忍受干旱，不能忍受炎热，怕强烈的阳光直接照射。长得很快，病虫害比较少。

◎花期：不开花。

净化功能

在蕨类植物中，波士顿蕨堪称吸收甲醛的高手，其每小时便可吸收掉0.02毫克左右的甲醛，所以被叫作最有效的生物"净化器"。它还可以吸收烟雾，故时常接触油漆、涂料，或周围有喜欢抽烟的人，可在工作地点摆放几盆蕨类植物，以减轻甲醛及烟雾对人身体的损害。另外，波士顿蕨对电脑显示器、打印机及复印机所释放出的甲苯与二甲苯还有一定的抑制及吸收作用。同时，它还能提高空气相对湿度，保护人们的呼吸系统，非常有益于人们的身体和精神健康。

选盆

选择透气性好、排水性好的泥盆或瓦盆，盆体较深。

繁殖

波士顿蕨经常采用分株法进行繁殖，全年都能进行，以5～6月大气温度稳定的时候进行为佳。

择土

波士顿蕨具有很强的适应能力，能忍受贫瘠，但最适宜在土质松散、有肥力、腐殖质丰富、透气性好及排水通畅的中性或微酸性土壤中生长。

新手提示： 用花盆种植时，可以用泥炭土或腐叶土、粗沙或培养土的混合基质作为盆土，若条件允许，用水苔作为培养基则对植株的生长更有益。也可以用质量比较轻且干净卫生的纯膨化塑料人造土作盆土。

光照

波士顿蕨喜欢半荫蔽的环境，在充足的散射光条件下可以长得较好，要防止阳光直接照射，然而也不能置于过于昏暗的地方养护。

新手提示： 在冬天要让植株接受适度的阳光照射，可以把盆栽摆放在向北或向东的窗口边养护。

栽培

❶ 将母株小心地剥开，把匍匐枝分开另外再行栽种，每一盆可以栽种2～4丛匍匐枝。

❷ 在花盆底部铺放几块碎小的瓦片或砖块。

❸ 栽完后马上浇水并置于半荫蔽的地方料理，令盆土维持潮湿状态，可以使其迅速恢复生长。

❹ 当根茎上萌生出新的叶片后，再放在遮阳网下料理即可。

❺ 波士顿蕨长得比较迅速，通常每隔1～2年就要更换一次花盆，多于春天进行。

施肥

波士顿蕨需肥量不大，在生长季节每月施用1～2次浓度较低的腐熟的饼肥水就可以，要留意不可施用速效化肥。在4～9月期间，可以每15天对植株施用观叶植物液体肥料一次，以令叶片变得更碧绿且具光亮。

新手提示： 在施用肥料的时候千万不可让肥液污染植株的叶片，以防止对其造成损害。

浇水

❶ 波士顿蕨对水分有着较为严格的要求，喜欢潮湿的土壤及较大的空气湿度，盆土不适宜过分潮湿或过分干燥，维持潮湿状态就可以。

❷ 在春天和秋天要充分浇水，令盆土维持潮湿状态。

❸ 在夏天除了要每日浇1～2次水之外，还要时常朝叶片表面和植株四周喷洒清水，尤其是悬吊栽植的植株。

❹ 冬天则要对植株适度控制水分，令盆土维持略潮湿的状态就可以。

新手提示： 在喷洒清水时，除了需朝叶片正面喷洒之外，还需多朝叶片背面喷洒。

病虫防治

❶ 波士顿蕨容易患生理性叶枯病，可以用65％代森锌可湿性粉剂600倍液喷施来处理，并留意不可让盆土过于潮湿。

❷ 在房间里栽植时，如果通风不顺畅，植株容易受到红蜘蛛及蚜虫危害，可以用肥皂水或40％的氧化乐果乳油1000倍液喷施来杀除。

温度

波士顿蕨喜欢温暖，不能抵御寒冷，在3～9月期间生长适宜温度是15～25℃，在9月～次年3月期间则是13～15℃。冬天要将植株搬进房间里过冬，温度控制在10～15℃便可顺利过冬。

修剪

在植株的生长季节，要结合整形随时将干枯叶、焦黄叶、残破叶及老叶剪掉，以增强空气流通效果，维持叶片光鲜及优美的植株形态。

摆放建议

波士顿蕨适应性强，盆栽波士顿蕨可摆放在客厅、书房的窗台、案几、书柜或电脑台旁。

鸭脚市

【花草名片】

◎学名：*Scheffera octophylla*

◎别名：鹅掌柴、手树、小叶伞树、舍夫勒氏木。

◎科属：五加科鹅掌柴属，为常绿木本观叶植物。

◎原产地：最初产自澳大利亚、新西兰、印度尼西亚和中国台湾等地区。

◎习性：喜欢温暖、潮湿、光照充足的环境，抵御寒冷的能力不太强，具一定的忍受干旱的能力，也略能忍受半荫蔽，怕强烈的阳光久晒。具有很强的适应能力，长得比较迅速。

◎花期：冬天、春天。

◎花色：最初呈绿白色，后来变成浅红色、白色。

择土

　　鸭脚木喜欢土层较厚、土质松散且有肥力的酸性土壤，略能忍受贫瘠。

新手提示： 用花盆栽植时，可以用腐叶土、黏质土壤和牛粪干混合配制成基质，也可以用腐叶土、泥炭土、珍珠岩及较少的底肥作为培养土。

选盆

　　各种质地的花盆都可。根据植株大小选择相应大小的花盆。

净化功能

　　鸭脚木能较好地吸收房间里的很多有害物质，对净化房间里的空气很有效果。它每小时可以吸收掉9毫克左右的甲醛，还可以吸收掉尼古丁及别的有害物质，并可以经由光合作用把上述有害物质转换成没有危害的植物自有的物质。另外，鸭脚木具有非常高的蒸腾效率，能调整房间里的湿度，与此同时还能释放出比较多的负离子，令房间里的空气维持清爽、新鲜。

栽培

❶ 剪下8～10厘米长、具3～5节的一年生的成熟枝条作为插穗。

❷ 把下部的叶片除去，仅留下先端的1～2枚叶片，如果叶片比较大，可以将叶片的1/3剪掉。

❸ 把插穗插到插床上，浇足水并维持比较高的空气湿度，温度控制在约25℃，大约经过一个月便可长出根来上盆。

❹ 栽后通常每年要更换一次花盆，多于春天进行。

修剪

　　平日要留意进行修剪整形。在每年春天可以结合更换花盆进行修剪，包括修剪植株的根系、剪掉干枯枝及病虫枝、对徒长枝进行短截等。在夏天植株生长期间也能进行修剪。

施肥

　　鸭脚木长得过于迅速，需肥量比较大，在生长期内要每3～4周施用浓度较低的液肥一次。斑叶品种则不适宜施用过多的肥料，尤其是氮肥。

新手提示： 为了令斑叶品种的斑块色彩变得更明亮、艳丽，可于植株的根外喷洒0.2%磷酸二氢钾溶液。

光照

　　喜欢阳光充足，也略能忍受半荫蔽，畏强烈的阳光直接照射久晒。在房间里培养时，每天约有4小时直接照射的阳光便可较好地生长，也可以长时间置于房间里散射光充足、湿度合适且通风顺畅处。

新手提示：夏天要遮蔽约50％的阳光，以防止叶片被烧伤，令叶片颜色变得暗淡。

病虫防治

❶ 鸭脚木常发生的病害为叶斑病。一旦发生叶斑病，可以用50％甲基托布津可湿性粉剂1000倍液喷施病株的叶片表面，每隔7～10天喷施一次，连喷2～3次就能有效处理。

❷ 鸭脚木常见的虫害为介壳虫危害，在发生之初可以每隔15天用25％扑虱灵可湿性粉剂1500～2000倍液喷洒一次，或在卵孵化旺盛期用40％氧化乐果乳油1000倍液喷施来处理。

繁殖

　　鸭脚木可以采用播种法、扦插法及高压法进行繁殖。

温度

　　喜欢温度较高的环境，生长适宜温度是15～25℃，也具一定的抵御寒冷的能力。

浇水

❶ 鸭脚木喜欢潮湿和较大的空气湿度，盆土要时常维持潮湿状态，不能过于潮湿或过于干燥，在盆土尚未干透的时候便需马上浇水。

❷ 在春天和秋天，每隔3～4天对植株浇一次水即可。

❸ 夏天除了要每日浇一次水之外，还要时常朝叶片表面喷洒清水，以增加空气湿度，促使植株健壮生长。

❹ 在雨季需留意尽早排除积水，防止植株遭受涝害。

❺ 冬天要对植株减少浇水，适度控制水分。

摆放建议

　　鸭脚木株形优美，是一种优良的盆栽植物，盆栽鸭脚木适合摆放在客厅、书房、卧室、阳台，也可直接种植在庭院中观赏。

橡皮树

择土

橡皮树喜欢在土质松散、有肥力且排水通畅的腐殖土或沙质土壤中生长，能忍受贫瘠，也能在轻碱及微酸性土壤中生长。

新手提示： 用花盆种植的时候，培养土可以用1份园土、1份腐叶土、1份河沙和较少的底肥来混合调配。

选盆

可选用泥盆、塑料盆、瓷盆、陶土盆，要求盆径在20～30厘米。

栽培

❶ 当温度高于15℃的时候，选取植株上部及中部1～2年生的健康壮实的枝条作为插穗。

❷ 每一段插穗要含3～4个芽，把插穗下部的叶片去掉，把上部的2枚叶片合到一起并用塑料绳轻轻绑缚好。

❸ 把插穗插在河沙与泥炭的混合基质上，插入的深度约为土深的1/2就可以，浇足水并放在荫蔽的地方料理，令土壤维持潮湿状态，温度控制在18～25℃，插后15～20天便可长出根来。

❹ 移植时要带着土坨，以便于存活。

❺ 在生长季节应经常翻松盆土，以防止盆土表层变硬，影响植株的生长。

❻ 幼年植株可以每年更换一次花盆，成龄植株则可以每2～3年更换一次花盆。5～7年生的成龄植株，可以移栽至大木桶里，以后通常不用再更换盆。

【花草名片】

- ◎学名：*Ficus elastica*
- ◎别名：印度橡皮树、印度胶榕、印度橡胶树、缅树。
- ◎科属：桑科榕属，为常绿木本观叶植物。
- ◎原产地：最初产自印度、缅甸、斯里兰卡和马来西亚等地区。
- ◎习性：喜欢温暖、潮湿、光照充足的环境，不能抵御寒冷，畏炎热，能忍受干旱和半荫蔽。
- ◎花期：夏天。
- ◎花色：白色。

花言草语

橡皮树的叶片肥大厚实、终年常绿，而且富有光泽，有比较高的观赏价值，为经常见到的赏叶植物。它适合用花盆种植，可以用来装饰大型建筑物的门厅两旁及节日广场。它在南方区域则通常露天种植在溪边及路旁，有极佳的遮阴乘凉的作用。另外，橡皮树还象征着左右逢源、招财进宝、吉祥如意，经常被用来作为商务礼节和仪式上的花卉。

净化功能

橡皮树净化空气的能力比较强，可以吸收掉房间里的大多数有害气体，比如一氧化碳、二氧化碳及氟化氢等，对消除甲醛也很有效果。另外，它还能较好地吸滞粉尘。

摆放建议

橡皮树叶片肥厚，5年以下的植株可选用大盆栽种，摆放在客厅、书房、阳台、天台等光线充足的地方。

修剪

当植株长到7～10厘米高的时候，摘掉顶芽并施用以磷肥、钾肥为主的肥料。植株长至60～80厘米高的时候，需及时采取摘心措施，以促使其尽快萌生侧枝。侧枝萌生出来之后选留3～5个枝条，此后每年对侧枝进行一次短剪，2～3年便可得到浑圆饱满的大型植株。

新手提示：每次修剪后，要马上用胶泥或木炭灰把伤口封好，防止由于汁液流失太多而对植株的生长造成不利影响。

光照

橡皮树喜欢光照充足、空气流动顺畅的环境，从春天至秋天可以将其摆放在户外朝阳的地方料理。6～9月期间阳光比较强烈，宜适度遮蔽阳光。冬天适合把它置于房间里向南有明亮光照的地方。

病虫防治

❶ 橡皮树经常发生的病害是灰斑病。在灰斑病发病之初可以用50%多菌灵可湿性粉剂1000倍液或70%甲基托布津可湿性粉剂1200倍液喷施来处理。

❷ 橡皮树经常发生的虫害为介壳虫及蓟马危害，可以喷施40%的氧化乐果乳油1000倍液来杀除。

施肥

在生长季节可以约每隔20天施用浓度较低的液肥一次，以促进植株生长繁茂，叶色深绿。在植株的生长期内，每周朝叶片正面及背面均匀喷洒0.1%高锰酸钾一次。冬天则不用施肥。

新手提示：为了利于植株吸收，以在晴朗天气的黄昏盆土偏干燥的时候施用肥料最为适宜。

温度

橡皮树喜欢温暖，不能抵御寒冷，生长适宜温度是22～32℃。10月中旬要把盆株移入房间里料理，室内温度控制在10℃之上便可顺利越冬。4月底到10月初可以将盆株置于阳台上料理。

新手提示：如果温度长时间过低及盆土过湿容易导致植株烂根死去。

浇水

❶ 春天需令土壤维持潮湿状态，然而还要防止盆中积聚太多的水。

❷ 炎夏除了每日清晨和傍晚要分别对植株浇一次水之外，还要时常朝叶片表面喷洒清水，以增加空气湿度，避免叶片边缘干枯。

❸ 秋天和冬天要适度少浇水，5～6天浇一次水即可。

繁殖

橡皮树可采用扦插法及压条法进行繁殖，皆比较容易存活。

八宝景天

【花草名片】

○**学名**：*Sedum spectabile*

○**别名**：华丽景天、大叶景天、长药景天、蝎子草。

○**科属**：景天科景天属，为多年生肉质草本植物。

○**原产地**：最初产自中国东北区域和河北、河南、山东、安徽等地，在日本亦有分布。

○**习性**：喜欢温暖、干燥、光照充足及通风顺畅的环境，比较能抵御寒冷，具有很强的抵抗干旱的能力，怕积水。生长得强壮健康，具有很强的适应能力。

○**花期**：7～9月。

○**花色**：浅红、桃红、红、紫红、白色。

在民间，八宝景天被通俗地叫作"蝎子草"，这是由于其叶片的汁液具清除内热和解毒的功用，可以治疗蝎子及马蜂的蜇毒。八宝景天形姿美妙、花形秀美，为景天科植物里少有的优良观赏品种。它不仅能种植在庭院中、阳台上或窗口前供欣赏，而且也能用来作为良好的园林地被、造景植物，补充了夏天和秋天交替之际欣赏花卉比较少的空缺。

选盆

八宝景天适宜栽种在透气性良好的泥盆里，最好不使用塑料盆。

净化功能

在晚上，八宝景天可以吸收大量的二氧化碳，同时制造并释放出大量氧气，能提高房间里空气中的负离子浓度，对人们的身体和精神健康都十分有利。

栽培

❶ 剪下长约10厘米的嫩茎，令每一段插穗具2～4个茎节。

❷ 将嫩茎插到培养土中，浇透水分。

❸ 插后放置通风处，通常10～15天便可长出根来，当年即可开花。

> **新手提示**：每年春季新叶萌发前，应为八宝景天翻盆换土一次。

修剪

❶ 盆栽时可以于7月植株开花之前修剪一次，以使植株的高度下降，促使其萌生更多的新枝，令植株形态饱满、开花繁密茂盛。

❷ 露地种植的植株则可以在开花之后将地上部分剪掉，以令其次年萌生出更多生长旺盛的新植株。

光照

八宝景天喜欢阳光，要放在有明亮的光照、通风顺畅的窗口前或阳台等地方料理，以令叶片颜色维持深绿。

病虫防治

❶ 土壤过湿时，八宝景天易发生根腐病，应及时排水或用药剂防治。

❷ 此外，可有蚜虫为害茎、叶，并导致煤烟病；蚧虫为害叶片，形成白色蜡粉。对于虫害，应及时检查，一经发现立即刮除或用肥皂水冲洗，严重时可用氧化乐果乳油防治。

 择土

八宝景天对土壤没有严格的要求，能忍受贫瘠和盐碱，然而最适宜在土质松散、有肥力且排水通畅的沙质土壤中生长。

新手提示：用花盆种植的时候，盆土最好用腐殖质丰富的沙质土壤，也可以用4份腐叶土、4份炉渣、2份河沙再加上少量腐熟的家禽粪来混合调配。

 浇水

❶ 八宝景天喜欢干燥，能忍受干旱，怕积水，在生长期内浇水时要做到"宁干勿湿"，待表层盆土彻底干燥后再行浇水就可以。

❷ 在雨季要尽早排除积水，防止植株遭受涝害，并严格掌控浇水的量和次数，以免由于盆中积聚太多的水而令植株的根系腐坏及发生病害。

新手提示：八宝景天抗逆性非常强，日常料理宜粗放，不需要过多地浇水和施肥，每年新株萌发时浇一次透水；追施一次充分腐熟的有机肥即可。

 温度

八宝景天喜欢温暖，也能抵御霜寒，能忍受−20℃的较低的温度，盆栽植株在冬天仅需放在朝阳的且风不能直接吹到的地方便可顺利过冬。

 繁殖

八宝景天可采用播种法、扦插法及分株法进行繁殖。

 施肥

八宝景天的抗逆能力比较强，料理较为粗疏，需肥量不大，在生长季节适量加施1～2次完全腐熟的有机液肥，便可令枝叶长得繁密茂盛。

 摆放建议

家庭栽植的八宝景天盆栽一般摆放在客厅、书房、阳台等向阳的地方。

花烛

选盆

选用塑料盆即可。花盆口径一般为16~20厘米，也可以依照植株的大小及品种的需要而选用不一样的规格。

择土

花烛喜欢在有肥力、腐殖质丰富、土质松散、排水通畅的微酸性土壤或沙质土壤中生长，不能忍受盐碱土壤。

新手提示：用花盆种植时可以用能很好地保持水分、有肥力且土质松散的腐叶土及水苔作为基质，也可以用腐叶土、河沙及树皮碎渣来混合调配成培养土。

【花草名片】

◎学名：*Anthurium andraeanum*
◎别名：红鹤芋、火鹤花、烛台花、安祖花。
◎科属：天南星科花烛属，为多年生常绿草本植物。
◎原产地：最初产自中南美洲的热带雨林，如今世界各个地区都广为栽植。
◎习性：喜欢温暖、潮湿、半荫蔽及通气顺畅的环境，不能抵御寒冷，也不能忍受较高的温度、干旱及刮西北风，畏强烈的阳光直接照射久晒。
◎花期：2~7月。
◎花色：红、暗红、橙红、粉红、乳白色。

栽培

❶ 选取有多于3~4枚叶片的子株，带着根和茎从母株上切割下来。
❷ 用水苔包裹好移植到花盆中，经过20~30天萌生新的根系后再上盆定植。
❸ 上盆前在盆底要铺放一些碎小的瓦片或粗沙粒，以便于排水。
❹ 一般每隔1~2年要于春天更换一次花盆。

新手提示：开花时如果花茎向下低垂，可以沿着花盆插竹竿进行支撑、绑缚。

花言草语

花烛的花形很特别，颜色娇艳美丽，为世界有名的花卉，象征着热情与奔放。它的开花时间比较长，用花盆栽植时可以置于客厅及阳台等处，能尽显其华丽和珍贵。如果用它来装点茶室、橱窗及大堂，则更加柔媚可人，有非常高的观赏价值。另外，花烛还能用作切花，用水可以培养一个月，切叶也能用作插花的配叶，十分好看。

温度

花烛喜欢温暖，不能抵御寒冷，对温度有比较高的要求。它的生长适宜温度白天是25~30℃，晚上是20~25℃，可以忍受的温度最高是35℃，最低是15℃。

净化功能

花烛可以吸收甲苯、二甲苯和存在于化纤、溶剂、油漆里的氨，具有很强的净化空气能力。

病虫防治

❶ 花烛经常发生的病害为叶斑病、花序腐烂病及炭疽病等，可以用等量式波尔多液或65%代森锌可湿性粉剂500倍液喷施来防治。
❷ 花烛经常发生的虫害为红蜘蛛及介壳虫危害，可以喷施50%马拉松乳油1500倍液来灭除。

光照

花烛为耐阴性植物，喜欢半荫蔽的环境，怕强烈的阳光直接照射。春天和秋天可以把它置于房间里朝南的窗户周围料理；夏天在户外料理时要为它遮蔽50%的阳光，防止强烈的阳光久晒，也可以将其置于房间里背向阳光的一面或厅堂中有散射光照射处；冬天不用遮蔽阳光，而要让植株得到足够的阳光照射，可以将其置于房间里朝南的窗台上。

修剪

通常每2周摘一次叶片，令每一株留下3～4枚叶片，每个芽最少留下1枚叶片。当侧芽过多的时候则要采取疏芽措施，令每一株留下1～2个侧芽就可以。

繁殖

花烛可采用播种法、分株法及分茎法进行繁殖。

施肥

在植株的生长季节，可以每隔1～2周施用液肥一次，适宜把缓释肥与水溶性肥料结合到一起使用，以促进植株长得更加繁茂。进入秋天后则不要再对植株施用肥料，以令其生长得健康壮实，便于过冬。

摆放建议

大型花烛盆栽可以用来装饰卧室、客厅，小型盆栽可以摆放在书房、窗台上观赏，也可以与其他植物搭配种植。

浇水

❶ 花烛喜欢潮湿，不能忍受干旱，对水分的反应较为灵敏，尤其是空气湿度，以在80%～90%为宜。

❷ 在生长季节，盆土要"见干见湿"，要维持潮湿状态，忌水涝。

❸ 在夏天气候干燥的时候，每日要朝植株的叶片表面及花盆四周地面喷洒2～3次清水，以增加空气湿度，促进茎叶生长及开花。

❹ 进入秋天后要注意掌控浇水。

❺ 冬天也不适宜浇太多水，令盆土维持略干燥状态就可以。

绿萝

【花草名片】

◎ 学名：*Scindapsus aureus*

◎ 别名：黄金葛、黄金藤、魔鬼藤。

◎ 科属：天南星科绿萝属，为多年生常绿藤本观叶植物。

◎ 原产地：最初产自中美、南美的热带雨林区域。

◎ 习性：喜欢温暖、潮湿及半荫蔽的环境，不能忍受寒冷及干旱，畏强烈的阳光直接照射。

◎ 花期：一般很少开花，大株在光照、水分、温度等皆合适的情况下才能开花。

◎ 花色：为佛焰苞花序，佛焰苞背面为翠绿色，里面为玫瑰红色，外部边缘为粉白色。

净化功能

绿萝具有较强的净化室内空气的能力，特别是对于氨气和甲醛的吸收能力极强。根据有关测定，每平方米绿萝的叶面积24小时便可除掉2.48毫克氨气和0.59毫克甲醛。另外，绿萝还可以净化洗涤剂及油烟的气味，可以很好地将空气里有害的化学物质吸收掉，减少其对人们身体的伤害。

选盆

可使用泥盆、塑料盆、瓷盆、陶土盆，花盆口径通常为14～34厘米。

择土

绿萝喜欢在土质松散、有肥力且排水通畅的土壤中生长，以有肥力的泥炭土或腐叶土为佳。

新手提示： 培养土可以用等量的园土、泥炭土或腐叶土、粗沙来混合调配。

光照

绿萝对光线照射的反应较为灵敏，不仅喜欢阳光，也比较能忍受荫蔽，但畏强烈的阳光直接照射，以每日接受8～10小时的间接光线照射或人工光线照射为好，能一年四季置于房间里朝阳的地方养护。

修剪

老化的植株茎干基部的叶片易干枯、焦黄、凋落，不利于观赏，要尽早摘掉及适当修剪，以促进基部的茎干萌生出新的枝条和叶片。

栽培

❶ 剪下长15～30厘米的枝条作为插穗，将基部1～2节的叶片除去，需留意不可损伤到气根。

❷ 之后用培养土直接上盆种植，插后浇足水并令基质维持潮湿状态。

❸ 放在背阴、凉爽且通风顺畅的地方料理，温度控制在高于20℃，经过20～30天便可长出新根、萌生新芽，当年即可生长为能观赏的植株。

❹ 幼株通常每年要更换一次花盆，成龄植株则每1～2年更换一次花盆即可。

新手提示： 因绿萝属于蔓性植物，而且藤蔓无法直竖，在生长季节要为其设置支柱，令茎叶能攀附着向上生长。

繁殖

绿萝可采用扦插法、叶插法及水插法进行繁殖。

施肥

绿萝需肥量不大，施肥时要谨记"薄肥勤施"。在植株的生长季节，可以每2周施用浓度较低的液肥一次，应多施用磷肥和钾肥，少施用氮肥。秋天和冬天要少施用肥料。

新手提示： 若每月朝叶片表面喷施一次0.2%的磷酸二氢钾溶液，能令叶片颜色更翠绿，叶片表面的斑纹也会更鲜明、艳丽。

温度

绿萝喜欢温暖，不能抵御寒冷，生长适宜温度白天是21～27℃，晚上是15～18℃。在冬天要把它搬进房间里防御寒冷，房间里的温度控制在10℃以上就能顺利过冬。

病虫防治

❶ 绿萝经常发生的病害为由线虫引起的根腐病及叶斑病。一旦发生根腐病，可以用3%呋喃丹颗粒剂来治理；如果发生叶斑病，要马上把病叶剪除并改善通风条件，同时喷洒50%多菌灵可湿性粉剂500倍液或70%托布津可湿性粉剂800～1000倍液即可有效治理。

❷ 绿萝的虫害主要是介壳虫、线虫及蜗牛等造成的危害，也要留意尽早预防和治理。

浇水

❶ 在夏天温度较高、气候干燥时，盆土应维持潮湿状态，并应时常朝叶片表面喷洒清水，以增加空气湿度，促进气生根的生长，令叶片表面维持洁净、光鲜。

❷ 冬季保持土壤湿润偏干即可。

摆放建议

大型绿萝盆栽可摆放在客厅花架上或卧室一角，小型盆栽和吊盆可摆放在书架、书桌、餐桌等处，因其喜欢温湿和半荫蔽的环境，也可摆放在厨房和卫生间。

袖珍椰子

【花草名片】

◎学名：*Chamaedorea elegans*

◎别名：矮生椰子、矮棕、袖珍椰子葵、袖珍棕。

◎科属：棕榈科袖珍椰子属，为多年生常绿矮灌木或小乔木。

◎原产地：最初产自墨西哥及委内瑞拉。

◎习性：喜欢温暖、潮湿及半荫蔽的环境，不能抵御寒冷，然而可以忍受轻微的霜冻，不能忍受干旱，怕强烈的阳光直接照射久晒。

◎花期：3～4月。

◎花色：黄色。

花言草语

袖珍椰子的叶片颜色深绿且有光泽，形姿非常优美高雅，其英文种名就是"优美"的意思。因它的形态很像热带的椰子树，植株娇小可爱、新奇好看，所以叫作"袖珍椰子"。它具有很强的忍受荫蔽的能力，为良好的室内中小型盆栽赏叶植物，尤其适合装扮会议室、客厅、书房、卧室等地方，不仅精致小巧，而且还可以令房间里显现出几分使人陶醉的热带风景。

摆放建议

袖珍椰子小巧玲珑，耐阴性强，适宜作室内中小型盆栽，一般摆放在客厅、书房、卧室等处。

净化功能

袖珍椰子对房间内的多种有毒物质都有比较强的净化作用，可以清除空气里的甲醛、苯及三氯乙烯，被叫作生物界的"高效空气净化器"，尤其适宜置于刚装潢完的房间内。另外，袖珍椰子具有很高的蒸腾效率，可以提高房间里的负离子浓度，对人们的身体健康十分有利。

选盆

一般选用口径为14～20厘米的泥盆、塑料盆、瓷盆陶土盆等。

栽培

❶ 把种子直接播在培养土中，令土壤维持潮湿状态，温度控制在24～26℃。

❷ 通常经过3～6个月就可以萌芽长出幼苗，翌年春天即可分苗上盆栽种。

❸ 上盆后要马上浇定根水，然后放在半荫蔽的地方料理，等到萌发出新的叶片后再进行正常料理。

❹ 通常每隔2～3年要更换一次花盆，适合于春天3月中下旬进行。

新手提示： 如果用小号花盆，每盆可以种植3株幼苗；如果用中号花盆，则每盆以种植5株为宜，以利于存活及观赏。

浇水

❶ 袖珍椰子喜欢潮湿，不能忍受干旱，在生长季节要多浇一些水，令盆土时常维持潮湿状态即可，忌水涝。

❷ 在夏天和秋天空气干燥的时候，除了要每日浇水之外，还要时常朝植株的叶片表面喷洒清水，以增加空气湿度，促使植株健壮生长，同时可令叶片表面维持洁净、光鲜。

❸ 冬天要适度减少浇水的量和次数，以便于植株顺利过冬。

修剪

平日要及时将干枯的枝条和残破的叶片剪去，以维持优美的植株形态。

光照

在幼苗培养期或生长季节，尤其是在夏天和秋天，要为植株遮蔽60%的阳光，不然会令叶片干枯焦黄或被烧伤。在冬天和春天，则需让植株接受比较充足的散射光的照射。

择土

袖珍椰子喜欢在有肥力、土质松散且排水通畅的土壤中生长，不能在黏重土壤中生长，不然容易令根系腐烂。

新手提示： 培养土可以用泥炭土、腐叶土加上1/4河沙，再加上少许腐熟的有机肥与少许过磷酸钙来混合调配。

病虫防治

❶ 袖珍椰子经常发生的病害是黑斑病。发病时要马上改善通风透气条件，适度加施磷肥和钾肥，并尽早用50%托布津可湿性粉剂或50%百菌清可湿性粉剂800～1000倍液喷洒来治理。

❷ 袖珍椰子经常发生的虫害是介壳虫危害，可以人工刮掉或用25%扑虱灵可湿性粉剂1500～2000倍液或40%氧化乐果乳油800～1000倍液喷洒进行治理。

温度

袖珍椰子喜欢温暖，不能抵御寒冷，生长适宜温度是20～30℃，晚上温度需控制在12～14℃。从10月到次年2月，植株具有一个相对休眠阶段，温度适宜控制在12～14℃。它的过冬温度是10℃，如果温度在10℃以下则容易受到冻害，令叶片变黄。

施肥

在植株的生长季节，可以每月施用浓度较低的液肥1～2次。暮秋要少施用或不施用肥料。从10月到次年2月，不要再对其施用肥料。

新手提示： 如果每隔10～15天喷洒0.2%的磷酸二氢钾溶液一次，能令植株长得健康壮实，叶片颜色深绿。

繁殖

袖珍椰子一般用播种法进行繁殖。

海桐

【花草名片】
- ○学名：*Pittosporum tobira*
- ○别名：山矾花、七里香。
- ○科属：海桐花科海桐花属，为常绿灌木或小乔木。
- ○原产地：最初产自中国江苏南部、浙江、福建、台湾、广东等地区。朝鲜和日本亦有分布。
- ○习性：喜欢温暖、潮湿的气候，不能抵御极度的寒冷，具一定程度的抵抗干旱的能力。喜欢阳光充足的环境，也比较能忍受荫蔽。具有很强的萌发新芽的能力，长得较为迅速。
- ○花期：5～6月。
- ○花色：白、黄绿色。

择土

海桐适应能力比较强，对土壤没有严格的要求，在黏重土壤、沙土和偏碱性土壤中皆可生长，然而在土质松散、有肥力、排水通畅的酸性土壤或中性土壤中长得最为良好。

新手提示：培养土可以用1/3的腐叶土与2/3的壤土或黏土来混合调配。

选盆

可使用泥盆、塑料盆、瓷盆、陶土盆，花盆口径通常为16～25厘米。

净化功能

海桐具一定程度的吸收有害气体的能力，抵抗与吸收二氧化硫及氟化氢的能力非常强，抵抗氯气、氯化氢、硫化氢及臭氧的能力也比较强。根据有关测算，1千克海桐干叶可以吸收掉1.7克硫且长得较好，无受损害的表现；在氟污染比较严重的区域，1千克海桐干叶则能够吸收掉超过600毫克的氟，然而叶片会受到严重的损害。与此同时，海桐吸滞粉尘的能力也非常强。根据有关测算，在距离污染源比较近的地方，每平方米海桐叶片便可吸滞1.8克的粉尘。

另外，海桐由于枝叶繁密茂盛，树冠为球形，且有比较强的隔声作用，可以作为大气污染比较严重的区域的优良绿化植物，也可以作为绿篱、庭园树木或搭配种植在防尘、隔声林中的灌木层之中。

栽培

❶ 在10～11月将种子播种在培养土里。

❷ 播后盖上厚10厘米左右的土，次年春天便可萌芽。

❸ 一般于春天3月前后开始移栽，移栽时要带着土坨。

❹ 通常每年春天更换一次花盆，成龄植株每2～3年更换一次花盆。

新手提示：种植前应在土壤里施进合适量的腐熟的厩肥作为底肥。

修剪

从幼苗期便应进行修剪整形，对植株打顶，促使其萌生侧枝。春天要将纤弱枝、稠密枝、徒长枝、病虫枝及干枯枝等剪掉，以令植株形态整齐匀称，改善通风透光效果，降低病虫害的发生率。

温度

海桐喜欢温暖，生长适宜温度是15～30℃，也具一定程度的抵御寒冷的能力，能忍受较短时间的0℃的低温，然而不能抵御极度的寒冷，晚上最低温度要控制在13℃以上，以利于其生长和发育。

新手提示： 在寒露之前将其搬进房间里过冬，房间里的温度不可低于5℃。

光照

海桐喜欢光照充足的环境，也比较能忍受荫蔽，能长期置于房间里向南窗口光照充足的地方养护。夏天可以把它放在户外背阴凉爽的地方料理，防止强烈的阳光久晒。

新手提示： 不能长时间把它放在过度荫蔽的地方，以防止植株徒长或发生病虫害。

繁殖

海桐可采用播种法及扦插法进行繁殖。

病虫防治

经常发生的虫害为红蜘蛛及介壳虫危害，可以分别用20%三氯杀螨醇及40%氧化乐果乳油1000倍液喷施来预防和治理。

施肥

海桐长得比较迅速，在生长季节可以每月施用1～2次肥料。在植株的花期前后，要分别施用浓度较低的饼肥水一次。在冬天则不要再对植株施用肥料。

浇水

❶ 春天和秋天要每日浇一次水。
❷ 夏天则要于每日清晨和傍晚分别浇一次水，并要时常朝叶片表面喷洒清水，以增加空气湿度。
❸ 冬天要注意掌控浇水，以每周浇一次水最为适宜。

摆放建议

海桐可直接种植在庭院里观赏，也可以盆栽装饰客厅、阳台、天台。

发财树

◎学名：Pachira macrocarpa
◎别名：巴拉马栗、美国花生树、瓜栗。
◎科属：木棉科瓜栗属，为常绿乔木。
◎原产地：最初产自热带美洲。
◎习性：喜欢温暖、潮湿及光照充足的环境，不能抵御寒冷，略能忍受干旱，比较能忍受荫蔽。具有很强的适应能力，生命力旺盛。
◎花期：4～5月。
◎花色：红、白或浅黄色。

花言草语

　　发财树由于其名字而备受人们的喜欢，尤其是在商贸行业更受青睐。每当节日来临，很多宾馆、饭店，商人和寻常市民就会竞相购买发财树，并经常用钱币、彩色丝带、中国结等对其进行装扮，象征着招财添喜，以求吉利幸运、遂心顺意，且其株形柔美、气势不凡，很惹人喜欢。另外，发财树也很有经济价值，其种子成熟之后可以吃，木材还可以用来做木浆，可谓是"一举多得"。

净化功能

　　发财树可以很好地将甲醛、氨气、氮氧化合物等有害气体吸收掉。根据有关测算，每平方米发财树的叶面积24小时便可消除掉0.48毫克的甲醛及2.37毫克的氨气，堪称净化房间内空气的高手。

选盆

　　为了益于根系的生长和发育，花盆最少要有40厘米深，而且以选择使用透气性比较良好的泥瓦盆最为适宜。

新手提示： 为了使外形好看，在房间里摆设时可以在泥瓦盆的外面套上一个大一个型号的瓷盆或塑料盆。

择土

　　发财树喜欢在有肥力、有机质丰富、土质松散、排水通畅的中性至微酸性土壤中生长，不能在黏重土壤或碱性土壤中生长。

新手提示： 培养土经常用6份园土、2份粗沙和2份腐熟的有机肥，或8份腐叶土和2份煤渣来混合调配。

栽培

❶ 截下长15～30厘米的健康壮实的木质化枝条作为插穗。

❷ 把它插进扦插介质中或直接插到盆栽土上，插后浇足水并固定好插穗，之后放在背阴、凉爽且通风顺畅的地方料理，比较容易存活。

❸ 上盆之前要在盆底铺放一层碎小的砖瓦片作为排水层，以便于排水通畅。

❹ 一般每2年要更换一次花盆，以春天进行为好。

摆放建议

　　发财树茎干编辫造型后显得落落大方、气派非凡，可用于装点客厅、阳台、书房、门厅。

病虫防治

❶ 发财树经常发生的病害为黄化病及叶斑病。一旦发生黄化病，可以每隔10天用0.2％硫酸亚铁溶液朝叶片表面喷洒一次，连喷2～3次便可有效治理；一旦发生叶斑病，可以每隔15天用75％百菌清可湿性粉剂1000倍液喷洒一次，连喷2～3次便能治理。

❷ 发财树经常发生的虫害为红蜘蛛及介壳虫危害。如果发生红蜘蛛危害，可以用三氯杀螨醇来治理；如果发生介壳虫危害，人工用刷子蘸上酒精刷掉即可。

施肥

　　在植株的生长季节，要每月施用浓度较低的液肥一次，并适当加施2～3次磷肥和钾肥。在生长旺盛期内，要少施用氮肥，以免植株徒长。夏天温度较高时和植株开花时应少施用肥料。冬天则不要再对植株施用肥料。

光照

　　发财树对阳光的要求不太严格。在房间里光线比较昏暗处能接连观赏2～4周，在全日照、半日照或荫蔽的环境中也可以生长。

温度

　　发财树喜欢温暖，不能抵御寒冷，生长适宜温度是20～30℃。

新手提示： 幼苗不能忍受霜冻，成年植株则能忍受轻霜和长时间的5℃～6℃的低温。

浇水

❶ 平日不适宜浇太多的水，盆土不适宜过于潮湿，忌水涝。

❷ 春天和秋天可以每2～3天对植株浇一次水。

❸ 夏天可以每日浇一次水，并需时常朝叶片喷洒清水，以令叶片颜色碧绿、光鲜。

❹ 冬天植株进入室内后要注意掌控浇水，令盆土维持略潮湿状态就可以。

繁殖

　　发财树可采用播种法及扦插法进行繁殖。

修剪

　　当植株生长至80～100厘米高的时候，经常把3～6株加工编辫后种植到一个花盆里，造型新奇独特，具有比较高的观赏价值。

香龙血树

【花草名片】
- ◎学名: *Dracaena fragrans*
- ◎别名: 巴西木、巴西铁树、巴西千年木、香千年木。
- ◎科属: 百合科龙血树属, 为多年生常绿灌木或小乔木。
- ◎原产地: 最初产自亚洲热带区域及非洲, 在中国云南、广西南部皆有分布。
- ◎习性: 喜欢温暖、潮湿及光照充足的环境, 不能抵御寒冷, 能忍受干旱, 不能忍受水涝, 具有比较强的忍受荫蔽的能力, 畏强烈的阳光直接照射。
- ◎花期: 3月。
- ◎花色: 乳黄、乳白色。

花言草语

　　香龙血树由于其伤口或切口可以分泌出暗红色的汁液, 也就是所说的"龙血"而得此名称。它的树姿直立而高耸, 十分美观, 非常具有热带情趣, 为室内极佳的赏叶植物。用大型花盆种植的时候, 可以把它置于客厅及大堂中, 显得既端正庄重, 又朴素大方; 用小型花盆种植的时候, 则可以用它来装点居室中的窗台、书房及卧室, 更增添了几分清新及美丽。尤其是高低有致栽种的香龙血树柱, 其枝叶长得层次清晰, 给人以不断上升的感觉。

净化功能

　　香龙血树的叶片及根部可以将甲醛、苯、甲苯、二甲苯, 还有激光打印机、复印机及洗涤剂所释放出来的三氯乙烯吸收掉, 并可以把上述有害气体转化分解成没有毒的物质, 能很好地净化房间里的空气。

择土

　　香龙血树生命力旺盛, 喜欢在有肥力、腐殖质丰富、土质松散且排水通畅的沙质土壤或微酸性土壤中生长, 不能忍受贫瘠。

新手提示: 培养土可以用相同量的河沙、腐叶土及珍珠岩来混合调配, 并加入少许有机肥作为底肥。

选盆

　　可使用泥盆、塑料盆、瓷盆、陶盆栽培, 幼株的花盆口径为12～20厘米, 成株的花盆口径为24～34厘米, 盆体尽可能深一些。

栽培

❶ 5～6月时, 剪下长5～10厘米的成熟且健康壮实的茎干作为插穗。

❷ 把它插到培养土中, 使空气湿度控制在约80%, 室内温度控制在25～30℃, 插后经过30～40天即可长出根来, 约经过50天就能上盆种植。

❸ 上盆的时候要在花盆底部铺放一些碎小的石块, 以便于排水通畅及使重心下降, 以免植株不稳固。

❹ 新植株每年要更换一次花盆, 老植株则可每两年更换一次花盆, 适宜于春天进行。

新手提示: 种植深度需根据茎干的高度来确定, 通常埋进30厘米深, 令茎干不容易歪斜就可以。

病虫防治

❶ 香龙血树经常发生的病害为炭疽病及叶斑病, 用70%甲基托布津可湿性粉剂1000倍液喷施就能预防和治理。

❷ 香龙血树经常发生的虫害为介壳虫、蚜虫危害。发生介壳虫及蚜虫危害时, 可以用40%氧化乐果乳油1000倍液或40%三氯杀螨醇乳油1000～1500倍液喷洒来杀除。

修剪

平日要尽早把叶丛下部已经老化、干枯、萎缩的叶片剪掉。

新手提示： 为了掌控植株的高度及塑型，可以把顶部剪掉，以促使其下部萌生新枝。

浇水

❶ 香龙血树喜欢潮湿，比较能忍受干旱，也畏积水，在生长季节浇水要做到"见干见湿"。

❷ 在叶片生长的鼎盛期，要令盆土维持潮湿状态，空气湿度要保持在70%～80%。

❸ 夏天可以每日浇一次水，并要时常朝叶片表面喷洒清水。

❹ 秋末至冬初要少浇水，并朝叶片喷施0.2%～0.5%磷酸二氢钾，以增强植株抵御寒冷的能力。

❺ 冬天要注意掌控浇水，令盆土维持略干燥状态。

繁殖

香龙血树经常采用扦插法进行繁殖，用土插法或水插法均可。

光照

香龙血树对光线具有比较强的适应能力，在光照充足或半荫蔽的情况下，茎叶皆可正常生长，然而要防止强烈的阳光直接照射，不然会烧伤叶片或使叶片表面的斑纹颜色变淡。

新手提示： 初春及立秋以后植株可以承受全日照，夏天要遮蔽约50%的阳光，冬天则可以置于房间里接近向南窗口的地方。

施肥

香龙血树比较嗜肥，以"薄肥勤施"为原则。在4～9月植株的生长季节，要每2～3周施用浓度较低的腐熟的液肥一次，主要施用磷肥和钾肥，不可施用太多氮肥。9月之后要少施用肥料。冬天则不要再对植株施用肥料。

温度

香龙血树喜欢温暖，不能抵御寒冷，生长适宜温度是20～30℃，其中在3～9月是24～30℃，9月到次年3月是13～20℃。

摆放建议

香龙血树是一种观叶类植物，盆栽可用来装饰客厅、书房或摆放在卧室一角。

黄杨

【花草名片】
- ◎学名：*Buxus sinica*
- ◎别名：瓜子黄杨、小叶黄杨、千年矮、乌龙木。
- ◎科属：黄杨科黄杨属，为常绿灌木或小乔木。
- ◎原产地：最初产自中国华北、华东和华中等区域。
- ◎习性：喜欢温暖、潮湿和光照充足的环境，不能抵御寒冷，能忍受干旱，怕水涝，比较能忍受半荫蔽。为浅根性植物，根系生长得旺盛，长得较慢，具有很强的发芽力，经得住修剪，寿命较长。
- ◎花期：3～4月。
- ◎花色：黄绿色。

净化功能

黄杨能够清除毒气、净化空气，抵抗及吸收二氧化硫、氟化氢的能力很强，抵抗氯气、硫化氢和氯化氢的能力比较强，为名实相副的"常绿净化器"。与此同时，因枝叶繁茂，它还具有一定的隔声作用，不仅可以作为大气污染区域优良的绿化树种或绿篱，也可以配植在隔声林中的灌木层之中。

选盆

栽种黄杨适宜选用透气性良好的泥盆或陶盆。

择土

黄杨具有很强的适应能力，在酸性、中性或微碱性土壤中皆可生长，也能忍受贫瘠，然而在有肥力、土质松散且排水通畅的沙质土壤中长得最为良好。

新手提示： 用花盆种植的时候，培养土经常用田土、泥炭土、腐叶土、河沙及有机肥等来混合调配。

栽培

❶ 取黄杨幼苗，把长得太长、太密的根系剪掉，并对其根部进行适度修剪，令根系在花盆里能够自然伸展。

❷ 将幼苗植入盆土中，种植的时候不适宜种得太深，种好后要浇足水，放在半荫蔽的地方料理。

❸ 要令盆土维持潮湿状态，经常朝叶片表面喷洒清水，待一个月后植株的生长势头恢复之后再转为正常料理。

浇水

❶ 黄杨喜欢潮湿，如果缺少水分容易导致其基部的叶片凋落，但它也畏积水。

❷ 在植株的生长季节要令土壤维持潮湿状态，然而不可积聚太多的水。

❸ 夏天干旱时，除了要时常对植株浇水令土壤维持潮湿状态之外，还要每日朝叶片表面喷洒清水，以降低温度和保持一定的湿度，促使植株健壮生长。

❹ 冬天要掌控浇水的量和次数，令土壤维持略干燥状态就可以。

繁殖

黄杨经常采用播种法及扦插法进行繁殖。播种繁殖在冬天或春天都能进行，种子的萌芽率皆比较高。

修剪

❶ 黄杨萌生侧枝的能力很强，能自然长成圆头冠形，要注意控制高度，可于春秋及梅雨季节适当进行修剪。

❷ 平日要及时对徒长枝、重叠枝和影响植株形态的不必要的枝条进行修剪。

❸ 在植株结出果实之后，要尽早把果实摘掉，以免损耗过多的营养。

❹ 在更换花盆的时候，可以同时把一些长得太长、太密的老根剪掉，并换上新培养土，以利于植株生长。

温度

黄杨喜欢温暖，不能抵御寒冷，用花盆栽培的植株冬天时要放入房间内。

光照

黄杨喜欢光照充足的环境，也能忍受半荫蔽，可以长期置于房间里光照充足的地方，如果长时间光照不充足，新长出来的茎叶就会变得柔弱，还容易发生病虫害。

新手提示： 夏天阳光比较强烈的时候要留意为植株遮蔽阳光，防止强烈的阳光直接照射，不然叶片容易变黄，导致生长不好。

施肥

黄杨需肥量不大，在生长季节每月施用浓度较低的液肥一次就可以，如果轮流施用饼肥水和化肥则效果更加良好。

摆放建议

黄杨叶片翠绿，株形柔美，可以摆放在阳台、窗台等光线比较充足的地方，也可以用来装饰卧室、客厅、书房，还可以制作成盆景装点居室。

病虫防治

❶ 黄杨经常发生的病害是煤烟病，平日时常朝叶片表面喷洒清水和及时将叶片表面的灰尘冲去便能很好地预防和治理。

❷ 黄杨经常发生的虫害为介壳虫和卷叶蛾的幼虫造成的危害，可以喷施80％敌敌畏1500倍液来杀除。

净化功能

仙客来对空气中的有毒气体二氧化硫有较强的抵抗能力。它的叶片能吸收二氧化硫，并经过氧化作用将其转化为无毒或低毒性的硫酸盐等物质。

栽培

❶ 种子发芽适温为18～20℃。北方可在8月下旬至9月上旬播种，南方可在9月下旬至10月上旬播种。

❷ 种子用冷水浸泡1～2天，或用30℃左右的温水浸泡3～4小时。

❸ 在盆底铺上一些碎瓦片或者碎塑胶泡沫，覆土。将种子放进土壤中，种子上覆土2厘米左右。

❹ 把花盆浸在水中，让土壤吸透水，取出用玻璃盖住花盆，将其置于温暖的室内。

❺ 约35天后种子发芽。此时拿去玻璃，将花盆放在向阳通风处。

❻ 当叶片长到10片以上时，将植株换入口径为13～16厘米的花盆中。换盆时根系要带土，以免损伤。栽种时，球茎的1/3应裸露在土壤外。

仙客来

【花草名片】

◎学名：*Cyclamen persicum*
◎别名：萝卜海棠、兔耳花、兔子花、一品冠。
◎科属：报春花科仙客来属，为多年生球根植物。
◎原产地：原产于欧洲南部的地中海沿岸地区，现在世界各地均有栽培。
◎习性：适宜种植在阳光充足、温和湿润的环境中，不耐寒冷和酷暑，忌雨淋、水涝。夏季一般处于休眠状态，春、秋、冬三季为生长期。喜疏松肥沃、排水性能良好的酸性沙质土壤。在我国华东、华北、东北等冬季温度较低的地区，适宜在温暖的室内栽培。
◎花期：10月～次年5月。
◎花色：桃红、绯红、玫红、紫红、白色。

选盆

适宜种植在透气性较好的素烧泥盆中。新买的素烧泥盆最好用清水泡30分钟后再使用，否则其大而多的空隙容易吸收土壤中的水分，导致植株供水不足。旧泥盆也最好用1／5000的高锰酸钾溶液浸泡消毒30分钟，清除盆内外的泥垢、青苔等物后再使用。播种时，选择口径为8厘米左右的花盆即可；第一次换盆时使用口径为13～16厘米的花盆较好；第二次换盆时使用口径为18～22厘米的花盆为宜。

择土

盆栽时，培养土可选用泥炭、蛭石和珍珠岩按3∶2∶1比例混合后的土壤，也可用等份的腐叶土和黏质土混合而成的土壤。

病虫防治

❶ 仙客来常见的病害是灰霉病、炭疽病、软腐病、萎蔫病、叶腐病等。灰霉病能使植株叶片、叶柄枯死、球茎腐败，可通过喷施70%甲基托布津可湿性粉剂800～1000倍液防治；炭疽病能使植株叶片枯死，可喷施50%多菌灵可湿性粉剂500～800倍液防治；叶腐病能使叶片从叶脉向叶缘腐烂，可用土霉素2000倍液涂抹受伤叶片防治。

❷ 仙客来常见的虫害是仙客来螨，多寄生在幼叶和花蕾内。它能使植株叶片黄化畸形、开花异常，可用40%三氯杀螨醇1000～1500倍液或特螨克威2000倍液喷杀。

光照

❶ 仙客来是喜光植物，冬春季节是花期，此时最好将它放于向阳处。

❷ 炎热夏季需要为植株创造凉爽的环境，最好将其放置在朝北的阳台、窗台或者遮阴的屋檐下。

浇水

❶ 给仙客来浇水最好选择清晨或上午时分。

❷ 第一次换盆前可用喷洒的方式浇水；待仙客来的叶片生长茂密时，最好选择盆浸的方式浇水。

❸ 仙客来不耐旱，因此日常水分供应要充足，尤其是炎热的夏季，否则，叶片会出现枯黄、萎蔫的现象。另外，补浇水后要修剪掉影响植株生长的黄叶和枯枝。

❹ 仙客来忌涝，因此盆土只需保持湿润即可，花盆内要严防积水。夏天多雨季节最好将植株放置于避雨处。

温度

仙客来不耐高温，温度过高会使其进入休眠状态。夏季应将其放置在阴凉通风的环境中，或者经常往它的叶片和周围土地上喷些水，以达到降温增湿的目的。

修剪

在为仙客来整形时，主要是将中心叶片向外拉，以突出花叶层次；修剪时主要是剪去枯黄叶片和徒长的细小叶片；开花后要及时剪除它的花梗和病残叶。

施肥

❶ 在仙客来的生长旺盛期，最好每旬为其施肥一次。

❷ 在植株花朵含苞待放时，可为其施一次骨粉或过磷酸钙肥。

繁殖

仙客来多用播种法繁殖。

摆放建议

适合放置在客厅、书房、居室等场所。

红掌

【花草名片】

◎学名：*Anthurium andraeanum*

◎别名：花烛、火鹤花、安祖花。

◎科属：天南星科花烛属，为多年生附生性常绿草本植物。

◎原产地：原产于南美洲的热带雨林中。

◎习性：喜欢温暖、潮湿和半阴的环境，不耐阴，喜欢阳光照射但忌阳光直射，不耐寒。

◎花期：4～6月。

◎花色：粉红色、白色、黄色。

净化功能

红掌可以有效地净化室内的空气，它不仅能有效地吸收空气中的甲苯和二甲苯，对存在于油漆、化纤、溶剂中的氨也有一定的吸收能力，同时对甲醛也有很好的去除功效：在24小时的照明条件下，每平方米的红掌可以吸收1.05毫克的甲醛。

光照

红掌不耐强光，宜在适当遮阴的环境下生长，尤其是在日照强烈的夏季，最好遮去光照的70%。如果阳光直射红掌，会使红掌叶片的温度高于气温，直接导致叶片灼伤、花苞褪色和叶片生长变慢。早晨、傍晚或阴雨天则不用遮光。

择土

红掌适宜在疏松，肥沃，通透性、排水性良好的土壤中生存，不宜栽种在盐碱土壤中。

栽培

❶ 在盆底填充4～5厘米深的颗粒状碎石物，以利于排水。

❷ 撒上深2～3厘米的培养土。

❸ 把植株放在盆中央，扶正，让根系自然展开分布。

❹ 继续撒入培养土直至离盆面还有2～3厘米，注意要露出植株中心的生长点和基部的小叶。

❺ 将培养土轻轻压实，以把植株倒托在手中而土不松散为宜。

❻ 喷洒施菌剂，防止疫霉病和腐霉病的发生。

> **新手提示：** 红掌全年都可以种植，但是最好避开过热或过冷的天气，因为刚刚栽种的新苗不能忍受一些极端的气候。

繁殖

红掌常采用分株、扦插和组织培养等方法繁殖。

浇水

❶ 刚刚栽种的红掌，根系不发达，加上在培养土中分布得比较浅，水分不足很容易让根系缺乏营养，所以上盆后最好每天喷2～3次水，以保持培养土的湿润。

❷ 中、大苗期的红掌生长速度快，需水量也相应增多，此时应保证每天都有充足的水分供应。

❸ 夏季可2～3天浇水一次，中午可向叶面喷洒一些清水。

❹ 冬季应在上午9时至下午4时浇水，否则会冻伤根系。

❺ 开花期应适当减少浇水。

选盆

栽种红掌时对花盆没有严格的要求，塑料盆、泥盆、瓷盆、紫砂盆均可。上盆时应选用16×15厘米的盆，随着生长逐渐换入大盆。

新手提示：每1～2年换盆一次。

施肥

❶ 春秋季一周施肥一次，如果气温偏高，则可2～3天施肥一次。

❷ 夏季可两天施肥一次，气温高时可加浇一次清水。

❸ 冬季应少施肥。

❹ 避免施用高氮肥。施肥后最好马上浇水，否则肥料很容易烧伤植株的根系及茎叶。

新手提示：红掌的花、叶表面都有一层蜡质，会阻碍肥料的充分吸收，所以施肥时最好在根部进行。施肥时还要注意不能将肥料直接喷洒在叶片上，否则会阻碍叶面正常的光合作用，损害幼嫩植株的细胞，同时还会弄脏花叶，影响观赏效果。

病虫防治

❶ 红掌常见的病害有细菌性枯萎病、叶斑病和根腐病。细菌性枯萎病可轮换使用72％硫酸链霉素4000倍液与10％溃枯宁可湿性粉剂1000倍液，7～10天喷药一次。叶斑病可用50％百菌清可湿性粉剂300倍液预防，叶斑病已经发生则用70％代森锰锌可湿性粉剂300倍液处理。根腐病可用50％多菌灵可湿性粉剂500倍液来防治。

❷ 主要虫害有蚜虫、红蜘蛛等。蚜虫可采用10％吡虫啉可湿性粉剂2000倍液防治。红蜘蛛可用阿维菌素2000倍液，每隔7～10天喷药一次，连喷2～3次。

温度

红掌最适宜的生长温度为20～30℃。若气温低于10℃则随时有发生冻害的可能；若气温高于30℃，会导致植株生长过快，营养消耗过量，影响植株的品质，所以最好使用喷淋系统或雾化系统在植株周围进行喷洒，增加空气的相对湿度，降低周围温度。

修剪

❶ 应及时摘去红掌根部的小细芽，因为小细芽会争夺植株的养分，使植株保持在幼龄状态，影响株形的美观。

❷ 及时剪除枯叶与老花。

❸ 对叶片过多的植株，适当疏叶，防止花蕾过早凋落、枝茎弯曲。

摆放建议

小盆栽种的红掌可放在电脑旁、书桌上，大盆栽种的红掌可放在客厅和卧室。若和其他观花、观叶植物一起摆放，会有更好的观赏效果。

雏菊

【花草名片】

◎学名：*Bellis perennis*

◎别名：长命菊、延命菊、春菊、马兰头花。

◎科属：菊科雏菊属，为中多年生草本植物。

◎原产地：原产于欧洲至西亚地区，如今在世界各地都有栽培。

◎习性：喜欢冷凉、湿润的气候，比较耐寒，不耐酷热和严霜。如果在炎热条件下开花，花朵容易枯萎死亡。

◎花期：2～5月。

◎花色：白色、粉红色、玫瑰色和复色。

净化功能

雏菊有很强的蒸散作用，可以净化家电产品和塑料制品所散发出来的有害气体，如甲醛、苯等，尤其是对洗涤剂和黏合剂中的三氯乙烯有较好的吸附作用。花谚说，"雏菊万年青，除污染打先锋"，雏菊净化空气的作用可见一斑。

选盆

栽种雏菊时对花盆的类型没有太多的要求，只要不用塑料盆即可，因为塑料盆的排水性较差。此外，雏菊的根系较为发达，根系分支多，须根数量很多而且也很长，所以盆栽时最好选择直径40～50厘米、深20～30厘米的大盆。

光照

❶ 避免中午前后强光直射，可见早晨或傍晚的斜射光。

❷ 刚刚栽种的植株光照时间不应太长。

❸ 雏菊生长期和开花期喜阳光充足，不耐阴，需要较高的光照强度。充足的光照可促进植株的生长，让叶色浓绿，开花量增加。

❹ 霜冻时期要部分遮阴，避免阳光直射。

栽培

❶ 抖掉植株根须上的泥土，将丛生的植株带根分为单株或双株。

❷ 在盆底填充碎硬的塑料泡沫块，以便于透气排水。

❸ 将2～3株雏菊放进盆中，扶正，填充培养土，并施一些氮磷钾复合肥。

❹ 浇透水，置于半阴处，10天后再转移到日照充足的地方。

新手提示：盆栽雏菊移植的时间一般都选在10月份，但10月初移植往往比10月底移植会更好，因为10月底移植可能遭遇霜冻的侵袭，而10月初移植则可躲过这一"劫"，使植株的根系更加牢固。

择土

盆栽雏菊以富含腐殖质、肥沃、排水良好的沙质壤土为宜。

花言草语

不管是欧洲、美洲还是中国，雏菊都是很常见的花。雏菊和中国人喜欢的菊花长得非常像，所以它的中文名字叫"雏菊"。雏菊不同于菊花花瓣纤长、卷曲油亮，它的花瓣短小，更像是未成形的菊花。莎士比亚在《哈姆雷特》中描写丹麦王的儿媳——奥菲利娅发疯投河的那出戏中，奥菲利娅就一边唱着歌谣，一边编织花环，那些花中就有雏菊。由此可见人们对于雏菊的喜爱。

施肥

❶ 施肥不必过勤，每隔2～3周用复合肥溶于水进行浇灌即可。

❷ 2月份花开后停止施肥。

❸ 5月份花谢后要施一次稀薄的氮肥。

病虫防治

❶ 雏菊的主要病害有菌核病、灰霉病、褐斑病、炭疽病、霜霉病，可用50%百菌清可湿性粉剂800～1000倍液、甲霜灵1000～1500倍液喷洒进行防治。

❷ 雏菊的主要虫害有蚜虫、小绿蚱蜢等，可用50%杀螟松乳油1000倍液喷杀。

浇水

❶ 夏季，早晚各浇水一次，保持盆土的湿润。

❷ 冬季，减少浇水次数，每2～3天浇透水一次。

❸ 浇水时只需浇少量的水，不可过湿。

❹ 多雨天气时要及时将花盆中的积水倒出，否则根须容易被浸烂而致整株死亡。

❺ 雏菊发蕾时应该控水，防止花茎过长。

温度

雏菊生长的最佳温度是18～22℃，开花时最适宜的温度是10～25℃。若低于10℃，植株的生长速度会变得缓慢，株形减小，开花的时间也会延迟；若低于5℃，就会受到冻害，不能安全越冬。若温度高于25℃，则会使植株叶片增大，花茎拉长，花开的数量减少。

若用雏菊盆栽布置庭院，气温偏低时要将花盆移入室内，以防冻害。当气温逐渐回暖后要打开室内的窗户及时通风，因为雏菊是基叶簇生类的植物，平时若不加强通风，植株基部就容易腐烂，严重者还会感染病菌。

摆放建议

雏菊有小小的花瓣，没有妖娆，没有妩媚，在淡淡的香气中，透着一种淡雅、淳朴的气息，平时若摆放在茶几、书桌、窗台上，自有一番优雅别致的情调，同时雏菊还可以用来布置庭院。

繁殖

雏菊常用播种法进行繁殖，也可以采用扦插和分株繁殖的方法。

姬凤梨

【花草名片】

◎学名：*Cryptanthus acaulis*

◎别名：蟹叶姬凤梨、紫锦凤梨、小花姬凤梨。

◎科属：凤梨科姬凤梨属，为多年生常绿草本植物。

◎原产地：原产于南美洲的热带地区，大部分分布于巴西的原始森林中。在我国南方有栽培。

◎习性：喜欢高温、高湿、半阴的环境，怕阳光直射，怕积水，不耐干旱。

◎花期：6月。

◎花色：白色。

花言草语

姬凤梨不仅可以盆栽，还可以水培，二者都可以作为家庭的摆设，为生活增添亮色。

姬凤梨进行水培时，可以采用两种方式：一种是从老的植株上切下侧芽放入水中进行栽培，还有一种是挖出盆栽植株的根茎，然后将根茎洗净，放在水中进行栽培。

姬凤梨的根萌发出侧芽后，用手掰下，将底部削平，然后剥掉基部周围多数的叶片，放在透明的玻璃容器中，使之触及水面。摆放在阴处，保证周围的温度在20℃左右。这样2～3周后就可以生根。

姬凤梨色彩亮丽，栽植于晶莹剔透的玻璃容器中，还有清澈灵动的水来相衬，具有极高的观赏价值。平时可将其放在茶几上、电脑桌旁或餐桌上。

净化功能

姬凤梨堪称夜间的空气清新剂，它在晚上能够大量吸收二氧化碳，同时呼出氧气，有效增加空气中的氧气和负离子含量，从而起到净化空气的作用。

选盆

姬凤梨要选择透气性好的花盆，紫砂盆和瓷盆均可，但不能使用塑料盆。花盆要用浅盆，口径最好在10～12厘米。

新手提示：每1～2年换盆一次。

择土

姬凤梨适宜在疏松、肥沃、腐殖质丰富、通气良好的沙性土壤中生长。

栽培

❶ 在盆底放几块碎瓦片，以利于排水。

❷ 把姬凤梨放入盆中，扶正，从四周填充培养土，直至到盆沿的2～3厘米。

❸ 浇透水，放在阴处养护。

施肥

在旺盛生长时期，要每隔15天施一次以氮为主的肥料；冬季低温时应停止施肥。

繁殖

姬凤梨采用播种法、扦插法和分株法进行繁殖。

病虫防治

姬凤梨常见的虫害有蚜虫、粉蚧、介壳虫。对于蚜虫危害，可用50%杀螟松乳油1500倍液喷洒处理。

修剪

姬凤梨的叶簇生长2~3年后就会渐渐枯萎，寿命较短。相比之下，姬凤梨根茎的寿命则长得多，并且能够不断地抽生出新叶。所以栽植姬凤梨3年后，应当及时剪掉老叶簇，让更多的新叶簇萌发出来。

温度

姬凤梨最佳的生长温度为30℃左右。若在冬季，20℃就能够保证植株正常生长，低于12℃则生长停止，低于4℃则叶片容易受到冻害，不能安全越冬。

光照

姬凤梨喜欢在半阴的环境中生长，所以除了冬季可接受全日照外，其余季节最好做好遮阴措施，应该遮去50%~60%的光线。

浇水

❶ 夏季要多浇水，如果过于干燥，叶片容易卷曲和枯萎。但也不宜浇水过多，否则土层的表面容易长青苔，更严重的还会腐烂根须，导致死亡。

❷ 秋季可减少浇水，让土壤保持半干状态即可。

❸ 冬季守干勿湿，保持土壤稍湿就行。

新手提示：不要向姬凤梨叶簇喷水，否则叠叶片易腐烂。

摆放建议

姬凤梨的叶和花色彩协调柔和，且株形规整，是一种不错的室内观叶植物。平时可放置在接受不到阳光直射的南窗等地方，也可放置在光线柔和的客厅、卧室、书房。此外，姬凤梨还可吊挂在室内进行栽培。

石莲花

【花草名片】
◎ 学名：*Echeveria secunda*
◎ 别名：宝石花、石莲掌、莲花掌、八宝掌。
◎ 科属：景天科石莲花属，为常绿肉质草本植物。
◎ 原产地：原产于墨西哥的热带地区，如今在我国各地均有栽培。
◎ 习性：喜温暖干燥和阳光充足的环境，不耐寒、能在半阴的环境中生存，怕积水，忌烈日暴晒。
◎ 花期：7～10月。
◎ 花色：红色。

净化功能

石莲花为肉质草本植物，肉质叶片上的气孔白天关闭，夜间打开，吸收人体废气二氧化碳的同时释放出氧气，增加室内空气中的负离子含量，帮助提高睡眠质量。

此外，石莲花也可以抗辐射，是电脑一族的最佳选择。

选盆

石莲花宜选用盆底有透气孔的紫砂盆、瓷盆或木盆种植，不宜使用透气性不好的塑料盆。

> **新手提示：**1～2年翻盆一次，翻盆时间多为每年的3～4月间，也可秋季进行。

择土

石莲花适宜在肥沃、排水良好的沙壤土中生存。

栽培

❶ 在花盆底部放几块碎砖或者瓦片，以便于排水。
❷ 往花盆中填充少量培养土，然后将石莲花放在盆中，继续填充培养土，并轻轻压实。
❸ 浇透水。

> **新手提示：**若在盆面铺上一层石子或沙砾，不仅干净美观，还能有效防止施肥时不小心将肥水溅到叶片上，影响观赏。

施肥

石莲花的肉质叶片不仅美观，还可以贮藏养分，所以石莲花不需要经常施肥，施肥过多反而会引起茎叶徒长。一般来说，生长期每月施肥一次就可以了。

> **新手提示：**施肥的时间一般选在天气晴朗的早上或傍晚，并于当天的傍晚或者第二天早上浇一次透水，这样可冲淡土壤中残留的肥液，避免肥料腐蚀植株。

修剪

石莲花在花穗抽生后，其叶丛会松散，此时应及时剪去花穗。

温度

石莲花最佳的生长温度是12～35℃。如果夏季气温超过30℃，在这样湿热的环境中石莲花会生长不良。如果冬季气温低于10℃，则会引起病害。

光照

石莲花是一种喜光植物，适当地延长光照时间有利于植株的正常生长。所以在生长的旺盛期要将植株放在光照充足的场所。但石莲花不能被阳光暴晒，所以在高温的夏季要采取一些遮阴措施，避免强阳光直射。

同时，石莲花也属于耐阴植物，能在半阴的环境中生长良好。但如果在阴处时间过长，植株的叶片会变得瘦小而稀疏，影响观赏。如果平时将石莲花放在室内的阴暗处，应该隔几天把植株移到室外晒一段时间。

浇水

❶ 浇水应该以"不干不浇，浇则浇透"为原则。

❷ 生长期最好保持土壤干燥，不需多浇水。因为盆土过湿，茎叶就容易徒长，从而缩短观赏期。尤其是在温度很低的冬季，浇太多水，植株的根部特别容易腐烂。

❸ 夏季气温偏高，此时可相对多浇水，但要避免长期雨淋。

新手提示： 若周围空气干燥，可向植株洒水，但应该从周围洒水，而不是从上向叶面洒水，特别是叶丛中心不宜积水，否则会造成烂心。

病虫防治

❶ 石莲花常见的病害有锈病、叶斑病，可用75%百菌清可湿性粉剂800倍液喷洒防治。

❷ 石莲花常见的虫害有介壳虫、黑象甲危害，介壳虫可用氧化乐果或速扑杀喷施防治，黑象甲可用25%西维因可湿性粉剂500倍液喷杀。

繁殖

石莲花常用扦插法进行繁殖。

摆放建议

石莲花的形状非常有趣，就像用玉石雕成的莲花宝座，层次丰富，色泽柔润，是室内观叶植物中的佳品，一直深受大家的喜爱。适合放在茶几、书桌上，也可以放在阳光比较充足的窗台、阳台等处。

蝴蝶兰

【花草名片】

◎学名：*Phalaenopsis amabilis*

◎别名：蝶兰。

◎科属：兰科蝴蝶兰属，为多年生常绿附生草本植物。

◎原产地：最初产自欧亚、北非、北美和中美。

◎习性：喜欢高温、高湿的环境，耐半阴环境，极度不耐涝。宜通风透气，忌强光直射。

◎花期：春季。

◎花色：白色、黄色、粉红色、红色、紫红色和各种复色。

 **花言草语**

　　台湾是我国著名的蝴蝶兰产地，它所培养出来的蝴蝶兰在全国甚至全球都享有盛名。台湾的蝴蝶兰，花型繁多、花姿艳丽、花色丰富。自从1950年以来，台湾的蝴蝶兰在国际展览会上连续多年夺得金奖。自此，越来越多的人开始用蝴蝶兰来装饰自己的居室，点缀自己的生活。

　　如今，台湾已经建造了众多"蝴蝶兰养殖基地"，成为当之无愧的世界蝴蝶兰王国。

净化功能

　　蝴蝶兰肉质茎上的气孔白天闭合，晚上打开，可以吸收很多二氧化碳，同时制造并释放出很多氧气，可以降低密闭室内二氧化碳的浓度，提高室内空气中的负离子含量，令房间里的空气始终新鲜洁净。

选盆

　　栽种蝴蝶兰一般选择多孔的素烧陶盆，最好不要用一般的塑料盆。为便于透气宜用浅盆，盆高最好小于盆直径。

新手提示：蝴蝶兰需要每年换一次盆，如果不及时换盆，盆中的营养土就会腐烂，导致土壤透气性差，影响植株的长势，更严重的还会导致死亡。一般来说，换盆时间应选择花期过后的春末夏初。

择土

　　蝴蝶兰适宜在疏松多孔、排水良好、保水及保肥能力都很强的微酸性土壤中生长。

栽培

❶ 在盆底放几块碎瓦片，以利于排水。

❷ 在盆底铺上一层消毒过的湿松针叶。

❸ 把蝴蝶兰放入盆中，让根系充分、均匀地散开。

❹ 将松针叶放在植株的根系处，并轻轻压实。

❺ 用喷雾器喷水后，把植株放在室内通风处，不要施肥。一个月后，进行正常养护。

温度

❶ 最适宜的生长温度为18～30℃。如果高于35℃，植株容易受到病虫害，影响正常生长。冬季低于15℃植株就会停止生长，若低于10℃就会导致植株死亡。

❷ 低温天气，要立即把花盆移到室内，以便安全越冬。

❸ 3个月的花期中要保证有一个月植株处在15～18℃的低温中，这样才能促成花芽分化。之后要回复到正常的温度，否则花梗会迟迟不能萌发。

光照

一般来说，要将蝴蝶兰放在室内光照充足且柔和的地方，避免阳光直射。

病虫防治

蝴蝶兰常见的虫害有蓟马、介壳虫、螨类等，可喷洒速扑杀、氧化乐果等溶液进行防治；一些蝶、蛾的幼虫可喷洒万灵、敌敌畏、杀虫环等溶液进行防治。

浇水

❶ 春秋季每天下午5点前后浇水一次。

❷ 夏季是植株生长的旺盛期，每天上午9点和下午5点各浇水一次。

❸ 冬季每7天浇水一次即可，浇水宜在上午10点之前。如果遇到寒潮，不宜浇水，等寒潮过后再恢复浇水。浇水的水温应与室温接近。

新手提示：浇花用的自来水应贮存72小时以上。

修剪

开过花的花茎要及时剪掉，只留下下半部的3～4节。

施肥

蝴蝶兰的施肥原则是：薄肥勤施。

❶ 春夏季为生长期，可每7～10天施一次稀薄液肥，有机肥或蝴蝶兰专用营养液均可。

❷ 有花蕾时停止施肥，否则花蕾会提早凋谢。

❸ 花期后可以追施氮肥和钾肥。

❹ 秋、冬季是花茎的生长旺期，可施稀薄的磷肥，每15～20天一次。

新手提示：施肥最好选在下午浇水以后。施过几次肥以后，要用清水冲洗花盆和植株，以免残留的化学物质危害到根部。

繁殖

蝴蝶兰常用细胞组织培养法进行繁殖。

摆放建议

蝴蝶兰的花朵艳丽娇俏，颜色丰富明快，真的就如一群轻盈的蝴蝶环绕左右，是一种优良的观花植物。适合放在光照柔和的书桌、窗台、阳台上，也可以用来装饰卧室和客厅。

但蝴蝶兰不能放在电视机旁，因为电视机所产生的辐射会极大地影响蝴蝶兰的生长和发育，尤其会明显缩短蝴蝶兰花期，影响观赏。

瓜叶菊

【花草名片】

◎学名：*Cineraria cruenta*

◎别名：黄瓜花、千日莲、瓜叶莲。

◎科属：菊科千里光属，为多年生草本植物，常当1~2年生植物栽培。

◎原产地：西班牙加那利群岛。

◎习性：喜欢温暖、湿润的环境，夏季忌强光直晒，适宜凉爽的气候。既怕涝，又怕旱；既忌炎热干燥，又畏寒冷霜冻。

◎花期：12月~次年4月。

◎花色：蓝、紫、红、粉、白或镶色。

花言草语

瓜叶菊花型变化多，可分为大花型、星形、中间型和多花型四类，颜色艳丽丰富，具有很高的观赏价值。瓜叶菊花期长，是冬季、春季布置室内、厅堂、会场的重要盆花，也可作为切花、花环、花篮的好材料，还很适于成行或成丛种植于花坛中，做镶边或构成图案。

瓜叶菊有代表喜悦快乐、合家欢喜之意，适宜在节日期间馈赠亲友，以表美好的祝福和心意。

选盆

上盆时选用口径为16~20厘米的花盆为宜。

净化功能

冬季由于室外温度低，人们开窗换气频率降低，无法使空气流通，极易造成二氧化碳、二氧化硫等有毒有害气体在室内集聚，在居室里养几盆瓜叶菊，可明显起到净化空气的作用。

择土

瓜叶菊在疏松肥沃、排水良好的沙质壤土上生长良好，pH值为6.5~7.5的土壤比较适宜瓜叶菊生长。

新手提示：菜饼必须粉碎，在充分搅拌混合后方可作为定植的培养土使用。

病虫防治

瓜叶菊常患黄萎病，此病主要由病毒病原菌引起，一般由叶蝉传播。染病植株花序展开受到压抑，花色变绿，发育不正常，偶尔会有花徒长的现象。要防治该病，可在植株生长期间适当增施钾肥，以增强植株抗病能力，降低病毒侵染的机会；适当喷洒0.5%高锰酸钾水溶液进行消毒，也可起预防作用；一旦发现植株染上病毒，应立即拔除病株并烧毁，防止蔓延。

光照

❶ 瓜叶菊为喜光植物，生长期要放在光照较好的向阳处养护，每天至少要放在光线明亮的南、西、东窗前接受4小时的光照，才能保持花色艳丽，植株健壮。

❷ 夏季瓜叶菊应放在半阴处，避免强光直射，否则叶子易卷曲、干燥、缺乏生气。

新手提示：瓜叶菊趋光性较强，如植株长期一面向阳，株型就容易长偏，影响美观。为此，需每周转盆一次，将背阳的一面转到向阳处，这样才能保持株型匀称。

温度

瓜叶菊生长期间最适温度为10～15℃。温度过高植株易徒长，节间伸长，影响观赏价值；温度太低，抑制植株生长，花朵变小，甚至受冻害。

施肥

❶ 瓜叶菊在生长发育期间，需要每隔7～10天浇一次腐熟的稀薄肥液，直至观蕾为止，则可令幼苗生长茁壮、开花繁茂。稀薄肥液可选用腐熟的豆饼或花生饼、烂黄豆、烂花生，用水稀释10倍即可施用。

❷ 瓜叶菊开花期需施1～2次磷、钾肥，少施或不施氮肥，以促进花蕾生长而抑制叶片生长。开花前不宜过多施用氮肥，需控制浇水量，并将植株移至低温的阴面阳台，因其生长环境温度过高易导致叶片过分长大而影响观赏。

修剪

在瓜叶菊生长期间，应及时除去从植株基部叶腋间萌发的侧芽，保留上部的腋芽，以减少养分的消耗和避免枝叶过于拥塞，从而集中更多的养分供给上部花枝的生长，以利于花朵更多、更大、颜色更鲜艳。

浇水

瓜叶菊叶大而薄，需水量大，但浇水不宜过多，要适量，以经常保持盆土湿润为宜。如果水分缺乏，叶子就会萎蔫下垂，严重缺水时，会导致叶片黄枯凋萎。

栽培

❶ 播种用土可采用腐叶土和细沙按1：1的比例配制，盆土浸透水后，将种子均匀地撒播在土壤上面，稍盖细沙，厚度以看不到种子为宜。

❷ 播种过后盆面盖上玻璃或塑料薄膜，保温保湿。在20℃的温度条件下，放置阴凉处，7～10天即可萌芽。

❸ 在苗出齐后可去掉玻璃或塑料薄膜透风，并逐渐移至阳光处。

❹ 出苗一个月左右，待幼苗长出2～3片真叶时就可以分苗了，浇一次稀薄液肥，将分苗后的幼苗移植到口径10厘米的小花盆中。

❺ 待幼苗长出5～6片真叶时，即可定植在口径约20厘米的花盆中。上盆时，盆底应略施长效性基肥。

繁殖

瓜叶菊的繁殖多用播种法，不易结实的品种可用扦插法繁殖。4～10月，人们可根据自己的需要分期播种。如果要求其在元旦前开花，可在4月上旬播种；如果要求其在春节前后开花，可在5月中旬播种；如果要求其在春节前后开花，可自10月播种；如果对花期无要求，则以4～5月播种为宜。

摆放建议

瓜叶菊颜色艳丽、花期长，可作为盆栽或插瓶摆放在窗台、天台、阳台、餐厅、客厅、卧室、书房等处，也可以直接在庭院里栽培。

百子莲

【花草名片】
- ◎学名: *Agapanthus africanus*
- ◎别名: 紫君子兰、蓝君子兰、紫穗兰。
- ◎科属: 百合科百子莲属, 为常绿多年生草本花开。
- ◎原产地: 原产南非, 现中国各地多有栽培。
- ◎习性: 喜欢温暖、湿润、阳光充足的环境, 但怕烈日, 稍耐阴, 不耐寒。
- ◎花期: 6~8月。
- ◎花色: 蓝紫色。

净化功能

百子莲对氟化氢有较强的抗性, 可以起到较好的净化空气的效果。

光照

❶ 百子莲生长、开花均需要充足的阳光, 在其生长旺盛阶段, 要让植株每天接受不少于2小时的日光直射。

❷ 在夏秋高温时节要为植株遮阴, 注意不让烈日直射, 以免灼伤叶片。

❸ 在冬春二季低温阶段, 可以为植株进行全日照。

新手提示: 如果采用种子栽培, 种子萌芽期嫌光, 应注意遮阴。

栽培

❶ 播种最好在23℃左右的温度下进行, 放在光线不是太强且暖和的环境进行发芽, 21~35天就可以发芽。种子繁殖需要经过2次低温处理才能发芽, 但因播种后小苗生长慢, 且需5~6年才能开花, 较少使用。

❷ 百子莲以分株繁殖为主, 春秋季皆可进行, 不过一般适宜在秋季进行, 因春季分株, 当年多不能开花。盆栽的百子莲3年左右分株一次, 若久不分株, 会影响植株生长开花。

❸ 分株时, 将大株分为2~3丛, 剪除烂根, 分开栽植。每个新株应带2~3个芽。

❹ 栽培后置于阴凉和通风条件良好的地方培养一周左右, 再移至阳光下, 经常保持环境及盆土湿润, 每周施一次富含钾、磷的肥料。

❺ 深秋天气转凉时, 将其移进温室, 停施肥, 少浇水, 使之在半休眠状态下越冬。分株后若加强肥水管理, 1~2年内即可开花。

新手提示: 百子莲每年或隔一年翻一次盆, 一般在春季或秋季花后进行, 翻盆后需置于阴凉处培养。

浇水

❶ 百子莲喜欢湿润的环境, 生长季节注意经常保持盆土潮湿。但盆内不能积水, 否则易烂根。

❷ 花后百子莲进入半休眠状态, 应严格控制浇水, 宜干不宜湿。

❸ 夏季应注意保证给予百子莲充足的水分, 并要经常在植株及周围环境喷水, 以降低温度和增加空气湿度。

❹ 秋季转凉后, 将植株移入室内并控制浇水。

❺ 冬季百子莲处于休眠期, 盆土应保持稍干燥的状态。

选盆

适宜选用口径为20～30厘米的高盆。

择土

百子莲在疏松肥沃、排水性和透气性良好的土壤中生长良好。

新手提示： 栽培用土宜用园土3份、砻糠灰和堆肥各1份混合配制而成的土壤。

温度

❶ 百子莲适宜生长温度在15～28℃。

❷ 夏季温度超过30℃时，应采取降温措施。

❸ 在南方地区，露地稍加覆盖即可越冬；在北方地区，需将百子莲置于不低于5℃的室内越冬。

病虫防治

百子莲容易感染百子莲红斑病，又称紫花君子兰红斑病，主要是由水仙壳多孢病菌引起的。发现植株染病时，要及时剪除染病茎叶，在发病初期可喷淋27%铜高尚悬浮剂或12%绿乳铜乳油600倍液或1∶1∶100倍等量式波尔多液、75%百菌清可湿性粉剂600倍液进行处理。

繁殖

百子莲的繁殖方式有播种和分株繁殖两种。

摆放建议

由于百子莲高矮适中，可以将其摆放在面积不同的各类阳台上，并且能够很好地在东向、南向、西向等各种朝向的阳台上正常生长。此外，百子莲挥发的气味可以刺激人的食欲，适宜摆放在餐厅内。

施肥

❶ 除在定植时于花盆基部施用少量过磷酸钙作为基肥外，生长旺盛阶段应该每隔10天追施一次富含磷、钾的稀薄液体肥料。

❷ 开花前增施磷肥，可令花开繁茂，花色鲜艳。

❸ 开花后要适当进行摘花并及时追施肥料。

❹ 冬季植株处于半休眠状态，不要施肥。

新手提示： 施肥前一天，需暂停浇水一次，使盆土收水；施肥后需用清水喷淋叶片；肥料以粪肥、饼肥和化学复合肥交替使用为宜。

修剪

应经常剪去植株基部的枯黄叶片，以促进新叶萌发及植株的新陈代谢。

百子莲因开花后结子众多而得其名，其叶丛浓绿光亮，花色明快别致，花形秀丽，花序大，适合盆栽作室内装饰，或露地栽植作花坛点缀植物。

凤尾兰

【花草名片】

◎学　名：*Yucca gloriosa*
◎别　名：凤尾丝兰、千手兰、剑叶丝兰、菠萝花。
◎科　属：百合科丝兰属，为多年生常绿多肉植物。
◎原产地：最初产自北美洲东部和东南部地区，现广泛栽培于长江流域，华北地区也有栽培。
◎习　性：喜温暖湿润、阳光充足的环境，比较耐严寒，耐阴，既耐旱又耐湿。
◎花　期：5~9月。
◎花　色：乳白色。

花言草语

凤尾兰是一种很古老的植物，据说凤尾兰这个名字的由来和"凤凰涅槃"有关。相传凤凰是凡间幸福的使者，它负责收集凡间所有的不快和怨恨愁怒。每过五百年，它就要"集香木以自焚"，以换取凡间的幸福和欢乐。凤凰在经历了这样的痛苦和轮回后，便附在更美好的躯体上从而得到重生。有一次凤凰涅槃失败后，一时找寻不到新的身体，于是就势附在旁边的一棵植物上。之后凤凰就破土而出，获得了重生。那株植物也开出随着凤舞而摆动的凤尾兰。因此凤尾兰的花语就是"盛开的希望"。

净化功能

凤尾兰的叶片硬挺，上面还有一层厚厚的蜡质层，对空气中的有害气体如二氧化硫、氟化氢、氯气、氨气等都有很强的抗性和吸收能力。有实验证实，凤尾兰能够在二氧化硫日平均浓度达到0.15毫升/立方米的环境中保持良好的生存状态，而松柏、迎春、泡桐等树木都会出现不同程度的受害症状。此外，凤尾兰也有较强的吸收氟化氢的能力，1千克凤尾兰的干叶能够吸收氟266毫克。

选盆

栽植凤尾兰时对花盆的要求不高，素烧盆、紫砂盆、塑料盆均可。但盆的口径要偏大，因为凤尾兰的植株往往相对较大。

新手提示：每3~5年换盆一次，换盆最好在春季进行。

择土

凤尾兰对土壤没有太高的要求，除了盐碱地之外都能够正常地生长。一般来说，以肥沃疏松的沙壤土为佳。

温度

凤尾兰比较耐严寒，所以冬季可以将植株放在室外的背风向阳处；或者将植株移到室内，保持3～5℃的温度。

病虫防治

❶ 凤尾兰常见的病害有褐斑病、叶斑病和炭疽病，褐斑病和叶斑病可用70％甲基托布津可湿性粉剂1000倍液喷洒；炭疽病可用80％炭疽福美可湿性粉剂300倍液或75％百菌清可湿性粉剂1000倍液喷施，每周喷施一次，连续喷3～4次。

❷ 凤尾兰常见的虫害有介壳虫、粉虱和夜蛾，可用40％氧化乐果乳油1000倍液喷杀。

繁殖

凤尾兰常用分株法和扦插法进行繁殖。

施肥

凤尾兰对肥料没有太大的要求。一般来说，冬夏两季不用施肥，春、秋季各施1～2次氮磷钾复合肥即可。

修剪

❶ 要随时剪掉植株上的病害枝、枯枝和残叶。

❷ 花谢后应及时地剪掉花梗。

❸ 遇强风后要及时将植株扶正。

栽培

❶ 盆底放些碎瓦片，以利于排水。

❷ 放入一些基肥，然后撒上一层培养土。

❸ 将凤尾兰放入盆中，扶正，从四周填充培养土，并轻轻压实。

❹ 浇透水。

光照

凤尾兰喜欢阳光充足的环境，所以平时要放在光照充足且柔和的场所。

浇水

凤尾兰虽然非常耐旱，但是在湿润的环境中会有更好的长势，所以平时还是要记得浇水，尤其是在植株的生长旺盛期，要注意保持土壤的湿润。

❶ 夏季每天早晚各浇一次水。

❷ 立秋后每天浇一次水。

❸ 冬季每一个月左右浇一次水。

> **新手提示：** 当凤尾兰处在幼苗期时，若使用凉茶浇灌，会生长得更快。

摆放建议

凤尾兰既可观花，又可观叶，其花色洁白，叶片翠绿有质感，是一种极佳的室内观赏盆栽。可放在阳台、窗台、客厅、书房，还可以栽植在庭院中。

孔雀草

【花草名片】

◎学名：*Tagetes patula*
◎别名：小万寿菊、杨梅菊、臭菊、红黄草。
◎科属：菊科万寿菊属，一年生草本植物。
◎原产地：原产于墨西哥、危地马拉等地。
◎习性：较耐旱，适应能力强，喜温暖、光照充足的环境，但在半阴处也能开花。它对土壤和肥料的要求不严格。孔雀草在春秋两个季节里生长状况良好，在炎热的夏季和寒冷的冬季会长势不好。
◎花期：6～8月。
◎花色：红黄色、黄色、橙色。

孔雀草的花朵随着日出而开，随着日落紧闭，并且随着太阳的移动而转动，因此它原本叫"太阳花"，后来这个称号被向日葵抢去就改叫孔雀草了。孔雀草的花语是"晴朗的天气"，引申为"开朗、活泼"。现在，我国一些城市大量使用孔雀草作为城市扮靓的主流花卉。因为它花色繁多、绚丽可爱，又具有较强的环境适应能力，且花期从"五一"一直延续到"十一"，一般来说，春、夏、秋三季都可利用孔雀草盛开的花卉装饰花坛。

选盆

栽种孔雀草时使用盆径为20厘米的陶盆、瓷盆或塑料盆均可。

净化功能

孔雀草具有净化空气、吸附灰尘的作用，能够有效减少居室内空气中的浮尘。同时，孔雀草的精油含量较高，昆虫都不愿意接近它，因而具有驱除蚊虫的作用。

择土

孔雀草耐旱不耐湿，因此使用松软、透气，排水性能好的沙质土更有利于它的生长。

栽培

❶ 孔雀草种子的发芽率较低，用一般的播种方法发芽率仅为10%～30%。因此栽培孔雀草时最好先用箱子育苗。
❷ 将培养土喷湿，把种子直接播种在土表上。在土壤上覆盖稻草或报纸，这样既可以遮光，又能保持土壤润湿。土壤需要常常浇水，不能让表土干燥，等种子出苗后将覆盖物拿开即可。一般来说，播种2～5天后胚芽即会显露。
❸ 待幼苗长出5～6片真叶时，可定植到口径为20厘米的花盆中。

温度

孔雀草的生长适温是15～25℃。孔雀草耐一定的低温，环境温度为5℃以上孔雀草就不会被冻害，不过北方的冬季较为严寒，最好置于温度较高的室内养护。孔雀草畏高温，夏季炎热会使其长速减慢，而且开花数量也会减少，因此要适当为其降温增湿。

摆放建议

孔雀草的盆栽适合摆放在庭院里或者阳台上。

浇水

❶ 在孔雀草的快速生长期要防止其湿度过高，最好等土壤干透后再浇水，但是土壤也不能过干以免植株枯萎死亡。

❷ 孔雀草在多雨季节要避免露天放置，以免盆内积水。

光照

孔雀草喜光照，春秋两季最好将其放在阳光能够直射的地方，夏季需避免阳光直接照射，正午前后要适当遮阴。

施肥

如果是用普通土壤栽培的孔雀草，可把复合肥混入土壤作基肥。如果是用人工合成的营养土栽培的孔雀草，在其生长期内最好每隔5~10天施肥一次，当气温低于18℃则最好不要使用铵态氮肥。

病虫防治

❶ 土壤的pH值会影响孔雀草的健康，当pH值过低时，叶片上会出现坏死的斑点，此时可在38千克水中加入0.4526千克的石灰加以调节。孔雀草常见的病害有褐斑病、白粉病等，注意浇水、清除病叶、及时喷洒锈粉宁等杀菌药可有效防治。

❷ 红蜘蛛是孔雀草常见的虫害，可用20%三氯杀螨醇乳油500~600倍喷杀。

修剪

❶ 在孔雀草枝叶茂盛时要适当修剪，否则其容易因通风不良而闷热枯死。

❷ 盛夏时，孔雀草的花量比较少，可以进行全面修剪。

繁殖

孔雀草可采用播种、扦插等方式进行繁殖。

景天三七

【花草名片】
- ◎学名：*Sedum aizoon*
- ◎别名：土三七、旱三七、墙头三七、见血散、血山草、破血丹、六月淋。
- ◎科属：景天科景天属，多年生肉质草本植物。
- ◎原产地：亚洲东部，目前在我国广泛分布与栽培。
- ◎习性：喜阳光，不耐潮湿，耐寒性强，在华北地区可露天越冬，耐瘠薄土壤。野生的景天三七多生长在石质山坡上、灌木间、林间，或草甸、草甸草原上。
- ◎花期：7～8月。
- ◎花色：黄色。

净化功能 景天三七对空气中的有毒气体，如氟化氢、二氧化硫等有较强的抵抗能力。

选盆 景天三七忌水涝，选择排水、透气性能良好的瓦盆即可。

择土 排水性能良好的肥沃沙质土壤最适宜它的生长。此外，可在土壤中拌上少量粗沙以利排水。

栽培 ❶ 一般使用分株法或扦插法。
❷ 用分株法种植，一般需要在春季植株发芽前或者秋季10～11月时进行栽种。挖出健康植株的根茎，以每丛带2～4芽从根茎处分开，将其种植到花盆中即可。
❸ 用扦插法种植，最好在植株的生长季节进行栽种。选择健康的景天三七植株，剪取它的地上茎（每段10～15厘米），将其插于准备好的花盆中，保持土壤润湿即可。

温度 景天三七耐寒性强，冬天寒冷季节将其移至屋檐下避开霜雪在0℃左右也不会被冻坏。

新手提示： 北方地区，冬天最好将其移至温暖的室内，并在土壤表面覆盖一层稻草或报纸以保暖保湿。

光照 景天三七喜光照，在其生长期最好将植株放置在阳光充足的地方，冬天最好将其放置在背风向阳处。

施肥 景天三七无须经常施肥，一般来说2～3个月施肥一次即可。肥料也不用太过苛求，只要充分腐熟，按1：5加水配比即可。

浇水 景天三七的环境适应能力比较强，不需要经常浇水也能生长茂盛。不过盛夏炎热时，最好每天浇一次水。

病虫防治 景天三七基本无病虫害。

繁殖 景天三七可通过分株、扦插、播种法繁殖。

修剪 景天三七耐修剪，家庭盆栽时除了修剪掉过于浓密的枝叶外，可按照个人喜好修剪成形。

摆放建议 景天三七最好放置在庭院内，或者向阳的阳台、窗台上。

第五章

17种活氧杀菌的健康花草

很多花卉具有的抑制或杀死细菌、真菌的功能，有些绿色植物同时对细菌、真菌具有抑制或杀死功能。利用这一功能栽植适当的绿化植物，可使大气中细菌数量下降。一方面可以使花卉周围空气中灰尘减少，细菌失去滋生的场所，从而使细菌数量下降；另一方面植物的分泌物本身也具有杀菌作用。

蔷薇

【花草名片】
- ○学名: *Rosa multiflora*
- ○别名: 多花蔷薇、雨薇、刺红、刺蘼。
- ○科属: 蔷薇科蔷薇属，为落叶灌木。
- ○原产地: 最初产自中国华北、华中、华东、华南和西南区域，在朝鲜半岛和日本亦有分布。
- ○习性: 喜欢光照充足的环境，也能忍受半荫蔽的环境。能忍受干旱，怕水涝，比较能忍受寒冷，具有很强的萌发新芽的能力，经得住修剪。
- ○花期: 5～6月。
- ○花色: 红、粉、黄、紫、黑、白等色。

杀菌功能

蔷薇所散发出来的香味和释放出来的挥发性油类，能显著遏制肺炎球菌、结核杆菌和葡萄球菌的生长与繁殖，还能令人放松神经、缓解精神紧张和消除身心的疲乏劳累感。

选盆

需要两个盆。最好选用透水、透气性良好的泥瓦盆或紫砂盆。花盆尽量选择尺寸大一些的，便于根系伸展。

栽培

❶ 在一个花盆里铺8～10厘米厚的砻糠灰土泥，浇水拍实。

❷ 在蔷薇母株上剪一条20厘米长的嫩枝，去叶。

❸ 将嫩枝插入砻糠灰土泥，扦插的深度为3厘米左右。

❹ 立即浇透水。第一个星期应保持花盆内有充足的水分，以后可逐渐减少浇水的数量和次数。

❺ 半个月后，将嫩枝连同新生的根系一并掘出，敲掉根部泥土，剪掉受伤和过长的根须。

❻ 将嫩枝移入装有沙质土壤的花盆里定植，定植深度不宜太深，以花土刚盖住根茎部为宜。

新手提示: 在春天、夏初及早秋时节进行的扦插繁殖比较容易成活。为提高扦插的成活率，可在扦插前先用小木棒插一下花盆里的砻糠灰土泥，以防止硬物损伤嫩枝基部组织。

浇水

❶ 移栽的新株需一次性浇足水。

❷ 蔷薇怕涝，耐干旱，养护期间浇水不宜过勤过量。

❸ 蔷薇开花之后浇水不宜过量，使土壤"见干见湿"即可。

❹ 炎夏干旱期间应浇2~3次水。

❺ 立秋至霜降期间应浇1~2次水。

温度

蔷薇喜欢温暖，也比较能忍受寒冷，在我国华北和华北以南区域，皆可在室外顺利过冬。

繁殖

蔷薇可采用播种法、扦插法、分株法和压条法进行繁殖，其中播种法及扦插法比较常用。

病虫防治

在湿度大、通风不畅且光照条件差的情况下，蔷薇易得白粉病及黑斑病。一旦发现病情应马上剪除病枝，并喷施浓度较低的波尔多液或70%甲基托布津可湿性粉剂1000倍液，以避免病情进一步蔓延。

施肥

❶ 蔷薇嗜肥，新植株定植时应施用适量腐熟的有机肥。

❷ 3月可以施用以氮肥为主的液肥1~2次，以促使枝叶生长。

❸ 4~5月可以施用以磷肥和钾肥为主的肥料2~3次，以促使植株萌生出更多的花蕾。

❹ 花朵凋谢后可再施一次肥，以后便停止施肥。

摆放建议

蔷薇可盆栽摆放在客厅、阳台、天台等向阳的地方。

花言草语

蔷薇的花语是完美的爱情与爱的想念，绽放的蔷薇会引发人们对爱情的向往。尽管蔷薇花会凋落，然而人们内心的爱却永远不会凋零。蔷薇象征着恋的开始、爱的信约。

不同品种的蔷薇具有不同的花语：火红色蔷薇的花语是热恋，深红色的是只想与你在一起，粉色的是爱的约誓，黄色的是永久的微笑，白色的是纯真的爱情，而野蔷薇的花语则是浪漫的爱情，等等。

择土

需要两种土。一种是砻糠灰，一种是含有丰富腐殖质的沙质土壤。

光照

蔷薇喜欢光照充足的环境，每天最少要有6个小时的光照时间。

修剪

❶ 蔷薇萌生新芽的能力很强，需及时修剪整形，以免植株遭受病虫害的侵袭。

❷ 在开花后应及时把已开完花的枝条剪掉，以减少养分损耗。

新手提示： 要及时修剪掉纤弱枝、干枯枝和病虫枝，以促进植株萌生新的枝条。

月季

【花草名片】

◎ **学名**：*Rosa chinensis*

◎ **别名**：月月红、月生花、四季花、斗雪红。

◎ **科属**：蔷薇科蔷薇属，为蔓状与攀缘状常绿或半常绿有刺灌木。

◎ **原产地**：最初产自北半球，近乎遍布亚、欧两个大洲，中国为月季的一个原产地。

◎ **习性**：喜欢光照充足、空气循环流动且不受风吹的环境，然而光照太强对孕蕾不利，在炎夏需适度遮光，喜欢温暖，具一定的忍受寒冷的能力。可以不断开花。

◎ **花期**：5～10月。

◎ **花色**：红、粉、橙、黄、紫、白等单色或复色。

杀菌功能　月季可以散发出挥发性香精油，能够将细菌杀灭，令负离子浓度增加，让房间里的空气保持清爽新鲜。

择土　月季对土壤没有严格的要求，但适宜生长在有机质丰富、土质松散、排水通畅的微酸性土壤中。排水不良和土壤板结会不利其生长，甚至会导致其死亡。含石灰质多的土壤会影响月季对一些微量元素的吸收利用，导致它患上缺绿病。

选盆　种月季以土烧盆为好，且盆径的大小应与植株大小相称。如果是用旧盆，则要洗净；如果用新盆，则要先浸潮再使用。

栽培

❶ 选取一根优质的月季枝条（以花后枝条为好），剪去枝条的上部，将余下的枝条约每10厘米剪截一段，作为一根插穗，保留上面3～4个腋芽，不留叶片或仅保留顶部1～2片叶片。

❷ 将插穗上端剪成平口，下端剪成斜口，剪口需平滑。

❸ 将插穗下端浸入500毫克/升的吲哚丁酸溶液3～5秒，待药液稍干后，立即插入盆土中。

❹ 入盆后要浇透水分，放置遮阴处照料，大约一个月后即可生根。

新手提示： 入盆后的前10天要勤喷水，保持较湿的环境；10天后见干再喷，保持稍干的湿润状态。

施肥

月季不适宜太早对其施用肥料，否则会损伤新生根系，一般在栽种一个半月后开始施用肥料。早期应多施用氮肥，以促使植株加快生长；在生长季节内，月季会数次萌芽、开花，耗费比较多的养分，应施用2~3次肥料。

新手提示： 在气温较高的7~8月不能施用肥料；进入秋天后则应减少氮肥的施用量，增加磷肥和钾肥的施用量；进入冬天后应施用一次底肥，日常也可以结合浇水施用较少的液肥。

温度

月季喜欢温暖，比较能忍受寒冷，大部分品种的生长适宜温度白天是15~26℃，晚上是10~15℃。若冬天温度在5℃以下时，月季便会步入休眠状态；若夏天温度连续在30℃以上时，大部分品种的开花量会变少，花朵品质会下降，植株会进入半休眠状态。

繁殖

月季可以采用播种法、扦插法、嫁接法、分株法和压条法进行繁殖，其中以扦插法及嫁接法最为常用。

病虫防治

月季的常见病为黑斑病，可每隔7~10天交叉喷洒50%多菌灵可湿性粉剂300倍液、70%托布津可湿性粉剂800倍液各一次。喷药时间一般为上午8~10点和下午4~7点。

光照

月季喜欢阳光充足，每日要求接受超过6小时的光照方可正常生长开花。在炎夏若光照时间太长或阳光太强烈，则不利于月季的花蕾发育，花瓣也容易干燥枯萎，要为其适度遮光。

浇水

新种植好的月季第一次应浇足水，次日浇一次水，七日后再浇一次水，之后可根据天气情况来确定浇水的量和次数。

修剪

❶ 刚种植好的裸根苗应进行修剪，不管是在立秋以后还是春天之初，这样可使枝条的蒸腾量减少，更利于成活。

❷ 冬天修剪不适宜太早，不然则会引致萌发，易使植株受到冻害。通常留存分布匀称的3~5个健康、壮实的主干，把剩下的都剪掉。

摆放建议

月季花颜色艳丽、花期长，可盆栽或插瓶摆放在窗台、天台、阳台、餐厅、客厅、卧室、书房等处，也可以直接在庭院里栽培。

玫瑰

【花草名片】

◎学名：*Rosa rugosa*

◎别名：刺玫花、湖花、笔头花、徘徊花。

◎科属：蔷薇科蔷薇属，为落叶木本植物。

◎原产地：最初产自中国东北、华北区域，在朝鲜和日本亦有分布。

◎习性：喜欢光照充足、通风顺畅的环境，在阴暗、遮蔽和通风不畅的地方会生长不好。能忍受寒冷和干旱，不能忍受水涝。为浅根性植物，萌生新芽的能力很强，生长得较为迅速。

◎花期：5～8月。

◎花色：红、紫红、紫、白等色。

杀菌功能　玫瑰所散发出来的挥发性油类及其芳香的气味既可以令人放松、愉悦，有助于睡眠，有明显的杀灭细菌的作用，可以显著地压制肝炎球菌、结核杆菌、葡萄球菌等的生长与繁殖。

选盆　玫瑰多行露地栽培，如果是盆栽，则对花盆的要求较高，最好选用透气性良好的泥盆。

栽培
❶ 选取一根成熟的带有3～4个芽的玫瑰枝条，剪下。
❷ 将枝条插入盆土中，浇透水分。
❸ 将花盆放置在蔽光的地方，并要保证盆土处于潮湿状态。
❹ 大约一个月后，枝条即可长出根来。

新手提示： 玫瑰每年至少于早春换盆或倒盆一次，换盆时需添加肥料。

光照　玫瑰喜欢光照充足，每日最少需要6小时的阳光照射方可以开出品质特别好的花朵。它略能忍受半荫蔽环境，不适宜长时间荫蔽，不然会导致生长不好，令枝叶纤弱，花蕾既少又小，花朵香气淡化。

温度　玫瑰的生长适宜温度是15～25℃，其抵御寒冷的能力非常强，冬天大气温度降至-20℃时也不会遭受冻害。

繁殖　玫瑰可以采用播种法、扦插法、分株法、压条法和嫁接法进行繁殖。

择土

玫瑰具有比较强的适应能力，对土壤没有严格的要求，在微碱性土壤里也可以正常生长，然而在排水通畅、有肥力、土质松散的沙质壤土中长得最好。

施肥

玫瑰较嗜肥，一般每年要施用4次肥料。春天需施用以氮为主、氮磷相结合的速效肥，比如磷酸二铵、尿素等；4月中旬到5月下旬应适时追施合适量的速效复合肥；在开花期间施用一次肥料，能促使枝条加快生长；在叶片凋落后到进入冬天之前需施用一次有机底肥，不能施用速效氮肥。

新手提示： 每次施用肥料时如果土壤较干旱，皆要在施完肥后浇一次透水。

摆放建议

玫瑰可以盆栽摆放在客厅、书房，也可以制成瓶插装点居室。

病虫防治

玫瑰易患锈病和各种虫害。

❶ 玫瑰患上锈病后，尽早把染病的枝条剪掉即可。

❷ 玫瑰的虫害主要是金龟子、天牛及红蜘蛛等危害，可喷洒0.5%辛硫磷颗粒剂就能有效防治金龟子危害；在5～6月喷洒0.5%螨死净与0.125%三氯杀螨醇进行防治。

浇水

❶ 在生长季节可以每1～2日浇水一次。

❷ 在酷热的夏天或干旱季节，需每日浇一次水；在雨季则需留意及时排除积水，防止发生涝害。

修剪

❶ 冬春修剪一般于玫瑰叶片凋落后到萌芽前进行，主要是进行疏剪，每丛留存4～5个粗大健壮的枝条，每枝保留1～2个侧枝，每个侧枝上保留2个芽进行短截，以促使其萌生新枝。

❷ 花后修剪一般是在鲜花采集完后进行，主要被用来疏除长势较强、枝条稠密的株丛的过密枝、交叉枝和重叠枝。

紫薇

【花草名片】

◎学名：*Lagerstroemia indica*

◎别名：红薇花、百日红、满堂红、五里香。

◎科属：千屈菜科紫薇属，为落叶灌木或小乔木。

◎原产地：最初产自中国华南、华中、华东及西南各个省。

◎习性：为阳性树种，喜欢阳光充足，能忍受强烈的阳光久晒，略能忍受荫蔽。能忍受干旱，畏水涝和根部积聚太多的水。喜欢温暖的气候，抵御寒冷的能力不太强。具有很强的萌生新芽的能力，长得比较缓慢，寿命较长。

◎花期：6～10月。

◎花色：鲜红、粉红、紫或白等色。

杀菌功能

紫薇可以抵抗二氧化硫、氯气、氯化氢及氟化氢等有毒气体的侵袭，可以吸滞粉尘，还可以很好地遏制致病菌的繁殖。紫薇所散发出来的挥发性油类还能明显遏制致病菌的繁殖，在5分钟内便能将致病菌杀死，比如白喉杆菌及痢疾杆菌等。

选盆

栽种紫薇宜选用体型偏大一些的紫砂陶盆或釉陶盆。

择土

紫薇适宜在含有石灰质的土壤及有肥力、潮湿、排水通畅的沙质土壤中生存。

栽培

❶ 紫薇移栽常在秋季落叶后至春季萌芽前进行，移植紫薇时尽量带土球移植，以保护须根。

❷ 将紫薇花种埋入盆土中，然后覆一层细泥土，覆土厚度以看不到种子为准。

❸ 浇透水分，再盖上一层薄膜。

❹ 大约经过10天，紫薇就能萌芽，这时要马上把薄膜揭开，让其正常生长。

温度

紫薇喜欢温暖的环境，然而同时也具有一些抵御寒冷的能力。我国北方栽培时，仅需于过冬前对植株进行裹草保护便可在室外过冬。若要把盆栽紫薇移入室内料理，室内温度控制在5～10℃就可以。

新手提示： 冬天室温也不可太高，不然植株会提早萌芽，不利于春天的生长。

施肥

紫薇嗜肥，早春需结合浇水施用一次春肥，最好是施用腐熟的有机肥，并配施磷肥；3月上旬需施用抽梢肥，将氮、磷、钾肥结合起来施用；5月下旬到6月上旬需施用磷、钾肥一次，能令枝条粗壮、叶片嫩绿，促使植株开花；7月下旬及9月上旬分别施用花期肥一次，适宜施用饼肥水，能令花朵颜色娇艳；进入秋天后需减少施肥量和施肥次数；冬天植株步入休眠状态后，不要再对其施用肥料。

光照

紫薇喜欢阳光充足，不畏强烈的阳光久晒，阳光强烈会使其开花繁茂。所以，它在生长期内一定要接受充足的阳光照射，盆栽紫薇可以摆放在阳台或室外朝阳的地方。

修剪

❶ 冬末修剪时要将全部萌蘖枝、稠密枝、病弱枝、干枯枝及交叉重叠枝剪掉，并把徒长枝削掉1/3，老枝只保留基部约10厘米。

❷ 在生长季节修剪的时候，不可修剪或短截春天萌生的新枝，不然容易导致枝条只生长不开花。

❸ 在开花前将纤弱枝、徒长枝剪掉，能促使植株孕蕾。

❹ 在开花后则要尽早把未落尽的花剪掉，勿让其产生种子，以降低营养的消耗量，促使植株萌生新的枝条及开花。

新手提示： 紫薇具有很强的萌生新芽的能力，且其花朵生长于当年萌生的春梢顶端，树冠常不齐整，故要时常对其修剪整形，主要于冬天之后进行。

病虫防治

紫薇易患白粉病。此病发生在叶嫩梢和花蕾上，病后叶嫩梢和花蕾扭曲变形，且患病处覆一层白粉。可以喷洒80%代森锌可湿性粉剂500倍液，或70%甲基托布津可湿性粉剂1000倍液进行处理，每隔10天喷一次，共喷3~4次。

新手提示： 家庭盆栽紫薇应及时摘除病叶，并将盆花放置在通风透光处。

繁殖

紫薇可以采用播种法、扦插法和分株法进行繁殖。

浇水

❶ 紫薇能忍受干旱，不能忍受水涝，畏根部积聚太多的水。

❷ 在春天发芽前对植株浇1~2次充足的水，在生长季节令土壤处于潮湿状态，如此就能大体上保障紫薇对水分的需求。

摆放建议

紫薇姿态优美，多用于庭院美化，也可盆栽放置阳台等朝阳处。

茉莉花

【花草名片】
- ◎学名：*Jasminum sambac*
- ◎别名：茉莉、奈花、玉麝。
- ◎科属：木樨科茉莉属，为常绿小灌木或藤本状灌木。
- ◎原产地：最初产自印度、巴基斯坦、伊朗等国家，如今我国长江流域以南和西南、华中区域广泛栽植。
- ◎习性：喜欢温暖、潮湿、光照充足且通风流畅的环境，略能忍受荫蔽。怕寒冷和干旱，不能忍受霜冻与水涝。
- ◎花期：6～10月。
- ◎花色：花初开为白色，即将凋谢时具浅紫色晕。

杀菌功能

茉莉花所释放出来的挥发性油类，能够明显杀死和遏制葡萄球菌、肺炎球菌、结核杆菌、痢疾杆菌及白喉杆菌等的生长繁殖。茉莉可以将空气里的氧化物吸收掉，其芳香可以减少房间里的异味，还可以令人精神愉快，非常有利于睡眠。然而由于它的花香比较浓厚，不适宜在近处闻太久，不然会产生相反的效果。

选盆

栽种茉莉花宜选用素烧盆或釉面盆，塑料盆也可。

栽培

❶ 在花盆底部铺上碎瓦片，可装到盆容量的1/3。

❷ 在瓦片上加少许土壤，将植株放入盆中，一手持植株茎秆，让根系均匀分布于盆中；一手填土。

❸ 当填土至一半时，将植株略为向上提一下，让根系充分舒展。

❹ 填完土后，将土轻轻压实，浇透水。

❺ 将盆花摆放在略荫蔽的地方7～10天，防止太阳光直接照射，此后可以渐渐见光。

新手提示： 栽植时深度应适度，过浅，根露其外，不利于植株的稳定和生长；过深，根系因通气不良，亦生长不良。覆土至根颈为度。

光照

茉莉喜欢阳光，对光照有较严格的要求，不管是在室内抑或在室外栽植，皆要有足够的光线照射。

温度

茉莉花喜欢温暖、潮湿的气候，可适应较高的温度，不能忍受寒冷，其生长适宜温度是25～35℃。当温度低于10℃时，茉莉花生长得非常慢，甚至处于停滞状态。

新手提示： 冬天温度在5℃以下时，茉莉花的枝叶容易受到冻害，若持续过久便会导致植株死亡。

施肥

茉莉嗜肥，而且开花时间长，需肥量较大，在生长季节可以每周施用一次肥料。另外，它还喜欢酸性土壤，可以每周浇施1：10的矾肥水一次。

择土

茉莉花适宜在腐殖质丰富、土质松散、有肥力、排水通畅的酸性沙质土壤中生长，在碱性土壤中生长不良。

繁殖

茉莉花可采用扦插法、压条法及分株法进行繁殖。

浇水

❶ 茉莉喜欢潮湿，不能忍受干旱，怕水涝，若盆土太湿容易导致根系腐烂及叶片凋落，严重时还会造成全株死亡，因此浇水一定要适时适量。

❷ 春天的4～5月，茉莉抽生新枝、长出叶片，不需太多的水，可以每2～3天浇水一次，正午前后浇，且要以"见干见湿，不干不浇，浇则浇透"为原则。

❸ 5～6月是茉莉的春花期，浇水可以稍多一些。

❹ 炎夏的6～8月气温较高、阳光强烈，茉莉的生长势强，需要大量的水，可以在清晨和傍晚分别浇水一次，并朝叶片表面和花盆四周地面上喷洒水，以提高空气相对湿度。

❺ 秋天温度下降，植株需要的水量也有所减少，每1～2天浇水一次即可。

❻ 冬天植株进入休眠期，应严格掌控浇水的多少，令盆土维持略潮湿状态就可以，如果盆土太湿则会影响植株安全过冬。

摆放建议

茉莉花香清雅，可以直接栽种在庭院观赏，也可以盆栽或制成盆景用来装饰客厅、书房、卧室、阳台。

病虫防治

茉莉花的病害主要是白绢病和虫害。

❶ 茉莉花患上白绢病后，要及时将患病的植株拔掉，并使用40%菌核净或25%施保克500～800倍液浇灌植株根际或喷施进行处理。

❷ 茉莉花的主要虫害是介壳虫、红蜘蛛等，防治时可喷施40%氧化乐果乳油1500～2000倍液灭杀，7～10天后再喷施一次即可。

修剪

❶ 每年在搬出室内之前及开花之后皆需对茉莉进行一次修剪整形，将纤弱枝、枯老枝、稠密枝和病虫枝剪掉。

❷ 在春天更换花盆时需注意摘心整形，这对日后花枝变多、株形饱满很有利；在生长季节应常疏剪长得太稠密的老叶片，能促使腋芽萌生。

❸ 在10月开花的鼎盛期过后，应进行重剪，以促使新枝梢长得齐整健壮。

桂花

【花草名片】

◎学名：*Osmanthus fragrans*

◎别名：月桂、金桂、岩桂、木樨。

◎科属：木樨科木樨属，为常绿阔叶灌木或小乔木。

◎原产地：最初产自中国西南地区，广西、广东、云南、四川及湖北等省区都有野生，印度、尼泊尔、柬埔寨亦有分布。

◎习性：为阳性树，喜欢阳光，在幼苗阶段具一定的忍受荫蔽的能力。喜欢温暖、通风流畅的环境，具一定的抵御寒冷的能力。

◎花期：9～10月。

◎花色：深黄、柠檬黄、浅黄、黄白、橙、橘红等色。

杀菌功能

桂花所散发出来的挥发性油类有明显的杀灭细菌的功能，可以很好地遏制葡萄球菌、肺炎球菌及结核杆菌的生长与繁殖，可以减少房间内不正常的气味，净化空气，令人精神愉快。

桂花的叶片纤毛可以截下并吸滞空气里的悬浮微粒与烟雾灰尘；可谓"天然的除尘器"。

选盆

栽种桂花宜选用较深的紫砂陶盆或釉陶盆，尽量不用塑料盆。

择土

桂花对土壤没有严格的要求，但适宜生长在土层较厚、有肥力、排水通畅、腐殖质丰富的中性或微酸性沙质土壤中，在碱性土壤中会生长不良。

新手提示： 如果土壤的酸性太强，则植株会长得很慢，叶片会变得干枯、发黄；如果使用碱性土壤，2～3个月后便会造成叶片干枯、萎蔫或死亡。

栽培

❶ 先在花盆底部铺上一层河沙或蛭石，以利通气排水，然后再铺上一层厚约2厘米的泥炭土或细泥，高达盆深的1/3。

❷ 将桂花的幼苗放进盆中（根部要带土坨），填入土壤，轻轻压实。

❸ 栽好后要浇透水分，然后放置荫蔽处约10天，即可逐渐恢复生长。

修剪

❶ 在冬天应及时剪掉纤弱枝、重叠枝、徒长枝及病虫枝等，以改善通风透光效果。

❷ 树冠太宽、生长势旺盛的植株，可以把上部的强枝剪掉，留下弱枝。

❸ 枝条太稠密、生长势中等的植株，则需仔细疏剪、适当保留枝梢。

施肥

桂花嗜肥，有发2次芽、开2次花的特性，需要大量肥料。一般春季施1次氮肥，夏季施1次磷、钾肥，使花繁叶茂，入冬前施1次越冬有机肥，以腐熟的饼肥、厩肥为主。忌浓肥，尤其忌施粪尿。定植后的幼苗阶段应以"薄肥勤施"为施肥原则，主要施用速效氮肥。

繁殖

桂花可采用播种法、扦插法、压条法及嫁接法来繁殖。

浇水

❶ 桂花不能忍受干旱，可是也怕积聚太多水，因此在栽植期间应格外留意浇水的量及次数，通常以"不干不浇"为浇水原则。

❷ 在新枝梢萌生前浇水宜少，在雨季及冬天浇水也宜少。

❸ 在夏天和秋天气候干燥时，则浇水宜多一些。

❹ 刚种植的桂花应浇足水，并以常向植株的树冠喷洒水为宜，以维持特定的空气相对湿度。

❺ 在植株开花期间应适度控制浇水量，但是不宜让土壤过于干燥，不然易使花朵凋落。

新手提示：平日浇水时，今土壤的含水量约维持在50%就可以。

光照

桂花喜欢阳光，可是在幼苗阶段也具一定的忍受荫蔽的能力。盆栽植株在幼苗阶段时，可以把其置于室内有散射光且光线充足的地方；成龄植株则需置于光照充足的地方。

温度

桂花喜欢温暖，具一定的抵御寒冷的能力，然而不能忍受极度的寒冷。它的生长适宜温度是15~28℃，冬天要搬进房间里过冬，室内温度最好控制在0~5℃。

摆放建议

桂花可直接栽种在庭院里观赏，也可以盆栽摆放在阳台、客厅、天台等光线较好的地方，还可以制成盆景、瓶插装点居室。

病虫防治

桂花的病害主要为炭疽病和红蜘蛛虫害。

❶ 当桂花患上炭疽病时，叶片会渐渐干枯、发黄，然后变为褐色。此时应马上把病叶摘下并烧掉，同时加施钾肥和腐殖肥，以增强植株抵抗病害的能力。

❷ 红蜘蛛虫害在温度较高、气候干燥的环境中经常发生，被害植株的叶片会卷皱，严重时则会干枯、凋落，每周喷施40%氧化乐果乳油2000~2500倍液一次，连续喷施3~4次即可灭除。

丁香

【花草名片】

◎学名：*Syringa oblata*

◎别名：紫丁香、情客、鸡舌香、百结。

◎科属：木樨科丁香属，为落叶小乔木或灌木。

◎原产地：主要生长于亚洲温带和欧洲东南部区域，中国原产有23种。

◎习性：为弱阳性植物，喜欢温暖、光照充足的环境，略能忍受荫蔽。比较能忍受干旱，许多品种也有一定的抵御寒冷的能力。喜欢潮湿，怕水涝，若积聚太多的水会引发病害或导致整株死亡。

◎花期：4～5月。

◎花色：紫红、紫、浅紫、蓝紫、蓝、白色等。

花言草语

在我国，丁香已经具有一千余年的栽植历史，是我国最常见的欣赏花木中的一种。它在百花争艳的农历二月开放，花朵繁多、花色娇艳、花香浓厚，很受人们的喜欢。

在文学界，丁香是忧伤郁结的代称。晚唐诗人李商隐在《代赠》中以"芭蕉不展丁香结，同向春风各自愁"一句，抒发了青年女子想念恋人的真实感情。现代诗人戴望舒所写的《雨巷》一诗，里面的"我希望逢着一个丁香一样地结着愁怨的姑娘"一句，早就成了备受人们称赞和传颂的美妙诗句，戴望舒也因此诗得到了"雨巷诗人"这个高雅的名号。

杀菌功能

丁香花释放出来的香气里包含丁香酚等化学物质，对杀死白喉杆菌、肺结核杆菌、伤寒沙门氏菌及副伤寒沙门氏菌等病菌很有成效，可以净化空气、防止传染病的发生，治疗牙痛效果也很明显。

应留意的是，丁香花晚上会散布很多对嗅觉具有强烈刺激作用的极细小的颗粒，对高血压及心脏病的病人造成比较大的影响，因此不适宜将其置于卧室里。

选盆

栽种丁香宜选用透气性能好的瓦盆，也可用大型花盆或木桶栽种。

择土

丁香对土壤没有严格的要求，有很强的适应能力，最适宜在土质松散、有肥力且排水通畅的中性土壤中生长，不可栽植在强酸性土壤中。

新手提示：盆栽丁香一般用黑山土，俗称兰花泥。

繁殖

丁香可采用播种法、扦插法、分株法、压条法及嫁接法进行繁殖。

修剪

❶ 春天通常于芽萌动之前对丁香花修剪整形，包括剪掉稠密枝、干枯枝、纤弱枝和病虫枝等，同时适当留存更新枝。

❷ 如果不用留种子，在花朵凋谢后应尽早把未落尽的花及花穗剪掉，这样能降低营养成分的损耗量，以促使植株萌生新枝及形成花蕾。

❸ 夏天修剪枝条应采取短截措施，以促使植株加快生长。

浇水

❶ 丁香喜欢潮湿，怕水涝，通常不用浇太多水。

❷ 4～6月气温较高、气候较干，也是丁香花生长势强及开花繁密茂盛的一个时间段，需每月浇透水2～3次，以供给植株对水分的需求。

❸ 11月中旬到进入冬天之前应再浇3次水，以保证植株安全过冬。

施肥

丁香需肥量不大，不需对其施用太多肥料，不然会令枝条徒长，不利于开花。通常每年或隔年开花后施用一次磷钾肥和氮肥就可以了。

新手提示：冬天根据需要可以再加施磷钾肥一次。

光照

丁香喜欢光照充足的环境，但不宜长期暴晒。

温度

丁香虽喜欢温暖的环境，但许多品种具有一定的抵御寒冷的能力。

病虫防治

丁香的病虫害非常少，常见的是蚜虫、刺蛾和袋蛾危害，发病时皆可喷施25%亚胺硫磷乳油1000倍液或40%氧化乐果乳油800～1000倍液。

栽培

❶ 在花盆底部铺一层粗粒土，作为排水层，然后置入部分土壤。

❷ 将丁香的幼苗置入花盆中，继续填土，轻轻压实，浇透水分。

❸ 上盆后放置于阴凉处数日，然后再搬到适当位置正常养护。

新手提示：种植好后需马上浇透水一次，此后每隔10天浇透水一次，连续浇3～5次植株才能存活。需留意的是，每次浇完水后皆应及时翻松土壤，以促使植株尽快长出新根。

摆放建议

丁香可直接栽种在庭院里观赏，也可以用大型花盆或木桶栽种，用来装饰客厅、阳台。

含笑

【花草名片】
◎学名：*Michelia figo*
◎别名：香蕉花、酥瓜花、笑梅、烧酒花。
◎科属：木兰科含笑属，为常绿灌木或小乔木。
◎原产地：最初产自中国广东及福建一带，如今由华南到长江流域各个省都广泛栽植。
◎习性：喜欢温暖、潮湿的气候及通风顺畅的环境。喜欢半荫蔽，畏强烈的阳光久晒。忌水涝，不能忍受干旱，不耐寒。
◎花期：3～6月。
◎花色：花朵呈淡黄色，花瓣边缘具紫纹，花瓣基部内侧有紫色晕。

杀菌功能

含笑释放出来的挥发性芳香油，对杀灭肺炎球菌及肺结核杆菌都很有成效。

光照

含笑喜欢半荫蔽的环境，不能忍受强烈的阳光久晒，在夏天阳光强烈时应适度进行遮蔽，秋天气候凉爽后可多接受一些光照，在冬天则要摆放在房间内朝阳且通风良好的地方。

选盆

栽种含笑花宜用中深的紫砂陶盆或釉陶盆。

择土

含笑不能在贫瘠的土壤中生长，喜欢有肥力、土层较厚、透气性好且排水通畅的微酸性土壤，在中性土壤里也可以正常生长，然而在碱性土壤中会生长不好，容易患黄化病。

新手提示：盆栽的时候，培养土可以用腐叶土4份、厩肥3份和河沙3份来混合配制。

栽培

❶ 在花盆底部铺上一层薄瓦片，扣住排气孔，再放入一层约1厘米厚的粗沙或碎石子。
❷ 将含笑的幼苗放在盆中央，把土壤逐次放入盆中，并加以摇动，使根系与土壤密切接合，轻轻压实，注意盆土距盆沿应留有约2厘米的距离。
❸ 入盆后需浇透水分，置于阴处3～5天后，才能让其逐渐见弱光。

浇水

❶ 含笑不能忍受干旱，喜欢潮湿，然而也畏水涝，如果浇水太多或下雨后遭受涝害，易使其根系腐烂或发生病虫害，故浇水要把握"见干见湿"的原则。
❷ 在上盆后应浇透水一次，日后伴随着气温增高及生长变快，浇水的量与次数也要渐渐增多。
❸ 春天每隔1～2天浇水一次即可。
❹ 夏天气温较高、天气酷热时，需每日清晨和傍晚分别浇水一次，并朝植株叶片表面和花盆周围喷水，以提高空气相对湿度，维持潮湿环境。
❺ 秋天和冬天不用浇太多水，令盆土维持稍潮湿状态就可以。

温度

含笑喜欢温暖的环境，不能抵御寒冷，其生长适宜温度白天是18~22℃，晚上是10~13℃，成龄苗可忍受−2℃的低温，如果温度在−2℃以下则容易遭受冻害。

新手提示：冬天要将含笑移入温室内过冬，当室内温度高于10℃的时候，冬天植株也可开花，然而香气不浓。

施肥

含笑嗜肥，可以每隔7~10天施用浓度较低的饼肥水一次，肥料要完全腐熟。施用肥料的总原则为：春天和夏天植株生长势强，可以多施用肥料；秋天植株长得很慢，宜少施用肥料；冬天植株步入休眠或半休眠状态，则不要再施用肥料。

修剪

❶ 为了令含笑多开花，令树冠内部通风流畅、透气性好，使植株长得健康壮实，可以于每年更换花盆及盆土时，及开花期结束后适度进行修剪，主要是将稠密枝、细弱枝、干枯枝和徒长枝剪掉。

❷ 在花朵凋谢后若不保留种子，应尽早把幼果枝剪除，以降低营养成分的损耗量。

病虫防治

含笑的病害主要是叶枯病、立枯病和介壳虫害。

❶ 患上叶枯病时，应尽早把病叶剪除并放在一起焚毁，彻底断绝侵染源，并喷洒50%托布津可湿性粉剂800~1000倍液进行处理。

❷ 患上立枯病后，需使用0.5%波尔多液喷施植株的茎叶，喷完后用清澈的水冲洗植株即可有效处理。

❸ 当介壳虫害不严重时，可以人力用刷子刷掉；当处于幼虫孵化期时，喷施40%氧化乐果乳油2000倍液即可灭除。

繁殖

含笑可采用播种法、扦插法、分株法、压条法及嫁接法进行繁殖，其中以扦插法与压条法最为常用。

摆放建议

含笑所散发出来的香味具有杀灭空气中多种病菌的作用，特别适合摆放在卫生间。盆栽含笑也可以用来装饰书房、客厅、卧室和门厅。此外，还可以将含笑制作成插花装点居室。

紫罗兰

【花草名片】

◎学名：*Matthiola incana*

◎别名：草桂花、草紫罗兰、四桃克。

◎科属：十字花科紫罗兰属，为一二年生或多年生草本植物。

◎原产地：最初产自欧洲地中海沿岸，如今世界各个地区都广泛栽植。

◎习性：喜爱冬天温暖、夏天凉爽的气候，喜欢光照充足、通风流畅的环境，也略能忍受半荫蔽，夏天怕炎热。具一定程度的抵抗干旱与寒冷的能力。

◎花期：4~5月。

◎花色：蓝紫、深紫、浅紫、紫红、粉红、浅红、浅黄、鲜黄及白等色。

杀菌功能

紫罗兰花朵所释放出来的挥发性油类有明显的杀灭细菌的功用，对葡萄球菌、肺炎球菌、结核杆菌的生长繁殖也有明显的遏制功能，可以有效保护人体的呼吸系统。紫罗兰淡雅的花香可以令人身心轻松、爽朗愉快，非常有助于人们的睡眠，同时对人们工作效率的提升也很有帮助。

选盆

栽种紫罗兰通常选用透气性良好的泥盆，尽量不用瓷盆和塑料盆。

择土

紫罗兰对土壤没有严格的要求，然而比较适宜在土层较厚、土质松散、有肥力、潮湿且排水通畅的中性或微酸性土壤中生长，不能在强酸性土壤中生长。

新手提示： 盆栽时的培养土可以用2份腐殖土、2份园土及1份河沙来混合调配。

栽培

❶ 在花盆中置入土壤，轻轻摇晃，使土壤分布均匀。

❷ 将紫罗兰的种子置入盆土之上，不用覆土，因为紫罗兰的种子喜光，但也不可暴晒。

❸ 浇透水分，将花盆移置于阳光充足、通风性良好的地方养护。

修剪

在花朵凋谢后应尽早将未落尽的花剪掉，以避免损耗养分，对植株的再次抽生新枝、开花及正常生长发育造成不良影响。

施肥

对紫罗兰不适宜施用太多肥料，否则会造成植株徒长，影响开花。另外，也不适宜对它施用过多氮肥，要多施用磷肥和钾肥。在生长季节可以每隔10天对植株施肥一次，在开花期间及冬天则不要施用肥料。

温度

紫罗兰喜欢冬天温暖、夏天凉爽的气候，夏天怕炎热，冬天具一定程度的抵御寒冷的能力，但如果气温在−5℃以下，则适宜将其搬进房间里过冬。

光照

紫罗兰喜欢光照充足，也略能忍受半荫蔽的环境，在生长季节需要充足的阳光照射与顺畅的通风条件，不然容易引起生理性病害，令植株生长不好。

浇水

❶ 紫罗兰的叶片质厚，气孔的数目比较少，而且整株都披生茸毛，有一定程度的抵抗干旱的能力，所以浇水不适宜太多，令土壤维持潮湿状态就可以，若水分太多易导致植株的根系腐烂。

❷ 通常应把握"见湿见干"的浇水原则，当土壤表层干燥变白时则需马上对植株浇水。

新手提示：紫罗兰幼苗长出6～8枚真叶时，控制浇水，会出现两种不同颜色的叶片。

花 言 草 语

在欧美各个国家，紫罗兰非常流行且很受人们的喜欢。它的花香柔和、清淡，欧洲人用其制作成的香水，非常受女士们的喜爱。此外，在中世纪的德国南部地区，还存在着一种把每年第一束新采摘下来的紫罗兰高高悬挂在船桅上，以庆贺春天返回人间的风俗习惯。

病虫防治

紫罗兰的病害主要是花叶病、白锈病和菜蛾虫害。

❶ 花叶病主要是经由以桃蚜与菜蚜为主的40～50种蚜虫来传播毒素，也能经由汁液来传播。一旦紫罗兰出现病情，要马上灭除蚜虫，可以喷施植物性杀虫剂1.2%烟参碱乳油2000～4000倍液或内吸药剂10%吡虫啉可湿性粉剂2000倍液来处理。

❷ 紫罗兰患了白锈病后，在生长季节可以喷施敌锈钠250～300倍液或65%代森锌可湿性粉剂500～600倍液来处理。

❸ 紫罗兰受到菜蛾危害后，可利用菜蛾成虫具有趋光性这一特点，使用黑光灯来进行诱杀。在虫害发生之初，可以用20%灭多威乳油1000倍液，或75%硫双威可湿性粉剂1000倍液进行喷施来处理。

繁殖

紫罗兰采用播种法进行繁殖，通常于8月中下旬到10月上旬进行。

摆放建议

紫罗兰可盆栽摆放在客厅、阳台、天台等光线好的地方。

石竹

择土　石竹喜欢在有肥力、土质松散、排水通畅且石灰质丰富的土壤或沙质土壤中生长，也略能忍受贫瘠，不能在黏性土壤中生长。

> **新手提示：** 用花盆种植的时候，培养土可以用6份园土、2份沙土和2份堆肥来混合调配。

栽培
❶ 播种繁殖通常于8～9月进行。
❷ 把种子播种到盆中，播后盖上厚1厘米左右的土，浇足水并令土壤维持潮湿状态，温度控制在20～22℃。
❸ 播种后5天便可萌芽，10～15天便可长出幼苗。
❹ 苗期的生长适宜温度是10～20℃，当小苗生出4～5枚真叶的时候就能进行分盆定植，次年春天便可开花。在南方地区常在春天播种，夏天或秋天便可开花。
❺ 栽后通常每隔1～2年要更换一次花盆和盆土，多于春天进行。

> **新手提示：** 石竹分盆时，第一遍定根水必须浇透，以后隔2～3天，根据情况再浇水。

【花草名片】
◎**学名：** *Dianthus chinensis*
◎**别名：** 中国石竹、五彩石竹、石菊、绣竹。
◎**科属：** 石竹科石竹属，为多年生草本植物。
◎**原产地：** 最初产自中国。摩纳哥把它定为国花。
◎**习性：** 喜欢光照充足、干燥、通风顺畅和凉爽的环境，能忍受寒冷和干旱，不能忍受炎热，畏多湿及积水。
◎**花期：** 4～9月。
◎**花色：** 粉红、红、大红、紫红、紫、浅紫、蓝、黄、白或杂色。

杀菌功能　石竹所散发出的香味对葡萄球菌、肺炎球菌、结核杆菌的生长及繁殖还有显著的抑制作用。

温度　石竹生长期要求光照充足，宜将其摆放在阳光充足的地方；夏季以散射光为宜，避免烈日暴晒。炎夏温度较高、天气酷热的时候，要留意为植株适当遮蔽阳光、降低温度，不然会生长不好或干枯萎缩。冬天要把它放在房间里朝阳的地方料理，房间里的温度控制在8～10℃就可以。

花言草语

石竹在中国具有十分久远的栽植史，在明朝的《花史》中便有关于种植石竹的记录。石竹品种众多，花朵颜色鲜艳美丽，一直备受人们的喜欢。宋朝诗人王安石就非常喜欢石竹，然而又同情它不被人们所重视和赞赏，于是赋诗道："春归幽谷始成丛，地面芬敷浅浅红。车马不临谁见赏，可怜亦解度春风。"除了可供观赏之外，石竹的全株还能用作药物，具清除内热、促进排尿等功用。

石竹的花语为纯洁的爱、才能、热心、大胆及女性美。同一属的香石竹，也称作康乃馨，为赠给母亲之花。

选盆

选择泥盆、塑料盆、陶盆皆可，花盆的口径可以依照植株的大小来确定，每一盆最好种植2~3株，以便于存活及观赏。

光照

石竹喜欢光照充足的环境，能抵御寒冷，不能忍受炎热，在生长季节要置于朝阳且通风顺畅的地方料理。

修剪

当植株生长至15厘米高的时候可以将顶芽摘掉，以促使其萌生更多的分枝。如果分枝太多，则要适度摘掉腋芽，以防止营养成分不集中，令花朵变小。在植株开花之前需尽早把一些叶腋部位的花蕾除去，以确保顶花蕾开得繁密茂盛、颜色鲜艳。

繁殖

石竹可采用播种法、扦插法及分株法进行繁殖。

施肥

在植株的生长季节，可以大约每隔10天施用腐熟的浓度较低的液肥一次。

病虫防治

❶ 石竹的病害主要是锈病，用50%萎锈灵可湿性粉剂1500倍液喷施就能有效防治。

❷ 石竹的虫害主要是红蜘蛛危害，用40%氧化乐果乳油1500倍液喷施即可杀除。

浇水

❶ 石竹能忍受干旱，不能忍受多湿及积水，在生长季节令盆土维持潮湿状态就可以。

❷ 夏天多雨时期要留意及时清除积水、翻松土壤。

❸ 冬天对植株要适度少浇一些水，令盆土保持"见干见湿"的状态就可以。

新手提示：雨季要留意防止发生涝害，以避免植株的根系腐烂。

摆放建议

石竹花颜色鲜艳，适合用来装饰客厅、书房和卧室，盆栽可以摆房在窗台、阳台、桌案和花架上。

柠檬

【花草名片】
◎学名：*Citrus limon*
◎别名：柠果、洋柠檬、益母果。
◎科属：芸香科柑橘属，为常绿小乔木
◎原产地：原产于印度、中国西南地区、缅甸西南部和北部、喜马拉雅山南麓的东部地区。
◎习性：喜欢温暖湿润、有光照、通风良好的环境，比较耐寒。
◎花期：4~5月。
◎花色：淡紫红色、白色等。

杀菌功能　柠檬的果皮中含有一种叫作黄酮类的化合物，这种化合物可消灭空气中的多种病原菌，起到净化空气的作用。

选盆　栽种柠檬可选瓦盆、瓷盆、木桶等，其中以瓦盆为佳。一般来说，盆的口径不小于24厘米，盆高不低于18厘米，盆底部最好有3个排水孔。

繁殖　南方地区常用嫁接法繁殖，北方地区常用扦插法繁殖。

择土　柠檬对土壤的选择性不高，只要肥沃、排水良好，无论在沙质土壤或黏质土壤中均可生长。但以腐殖质土壤为最佳，在中性或微碱性土壤中也能生长良好。

栽培
❶ 将盆底的排水孔用瓦片垫好，再铺一层4~5厘米厚的培养土，培养土中最好拌少量的磷酸钙。
❷ 将柠檬放入盆中，摆开根系，扶正，填入培养土至盆口处，埋土的同时，用手轻轻提苗，再把盆土压实。
❸ 浇足水，放在通风、半阴的地方。
❹ 一星期后将盆栽移入日照充足的地方，进行日常管理。

新手提示：盆栽的柠檬由于盆土少，营养供给非常有限，时间一长，土壤就会缺乏肥力，导致开花少，结果也不多。如果想让柠檬每年都能正常开花并结出硕果，最好每年都翻盆换土一次。

施肥
❶ 柠檬喜肥，平时应多施薄肥。
❷ 植株发芽前施一次液肥，以后每7~10天施一次以氮肥为主的液肥。
❸ 生长期间每周施肥一次，可有机肥与复合肥交替使用。
❹ 入秋后，果实黄熟，此时要少施肥，让土壤保持湿润略微偏干的状态，否则会提前落果，缩短观赏时间。

新手提示：北方的土质偏碱，施肥时可在液肥中加入硫酸亚铁，配制成微酸性营养液。

温度　柠檬适宜温度为23~29℃，若超过35℃植株会停止生长，若低于-2℃植株就会受到冻害。所以最好在霜降前将柠檬移入室内。

病虫防治

柠檬具有很强的抗病虫害的能力，尤其是在北方，气候干燥，病虫害更少。常见的病害有煤烟病，常见的虫害有介壳虫、红蜘蛛、蚜虫及凤蝶幼虫4种。

❶ 煤烟病可用清水擦洗或喷50%多菌灵可湿性粉剂1500～2000倍液。

❷ 若发现介壳虫，可用小刷将虫刷除或喷加水100～150倍20号石油乳剂杀灭。红蜘蛛可用50%三氯杀螨醇1000倍液喷杀。蚜虫可用40%乐果乳油1500倍溶液喷杀。凤蝶幼虫可人工捕捉，卵块可用手刮掉。

新手提示：若想预防病虫害，做到未雨绸缪，可每半月喷花药一次，时间为上午9点左右，下午4点左右，正午时分不宜喷洒。

修剪

❶ 春季，枝条发芽前，要除掉枯枝、病虫枝、徒长枝、交叉枝等，对强枝弱剪，留4～5个饱满芽；对弱枝强剪，只留2～3个芽，促使每个枝条多发健壮的春梢。

❷ 夏季要将过长的枝梢和一些衰退的枝条剪掉。

❸ 柠檬开花之前要先摘去部分花蕾，花谢、坐果后，再摘掉一些位置不当的幼果，这样可集中有限的养分供给品质比较优良的花、果，使果实长得更大更好。

❹ 柠檬结果的时候植株营养状况往往比较好，一些枝条会长出一些新的枝条，此时要及时剪掉新长出的枝条，否则会流失营养，影响果实的长大。

❺ 冬季，应"删密留疏，去弱留强"，剪去枯枝、短截弱枝和徒长枝。

浇水

❶ 春季是柠檬抽嫩芽、发新枝、含苞待放的时候，此时要适量浇水。

❷ 夏季日照强烈，气温偏高，会蒸腾掉大量的水分，要多浇水。

❸ 秋季为满足果实的生长需要，也要有充足的水分。

❹ 晚秋与冬季则要保证盆土偏干。

光照

每天应使植株接受充足柔和的光照，在柠檬开花后至挂果前，若中午气温超过30℃，应该遮阴3小时左右。

摆放建议

柠檬是一种喜光的树种，可摆放在有阳光照射的阳台、客厅、天台等，也可在庭院中栽植。

白兰花

【花草名片】
◎学名：*Michelia alba*
◎别名：黄桷兰、白缅桂、白兰、把兰。
◎科属：木兰科含笑属，为常绿大乔木花卉。
◎原产地：最初产自喜马拉雅地区，如今北京和黄河流域以南地区都有栽培。
◎习性：喜欢光照充足、温暖、湿润的环境，宜通风良好，不耐寒，不耐阴，不能在烈日下暴晒。
◎花期：6～10月。
◎花色：白色或略带黄色。

杀菌功能

白兰花有着浓郁的香气，放在室内可以起到香化居室的作用。同时，白兰花中含有一些芳香性的挥发油，抗氧化剂和杀菌素等物质，可以净化空气。

选盆

白兰花宜选用瓦盆或紫砂盆。花盆要选用口径略大的浅盆。

新手提示：换盆时间最好在4月下旬或5月上旬，每2～3年换盆一次。每次换盆要使用比原来规格大一号的盆。

择土

白兰花适合在疏松、肥沃、排水良好的微酸性土壤中生长，不宜长期在碱性土壤中生长。

栽培

❶ 把盆底的孔开大，放几块碎瓦片作为排水层。
❷ 在排水层上铺一层厚约3厘米的培养土。
❸ 放入3～4片马蹄片作为基肥，然后再铺上一层培养土。
❹ 将白兰花放在盆中，扶正，填充培养土，然后压实。
❺ 浇透水，放在荫蔽处，平时可向叶面喷水。半个月后移至室外阳光充足的地方，正常养护即可。

施肥

白兰花叶片阔大、花期花开不断，所以要及时地补充肥水。一般来说，初春以氮肥为主，夏秋季以磷钾肥为主。

如果长期施无机肥，会使盆中的土壤板结，不利于根系呼吸，所以施肥时最好有机肥、无机肥交替使用，或者混用。

新手提示：5～10月是白兰花的生长旺盛期，为了满足其喜酸性的习性，可以每周施一次稀薄的硫酸亚铁水溶液。

修剪

白兰花的萌芽力较差，所以枝条不多，一般不需修剪。
❶ 10月份将花盆移到室内时，要进行一次修剪，将病枯枝、徒长枝、过密枝剪掉。
❷ 4月份将花盆移到室外前，可适当摘掉一些长在枝条底部的老叶，这样有利于嫩叶的生长和开花。
❸ 在花含苞待放时适当摘除一些叶片，这样可使花蕾大，花期长。

温度

白兰花不耐寒，除华南地区以外，其他地区最好在10月份将花盆移到室内光照充足处，室温5～15℃的房间内。

新手提示： 冬季将花盆移入室内时，不要将花放在热源附近，否则嫩叶会因光照、水肥不足而脱落。

光照

白兰花是一种喜光植物，适宜在阳光充足的地方生长，如果光照不足，开花就比较困难，即使开花也会花稀香淡；同时也不能将植株放在烈日下暴晒，否则会灼伤叶片。

❶ 春季、中秋以后、冬季应该将植株放在阳光充足的地方充分接受日照。

❷ 夏季、初秋上午9点以前和下午6点以后可放在光照充足的地方，其余时间应该放在半遮阴处，尤其要避免受到中午的强光直射。

病虫防治

❶ 白兰花主要的病害有黄化病、炭疽病。黄化病可用0.2%硫酸亚铁水溶液喷洒叶面，每5～7天喷一次；炭疽病可用50%多菌灵可湿性粉剂500倍液，每5～10天喷洒一次。

❷ 白兰花的主要虫害有红蜘蛛、介壳虫等。介壳虫可用竹片刮除；红蜘蛛可用50%三硫磷1000倍液喷洒防治。

浇水

白兰花的根系是肉质的，既怕涝，又怕旱，所以平时要适时适量地浇水，这是养好白兰花的关键。

❶ 春季将花盆移到室外时要浇一次透水，以后每周浇一次透水。

❷ 夏季早晚各浇水一次，如果天气过于闷热，可以在植株周围喷清水来降温。如果正午时分盆中土壤的温度偏高，又碰到阵雨，盆中水温也开始升高，这时候要立即浇水降温，否则会伤害根系。

❸ 秋季每4～5天浇一次透水。

❹ 冬季每10天左右浇一次透水。

❺ 阴雨天气要少浇或不浇水，植株不能被雨淋，要随时倒掉盆内的积水，并将其放于阴凉通风处。

新手提示： 浇水宜用雨水、河塘水和存放过两小时左右的自来水。浇花的水温夏季要比土温略低，冬季要比土温略高。

繁殖

白兰花常用压条和嫁接法进行繁殖。

摆放建议

白兰花可以放在阳台、窗台等阳光充足的地方。因其惧怕烟熏，应放在空气流通处。

天竺葵

【花草名片】

◎ 学名：*Pelargonium hortorum*
◎ 别名：洋绣球、入腊红、石腊红、日烂红、洋葵。
◎ 科属：牻牛儿苗科天竺葵属，为多年生草本花卉。
◎ 原产地：原产于南非南部地区。
◎ 习性：喜欢阳光充足、温暖的环境，稍耐旱，怕积水，不耐炎夏的酷暑和烈日暴晒。
◎ 花期：10月~次年5月。
◎ 花色：红色、白色、粉色、紫色。

 杀菌功能　天竺葵能够散发出浓郁的香气，这种气味有安神、催眠的作用，能够消除疲劳、促进睡眠。天竺葵叶片中的挥发油物质还有杀菌的功效，可以净化室内的空气。

 选盆　天竺葵宜选用透气性好、排水良好的泥盆或陶盆，不宜选择塑料盆。

 择土　天竺葵对土壤的选择性不高，在各种土壤中均能生长，但以富含腐殖质的沙壤土生长为宜。

 栽培

❶ 将天竺葵幼苗上腐烂的根须剪掉。
❷ 在盆底放几块碎瓦片，以利排水。
❸ 铺上一层培养土，把天竺葵放在盆中，扶正，再从四周填充培养土。培养土最好选择混合着珍珠岩和蛭石的泥炭。
❹ 不能立即浇水、施肥，一般要7~8天后再浇肥水，避免根系的伤口水湿腐烂。

新手提示： 一般先栽在小盆中，待植株长大后换成较大的盆，这时候不用施入基肥，只需填充培养土。植株在从小盆换成大盆时，要先在盆底施一层基肥，再铺上一层培养土后放苗，这样可以避免根系与基肥直接接触。

 温度　天竺葵喜温怕寒，最适合的生长温度在15~25℃，温度过低，不利于花芽分化，导致花朵稀疏，甚至不开花；温度过高，也会导致生长不良。

北方的冬季，最好在霜降到来时把花盆移到室内，室内温度白天保持在10~15℃，夜间温度保持在8℃以上。南方的冬季，只需在立冬后将花盆移到避风向阳处保暖即可。

 **花言草语**

从天竺葵中可以提取出一种芳香的精油，这种精油有着多种多样的用途。

美容：天竺葵精油不仅能避免毛孔阻塞，还能洁净和紧致皮肤。只需在精油中加入牛奶进行搅拌，直至成为泥状，然后涂在脸上，10~15分钟后用温水洗净即可。

急救：天竺葵精油可以止住小腿抽筋，只需在抽筋时将腿泡在加有精油的热水中，就可以缓解疼痛。

安眠：睡觉前将天竺葵精油涂抹在肩颈、胸口和四肢，并在这些部位轻轻地按摩，可以提高睡眠质量。

光照

天竺葵适合在阳光充足的场所生长，若长期处在荫蔽的环境中，就会茎叶徒长，花蕾发育不良，以致不能正常开花，即使开花了也很容易枯萎。

❶ 夏季太阳光强烈，这时候要把花盆移到室内，或者进行遮光处理，避免其受到阳光直射。

❷ 冬季要把植株放在向阳处，接受充足的日光照射，每天的日照时间最好在4小时以上。

病虫防治

❶ 天竺葵常见的病害有叶斑病和花枯萎病，一旦发现后要马上摘除病叶和病花，防止感染蔓延，平时可用等量式波尔多液喷洒进行防治。

❷ 天竺葵常见的虫害有红蜘蛛、粉虱等，可用40%氧化乐果乳油1000倍液喷杀。

> **新手提示：**所谓"等量式"，就是硫酸铜和生石灰的用量比例相等，即硫酸铜、生石灰、水的比例为1：1：100。

修剪

天竺葵的生长速度很快，往往有比较多的分枝，所以对植株的修剪非常必要，一般每年都要对植株修剪3次以上。

第一次在早春，主要是剪掉过密或细弱的枝条；第二次在初夏，剪掉残花和谢花；第三次在立秋后，主要是对徒长枝和花后梗枝进行修剪造型，并去除老黄叶，使植株洁净美观。

施肥

天竺葵不喜大肥，施肥过多，天竺葵则生长过旺，不利于开花。一般来说每7～15天浇一次稀薄肥水即可。花期前也可以通过浇磷酸二氢钾800倍液来促进正常开花。

浇水

天竺葵稍耐旱、怕积水，所以平时浇水要适量。

❶ 6～7月植株停止生长，叶片老化，呈半休眠状态，此时要按时浇水，一般5～7天一次。

❷ 及时排出盆中的积水，防止烂根。

❸ 冬季浇水以"不干不浇、浇则浇透"为原则，盆中的土壤长期过湿，会导致叶片发黄脱落，还会影响开花，严重时甚至会烂根而死。

繁殖

天竺葵常用播种法和扦插法进行繁殖。

摆放建议

天竺葵的花期很长，栽培也比较容易，因此常被用来放在室内，点缀阳台、窗台及书房。

迷迭香

【花草名片】
- 学名：*Rosmarinus officinalis*
- 别名：海洋之露。
- 科属：唇形科迷迭香属，为多年生常绿小灌木。
- 原产地：最初产自地中海的干燥灌木丛、岩石区和空旷地带。如今在法国、西班牙、土耳其、塞尔维亚都有栽种。
- 习性：喜阳光充足、温暖干燥的环境，耐寒冷，耐贫瘠，耐干旱，怕积水。
- 花期：11月。
- 花色：蓝紫色。

杀菌功能

迷迭香能够散发出一种独特的香气，同时还能持续挥发精油，能起到杀菌、抗病毒的作用。若在室内放上一盆迷迭香，不仅香气四溢，还能够大大减少空气中的细菌和微生物。

择土

迷迭香对土壤的选择性不高，在中性或微碱性土壤中均能生长，但以富含沙质、排水良好的土壤为佳。

新手提示：盆中的营养土可用沙和土混合而成的土壤，并在其中掺入一些骨粉等石灰质材料。

选盆

栽种迷迭香适合选择多孔的素烧盆、瓷盆或紫砂盆，不能用排水、透气性能不好的塑料盆。因为迷迭香的根不耐热，所以盆最好又大又深。

新手提示：每年春季换盆一次。换盆时要特别小心，因为迷迭香的根系很细，很容易被伤到。

栽培

❶ 在盆底放几块碎瓦片，以利于排水。
❷ 在培养土中掺杂一些米粒大小的石头或珍珠石，这样可以加强土壤的排水性，防止土壤干结。
❸ 在盆中填充一些培养土，并把迷迭香放入盆中，扶正，让根系自由伸展，覆土，压实。
❹ 浇透水。

温度

迷迭香既耐寒又耐热，能适应的温度范围极大，其品种多数可耐-5℃的低温，有的甚至可耐-14℃的低温。迷迭香在炎热的夏季也能够正常生长，但在高温期间生长速度会变得比较缓慢。

迷迭香一般在20～30℃内都能生长良好。

光照

迷迭香在生长期间需要给予充足的阳光，这样才能让植株健康生长，如果环境过于荫蔽，枝叶就会徒长，最终导致植株日渐衰弱。

浇水

迷迭香比较耐旱，但若浇水过少，叶片会因缺水导致变薄变细，花的香味也不再浓郁。

❶ 若天气干燥，最好每天都浇水。

❷ 冬季一般以"不干不浇，浇则浇透"为原则，待盆中土壤变干后再浇水。

❸ 平时要避免盆中土壤积水，否则会根群腐烂、叶片失色直至脱落，严重时甚至会造成植株死亡。

修剪

迷迭香的每个叶腋都会生出一些小芽，这些小芽会渐渐地长成枝条，既破坏了株型的美观，还影响到植株内部的通风透光效果，因此最好定期修剪。

❶ 迷迭香生长缓慢，再生能力不强，所以修剪时要避免强剪，即每次修剪时不要剪超过枝条长度的一半。尤其是在修剪老枝时要特别小心，因为老枝的木质化速度很快，一下子剪掉太多会导致植株难以再发芽。

❷ 上盆后待植株长到15厘米长时，要及时摘心，这样可以促发新的枝条。

施肥

迷迭香比较耐贫瘠，不用经常施肥。每年只施用有机液肥3~5次即可。

病虫防治

迷迭香散发出的芳香气体有杀菌的作用，所以很少有病虫害。

繁殖

迷迭香通常以扦插法和播种法进行繁殖。

摆放建议

盆栽的迷迭香适合放在客厅、书房、卧室、阳台及窗台等地方，也可以在庭院中进行栽培。

番红花

【花草名片】

◎学名：*Crocus sativus*

◎别名：西红花、藏红花。

◎科属：鸢尾科番红花属，为多年生草本植物。

◎原产地：最初产自欧洲南部意大利及地中海沿岸。如今主要分布在西班牙、法国、西西里岛、伊朗等地区。

◎习性：喜欢阳光充足、温暖湿润的环境，较耐寒，怕酷热，耐半阴。

◎花期：10～11月。

◎花色：淡蓝色、红紫色、白色，常带紫斑。

杀菌功能

番红花有一股强烈的香气且性苦，能够起到杀菌、除异味的作用，能洁净室内的空气。同时番红花的香味还有抗氧化和放松身心的作用，对维护人的生理和心理健康大有裨益。

浇水

❶ 气候干旱的时候要适时浇水。

❷ 3～4月份春雨绵绵，盆中容易积水，土壤久湿，鳞茎很容易腐烂，最终导致叶片发黄，植株过早枯萎。所以雨后要记得及时排水。

❸ 入冬前要浇一次透水，以便安全越冬。

选盆

栽种番红花宜选择透气性能较好的泥盆，不能用塑料盆。盆的口径最好在15～20厘米。

择土

盆栽番红花最好选择富含腐殖质、疏松肥沃、排水透气良好的土壤。

栽培

❶ 番红花既可以用盆进行栽种，也可在水中栽培。

❷ 盆栽的时间一般选在9～10月份。

❸ 在盆底放几块碎瓦片，用来当排水层。

❹ 往盆中加入培养土，直至达到盆高的一半。

❺ 将番红花的鳞茎放入盆中。一般口径为15～20厘米的泥盆可栽种5～7块鳞茎。

❻ 在鳞茎上覆上一层苔藓，然后填充培养土。

❼ 浇透水并放在室外，待生根之后移入冷室内，室内的气温要略高于室外。

光照

❶ 夏秋两季，日照强烈，此时最好为植株遮去60%的阳光，否则会灼伤叶片，导致叶片干枯焦黄。

❷ 冬春两季，光照柔和，此时可将植株放在光照比较充足的地方。

温度

❶ 番红花最佳的生长温度在15℃左右，开花时的最佳温度在14～20℃。

❷ 番红花怕炎热，所以南方地区，若温度达到25℃，就要对植株进行适当地遮阴处理，这样有助于延长番红花的生长时间。

❸ 番红花也比较耐寒，可以忍受−18℃的低温，但如果低于这个温度，就要采取防寒措施，以免遭受冻害。番红花不宜长期处在低温中，否则会使植株生长不良、叶片枯黄、花朵稀疏，影响观赏。

施肥

❶ 番红花在生长旺盛期需要每15天追施一次稀薄的液肥。

❷ 孕蕾期还要施一些速效的磷肥，这样有利于开花。

繁殖

番红花常用分球法和播种法进行繁殖，但以分球法为主，因为种子繁殖所需的时间太长，一般需要栽培3～4年才能开花。

病虫防治

❶ 番红花在栽培过程中最常见的病害有菌核病、腐败病和腐烂病。菌核病，可用50%托布津可湿粉剂500倍液喷洒防治；腐败病，可用50%叶枯净1000倍液或75%百菌清可湿性粉剂500倍液喷洒进行防治；腐烂病，可用50%托布津1000倍液进行防治。

❷ 番红花常见的虫害是罗宾根螨，可用三氯杀螨醇喷杀。

修剪

为保持株形的优美，要随时剪掉枯枝、病害枝和残叶。

摆放建议

番红花株形矮小、花朵烂漫多姿，而且还散发着一股浓郁的香味，是点缀居室的好材料。可摆放在窗台、客厅以及餐桌上，也可露天栽培于庭院中。

素馨

【花草名片】
◎学名：*Jasminum grandiflorum*
◎别名：大花茉莉、素兴、四季馨。
◎科属：木樨科茉莉属，为常绿灌木。
◎原产地：最初产自于我国的华南和西南地区，现在南方有广泛的栽培。
◎习性：喜欢温和湿润的环境，喜阳光，也耐半阴，不耐霜寒、大风和干旱，不耐湿涝，怕酷暑烈日。
◎花期：5～10月。
◎花色：外部粉红色，内部白色。

杀菌功能

素馨有着一股强烈的香味，能分解空气中的异味，还能起到杀灭细菌的作用，从而有效地净化空气。

修剪

❶ 每年早春要将植株的侧枝剪短，这样可以萌发出更多的新枝，在花期到来时也会开出更多的花。

❷ 花期过后一个月左右要及时将花枝剪除，但剪花枝时尽量不要选在冷空气来袭时进行，因为花枝剪除后会萌发出新的枝条，而冷空气会冻坏新枝，使来年花开稀疏，影响观赏。

栽培

❶ 选择一根健壮的素馨枝条，去掉枝条顶部幼嫩的枝梢。

❷ 在盆底垫几块碎瓦片，当排水层。

❸ 施一层腐熟的基肥，并填充培养土。

❹ 取整根枝条的中点，将下半截插入培养土中，上半截保留2～4片小叶。

❺ 将植株放在荫蔽处养护，40天左右就可以发根。

新手提示：上盆的时间一般选在5～9月。

择土

盆栽素馨要用富含腐殖质且疏松肥沃、通透性能都比较好的微酸性土壤。

新手提示：这种微酸性土壤可用草炭土、腐叶土、松针土和素沙土进行调配。

选盆

栽种素馨时对盆的要求不高，泥盆、瓷盆、紫砂盆均可，但最好不要用透气性和排水性都不好的塑料盆。

新手提示：每年早春的时候最好翻盆换土一次。

温度

❶ 冬季要将植株移到室内，室温保持在10℃左右。

❷ 平时遇到气温偏低的天气，要适当采取一些防寒措施，以免植株受到冻害而导致叶片凋落、枝条枯萎。

光照

❶ 从4月下旬开始，将植株移到荫蔽处养护。

❷ 立秋后，将植株移到阳光充足的地方进行养护。

病虫防治

素馨因为本身香味浓烈，且有杀菌作用，因此几乎没有病虫害。

浇水

❶ 4月时，空气比较干燥，最好常向叶面及周围环境喷水，增加周围空气的湿度。

❷ 秋后要浇一次冻水，帮助植株安全越冬。

施肥

❶ 4月时，每15天左右追施一次液肥，这样可以让花开不断并且花朵繁多。

❷ 秋后追施1～2次氮磷钾复合肥。

繁殖

素馨通常采用扦插法和压条法进行繁殖，但以扦插法为主。

摆放建议

素馨花花色淡雅、素雅天然，而且花期很长，是一种不错的观赏品种。适合放在客厅、茶几、餐桌上。

花言草语

素馨是岭南的特有花卉，古时候，广州的很多风俗都与素馨有一定的联系。比如每年的七夕，很多人会乘坐放有很多素馨的小船泛游珠江；秋冬的时候每家每户都会悬挂素馨灯，谓之"火清醮"；妇女往往将素馨花放在水中煮，然后将煮出的汁液洗脸洗头，用来润泽肌肤、滋养头发；一些尚在闺阁中的女性喜欢用色彩缤纷的丝线将素馨串成梳子的形状，绕在头发上；家里举行宴会时，仆人手中都会拿着素馨球，如果有人喝醉了就可以用这个来醒酒。可见，素馨花在当时人们的日常生活中是多么普及，因此到了明清时期，广州一带种植素馨的规模达到了顶峰。清朝陈华有一首诗提到了当时种植素馨花的盛况："三十三乡人不少，相逢多半是花农。"

风信子

【花草名片】
- ◎学名：*Hyacinthus orientalis*
- ◎别名：洋水仙、西洋水仙、五色水仙、时样锦。
- ◎科属：风信子科风信子属，多年生草本植物。
- ◎原产地：南欧地中海沿岸及小亚细亚一带。
- ◎习性：喜冬季温暖湿润，夏季凉爽稍干燥，喜阳，也适宜在半阴的环境中生长。
- ◎花期：3月开花。
- ◎花色：紫色、白色、红色、黄色、粉色、蓝色。

杀菌功能　风信子能够吸收空气中的二氧化碳，释放氧气，还能消除异味，抑制细菌生长，从而起到清新空气的作用。风信子的花香还可使人神清气爽，缓解精神疲劳。另外，风信子能够从污水中吸收金、银、汞、铅、镉等重金属，可用来净化水中的有害金属。

择土　风信子喜欢土壤肥沃、有机质含量高的碱性土壤。

栽培
❶ 将种头种入盆内，然后盖上培养土，栽植深度一般为5～7厘米。
❷ 栽种后要浇透水分，保持土壤湿润，同时要注意增施磷、钾肥。
❸ 经过4个月左右即可开花，此后正常料理即可。

温度　风信子在生长过程中的适宜温度为5～10℃，开花期以15～18℃最适宜。如果温度高于35℃，植株会出现花芽分化受抑制，畸形生长，盲花率增高的现象；如果温度过低，又会使花芽受到冻害。

选盆　盆栽时宜选用泥盆，避免使用瓷盆或塑料盆，也可用玻璃瓶进行水栽。

浇水
❶ 在生长期需要不断浇水，每天浇一次。
❷ 平时每3～4天浇一次水，要经常保持盆土湿润。

光照　风信子喜阳，如果光照过弱，会导致植株瘦弱、茎过长、花苞小、花早谢、叶发黄等情况发生，此时可用白炽灯在一米远处补光；但光照过强也会引起叶片和花瓣灼伤或花期缩短。

施肥　风信子不喜肥，盆栽风信子只需于开花前后各施1～2次稀薄液肥即可。

病虫防治　风信子易患花叶病，该病表现为初期叶片产生条斑和斑块，严重时叶子黄化、扭曲，植株矮小，种球变小。防治时应加强对蚜虫等媒介昆虫的防治，效果才会好。

繁殖　繁殖风信子以分球繁殖为主，育种时用种子繁殖。

修剪　风信子花期过后，要把枯萎的花剪掉，注意叶子不能剪。

摆放建议　风信子适宜摆放在阳台、庭院等既通风，光照又好的地方。

第六章

15种食用养生的健康花草

诗人屈原有"朝饮木兰之坠露兮，夕餐秋菊之落英"的诗句，食用花草也不是什么新鲜的事情。菊花、茶花、桃花、兰花早已成为人们餐桌上的佳品。食用花草不仅有一定的养生功效，还别有一番情趣。

芦荟

【花草名片】
- ◎学名：*Aloe vera*
- ◎别名：狼牙掌、龙角、象鼻草、油葱。
- ◎科属：百合科芦荟属，为多年生肉质多浆草本植物。
- ◎原产地：最初产自印度干旱的热带区域和非洲南部、地中海一带，我国云南的沅江地区也有野生芦荟分布。如今世界各地区都有栽植。
- ◎习性：喜欢光照充足、温暖、半干旱的环境，也能忍受半荫蔽、干旱，但不能忍受寒冷。喜欢土质松散、排水通畅的沙质土壤，耐盐碱。
- ◎花期：2～4月。
- ◎花色：橙黄色、橙红色，有的呈紫色或带有斑点。

在很久以前的古埃及时期，芦荟的药用效果就已经被人们接受和承认，它还被称为"神秘的植物"。现在，有关芦荟的年代最久远的记录，是公元前1550年的古代埃及的医学书《艾帕努斯·巴皮努斯》，里面记录了芦荟对腹泻及眼病的医治效果。可见，早在3500多年前，芦荟便已经被视为药用植物了。

 食用方法

时下流行吃芦荟，对此，营养学家表示：芦荟虽好，食用也要讲究方法和适度。芦荟含有多种碳水化合物以及氨基酸、维生素、矿物质等成分，营养价值比价高，食用芦荟不但能补充微量元素，还能起到清热消火、排毒养颜的作用。食用芦荟的方法有很多，比如将芦荟做成色拉，或者将芦荟与肉类一起烹饪，另外还可以将芦荟作为原料入汤。但是，芦荟并不是吃得越多就越有利于健康，其间有一个适度的问题。芦荟性寒，吃多了会造成上吐下泻，一般的标准限量是每人每天不宜超过15克，孕妇、老人和儿童食用芦荟时更要谨慎。

 选盆

盆栽时宜选用泥盆，避免使用瓷盆或塑料盆，这两种盆的透气性较差，易导致植株烂根。

 栽培

❶ 把芦荟母株连同其周围新长出来的植株带根掘出。
❷ 轻轻敲掉芦荟根部的泥块，将新植株从母株地下茎上切离，剪除腐烂多余的根须。
❸ 把新植株竖直摆入花盆中扶正，向植株四周填充花土并轻轻压实。
❹ 待花土填到盆高2/3时，轻提新植株，使其根部伸展。继续填土、压实，直至花土达到盆沿下2厘米处。
❺ 浇透水，以花盆底部略滴水为准。

 择土

家庭进行盆栽前应先选择好土壤，通常使用等量的腐叶土和粗沙混合而成。在花盆的底部铺上瓦片，在瓦片上面铺放2～3厘米厚的炉灰渣、石块、碎砖等作为排水层，并在上面铺一层花土。

浇水

❶ 新栽的芦荟第一周不用浇水，要等新植株根部伤口结膜后再一次性浇足水。

❷ 芦荟忌水涝，给芦荟浇水应谨记"宁干勿湿"。

❸ 春秋两季芦荟长势较强，应该每隔5～7天浇一次水，采用向叶面喷水的浇水方法。

❹ 夏天气温高，蒸发量大，应每隔2～3天浇一次水，浇水量不宜过多。

❺ 芦荟在冬天基本上不用浇水，每隔15～20天往叶面上喷洒少量水即可。

❻ 最适合芦荟生长的土壤湿度是45%～80%，判别方法为：用手轻轻捏一下盆中的泥块，以泥块一捏即碎为最佳。

新手提示： 每年7～8月气温较高时，芦荟会进入短暂的休眠期，这时要掌控好水分，保持土壤相对干燥，否则容易导致芦荟根叶腐烂；10月后应把芦荟移到房间内朝阳的地方，并等到盆土完全干燥后再浇水。

温度

芦荟喜欢温暖环境，不耐寒，生长的适宜温度是20～30℃。冬天温度在10℃上下可以顺利过冬，若低于5℃就会被冻伤或冻死。

繁殖

芦荟的繁殖一般采用分株法或扦插法，其中分株法相对简单且成活率高。

病虫防治

在芦荟的生长季节，植株或叶片上可能会发生黑霉病，这时要注意减少浇水的数量和次数，并尽早在发病部位抹上硫黄，以避免病害向四周扩展延伸。

光照

芦荟喜欢阳光，也能忍受半荫蔽环境，在生长期内宜摆放在室外通风良好且阳光充足处。夏天酷热时应适度遮阴，以免植株被强光灼伤。

施肥

一般家养芦荟不需要施肥，只在生长季节每半月浇一次淘米水即可。如想让芦荟长得更茂盛，也可以每半月施用一次腐熟的稀释液肥，但切记肥料不宜太浓。

新手提示： 不宜在气温较高、天气炎热的伏天给芦荟施肥，否则会导致芦荟烂根。

修剪

芦荟的萌发力很强，耐修剪，只要保持株形好看即可。

摆放建议

一般家养芦荟均采用盆栽的方式。盆栽芦荟适合摆放在阳台、卧室、客厅等光照条件较好的地方，也适合摆放在书房的电脑旁。

仙人掌

【花草名片】

◎ 学名：*Opuntia stricta*

◎ 别名：仙巴掌、仙人扇、玉芙蓉、霸王树。

◎ 科属：仙人掌科仙人掌属，为多年生肉质植物。

◎ 原产地：最初产自美洲、非洲的沙漠及半沙漠区域。墨西哥把它定为国花。

◎ 习性：喜欢光照充足的环境，能忍受炎热的太阳、较高的温度和干旱，不能忍受荫蔽和寒冷，怕积水。

◎ 花期：6~7月。

◎ 花色：黄色。

花言草语

墨西哥是誉满全球的"仙人掌之国"，仙人掌被定为墨西哥的国花。传说，仙人掌是神赐给墨西哥人的。形态万千的仙人掌长在高原之上，哪怕环境很恶劣，它也始终充满生机。它坚强的生命力、坚毅的性格，恰是刚毅勇猛、百折不挠、无所畏惧的墨西哥人的象征。

仙人掌是墨西哥的一个标志，从墨西哥的国旗、国徽到货币上，皆有仙人掌图样。在离墨西哥首都不远的米尔帕·阿尔塔一带，每年的8月中旬还会举行仙人掌节，以展现仙人掌的风姿、宣扬仙人掌的精神。

食用方法

打算食用仙人掌时需 购买菜用仙人掌，选择生长15~35天的嫩片，色泽嫩绿，少刺或无刺，表皮有光泽，无皱折，以手掌大小为宜。制作菜肴的仙人掌首先应剔除小刺，选择锋利的薄菜刀可以很容易地把小刺削掉；如果仙人掌偏老，还可以适当削掉一些皮，使得口感更好。

仙人掌适合于凉拌、热炒、做馅等，也可炖食或做甜点、冷饮。

值得注意的是并非所有的仙人掌均可食，某些野生仙人掌是不可食用的，这应在选购时加以注意。

选盆

仙人掌对于花盆的材质没有特别的要求，但要注意透气性要好。

> 新手提示：花盆的大小深浅是栽种仙人掌必须考虑的问题，因为仙人掌的根系并不发达，如果土壤过多，则水分一时蒸发不了，易导致腐烂，因此要以"宁小勿大，宁浅勿深"这一原则来选盆。

择土

仙人掌对土壤没有严格的要求，但适宜在土质松散、有肥力且排水通畅的沙质土壤中生存，在贫瘠、黏重、水分积聚的土壤中则会生长发育不好。也可用20%的腐殖土与80%的沙粒来调配，或用腐叶土、园土、石灰石砾、粗沙及适量骨粉等来调配。

温度

仙人掌能忍受较高的温度，不能忍受寒冷，室内温度在2℃以上（含2℃）时就能顺利过冬。

浇水

❶ 平时浇水要以"不干不浇，干则浇透"为原则。

❷ 在生长期内应适当加大浇水量，如果排水良好，可以每日浇一次水。

❸ 在夏天温度较高时，以在上午9点之前或下午7点之后浇水为宜，正午温度较高时不可浇水，否则会导致植株的根系腐烂。

❹ 在冬天植株处于休眠期时，每1~2周浇水一次就可以。

❺ 对长有长毛的品种，留心不可把水直接浇到长毛上，否则会影响观赏性。

光照

仙人掌喜欢阳光，在生长季节需要充足的光照，然而夏天光照太强时要适度遮阴，防止强光直接照射灼伤植株；冬天要将植株摆放在房间里朝阳的地方。

病虫防治

仙人掌易患腐烂病，此病应以防为主。仙人掌要求环境干净、通风良好、光线充足、温度适中，这样才能正常生长。如果发现盆土渍水，则要立即扣盆，洗净根系并吹干；如果根系没有变色，须根的根毛完好无损，则可放置在半阴处观察两天；根系坏的地方可以剪去，晾干伤口后再栽；根系全部坏的要全部剪去。

栽培

❶ 从母株上选取一个优质的子株，进行切割。

❷ 将切割下来的子株放置通风处晾2~3天，然后插入盆土中，不用浇水，少量喷水即可。

❸ 子株移至盆中后大约7天，即可生根、成活。

新手提示：室内盆栽仙人掌，以选择小型、花多的球形种类为宜。

繁殖

仙人掌采用播种法及扦插法进行繁殖，播种繁殖通常于3~4月进行，扦插繁殖全年都能进行。

施肥

仙人掌需要的肥料比较少，主要是施用磷肥和钾肥，可每2~3个月施用一次。在生长季节每月以施用1~2次以氮为主的液肥为宜，并适量补施磷肥，可促进仙人掌的生长。但在仙人掌的根部受到损伤且没有恢复好时，以及当植株处于休眠期时，都不可施用肥料。

修剪

仙人掌长势较慢，根系不旺盛，利用修剪的方式能调整营养成分的妥善分派，使地下和地上部分的平衡关系得当。为了得到肥大厚实的茎节做砧木，要注意疏剪长势较差和被挤压弯曲的幼茎，每一个茎节上至多留存两枚幼茎，以保证仙人掌挺直竖立。

摆放建议

仙人掌可盆栽摆放在卧室、阳台、客厅等处，也可摆放在电脑旁用于减少电磁辐射对人体的伤害。有小孩的家庭最好将仙人掌摆放在高处，避免刺伤儿童。

菊花

【花草名片】
- ◎学名：*Dendranthema morifolium*
- ◎别名：金蕊、帝女花、九华、黄华。
- ◎科属：菊科菊属，为多年生宿根草本植物。
- ◎原产地：最初产自中国。
- ◎习性：喜欢阳光充足、清凉、潮湿且通风流畅的环境，比较能忍受极度的寒冷和霜冻。
- ◎花期：10～12月，也有夏天、冬天和全年开花等不一样的品种类型。
- ◎花色：红、黄、紫、绿、白、粉红、复色及间色等。

食用方法　菊花不仅有观赏价值，而且药食兼优，可以用来泡茶、煮粥、煮羹、制菊花糕等。菊花茶香气浓郁，提神醒脑，可放松神经、舒缓头痛、降低血压和胆固醇。经常使用电脑的上班族常饮菊花茶可以保养眼睛。

选盆　栽种菊花多选用淡色的浅口石盆，其石质为大理石、汉白玉等，这样看起来较为美观。

择土　菊花喜欢土层较厚、腐殖质丰富、土质松散、有肥力且排水通畅的沙质土壤，在微酸性至微碱性土壤上也可以生长。

栽培
❶ 在花盆底部铺上瓦片等物品，做成一个排水层，花盆底部应有比较大的排水孔，并需施进适量的底肥，然后置入土壤。
❷ 将菊花幼苗植到盆中，轻轻压实土壤，并浇足水。
❸ 把盆花摆放在背阴、凉爽的地方，待幼苗稍长高一点儿后即可移至朝阳处。

温度　菊花喜欢清凉，怕较高的温度和炎热，比较能忍受寒冷，生长适宜温度是18～25℃。

病虫防治　菊花的病害主要是叶斑病、锈病和虫害，虫害主要为蚜虫与红蜘蛛危害。
❶ 菊花患上叶斑病后，一定要及时摘下并毁掉病叶，同时喷施65％代森锌可湿性粉剂500倍液或75％百菌清可湿性粉剂500倍液来处理。
❷ 植株发生锈病时，喷施65％代森锌可湿性粉剂500倍液即可。
❸ 发生蚜虫危害时，可以喷施25％亚铵硫磷乳油1000倍液或40％氧化乐果乳油1500～3000倍液进行杀灭。
❹ 发生红蜘蛛危害时，可以喷施40％氧化乐果乳油1000倍液或80％敌敌畏1000倍液进行杀灭。

施肥

栽植菊花时不能施用太多底肥，在其生长后期主要是施用豆饼的腐熟液和化学肥料等追肥。在形成花蕾期间，要增加磷肥的施用量，注意勿使肥液沾污叶面，此后可以每周施肥一次，并适量浇水，能使花朵硕大、经常开放。

新手提示： 为了抵御寒冷，进入冬天之前需施用少量肥料，过冬期间还需施用1~2次肥料。

繁殖

菊花可以采用播种法、扦插法、分株法、压条法及嫁接法进行繁殖，其中以扦插繁殖与分株繁殖最为常用。

光照

菊花喜欢充足的光照，略能忍受荫蔽。它在每日接受14.5个小时的长日照情况下可进行营养生长，在每日接受不多于10个小时的日照条件下才可以萌生花蕾并开花。

浇水

❶ 菊花比较能忍受干旱，怕水涝，因此要以"见干则浇，不干不浇，浇则浇透"为浇水原则，浇水不宜太多。

❷ 夏天每日要浇2次水，以在早晚进行为宜；冬天则需严格控制浇水。

❸ 花朵将要开放时，需加大浇水量。

❹ 花朵凋谢后，需适度减少浇水量。

新手提示： 当植株处于幼苗阶段时，皆需控制浇水量，然后随植株长大渐渐加大浇水量。

修剪

栽植菊花需留意及时进行摘心、除芽和除蕾处理。

❶ 摘心能够促使植株萌生侧枝，掌控植株的高度。通常于菊苗定植后保留4~5枚叶片进行摘心，待侧枝生出4~5枚叶片时，每个侧枝保留2~3枚叶片再次进行摘心。

❷ 除芽与除蕾能够掌控开花的多少，盆栽独本菊通常仅保留顶芽，叶腋生出的小芽需尽早抹去，以促进顶端形成粗大壮实的花蕾；顶端除了挑选并留存花蕾之外，剩下的都需去掉。

摆放建议

盆栽菊花一般摆放在阳台、客厅、书房的向阳处，也可摆放在案几、电脑台和窗台上供人欣赏。

紫藤

【花草名片】

◎学名：*Wisteria sinensis*

◎别名：招藤、朱藤、藤萝。

◎科属：豆科紫藤属，为多年生落叶木质藤本植物。

◎原产地：最初产自中国，如今世界各个地区都有栽植。

◎习性：喜欢阳光充足，稍能忍受荫蔽，能忍受寒冷和干旱，怕积水。为深根性植物，具有较强的适应性，萌生新芽的能力很强，生长得很快，寿命较长。

◎花期：4~5月。

◎花色：紫、淡紫、蓝紫色等。

 花言草语

　　紫藤为良好的观花藤本植物，适宜栽植在湖边、水池旁、假山周围、石坊下及庭院中等地方，花开之时绚烂多姿，具有一种别样的情调。

　　李白曾经在诗中写道："紫藤挂云木，花蔓宜阳春。密叶隐歌鸟，香风流美人。"可以说把紫藤美好的姿态与卓绝的风采形象地描摹了出来。晚春时候，紫藤纵情绽放，一串串花穗垂吊在枝头，紫中有蓝、蓝中有紫，像彩霞、锦缎般柔媚，盘曲扭绕的枝蔓又好似蛟龙，难怪从古到今的画家皆爱把它当作花鸟画的好题材呢！

 选盆　　栽种紫藤宜用大而深的瓦盆，深度以80厘米为宜，以利于根系较好地生长和吸收更多的营养成分。

 食用方法　　紫藤花用开水焯过之后，可炒食、凉拌或蒸食，清香味美。紫藤花还可提炼芳香油，并有解毒、止吐等功效。紫藤皮具有杀虫、止痛、祛风通络等功效，可治筋骨疼痛、风痹痛、蛲虫病等病症。

 栽培

❶ 将紫藤的种子用热水浸泡一下，待水温降至30℃左右时，捞出种子并在冷水中淘洗片刻，然后放置一昼夜。

❷ 将种子埋入盆土中，浇透水分。

❸ 当紫藤长到一定高度的时候，盆栽便不合适了，应种植在庭院里，为其搭设一个棚架或放置在围墙边，让其慢慢生长。

 光照　　紫藤喜欢阳光充足，也能忍受半荫蔽环境。在生长期内，它需接受充足的光照。

新手提示：盆栽紫藤在开花期间可摆放在室内光照比较充足的地方。

温度

紫藤具有一定的抵御寒冷的能力，在室外温度约为0℃的环境下过冬通常不会遭受冻害。在我国南方区域栽植时，它能在室外避风朝阳的地方过冬；在北方极其寒冷的区域栽植时，则要将其移入房间内过冬，然而温度不可超过15℃，不然会导致其不能进入休眠状态，耗费过多营养成分，不利于下一年开花。

繁殖

紫藤可以采用播种法、扦插法、嫁接法和压条法进行繁殖。

择土

紫藤对土壤没有严格的要求，能忍受贫瘠，在普通土壤中也可生长，然而以排水通畅、土层较厚、有肥力且土质松散的土壤最为适宜。

施肥

紫藤嗜肥，在生长季节需勤施肥料，通常每15～20天施用一次浓度较低的腐熟的饼肥水或有机肥液就可以。在植株开花前，宜在肥水里掺入合适的量的磷肥及钾肥后再施用，或在开花前喷洒0.2%磷酸二氢钾溶液1～2次，以使花多色艳。

**摆放
建议**

紫藤可栽种在庭院里用于垂直绿化，也可以盆栽摆放在阳台、天台、客厅等光线充足的地方，还可以制作成盆景或插花装饰居室。

**病虫
防治**

紫藤易生蚜虫。发生初期，仅有少数嫩梢有蚜虫密集危害时，用手摘除即可；如果病患比较严重，则需喷施40%氧化乐果乳油1500倍液或20%灭扫利乳油3000倍液。

浇水

❶ 紫藤能忍受干旱，怕水涝，在生长期内应让盆土处于潮湿状态。

❷ 在雨季要勤加察看，防止盆里积聚太多的水。

❸ 秋天以让盆土"见干见湿"为宜，避免植株萌生秋梢，影响其安全过冬。

❹ 在植株的休眠期内，则需让盆土处于潮湿或稍偏干的状态。

修剪

盆栽紫藤在生长季节一定要经常除芽、摘心，以防止植株长得太大，每年新生枝条长至14～17厘米时应进行一次摘心，开花后还可以进行一次重剪，并尽早将未落尽的花剪掉，以免耗费养分。

茶花

【花草名片】
- ◎学名：*Camellia japonica*
- ◎别名：山茶花、洋茶、曼陀罗树、山椿。
- ◎科属：山茶科山茶属，为常绿灌木或小乔木。
- ◎原产地：最初产自中国，主要生长于浙江、江西、四川和山东等区域，日本和朝鲜半岛亦有分布。
- ◎习性：喜欢温暖、潮湿的气候，喜欢半荫蔽的环境，也能忍受荫蔽，怕强烈的阳光照射，稍能忍受寒冷。能忍受酷热，可是当温度高于36℃时生长会受到压制。
- ◎花期：10月~次年4月。
- ◎花色：深红、红、粉红、玫瑰红、深紫、浅紫、粉白、黄色或红白相杂的复色。

食用方法　茶花不仅美丽娇艳，还有食用价值，其花瓣去掉雄蕊，快炒或裹面油炸食用，可健胃消食、凉血解毒。2~3朵红色茶花用水煎服，还可治鼻出血、咯血。红茶花研末，用香油调，敷于患处，可治烫火伤。

光照　茶花喜欢半荫蔽的环境，也能忍受荫蔽，怕强烈的阳光直接照射，春、秋、冬三个季节可以不遮光，夏天可以遮50%的阳光。

选盆　种植茶花宜选择透气性与排水性都好的口径为15~20厘米的泥盆或瓦盆。

栽培
❶ 在花盆底部设排水层，用砖瓦碎粒、筛选过的蜂窝煤粒或塘基石、炭化树皮、珍珠岩铺在底下。
❷ 首先将茶花幼苗的根系浸在放有多菌灵等类的杀菌剂的水中，再将根在水里轻轻摆动几下。
❸ 将幼苗置入盆中，移入土壤，轻轻压实。
❹ 浇透水分，待其相当干之后才能浇第二次，以后转入正常养护。

新手提示： 茶花喜欢荫蔽，因此刚刚栽种时应放在避风、无阳光直射、环境较湿润的场所，2个月后才可移至别处。

繁殖　茶花可以采用播种法、扦插法、压条法及嫁接法进行繁殖。

温度　茶花喜欢温暖，怕炎热和非常寒冷的气候，具一定的抵御寒冷的能力，生长适宜温度是18~25℃，普通品种可以忍受-10℃的低温。

择土

茶花喜欢有肥力、土质松散、排水通畅的微酸性土壤，不适宜生长在偏碱性土壤中。

新手提示：一般可以用腐殖土、腐锯木、泥炭、红土来栽植，不可使用黏重的、碱性的或石灰质的土壤。

施肥

茶花嗜肥，但忌施生肥和浓度较高的肥料，仅可常施浓度较低的肥料，底肥主要施磷肥和钾肥。

浇水

❶ 茶花喜欢潮湿，畏干旱和积水，浇水时间和浇水量一定要合适，应该浇的时候就浇，浇就浇透，然而不可令土壤太干燥或太湿。

❷ 在生长季节可以令土壤略潮湿点，以手轻轻捏土觉得土壤湿润且不黏手为准。

❸ 春天和秋天可以每隔1～2天在上午或黄昏浇一次水。

❹ 夏天每天清晨浇一次水，温度较高的时间段宜朝叶面喷2～3次水，留心不可用急水直接浇或满灌，也不适宜浇热水。

❺ 冬天植株渐渐步入休眠状态，需适度减少浇水频次，可以每隔3～5天在正午前后浇一次水，令土壤稍湿润就可以。

新手提示：如果用自来水浇茶花，需先将自来水储藏1~2天，待其中的氯气挥发掉之后再用。

摆放建议

茶花可以盆栽或制成插花摆放在客厅、阳台、卧室、书房等光线较好的室内，也可以直接栽种在庭院里观赏。

病虫防治

茶花的病害主要是炭疽病和虫害。

❶ 若患上炭疽病，则应马上把干枯的枝条和凋落的叶片全部除掉，消除侵染源，并喷施1％等量式波尔多液即可有效处理。

❷ 茶花的虫害主要是介壳虫、红蜘蛛等，此时可喷施40％氧化乐果乳油1000倍液。

修剪

❶ 茶花长得比较慢，不适合过分修剪，通常把影响植株形态的纤弱枝、徒长枝、干枯枝和病虫枝剪掉就可以了。

❷ 若每个枝条上的花蕾太多，可以采取疏花措施，只留下1～2个，并使留下的花蕾间有一定的距离，剩下的尽早摘掉，以防止损耗营养。

❸ 将要凋落的花也应尽早摘掉，以降低营养的损耗，利于植株的生长发育，促其形成新花芽。

石榴

【花草名片】

◎学名: *Punica granatum*

◎别名: 若榴、天浆、沃丹、丹若。

◎科属: 石榴科石榴属, 为落叶小乔木或灌木。

◎原产地: 最初产自波斯, 也就是现在的伊朗、阿富汗等中亚区域, 在公元前2世纪左右传进中国。

◎习性: 喜欢温暖、干燥、光照充足的环境, 不能忍受荫蔽, 在荫蔽的地方会长得不好。能忍受干旱, 不能忍受积水, 具一定的抵御寒冷的能力。

◎花期: 5~7月。

◎花色: 红、白、粉红、黄、玛瑙等色。

栽培

❶ 在花盆底部的排水孔上方铺放几块碎小的瓦块, 以便于排除过剩的水分, 然后放入少量土壤。

❷ 将石榴幼株置入盆土中, 继续填土, 轻轻压实, 浇透水分。

❸ 等到盆土向下沉落后再填入一部分土壤, 轻轻压实, 此后细心照料即可。

新手提示: 通常石榴每隔1~2年需在早春更换一次花盆和土壤, 更换花盆的同时还应注意修剪植株的根系、修整枝条及施入底肥, 以促使植株萌生新的枝条。

食用方法

石榴成熟后, 全身都可用, 果皮可入药, 果实可直接食用或压汁。石榴果实如一颗颗红色的宝石, 果粒酸甜可口多汁, 并且营养价值高, 富含丰富的水果糖类、优质蛋白质、易吸收脂肪等, 可以补充人体能量和热量, 但是不增加身体负担。中医认为, 石榴具有清热、解毒、平肝、补血、活血和止泻的功效, 非常适合患有黄疸性肝炎、哮喘和久泻的患者以及经期过长的女性食用。

选盆

盆栽石榴可以使用瓦盆、陶盆及塑料盆等, 盆的口径通常超过30厘米。

择土

石榴对土壤没有严格的要求, 能忍受贫瘠, 耐盐力较强, 喜欢土质松散、有肥力且排水通畅的沙质土壤, 然而在太黏重的土壤中其正常的生长发育会受到影响。

繁殖

石榴可采用播种法、扦插法、分株法、压条法及嫁接法进行繁殖。

浇水

❶ 石榴能忍受干旱，不能忍受积水，浇水应以"见干见湿，宁干勿湿"为原则。

❷ 春天晴朗的天气可每1～2天浇水一次。

❸ 植株结果实期间和夏天需每天浇水1～2次。

❹ 进入秋天后可每5～7天浇水一次，令土壤维持略潮湿状态就可以。

❺ 冬天以土壤潮湿且偏干为佳，土壤不干燥不要浇水。

新手提示：如果土壤过分干燥，石榴的叶片将变黄，易使花蕾凋落；如果土壤过分潮湿，则会使植株徒长、叶片宽大，不利于开花。

光照

石榴喜欢光照充足，畏阴暗潮湿，在生长季节要将它摆放在光照充足的地方，夏天可直接摆放在炎热的太阳下晒，光照时间越长，植株长得越好。

温度

石榴喜欢温暖，具一定的抵御寒冷的能力。在严寒区域冬天需保持温暖，室内温度宜控制在3～5℃，不可太高，不然会导致植株太早发芽，对下一年长花蕾和结果实不利。

摆放建议

石榴是既可观花又可观果的植物，可用大一些的花盆栽种，摆放在阳台、天台或客厅一角，也可以直接栽种在庭院里，还可以制作成盆景摆放在客厅、卧室、书房。

施肥

石榴比较嗜肥，需定期在土壤里施入一些饼肥或厩肥，底肥可以用堆肥或饼肥等。

修剪

❶ 石榴的花长在当年生的枝梢上，在3月初植株刚刚萌芽时，要尽早把细弱枝、徒长枝、重叠枝、交叉枝、干枯枝及病虫枝等由基部剪掉，还要将太稠密的主枝剪掉一些，以促其萌生新的枝条。

❷ 夏天需剪掉生长过旺的直竖徒长枝，每株仅挑选并保留3～4个均匀分布的主枝。

❸ 在花朵凋落后需尽早对稠密枝、细弱枝进行疏剪，并对长枝采取摘心处理。

病虫防治

❶ 石榴患上黑斑病后，需适当进行修剪，并在发病之初喷施140倍等量式波尔多液或80%超微多菌灵0.125%～0.17%溶液3次。

❷ 石榴发生桃蛀螟危害时，除了尽早把虫果摘掉外，还要喷施50%杀螟松乳油或90%美曲膦酯药剂1000倍液1～2次。

金橘

【花草名片】

◎学名：*Fortunella margarita*

◎别名：金柑、枣橘、牛奶金柑、羊奶橘。

◎科属：芸香科金橘属，为常绿灌木。

◎原产地：最初产自中国暖温带及亚热带区域，广泛分布于长江流域及以南的各省区。

◎习性：喜欢温暖、光照充足的环境，略能忍受荫蔽；比较能抵御寒冷。喜欢潮湿，也能忍受干旱，怕水涝。

◎花期：6～8月。

◎花色：乳白色。

食用方法　　金橘中含有大量的维生素C，而且金橘皮也是很有营养的，先洗干净，然后连皮带肉一起放在嘴里嚼着吃就行了。还可以做成金橘蜜饯，或与银耳、雪梨、莲子等炖食均可。金橘具有生津止渴，理气解郁，健胃消食，化痰，醒酒的功效，还能增强抗寒能力呢，可以防治感冒、咳嗽、哮喘。

选盆　　种植金橘时，应该尽量选用特大型花盆，透气、渗水、轻便的泥盆或缸瓦盆是最好选择。

栽培

❶ 嫁接时，枝接，在3～4月宜用切接法；芽接在6～9月进行；靠接在6月进行，盆栽常用此法。

❷ 嫁接成活后的第二年萌芽前可移栽，要多带宿土。

❸ 每隔1～2年，春季出室时进行换土，换土后放在阴处养护半月，然后放到阳光下培育。修剪后既要使枝条不错乱，又要保持相当密度，形成良好的圆头形树冠。

❹ 7月秋梢新发，对过密和影响树形的嫩枝应及时摘除。

❺ 养护过程中还要注意向日性，花盆朝南的，移动后仍需朝南，不能紊乱光照，否则树势不旺。

新手提示：栽后通常每2年要更换一次花盆，并在更换花盆的同时更换盆土，即去掉陈土、换上新的培养土。

择土

金橘喜欢在土质松散、土层较厚、有肥力、腐殖质丰富且排水通畅的中性或酸性沙质土壤中生长。

新手提示：用花盆栽植时，培养土可以用5份沙土、4份腐叶土和1份饼肥来混合调配。

光照

春天和冬天皆需将它置于光照充足的地方，夏天需防止强烈的阳光久晒，适宜将植株置于稍荫蔽的地方。

施肥

在生长季节，要每周施用20%～30%腐熟的饼肥水一次，主要是施用氮肥，可以促使植株萌芽及加快枝叶的生长。

病虫防治

金橘常发生的虫害为介壳虫危害，通常于4～5月发生，可以人工直接使用刷子把害虫刷掉，也可以用乙酰甲胺磷1000倍液喷施来处理。

温度

金橘喜欢温暖，比较能抵御寒冷，当温度在0℃以下时容易遭受冻害，北方栽植时冬天要进入房间里过冬。冬天要有约60天的10℃低温，方可确保次年植株能够正常生长和发育。

新手提示：冬天房间里的温度不适宜太高，不然会导致植株休眠不充足，不利于次年的开花和结果实。

浇水

❶ 在春天生长鼎盛期内，要为植株供应足够的水分，盆土需时常维持潮湿状态，不可缺少水分，否则会对植株的正常生长发育造成不良影响。

❷ 在夏梢生长期，需注意掌控水分，以促使其尽快分化花芽，等到夏梢的腋芽日渐胀大，从绿色变成白色，花芽分化结束的时候，才能正常浇水；炎夏尽可能不要在正午前后浇水，而要在每日清晨和傍晚浇水，并要时常朝叶片表面喷洒清水。

❸ 秋天可以适度控制浇水，以增强植株抵抗寒冷的能力。

❹ 在冬天，盆土不干燥就不要浇水，等到果实成熟后需控制浇水，以使挂果时间变得更长。

繁殖

金橘采用压条法及嫁接法进行繁殖。

修剪

金橘要合理修枝，在2～3月进行，剪去密生枝，细弱枝，交叉重叠枝，下垂枝和病枯枝。强枝不必剪，徒长枝应打头，衰老枝剪短，促使它更新。

摆放建议

金橘是一种典型的观果类植物，可直接种植在庭院里欣赏，也可以盆栽摆放在客厅、卧室、书房、阳台等向阳的地方。

无花果

【花草名片】

◎学名：Ficus carica

◎别名：蜜果、明月果、映日果、天仙果。

◎科属：桑科榕属（也称为无花果属），为落叶灌木或小乔木。

◎原产地：最初产自欧洲地中海沿岸及中亚区域。

◎习性：喜欢温暖、潮湿及光照充足的环境，不能抵御极度的寒冷，比较能忍受干旱，不能忍受积水。

◎花期：4～6月。

◎花色：白色。

食用方法

无花果成熟期较长，果实在夏秋季节渐次成熟，宜分批采收。充分成熟的果实，顶端小孔微开，外皮上网纹明显，风味最佳，但不耐贮运。充分成熟的无花果除鲜食还可以去皮后，以浓缩糖液浸泡1～2天后，取出干燥，即可制成糖渍无花果干，具特殊风味。此外还可制成无花果酱。

选盆

选用排水性能好的泥盆或瓦盆，以内径35厘米以上的大花盆为宜。

择土

无花果具有很强的适应能力，对土壤没有严格的要求，在沙土、沙质土壤、黏重土壤、酸性土壤、轻碱性土壤及经过改良的盐碱地中都可长得较好，然而以在土层较厚、排水通畅的沙质土壤中生长最为适宜。

新手提示：用盆栽植无花果时，培养土可以用4份腐叶土、4份园土及2份肥土来混合调配，并加上较少的马粪作为底肥。

栽培

❶ 选取1～2年生的健康壮实的枝条，截为长15～20厘米的小段作为插穗。

❷ 把下部剪为马耳形，并留下2～3个芽。

❸ 将其倾斜45度插进土里，浇足水，经过20～30天就能长出新根，萌生新芽。

❹ 最后移植到新盆中。

❺ 栽后通常每隔2～3年需要更换一次花盆和盆土。

新手提示：由于无花果比较嗜肥，因此在移植时要施用合适量的底肥。

花言草语

无花果为人类最先驯化栽植的古果树中的一种，迄今已经具有将近五千年的栽植史。古罗马时有一棵无花果树，由于曾经掩护罗马建立者罗慕路斯王子逃过凶狠的妖婆及啄木鸟的追击，而被赐予"守护之神"的称呼。在地中海沿岸国家的古雅而不同时俗的传说里，无花果被叫作"圣果"，是祭祀时使用的果品。

无花果味道甜美、富含营养元素，不仅可食，也是一种中草药的原料，具增进食欲、滋补、润肠及催奶等功用。据《本草纲目》记载："无花果味甘平，无毒，主开胃，止泻痢，治五痔、咽喉痛。"

光照

喜欢温暖和光照充足的环境，不能抵御极度的寒冷，常种植在朝阳的地方。在炎夏温度较高、天气极热时，正午前后要适度遮蔽阳光。

施肥

平日需时常施肥。对无花果进行追肥的时候主要是施用磷及钙，并施用合适量的氮及钾，基本上要把氮、磷、钾、钙的比例控制在0.5∶1∶0.8∶2.5范围内。

病虫防治

❶ 无花果经常发生的病害为炭疽病，可以用70%甲基托布津可湿性粉剂1000倍液喷施来防治。
❷ 无花果经常发生的虫害为介壳虫危害，可以喷施80%敌敌畏乳油1000倍液来灭除。

温度

在进入冬天前将幼苗搬进低温的房间里过冬，温度控制在0℃上下就可以，次年4月底或5月初再搬到户外朝阳的地方料理。

浇水

❶ 在浇水的时候水量必须适量。
❷ 对新栽种上盆的植株，不适宜浇太多水，在上盆或更换花盆时接连浇2次充足的水之后，每日浇一次水就可以。
❸ 在夏天及气候干燥时，除了每日浇一次水之外，还需每日朝枝叶喷洒2～3次清水。
❹ 在雨季或接连阴雨的天气，需留意尽早清除积水，防止植株遭受涝害。
❺ 冬天将植株移入室内后则不要再对其浇水。

新手提示：在植株的果实成熟之后，要少浇一些水。

繁殖

无花果可采用扦插法及分株法进行繁殖。

修剪

用盆栽植无花果时，植株不适宜太高，通常控制在30～50厘米，所以在栽植期间要留意进行修剪。一般以春天修剪为佳，适宜于3月树液流动之前进行，能很好地避免发生抽干现象。

新手提示：在植株的盛果期，为了增加产量，也要进行适度修剪，主要是对稠密枝及过度旺盛枝进行回缩。

摆放建议

无花果是典型的观果类植物，可盆栽摆放在窗台、阳台等光线较好的地方，适合装点客厅、书房。

贴梗海棠

【花草名片】

◎学名：*Chaenomeles speciosa*

◎别名：铁脚海棠、铁杆海棠、皱皮木瓜、川木瓜。

◎科属：蔷薇科木瓜属，为落叶灌木。

◎原产地：中国中部长江流域诸省。

◎习性：喜光，较耐寒，不耐水淹，耐旱、忌湿，耐修剪，萌生根蘖能力强。

◎花期：2～4月。

◎花色：花色多样，有朱红、桃红、月白等颜色，还有一些品种的颜色为粉白相间。

贴梗海棠的果实叫皱皮木瓜，是十分稀有的水果，其药用价值和食用价值都很高。皱皮木瓜营养十分丰富，富含维生素、蛋白质、酒石酸、磷、铁、钙等，是水果中的佳品。皱皮木瓜的药用价值同样非常高，具有祛风活血、镇痛、平肝、和脾、化湿舒筋的功效，可以用来治疗中暑、霍乱转筋、脚气水肿、湿痹等症；皱皮木瓜泡酒口服，还可以治疗风湿性关节痛。

食用方法

贴梗海棠的果实叫皱皮木瓜，是十分稀有的水果。可用来制作蜜饯，其制成的蜜饯品味独特，酸甜纯正可口，并有一股特殊的清香果味，质地较硬，不可以生吃。

择土

贴梗海棠对土质要求不高，微酸性土或中性土均可，但适于生长在疏松肥沃、土层深厚、排水良好的沙质土壤中。

选盆

盆栽贴梗海棠时宜选用较深的紫砂陶盆或釉陶盆，其他质地也可。

栽培

❶ 在花盆底部垫一层沙土或蛭石，以利于排水。

❷ 在沙土上面放入少量的培养土。

❸ 将贴梗海棠幼苗置入花盆中，一手扶正，一手向花盆里填土。

❹ 填好土壤后，用手轻轻压实，浇透水分，放置荫蔽处1～2周，再移至光照充足处正常料理。

新手提示：贴梗海棠通常在种植后2～3年才能开花。

修剪

❶ 贴梗海棠生长较茂盛，因此要适时修剪，从而改善透光环境，防止枝干密集影响生长。

❷ 要控制一年生枝干顶端的继续生长，剪下过于密集的枝干，否则不能形成花芽。

❸ 每年于落叶后到萌芽前，需剪掉部分细弱枝，同时将全部新枝留2/3～1/2，剪去枝梢。

❹ 冬季可将重叠枝、病虫枝剪去，并将徒长枝剪短，使营养集中，有利于多开花。

光照

贴梗海棠喜欢阳光，因此要多让其接受日照，放置在阳光充足的地方。如果光照不足，易引起枝叶徒长，影响开花。

病虫防治

贴梗海棠易患锈病和各种虫害。

❶ 当贴梗海棠患上锈病时，可用50%退菌特可湿性粉剂800倍液进行喷施，每隔10天喷一次，连续喷3～4次即可有效控制住病情。

❷ 贴梗海棠的常见虫害有介壳虫、蚜虫、红蜘蛛、黄刺蛾等，治理时可以用速介杀灭介壳虫，用铲蚜杀灭蚜虫，用敌敌畏喷杀黄刺蛾。

浇水

平时浇水不宜过多，如果土壤不过分干燥则不必经常浇水，一般5～6天浇一次。

摆放建议

贴梗海棠喜阳，因此适宜放置在阳台、露台或客厅的窗台附近。

温度

贴梗海棠是一种喜冷凉气候的木本花卉，生长适宜温度为15~20℃。

新手提示： 在冬季气温低于−20℃的地区需将花盆移至室内过冬。

施肥

贴梗海棠喜肥，通常一年可施用三次肥，春季开花后施肥以氮肥为主，夏季施肥以磷钾复合肥为主，入冬前结合浇水施用一些基肥即可。对于已开花的植株，每年宜追施3～4次液肥，开花前多施些磷肥，则会使花色更加艳丽。

繁殖

贴梗海棠可用分株、扦插及压条法进行繁殖。

菠萝

【花草名片】
- ○学名：*Ananas comosus*
- ○别名：凤梨、黄梨。
- ○科属：凤梨科凤梨属，为多年生草本果树植物。
- ○原产地：最初产自墨西哥至巴西南部、阿根廷北部的丛林中，如今已广泛分布于热带地区。
- ○习性：喜欢温暖、湿润的环境，能在半阴环境中生长，怕寒冷，但不喜欢烈日暴晒和干燥的环境。
- ○花期：2~6月。
- ○花色：天蓝色、淡紫红色。

食用方法

菠萝营养丰富，含多种维生素，菠萝既可鲜食，菠萝作为鲜食，肉色金黄，香味浓郁，甜酸适口，清脆多汁！菠萝中有一种酵素——菠萝蛋白酶，它能溶血栓，防止血栓形成，减少脑血管病和心脏病的死亡率！本食具有润肺止渴，养胃生津的功效。菠萝里含有一种苷类有机物，另外还含有氮类有机物，吃多后直接反应就是头痛，另外还可能会有腹痛、呕吐、头痛、四肢及口舌发麻等症状。就此提醒大家，吃菠萝不要吃得太多，以防引起过敏症状！

择土

菠萝适合在疏松、肥沃、偏酸性的沙质土壤中生存。

栽培

❶ 在盆底1／4处填充颗粒状的碎瓦片，作为排水层，以便于根部透气和排水。

❷ 在盆底施一层基肥，然后在基肥上铺上一层培养土。

❸ 把植株放在盆内，扶正，让植株的根须充分伸展，但要注意根须不能碰到基肥。

❹ 向植株四周填充营养土并轻轻压实，直至培养土填到15~20厘米处。

❺ 浇透水，以花盆底部略滴水为准。

> **新手提示：** 在我国，全年都可以种植菠萝，但以3~9月种植较好。因为其余的时间气温偏低，降水量少，造成土壤干旱，不利于植株的生长。

浇水

❶ 菠萝喜欢湿润的环境，平日保持盆土湿润即可，阴雨天一般不用浇水。

❷ 浇水时不可直接用自来水浇灌，最好用白开水或经过晾晒的水。

> **新手提示：** 菠萝不仅可以观花，也可以观叶。每日在叶片上喷洒一次清水，不仅可促进植株进行光合作用，还可清除粉尘，使叶色亮丽如新，增强观赏价值。

选盆

盆栽菠萝时宜选用通气排水性能良好的泥盆或陶瓷盆。

繁殖

菠萝通常采用播种、分割蘖芽扦插法进行繁殖。

光照

菠萝每天所需的日照时间以12~16小时为佳。若少于12小时或长于16小时，植株就不能正常生长，开花率也会在一定程度上受到影响。

春、夏、秋三季要避免强光直接照射，最好遮去50%~60%的光照，因为阳光直射会灼伤叶片；冬季的日照不强烈，此时不用采取遮光措施，只需将花盆移到室内向阳处即可。

新手提示：如果每天的光照条件达不到要求，可在室内辅助采用人工照明的方式，比如日光灯。日光灯的光谱较长，所发射出来的光照很强烈但是热量却比较少，不至于灼伤植株。日光灯最佳的悬吊位置是在植株上方约40厘米处，过高则会降低光照强度。

施肥

❶ 花期前应适当增施磷、钾肥，这样可以让花朵更大，色彩更鲜艳。
❷ 花期每周施氮肥一次。
❸ 冬季停止施肥。

新手提示：菠萝的根系不发达，平时吸收水分和养分在很大程度上需要倚赖叶面和叶筒，所以施肥时不仅要向盆土内施肥，还要注意向叶筒和叶面喷洒液肥。

病虫防治

❶ 常见病害是基腐病，可用50%多菌灵可湿性粉剂800~1000倍液，隔7~10天喷洒一次。
❷ 虫害主要有蝗虫、介壳虫、蓟马和食心虫，可用氧化乐果、特普水、狂杀宝、粉虱王等防治。

修剪

花期过后，最好将一部分花梗剪除，以减少养分的消耗。

温度

菠萝在白天的最佳生长温度为21~32℃，在夜间的最佳生长温度为14~18℃，日夜温差最好在6℃以上，若能达到10℃则最好。

冬季，菠萝的温度最好保持在16℃以上，最低不能低于8℃，否则易受冻害。

摆放建议

菠萝喜散射光，忌直射光，所以不能将其放在有烈日暴晒的地方，而要将其放置在有光亮的窗口、室内，比如阳台、客厅、卧室、书房等。

花言草语

菠萝四季常绿，花朵色彩、层次丰富，而且结出的果实酸甜可口，享有"岭南四大名果之一"的美誉。不仅如此，菠萝还有祛病抗癌的功效。1891年，有人从新鲜的菠萝中提炼出一种菠萝酵素，如今已经成为治疗坏血症的良药。新近研究证实，菠萝酵素对心脏疾病、烧伤、脓疮和溃疡等，有着很好的效果。

此外，菠萝的叶片还非常适合用来制作宣纸。

山楂

【花草名片】
◎学名：*Crataegus pinnatifidae*
◎别名：红果子、棠棣、山里红。
◎科属：蔷薇科山楂属，为落叶乔木植物。
◎原产地：最初产自中国东北、华北、江苏地区。朝鲜半岛和西伯利亚地区也有分布。
◎习性：喜欢凉爽、湿润的环境。耐寒，耐高温，耐阴。多生长于山谷、半阴坡和阳坡。
◎花期：5~6月。
◎花色：白色。

食用方法

山楂气味清香，味酸甜，可用于治疗肉食积滞、胃脘胀满、泻痢腹痛、瘀血经闭、产后淤阻、心腹刺痛、疝气作痛、高脂血症等。可鲜食，或煮粥，或做成饮料，或炖成羹汤喝。

选盆

山楂栽种时应选择透气性好的瓦盆或紫砂盆、素烧盆等，要求容器的口径为30~40厘米，深为30厘米。

繁殖

山楂常用扦插、嫁接、分株法进行繁殖，用播种和压条法进行繁殖也可。

择土

山楂对土壤的选择性不高，以疏松、肥沃、排水良好的中性或微酸性沙壤土为好。不适合种植在土质黏滞、盐碱性大的土壤中。

栽培

❶ 在盆底排水孔上放几块瓦片，施入基肥，铺上一层培养土。
❷ 将山楂放在花盆中央，使其根系舒展，继续填入残留的表土，同时将苗木轻轻上提，使根系与土密切接触。
❸ 用脚踩实，浇透水。
❹ 一般在春季萌芽前或秋季落叶后栽种，但以秋季为好。

施肥

❶ 山楂耐贫瘠，不属于喜肥植物，生长期每15天左右可施一次腐熟的稀薄液肥。
❷ 秋季停止施液肥，改施腐熟的饼肥渣，这样可防止秋梢大量萌发。
❸ 冬季只需施一次基肥，施肥过多会引起徒长。
❹ 花期后要施一次稀薄的磷钾肥，不宜施氮肥。

花言草语

山楂不仅具有观赏价值，还有很高的营养和药用价值。

山楂最广为人知的功效就是开胃消食，特别适用于一时吃多了，肚子胀、不消化的症状，所以很多助消化的药片中都有山楂这一味药食两用的食物。同时，山楂还有活血化瘀的功效，可以帮助缓解身体局部的瘀血状态，辅助治疗跌打损伤；山楂中的黄酮类和维生素C、胡萝卜素等能阻断并减少自由基的生成，可有效减缓衰老进程，预防癌症的发生。

此外，山楂还有扩张血管、软化血管、增加冠脉血流量、降低血压和胆固醇、改善心脏活力、兴奋中枢神经系统的作用，能有效预防心血管疾病。

病虫防治

山楂的病害主要有白绢病和白粉病，虫害主要有粉蝶、红蜘蛛、金龟子、介壳虫等。

❶ 山楂感染白绢病时，树的根茎部产生褐色斑点并逐渐扩大，斑点上有一层白色的菌丝，这些菌丝会很快将根茎缠绕住，导致树体皮层腐烂，最终全株枯死。

平时要注意肥水管理，防止烈日暴晒和低温冻害。

❷ 患白粉病时，新梢和叶片上产生粉红色的病斑，病斑上覆盖着一层白粉，导致叶片卷缩，严重时甚至扭曲纵卷，最后全株慢慢枯死。可在发芽前喷布5波美度石硫合剂，然后在6月份喷一次50%多菌灵可湿性粉剂100倍液。

❸ 山楂粉蝶会在芽上拉丝张网，啃食嫩叶。当发生幼虫危害时，可向虫网喷洒50%敌敌畏乳剂1000倍液。

修剪

❶ 山楂的根系比较发达，萌发力强，且幼树顶端侧枝较少，因此在幼树时就应常修剪，使其生出更多的分枝。

❷ 夏季可对花枝进行疏剪。

❸ 冬季应该剪去细弱枝、交叉枝、重叠枝、过密枝、直立枝。

新手提示： 在对山楂进行修剪时可采取剪、扎并用的方式塑造出完美的株形。但山楂的枝条较脆，修剪时必须要小心细致。

摆放建议

山楂的树叶翠绿，果实绛红，红绿搭配，确实赏心悦目，而且山楂的挂果时间长达两个月，摆在室内可让人享尽眼福。山楂适合摆放在窗台、天台、阳台等阳光充足的地方。

光照

山楂是一种喜光树种，所以要放在阳光充足、空气流通的地方进行养护，否则会枝条细弱、叶片薄、颜色浅，结出来的果实也质量不佳。

温度

山楂虽然有很强的抗寒能力，但由于盆壁对根系的保护有限，所以在低温天气应该采取防冻措施。

浇水

山楂比较耐旱，对于那些还没有结果的植株，可以尽量少浇水，可以每个月一次。干旱的时候要适量浇水；如果是已经结果的植株，则要保证水分的充足。一般来说，以盆土微微湿润为宜，要避免盆土积水。秋季最好控制浇水量，冬季则宁干勿湿。

新手提示： 雨季要注意及时排水。

枇杷

【花草名片】

- ◎学名：*Eriobotrya japonica*
- ◎别名：卢橘。
- ◎科属：蔷薇科枇杷属，为常绿小乔木。
- ◎原产地：原产我国四川、湖南、湖北、浙江等地，现全国各地均有栽培。
- ◎习性：喜欢温暖、湿润的气候，喜欢阳光充足，稍耐阴，不耐寒，抗风能力弱。
- ◎花期：11月～次年2月。
- ◎花色：白色。

食用方法

枇杷中所含的有机酸，能刺激消化腺分泌，对增进食欲、帮助消化吸收、止渴解暑有相当的作用。可鲜食或做成枇杷膏，但脾虚泄泻者、糖尿病患者要忌食。

浇水

❶ 枇杷的叶片较大，水分蒸腾量也很大，所以平时要多浇水，尤其是在生长期间，要特别注意水分管理。

❷ 春秋季每天要浇一次水。

❸ 夏季天气炎热干燥，每天早晚要各浇一次水。

择土

枇杷的适应性较广，对土壤的选择性不高，在一般的土壤中都能正常生长，但以含沙或石砾较多的疏松土壤为佳。

选盆

枇杷因为苗木粗壮，叶片较大，所以对盆钵的大小有着较高的要求。一般来说，早期要用口径稍小的紫砂盆，先控制枇杷的生长。在换盆2次后，可以换成口径为40厘米左右的小缸。

新手提示： 在盆中栽种枇杷，植株的根系会越来越多，越来越长，最后长满花盆，影响根系对肥水的吸收，所以每2～3年要换盆一次。换盆一般在1～2月进行。

栽培

❶ 在盆底放上几块碎瓦片，铺上一层粗沙，然后填充一些营养土。

❷ 将枇杷放在盆中，整理根系，使根系充分舒展。

❸ 填充营养土，一边填充一边轻轻地拍打盆边，然后将营养土压实。

❹ 浇透水，在阴凉的地方放几天。

新手提示： 上盆的时间一般选在3月上旬。上盆时间过早，天气太冷，栽种后不容易成活。上盆时间过迟，植株都已经开始发芽抽梢，栽种后会影响植株的正常生长。

温度

枇杷原本生活在亚热带地区，所以比较耐高温，但若气温或地温高于30℃，则会减缓根和枝叶的生长速度，导致生长不良。枇杷不耐寒，气温低于-6℃，会产生冻害。

光照

幼苗喜欢柔和的光线，最忌直射光，所以早期最好将枇杷放在光线充足且柔和的地方养护；成年后的枇杷可以接受较多的阳光。

病虫防治

❶ 盆栽枇杷主要的病害有灰斑病、赤锈病、紫斑病、污叶病等，可在发病初期用50%多霉清1200～1500倍液喷洒。

❷ 主要虫害有丹蛾、桑天牛等。丹蛾专门啃食老熟叶片，将叶片啃得只剩下主脉，呈纱网状。可用20%杀灭菊酯5000倍液或20%双扫利3000倍液喷杀。桑天牛的幼虫会沿着树皮啃食枇杷的树枝，然后深入到树木中，导致枝条枯死。可用棉花蘸上40%敌敌畏50倍液塞入蛀孔内，并用黄泥封堵洞口。

修剪

修剪枇杷时将主干留高20～30厘米，剪除枯枝、弱枝、密生枝条，改善整个植株的透光、通风条件。对于一些枝条少、光秃的部位，可以进行短截。

新手提示： 枇杷的枝条长得特别齐整，即使不修剪，也可以形成一种美观的圆头型。所以除非是需要将枇杷修剪成特殊的造型，否则不必刻意为其修剪造型。

施肥

枇杷的幼树每60天施肥一次，以有机肥为主，如腐熟的人粪尿，辅助使用复合肥。成年结果树每年施肥4次。

摆放建议

因为株形较大，所以适合放在阳台、天台等宽敞且阳光充足的地方。同时也可以用于庭院栽培。

繁殖

枇杷以播种繁殖为主，也可嫁接。

兰花

【花草名片】

◎学名：*Cymbidium* sp.

◎别名：兰草、幽兰、山兰。

◎科属：兰科兰属，为多年生草本植物。

◎原产地：原产于我国，常常野生于岩石旁的溪沟边和林下半阴处。

◎习性：喜欢荫蔽、湿润的环境，忌干燥和阳光直射，宜有良好的通风条件。

◎花期：依花的品种而定。

◎花色：白色、绿色、淡红色、黄色、紫红色或杂色。

食用方法　兰花的香气清冽、醇正，可直接泡水饮用。兰花泡水后，恢复原来形状，既美丽又有特别香气，风味非凡，花朵也可以食用，用来煮汤和入菜，煮汤汤鲜味美，作菜肴清香扑鼻，缭绕席间。

择土　兰花喜欢在肥沃、富含大量腐殖质、排水良好、微酸性的沙质壤土中生长。

选盆　栽种兰花适宜选用透气性能比较好的泥瓦盆，不宜选用瓷盆或上釉的盆。

栽培

❶ 在盆底放几块碎瓦片，盖住排水孔。

❷ 往盆中继续填充碎砖块或碎瓦片，有较大的缝隙时可以填充泥粒或豆石，直到达到盆高的1／3～1／2。

❸ 往盆中填充培养土，深约3厘米，然后用手轻轻压实。

❹ 慢慢地将兰花放入盆中，扶正，让根系自然舒展，尽量不要碰到盆的内壁。

❺ 一只手扶住叶片，另一只手往盆中添加培养土。

❻ 握着植株的底部稍往上提，以舒展根系。偶尔将花盆摇动几下，这样可以让培养土深入到植株的根部。

❼ 一边填土一边压紧，直到土壤高出盆口2～3厘米。

❽ 在盆土表面铺一层小石粒或青苔，这样不仅美观，更具观赏价值，而且可保护叶面不被泥水和肥水污染，同时还能够形成缓冲作用，减缓雨水对盆土的冲刷。

❾ 浇透水，水滴宜小，冲力忌大，然后放在荫蔽处养护。

光照　兰花虽然喜欢荫蔽的环境，但若长期处在阴凉的环境中，没有充足的光照，就会导致叶片徒长，花朵稀疏，还容易发生病虫害。但若光照过强，会破坏叶片中的叶绿素，导致叶片发黄，更甚者还会灼伤叶片，导致叶片枯萎、死亡。

❶ 4月份可多接受日光的照射，促其生长。

❷ 5月份每天接受6个小时的日照，不过要避开正午时分。

❸ 6月份，可把植株整天放在阴凉中，或用遮光网遮掉全部的光照。

温度

兰花白天的最佳生长温度是18～30℃，晚上为16～22℃。若气温低于5℃或者高于35℃，植株就不能正常生长。

修剪

要经常剪掉枯黄断叶和病叶，以利于通风。

病虫防治

❶ 白绢病发病后可倒掉带菌盆土，撒上五氯硝基苯粉剂或石灰；炭疽病发病时可先用50%甲基托布津可湿性粉剂800～1500倍液喷治，7～10天一次，然后再辅以1%等量式波尔多液，每半月一次。
❷ 介壳虫危害可在孵化期间用1%氧化乐果乳油和25%亚胺硫磷乳油1000倍液喷洒，每周一次；防治红蜘蛛可用美曲膦酯800倍液喷杀。

新手提示：在喷洒杀虫药物2小时后，最好用少量清水喷洒兰花的叶面，以免产生药害。

摆放建议

兰花香气幽雅，可用来点缀书房、卧室或者客厅。

浇水

兰花"喜雨而畏涝，喜润而畏湿"，因为兰花的叶片质地较厚，表层还有一层角质层，能使叶片蒸腾时不至于消耗掉大量的水分，所以比较耐旱。如果浇水过多，不仅会造成叶片生长不良，还会阻塞根部的呼吸，导致烂根。

新手提示：浇水最好用雨水和泉水，自来水和淘米水也可以，但必须先存放一夜。浇水时不要浇到花苞中，宜从盆边浇。

施肥

给兰花施肥要掌握"宁缺毋滥、宁稀勿浓"的原则。
❶ 刚刚栽种的兰花，根系还没有发全，要等1～2年后才能施肥。
❷ 6～7月是兰花叶芽的生长期，每20天左右施一次腐熟的液肥。
❸ 8～9月每15～20天施一次液肥。
❹ 冬季停止施肥。

新手提示：施肥最好选择傍晚时分，然后在第二天早上浇一次清水，利于肥料分解和防止烧根。

繁殖

兰花常用分株、播种及组织培养法进行繁殖。

金雀花

【花草名片】

- ◎ 学名：*Caragana sinica*
- ◎ 别名：锦鸡儿、金鹊花、黄雀花、阳雀花。
- ◎ 科属：豆科锦鸡儿属，为落叶小灌木。
- ◎ 原产地：原产于中国，在河北、山西、山东、河南、江苏、陕西、湖北、浙江等省均有分布。
- ◎ 习性：喜欢在阳光充足的地方生长、耐干旱、抗瘠薄，抗强风，具有广泛的适应性，在极为恶劣的自然条件下也能够正常生长。
- ◎ 花期：5~6月。
- ◎ 花色：金黄色。

金雀花因为其花朵的形状像一只只金雀而得名。

明代的农学家王象晋在《群芳谱》提到："（金雀花）花生叶傍，色黄形尖，旁开两瓣，势如飞雀，甚可爱。"

金雀花的花朵可以作为蔬菜食用，能够补充人体的多种维生素和矿物质成分。它的根皮和花可入药。

食用方法

金雀花含有蛋白质、脂肪、碳水化合物、多种维生素、多种矿物质等成分。金雀花有很多的吃法，可以放汤，可以清炒，可以凉拌。

选盆

栽种金雀花可以选择紫砂陶盆，且盆最好偏深。

新手提示：每隔2~3年翻盆一次，时间可以选在早春。翻盆时要换掉一些旧土，并将过长的根适当剪短。

择土

金雀花对土壤有较好的适应性，但以土层深厚、肥沃湿润的沙质壤土为最佳。还可以选用中性或微酸性的壤土或轻黏土，不宜选用碱性土。

栽培

❶ 金雀花栽种的时间以早春为宜。

❷ 选好新苗，剪除多余的枝条和一些有伤口的根。剪枝和剪根的时候剪口要求平滑。

❸ 不要将新苗泡在水中，否则栽种后很容易出现烂根的情况。

❹ 在盆底垫几块碎瓦片，当排水层。

❺ 铺一层培养土，将新苗放在盆中，扶正，再从四周填充培养土。

❻ 浇足定根水，并将植株放在背风向阳处养护。

❼ 新苗摆放的地方温度不能过高，否则会使植株过早发芽，造成"假活"现象。

新手提示：盆栽金雀花时，可适当地将植株根部向上提起，露出土面，这样可以让植株显得更为遒劲苍老，更具有观赏性。

繁殖

金雀花常采用扦插繁殖和分株繁殖两种方法。

浇水

❶ 金雀花比较耐干旱，平时要遵循"不干不浇，浇则浇透"的原则。

❷ 从花蕾出现到生长结束，要注意保持盆土的湿润，这样可以延长植株的花期。但千万不能让土壤积水，一旦发现有积水，要及时排出。

光照

❶ 金雀花喜欢充足阳光，不怕晒，最好每天都能够接受阳光的照射。

❷ 春季，可将植株放在太阳能直射的地方接受日照2~3小时。

❸ 其他季节，可让植株每天接受2~3小时的柔和光照。

温度

❶ 金雀花适宜在冷、凉的温度条件下生长。

❷ 当植株处于花期时，周围的温度不要超过16℃，否则会使花朵生长不良，甚至枯萎死亡。

❸ 冬季既可以将植株移到室内的冷凉处，也可以将其放在避风向阳处越冬。

施肥

❶ 金雀花比较耐瘠薄，适量施一些稀薄肥水即可。

❷ 春季，开花前施一次水肥，这样可以促进枝叶生长，而且也能够让花开的时间更长久。

❸ 植株上出现花蕾后，每20天左右施一次富含钾的液肥。

❹ 冬季休眠期可施一次基肥。

摆放建议

金雀花株形小巧、叶片银绿、有光泽，花朵金黄。若在金雀花盛开的季节，枝头上会密密匝匝地挤满一簇簇金黄色的花朵，就像一个个天真烂漫的小姑娘挤在一起叽叽喳喳地说笑。金雀花可栽种在庭院中，可以当观花的篱笆，也可以摆放在阳台、窗台上点缀居室。

修剪

❶ 金雀花的生长速度很快，萌发力很强，非常耐修剪。

❷ 随时剪掉一些过长、过乱的枝条，保持株形的美观，同时还要保证植株的树冠松散，以便于通风透光。

❸ 每年春季枝条萌发前要进行一次"强剪"，剪掉徒长枝、弱枝、枯枝和一些杂乱的、影响造型的枝条。

❹ 春季开花后，最好将开过花的枝条剪短，这样可以促生新的花枝，让花开不断。

❺ 生长旺盛期要经常摘心，这样可以使花开得更多。

新手提示： 金雀花的根须苍劲、枝条柔软，适合制成一些美观的造型，如风动式、悬崖式、丛林式等。

病虫防治

金雀花的病虫害比较少，一般以预防为主。金雀花的虫害有细蚂蚁和蚜虫。细蚂蚁可用来福灵或蚂蚁净防治；蚜虫可用低毒的药剂进行防治。

鸡冠花

【花草名片】
◎学名：*Celosia plumose*
◎别名：鸡髻花、老来红、芦花鸡冠、笔鸡冠、大头鸡冠、凤尾鸡冠、鸡公花、鸡角根。
◎科属：苋科青葙属，为一年生草本花卉。
◎原产地：非洲、美洲热带和印度，现世界各地广为栽培。
◎习性：喜欢温暖、干燥、阳光充足的环境，不耐寒、较耐旱、不耐涝。
◎花期：7～10月。
◎花色：白、淡黄、金黄、淡红、火红、紫红、棕红、橙红等色。

食用方法 鸡冠花则营养全面，风味独特。形形色色的鸡冠花美食如鸡冠花蛋汤、红油鸡冠花、鸡冠花蒸肉、鸡冠花豆糕、鸡冠花籽糍粑等，各具特色，又都鲜美可口，令人回味。

选盆 ❶ 可选择排水、透气性良好的泥瓦盆或陶盆。
❷ 如要得到特大花头，可再换口径为23厘米的花盆。

择土 对土壤要求不严，但以在疏松肥沃、排水良好的土壤上生长最为适宜。

病虫防治 植株如果感染轮纹病、疫病、斑点病、立枯病、茎腐病，发病初期应及时喷药进行处理，药剂可以用1：1：200的波尔多液、50%甲基托布津可湿性粉剂。

摆放建议 鸡冠花可直接栽种在庭院里，也可以盆栽摆放在客厅、书房、阳台等光线充足的地方。

光照 鸡冠花喜温暖，忌寒冷。生长期要有充足的光照，每天至少保证有4小时的光照。

浇水 ❶ 生长期间适当浇水，浇水不能过多，浇水时尽量不要让下部的叶片沾上污泥。
❷ 不宜让盆土过湿，以潮润偏干为宜，防止植株只长高不开花或开花时间延迟。
❸ 种子成熟阶段应少浇水，利于种子成熟，并可使花朵较长时间保持颜色浓艳。

温度 鸡冠花生长期喜欢高温，最佳适宜生长温度为18～28℃。

修剪 矮生、多分枝的品种，应在定植后进行摘心，以促进植株分枝；而直立、可分枝品种则不必摘心。

繁殖 鸡冠花主要采用播种法进行繁殖。

施肥 ❶ 育苗期、生长期均需施用营养肥料，有机肥、复合肥等皆宜。
❷ 生长后期加施磷肥，可促使植株生长健壮和花朵增大。
❸ 鸡冠花的花朵形成后应每隔10天施一次稀薄的复合液肥。

栽培 ❶ 栽培适宜在4～5月进行，种子栽培最佳适宜温度为20～25℃。
❷ 把鸡冠花的种子均匀撒播在盆内，鸡冠花种子细小，覆土2～3毫米即可，不宜过厚。
❸ 用细眼喷壶喷少许水，再给花盆遮上荫，两周内不要浇水。

第七章

17种药用保健的健康花草

在《本草纲目》里，许多中药都是人们常见的花草。大家不必去深入了解花草的药用价值，但是许多小妙方却对人们的生活很有帮助。了解这些花草的药用功效能很快为你排除这些困扰。

常春藤

【花草名片】
◎学名: *Hedera nepalensis* var.*sinensis*
◎别名: 中华常春藤、钻天风、枫荷梨藤、土鼓藤。
◎科属: 五加科常春藤属，为多年生常绿藤本花木。
◎原产地: 最初产自中国秦岭以南区域。
◎习性: 喜欢温暖、潮湿的环境，能忍受荫蔽，略能忍受寒冷，不能忍受水涝。
◎花期: 5～8月。
◎花色: 黄白、白绿色。

药用功效

常春藤可全株入药，性味甘、辛、温；有祛风利湿、活血消肿之功。具体选方有:

❶ 治关节酸痛: 常春藤10克，酒、水各半煎服。同时，用常春藤适量，煎水洗患处。

❷ 治产后感风头痛: 常春藤10克，用黄酒炒，加红枣7枚，用水煎，饭后服。

❸ 治跌打损伤: 常春藤60克，泡于白酒250克中，7～10天后服用，每次10～20毫升，每日服3次；或研细粉，用酒调患处。

❹ 治疗疮痈肿: 鲜常春藤60克，用水煎服；另用鲜常春藤适量，捣烂，加糖及烧酒少许，外敷患处。

选盆

常春藤适宜生存在泥盆或陶土盆中，因为它们的透气性较好。

栽培

❶ 将常春藤的种子播入装有土壤的培植器皿中，然后再覆盖1厘米厚的土壤，浇一次水。

❷ 然后在上面盖上草，以保持土壤湿润，放置阴凉背光处。

❸ 小苗长出后，仍然不要让它照射阳光，多浇水，细心照料即可。

❹ 当幼苗长到一定的高度，开始弯曲时，在土壤中插入竹竿或类似物品，使常春藤得以攀附着继续生长。

新手提示: 栽种常春藤也可用扦插法，因为常春藤的节部在潮湿的空气中能自然生根，接触到地面以后即会自然进入土内，20天左右即可生根。

花言草语

英国在16世纪使用啤酒花之前，皆是使用常春藤来酿造啤酒的，因为将它混杂在麦子中，便会令麦子化成啤酒。所以，常春藤的花语为"感化"。另外，常春藤也具有爱情连续生长及萦绕心间的含义，代表着坚定与忠诚不变。

繁殖

常春藤采用播种法、扦插法及压条法繁殖。

病虫防治

常春藤一般不会遭受病虫害，只是如果长时间接受阳光照射，易患日灼症。故不要把常春藤长久放置在日光下。

施肥

在生长鼎盛期，要每月施用氮、磷肥混合的液肥一次，并在施肥后马上浇水，以防止肥料烧伤植株的茎叶及根系。

温度

常春藤喜欢温暖，略能忍受寒冷，生长的适宜温度是15～30℃。冬天应把它移入温室内过冬，室内温度需控制在10℃上下。

摆放建议

常春藤可直接栽种在庭院里用于垂直绿化，也可以用吊盆栽种后悬吊或摆放在书房、客厅、餐厅、卧室的书柜、桌案上，还可以与其他植物组合栽培，需要注意的是，放置常春藤的地方一定要背光。

择土

常春藤适宜在土质松散、有肥力且排水通畅的沙质土壤中生存。

光照

常春藤喜欢半荫蔽的环境，能一年四季摆放在光线较亮的地方。在夏天需注意防止植株被强烈的阳光直接照射，可以在荫棚下管理，然而也不适宜将其长时间摆放在背阴、昏暗的地方，否则会令叶片缺少光彩。

浇水

❶ 常春藤喜欢潮湿，但不能忍受水涝，平日浇水不要太多，令盆土处于潮湿状态就可以。

❷ 夏天可以相应加大浇水量，并勤向植株喷水，以增加空气相对湿度。

❸ 冬天要少浇水，通常每隔3～5天朝枝叶喷水一次就可以。

新手提示：浇水后一定要保证房间的通风性良好，否则易发生水涝。

修剪

❶ 当植株的枝条生长到一定长度的时候应采取摘心处理，以促其萌生侧枝，令株形饱满。

❷ 每隔1～2年需为常春藤更换一次花盆，并将干枯枝、瘦弱枝、病虫枝及杂乱枝等剪掉。

栀子花

【花草名片】

◎学名：*Gardenia jasminoides*

◎别名：山栀子、黄栀、白蟾花、玉荷花。

◎科属：茜草科栀子属，为常绿灌木植物。

◎原产地：最初产自中国长江流域，生长在中国中部和南部区域。

◎习性：喜欢温暖、潮湿的气候，抵御寒冷的能力不太强。喜欢光照充足，也能忍受半荫蔽的环境，畏强烈的阳光直接照射和久晒，应遮蔽大约50%的阳光。

◎花期：6~8月。

◎花色：白色。

药用功效　栀子的果实是传统中药，具有护肝、利胆、降压、镇静、止血、消肿等作用，在中医临床常用于治疗黄疸型肝炎、扭挫伤、高血压、糖尿病等症。

择土　栀子花喜欢有肥力、土质松散、排水通畅、质地微黏的酸性土壤，在碱性土壤中生长容易变黄，是典型的酸性植物。

新手提示：盆栽时的培养土最好用40%园土、15%粗沙、30%厩肥土与15%腐叶土来调配。

选盆　栽种栀子花宜选用较浅或中深的紫砂盆，不宜用塑料盆。

栽培

❶ 将栀子花幼苗的根部浸泡在水中，每天换水一次，一周后才可上盆栽植。

❷ 在花盆底部铺上一层砖瓦片，以利于排水，然后加入一层土壤。

❸ 将栀子花幼苗置入盆中，继续填土，然后将土壤轻轻压实，浇透水分即可。

新手提示：盆栽栀子花时，通常要每2~3年更换一次花盆。

浇水

❶ 栀子花喜欢潮湿，平日需令土壤维持潮湿状态，并留意提高空气相对湿度，浇水适宜用雨水或经发酵后的淘米水。

❷ 夏天除了浇水之外，还需每天清晨和傍晚分别朝叶面喷水一次，以提高空气相对湿度，令叶片表面有光亮。

❸ 8月开花后仅可浇灌清水，并控制浇水的量。

❹ 冬天浇水宜少，使土壤处于潮湿而偏干状态，可经常用清水喷洒植株的叶片表面，以令其光滑、洁净。

繁殖　栀子花可采用播种法、扦插法、分株法及压条法来繁殖，其中以扦插法与压条法最常用。

修剪

❶ 栀子花具有很强的萌生新芽的能力，为防止枝叶交叉重叠、纤弱杂乱，需在合适的时间对其修剪整形。

❷ 栀子花于4月孕育并形成花蕾，所以4～5月期间除了要把少数繁杂的枝叶剪掉之外，通常需着重保护花蕾。

❸ 6月植株开花，应尽早将未落尽的花剪掉，以促进其抽生出新枝梢，当新枝梢长出2～3节时，则应采取首次摘心处理，并适度抹掉一些腋芽。

❹ 8月花朵凋谢后应采取第二次摘心处理，并尽早修剪植株，摘去顶梢，以促使其萌生新枝梢，培育树冠，令株形美观、花朵繁多。

❺ 次年早春应尽早将徒长枝、稠密枝、瘦弱枝及干枯枝剪掉，避免过度损耗养分，对促使植株萌生新枝梢很有利。

光照　栀子花喜欢光照充足，也能忍受半荫蔽环境，怕强烈的阳光久晒，夏天正午前后应留意为其适度遮蔽阳光。

温度　栀子花喜欢温暖，具一定的抵御寒冷的能力，在我国长江以南区域栽植时能露地过冬，在北方区域仅适合用盆栽植，冬天要移入房间里并摆放在朝阳的地方。

病虫防治　栀子花经常发生的病害为黄化病、叶斑病及各种虫害。

❶ 黄化病可按期在浇的水里加入0.1％硫酸亚铁溶液来防治。

❷ 叶斑病喷施65％代森锌可湿性粉剂600倍液即可防治。

❸ 发生介壳虫及粉虱危害时，喷施40％氧化乐果乳油1500倍液可灭杀。

❹ 发生刺蛾危害时，喷施2.5％敌杀死乳油3000倍液即可有效灭除。

施肥　栀子花嗜肥，在生长季节需经常施用追肥，每月施用一次浓度较低的肥料，或每隔10～15天浇施0.2％硫酸亚铁水或矾肥水一次，可以避免土壤转为碱性，给土壤补给铁元素，避免植株的叶片发黄。在开花前要加施1～2次磷、钾肥，能促进花朵长得硕大。

新手提示： 冬天不要对栀子花施肥。

摆放建议　栀子花具有较强的环保功能，可以直接栽种在庭院露地，也可以盆栽摆放在客厅、卧室、书房，还可以制成插花或花篮装点居室。

金银花

【花草名片】
◎学名：*Lonicera japonica*
◎别名：金银藤、二宝花、鹭鸶藤、忍冬。
◎科属：忍冬科忍冬属，为多年生常绿攀缘木质藤本植物。
◎原产地：最初产自中国，全国大多数区域都有分布。
◎习性：喜欢阳光充足的环境，也能忍受荫蔽，有比较强的抵御寒冷的能力，能忍受干旱和潮湿。生长得强壮健康，有很强的适应能力，根系旺盛，萌生新芽的能力很强，茎接触到地面就可长出根来。
◎花期：5～7月。
◎花色：花冠起初呈白色，1～2天后变成黄色。

中医认为，金银花性寒、味甘，有清热解毒的功效，一般用来治疗热毒肿疡、痈疽疔疮等症。中国民间有这样一个习惯，炎夏即将来临之际，给小孩子喝几次金银花茶，可以预防夏季热疖的发生；盛夏酷暑之际，常喝金银花茶能预防中暑、肠炎、痢疾等症。可见金银花是一味不可多得的良药。

药用功效

金银花自古被誉为清热解毒的良药，它性寒味甘，清热而不伤胃，芳香又可祛邪。金银花既能宣散风热，还可清解血毒，用于各种热性病。此外，金银花还有消炎杀菌、护肤减肥、增强免疫力等功效。

选盆

盆栽金银花需选择使用比较深、口径比较大的泥盆。

择土

金银花对土壤没有严格的要求，在酸性和碱性土壤中都可以生长，然而以在潮湿、有肥力、土层较深的沙壤土中生长最为适宜。

繁殖

金银花可采用播种法、扦插法、分株法及压条法来繁殖，其中以播种法与扦插法最常用。

修剪

❶ 金银花通常每年开2次花，在首批花朵凋谢后需对新生枝梢采取适度摘心处理，促进植株萌生第二批花芽。

❷ 对超过3～4年生的植株，在每年入冬后或春初时，需尽早把纤弱枝、徒长枝、交叉枝、稠密枝、干枯枝、衰老枝及病虫枝等剪掉，以令营养成分汇聚到一起，促进其萌生出新的枝梢及孕育出花蕾。

浇水

❶ 金银花能忍受干旱和潮湿，然而土壤不适宜长时间太湿，平日浇水应把握"见干见湿"的原则。

❷ 在夏天气温较高、天气炎热时，需加大浇水的量和次数，并需时常

在清晨和傍晚朝叶面与四周地面喷洒水。

❸ 冬天需控制浇水量，等到土壤发白时再对植株浇水就可以。

施肥

在每年早春发芽后和夏天采摘完花朵后，皆需追施一次肥料，主要施用草杂肥或堆肥等有机肥，同时施用尿素或复合肥。在生长季节需追施1～2次肥料，在开花之前加施磷肥能令花朵繁多茂盛。

新手提示： 更换花盆时可施用合适量的饼肥作底肥，以促进植株加快生长发育。

光照

金银花喜欢充足的光照，也能忍受半荫蔽环境，盆栽房间内料理时需摆放在朝阳的地方。

新手提示： 在夏天阳光比较强烈时，则需为它适度遮蔽阳光。

摆放建议

金银花可栽种在大型的花盆中，摆放在阳台、天台等向阳的地方，也可以直接栽种在庭院里，还可以制作成盆景摆放在餐厅、客厅、卧室、书房等处。

温度

金银花的生长适宜温度是20～30℃，萌芽的适宜温度是5℃。它具有比较强的抵御寒冷的能力，在-10℃朝阳的、风不能直接吹到的且具一定湿度的环境条件下其叶片不会脱落，在温度低到-30℃的条件下也可顺利过冬。

病虫防治

金银花的病害主要是炭疽病、白粉病和各种虫害。

❶ 发生炭疽病时，可以浇灌敌克松原粉稀释500～1000倍液来处理。

❷ 在苗期发生白粉病时，可以喷洒三唑铜1500倍液，在现蕾前期则可以喷洒甲基托布津或多菌灵。

❸ 金银花的虫害主要是红蜘蛛、蚜虫及毛虫等，喷洒80%敌敌畏1200倍稀释液即可进行灭杀。

栽培

❶ 上盆前，先将选好的花盆洗刷干净，然后在盆底铺上一层碎瓦片，再填入少量土壤。

❷ 将金银花幼苗置入盆中，继续填土，然后墩实盆土，浇透水。

❸ 将花盆移置半阴处，保持盆土湿润，常喷水，一个月后即可正常护理。

薄荷

【花草名片】

◎学名：*Mentha canadensis*

◎别名：苏薄荷、南薄荷、仁丹草、鱼香草。

◎科属：唇形科薄荷属，为多年生草本植物。

◎原产地：最初产自北温带，如今世界各个地区都有栽植。

◎习性：喜欢温暖、潮湿和光照充足的环境，比较能忍受炎热和荫蔽，畏强烈的阳光直接照射久晒，抵御寒冷的能力也比较强。喜欢雨量充足的环境，可是也怕水涝。

◎花期：6～10月。

◎花色：浅红、浅紫红、浅紫或乳白色。

花言草语

薄荷的嫩茎叶可以用来制作使人感觉清爽的饮料和糕饼点心，其芬芳的清爽味道可以促进消化、增强食欲；而薄荷油和薄荷脑则为食品、糖果、饮料等工业的主要原材料。另外，薄荷整株还能用作药物，具清利头目、消除瘙痒、驱散风热、治疗气滞及解除心情抑郁所引起的胸闷等症状的功用，能被用来制作消毒药、祛风药和健胃药等。

栽培

❶ 在花盆底部铺放几块碎砖瓦片，以便于排水。

❷ 在花盆中放入少量土壤，然后将薄荷幼苗放在盆中，一层一层填土，轻轻压实。

❸ 浇透水分，然后放置阴凉处细心照料。

药用功效

薄荷入茶饮，可以健胃祛风、祛痰、利胆、抗痉挛，改善感冒发热、咽喉、肿痛，并消除头痛、牙痛、恶心感。将薄荷叶揉碎把汁液涂在虫咬、太阳穴或及肌肉酸痛的部分，可以起到止痒、止痛消肿，减轻酸痛的效果。

择土

薄荷对土壤没有太高的要求，然而最适宜在土质松散、有肥力、有机质丰富、排水通畅的含沙土壤中生长，不能忍受贫瘠与干旱，不能在黏重和酸碱性太强的土壤中正常生长。

新手提示：盆栽薄荷时，可以用腐叶土或山泥加上适量的河沙与有机肥混合调配成培养土。

选盆

栽种薄荷适宜选择比较深的泥盆，最好不用塑料盆。

繁殖

薄荷经常采用分株法及扦插法进行繁殖。

修剪

在立春之后可以对老龄植株采取修剪措施，短截掉1/2，以促进其萌生新的枝条。

浇水

❶ 薄荷在生长季节需要比较多的水分，需令盆土维持潮湿状态，不能太干燥，不然容易导致叶片变黄。
❷ 在夏天干燥时，可以适度加大浇水量，然而不可积聚太多水。
❸ 在秋天和冬天则要少浇一些水。

施肥

每年应对植株追施3~5次肥料，可以在除草后进行。在植株生长的前期，为了促使茎叶长得繁茂，需主要施用氮肥，适量配合施用磷肥和钾肥，适宜"薄肥勤施"，不能施用太多或太浓的肥料。

温度

薄荷喜欢温暖，也较能抵御寒冷，生长适宜温度是20~30℃，温度太高或太低皆会减缓其生长速度。当土壤温度为2~3℃时，它的地下茎能萌芽，嫩芽能忍受−8℃的低温。

光照

薄荷喜欢光照充足的环境及长日照，也较能忍受荫蔽，然而畏强烈的阳光直接照射久晒。

新手提示： 在生长季节它需接受充足的阳光照射，在夏天阳光较强烈时则需进行适度遮蔽，防止被强烈的阳光烧伤。

病虫防治

薄荷经常发生的病害为斑枯病、锈病。

❶ 如果植株患了斑枯病，需立即拔掉患病植株并集中焚毁，且要在发病之初喷洒75%百菌清可湿性粉剂500~700倍液，每隔7天喷洒一次，连喷3~4次就能有效处理。
❷ 如果植株患了锈病，需在发病之初喷洒25%粉锈宁可湿性粉剂1000~1500倍液或65%代森锌可湿性粉剂500倍液来治理。但食用的薄荷在收割前20天不要再喷洒药液。

摆放建议

薄荷具有提神醒脑的作用，养一盆薄荷可使人头脑清晰、提高工作效率。所以，薄荷适合摆放在书房的窗台、书架和桌案上。要注意的是，不适合在卧室摆放薄荷，否则影响睡眠质量。

蟹爪兰

【花草名片】

◎学名：*Zygocactus truncatus*
◎别名：蟹爪莲、接骨兰、蟹叶仙人掌、仙指花。
◎科属：仙人掌科蟹爪兰属，为多年生常绿植物。
◎原产地：最初产自巴西东部热带雨林地区。
◎习性：为短日照植物，喜欢温暖、潮湿的环境，喜欢柔和光照，忌强光直射久晒。比较能忍受干旱，不能忍受积水和寒冷。
◎花期：12月~次年1月。
◎花色：桃红、大红、紫红、杏黄及纯白等色。

药用功效

蟹爪兰味苦，性寒；入脾、胃二经。洗净鲜用，可用于外科疮疗疖肿等热毒症。

栽培

❶ 在花盆底部铺放几块碎小的瓦片或体积为1~2立方厘米的硬塑料泡沫，然后填充培养土。
❷ 将蟹爪兰幼苗植入盆土中，浇透水分。
❸ 将花盆放置在荫蔽处一段时间，多浇水，等到其正常生长后再正常护理。

选盆

栽种蟹爪兰适宜选用透气性良好的泥瓦盆。如果是新盆，应在水中泡两天去火；如果是旧盆，则要洗净晒干。

择土

蟹爪兰喜欢土质松散、有肥力、腐殖质丰富且排水通畅的泥炭土及腐叶土。

新手提示：培养土最宜用等量的菜园土、腐殖土和山泥来混合拌匀，并加入适量的经过发酵的骨粉、有机肥或过磷酸钙等作为底肥，还可以加入少量的草木灰，以令土壤的酸碱度为中性。

浇水

❶ 春天和秋天可以每2~3天浇水一次。
❷ 夏天应每1~2天浇水一次，且需时常朝枝茎喷洒水，以枝茎表面略湿润而不朝下流水为度，这样可以降低温度，防止植株受到暑热的侵害，促使其加快生长。
❸ 冬天浇水不宜太多，可以每隔4~5天浇水一次，令土壤维持潮湿状态就可以。
❹ 当刚形成花蕾时，也需视具体情况少浇一些水，浇水过多易导致花蕾凋落。在花朵凋谢后植株有一个多月的休眠期，这段时间内浇水要少一些，以土壤略干为宜。

新手提示：在栽植蟹爪兰的过程中，应格外留意梅雨季节的料理。这一期间若在室外培养，一定要将盆花置于通风顺畅、遮蔽阳光且不受雨淋的凉快的地方，不然雨水多，盆土太湿易使植株的根系腐烂。

繁殖

蟹爪兰可以采用扦插法及嫁接法进行繁殖，其中以嫁接繁殖的效果最好。

光照

蟹爪兰属短日照植物，在每日8~10小时阳光照射的条件下，2~3个月便能开花。它喜欢半荫蔽的环境，畏强烈的阳光久晒，在夏天阳光比较强烈时需留意适度遮蔽阳光。

病虫防治

蟹爪兰经常患的病害是叶枯病、腐烂病及各种虫害。

❶ 当蟹爪兰患上叶枯病和腐烂病后，可喷施50%克菌丹可湿性粉剂800倍液进行处理。

❷ 蟹爪兰发生介壳虫危害时，可以每周喷洒一次杀灭菊酯4000~5000倍液来处理。

❸ 发生红蜘蛛危害时，可以喷洒50%杀螟松乳油2000倍液来灭杀。

温度

蟹爪兰喜欢温暖，不能抵御寒冷，其生长的最合适温度是15~25℃。夏天若温度高于28℃，植株就会进入休眠或半休眠状态；当温度在15℃以下时，便可能会使花蕾脱落；当温度在5℃以下时，植株则会生长得不好；冬天应将植株移入室内过冬，室内温度控制在15~18℃为宜。

施肥

从春天到夏初，需大约每隔15天对植株施用一次浓度较低的肥料，主要是施用氮肥；进入夏天后可暂时停止施用肥料；在孕育花蕾到开花之前需加施1~2次以磷肥为主的肥料，以促进其分化花芽。

摆放建议

蟹爪兰可嫁接成各种造型的盆栽，适合摆放在阳台、窗台、案几上，也可制作成吊盆悬挂起来。

修剪

❶ 对栽培多于3~5年的植株，冠幅经常可以超过50厘米，需于春天对茎节进行短截，并对一些长势差或过分稠密的茎节进行疏剪，这样能令萌生出来的新茎节翠绿健壮。

❷ 栽植蟹爪兰时需依照植株的大小来适当搭设支撑架，尤其是超过5~6年的植株。

❸ 为了防止由于枝冠太厚而导致通风不畅、透光性差，对孕育花蕾和开花造成不利影响，需随着植株枝冠的生长，把枝冠修整为两层，用两层支架进行支撑，以形成高低错落、花枝分布匀称的株形。

昙花

【花草名片】

◎学名：*Epiphyllum oxypetalum*

◎别名：琼花、韦陀花、月美人、夜会草。

◎科属：仙人掌科昙花属，为多年生肉质植物。

◎原产地：最初产自墨西哥和巴西的热带森林里，如今世界各个地区都广为栽植。

◎习性：喜欢温暖、阴暗、潮湿的环境，不能抵御寒冷，怕强烈的阳光久晒，比较能忍受干旱，畏水涝。

◎花期：6～10月。

◎花色：白色、红色等。

药用功效

昙花药用部分主要为花，嫩茎也可入药。嫩茎全年可采，花则在花季夜间采集，嫩茎多用鲜品，花则干品、鲜品均可。制干品通常在开花之夜间，待花刚开或快开之时，采下烘干备用。中医认为，本品性味甘、平，入肺、胃二经，有清热宣肺，止咳化痰之功，适用于心绞痛，胃脘痛，吐血，肺结核，咳嗽等。

选盆

栽种昙花时宜选用泥盆，避免使用瓷盆或塑料盆，因为这两种盆的透气性较差。

择土

昙花喜欢有肥力、土质松散、腐殖质丰富且排水通畅的微酸性沙壤土。

新手提示：用花盆栽植时，通常用4份园土、4份腐叶土、2份沙土混合并搅拌均匀来调配成培养土。

浇水

❶ 昙花喜欢潮湿的土壤及较大的空气相对湿度，然而也不能忍受积水，在暮秋、冬天和春天之初大气温度比较低的时候处在半休眠状态，需严格掌控浇水的量和频次，令盆土保持偏干燥，干透后稍浇一点儿水就可以。

❷ 当春天大气温度升高后，昙花的生长开始逐步恢复，此时可以渐渐增加浇水量。

❸ 夏天温度较高、天气炎热时，浇水需适度多一些，清晨和傍晚还要朝植株及四周地面喷水1～2次，以维持较大的空气相对湿度。

病虫防治

昙花经常发生的病害是炭疽病及介壳虫危害。

❶ 当昙花患上炭疽病时，用10%抗菌剂401醋酸溶液1000倍液进行喷施即可。

❷ 当昙花受到介壳虫危害时，喷施50%马拉磷1000倍液即可灭除。

花言草语

昙花不仅好看，而且非常珍贵、稀奇，花朵盛开的时候，芳香浓郁，鲜艳耀眼，令人赞叹不已。昙花一般在晚上绽放，因而被称作"月下美人"。由于它开花的时间比较短促，开放3～4个小时后就会凋落，故又有"昙花一现"的说法。人们也经常用"昙花一现"来形容那些出现时间不长、片刻就逝去的事物。

光照

昙花喜欢半荫蔽的环境，怕强烈的阳光久晒，在夏天阳光比较强烈时要进行适度遮蔽，可以将其置于房间里能接受光照的通风顺畅的地方或屋檐下面，也可以置于遮蔽度约为50%的树荫下面。

> **新手提示：**需留意的是，放置盆花的地方不可过分荫蔽，否则会导致植株徒长，不利于开花。

繁殖

昙花采用播种法及扦插法进行繁殖。

温度

昙花喜欢温暖，不能抵御寒冷，13～20℃是其生长的最适宜温度，过冬温度不能在5℃以下。在我国除了华南、西南少数区域和台湾可以在露地上栽植昙花之外，通常皆用花盆栽植，10月上、中旬需搬进房间里过冬，并摆放在朝阳的地方，房间里的温度控制在10℃左右就可以。

施肥

昙花较嗜肥，通常适宜施用腐熟的有机肥，再加入少量的骨粉或过磷酸钙即可。春天新茎萌生出来后，就需开始对植株追施肥料，在生长季节需每半个月施用浓度较低的饼肥水一次。夏天之初植株现蕾后应追施一次1000倍的磷酸二氢钾，能令花朵肥大。暮秋时则不要再对植株施用肥料。

摆放建议

昙花素雅幽香，可盆栽摆放在阳台、客厅、天台等光线良好的地方，但应注意避免强光长时间照射。

修剪

❶ 在把昙花搬进房间里过冬之前，需对过分高大的茎枝与杂乱的株形采取整形修剪措施，以方便在房间里对其进行料理，修剪的时间以9月底到10月初为佳。

❷ 对于超过三年生的植株需绑缚稳固，不然易歪倒，对其生长发育及保持优美的株形都不利。

栽培

❶ 在花盆底部垫一层碎小的砖片或瓦片，以增强透气性，改善排水效果。

❷ 将昙花幼苗放入花盆中，一手扶苗，一手填土，然后浇透水。

❸ 此后宜多浇水，一般1～2天浇1次水，早晚可向植株、地面喷水1～2次，以增加空气湿度。待昙花幼苗正常生长后即可正常料理。

文竹

【花草名片】
◎学名：*Asparagus plumosus*
◎别名：云竹、云片竹、松山草、芦笋草。
◎科属：百合科天门冬属，为多年生常绿草本植物。
◎原产地：最初产自非洲南部，如今世界各个地区都有栽植。
◎习性：喜欢温暖和半荫蔽的环境，怕强烈的阳光直接照射久晒，抵御寒冷的能力比较弱，不能忍受霜冻。喜欢潮湿，不能忍受干旱，怕积水和刮西北风。
◎花期：2～3月或6～7月。
◎花色：白色。

药用功效

文竹不但可以提高文化修养，而且可以对肝脏有病，精神抑郁，情绪低落者有一定的调节作用，文竹，在夜间还能分泌出杀灭细菌的气体，可减少感冒、伤寒、喉头炎等传染病的发生，对人体的健康是大有好处的。

温度

文竹喜欢温暖，抵御寒冷的能力比较弱，不能忍受霜冻，生长适宜温度是15～25℃，冬天要进入房间里过冬，房间里的温度控制在5～10℃就可以。

选盆

各类花盆都可，但不宜选用大盆，小盆为佳，以免养分充足长成藤本状文竹。也可用竹筒栽种，其透水性、存水性都好，不必盆底钻孔。

新手提示：花盆不适宜太大，植株低于20厘米的，适合使用8～10厘米口径的花盆。

栽培

❶ 播种繁殖通常于春天3～4月进行，播种前先将种子浸泡24小时。
❷ 之后点播在10厘米深的盆中，浇足水并盖上玻璃或塑料薄膜，令盆土维持潮湿状态。
❸ 温度控制在20～25℃，播后20～40天即可萌芽。
❹ 当小苗生长至5～10厘米高，长出2～3根主茎的时候，就能定植，上盆养护。
❺ 盆栽植株需于每年春天更换一次花盆，更换花盆时应剔除陈土。

新手提示：在上盆的时候应多带一些土，尽可能防止损伤植株的根系，种植深度以比原来的略深一些为宜，以便于萌生新的枝条。

施肥

对文竹施用肥料时，适宜以"薄肥勤施"为原则，不可施用过浓的肥料或太多肥料，不然会导致枝叶变黄，严重时则会令植株干枯死亡。
❶ 在春天和秋天植株的生长季节要每隔10～15天追施一次肥料，主要施用氮肥和钾肥。
❷ 夏天温度较高时不宜施用肥料，否则会导致植株根系腐烂。
❸ 进入冬天后不要再对植株施用肥料。

择土

文竹通常用花盆栽植，盆栽的时候适宜用土质松散、有肥力、排水通畅的沙质土壤。

新手提示： 一般用4份园土、2份堆肥土、2份腐叶土及1份河沙来混合调配成培养土。

繁殖

文竹可采用播种法及分株法进行繁殖。

病虫防治

❶ 文竹常发生的病害是灰霉病及叶枯病，可以用50%托布津可湿性粉剂1000倍液喷施来防治。

❷ 文竹常发生的虫害主要是介壳虫及蚜虫危害，若发生介壳虫危害，可以用敌敌畏乳剂2000倍液喷施来灭除；若发生蚜虫危害，可以用40%氧化乐果乳油1000倍液喷施来杀除。

浇水

❶ 在栽植期间需把握好浇水的量，应以"不干不浇，浇则浇透"为原则，时常令盆土维持潮湿状态。

❷ 夏天酷热干燥时，可以每日浇1~2次水，并需时常朝叶片表面和植株周围喷洒清水，以增加空气相对湿度。

❸ 进入冬天后可以适度少浇一些水，每2~4天喷洒一次水即可，然而水的温度需和室内温度相接近，不能用冷水喷植株的枝叶。

摆放建议

姿态幽雅的文竹盆栽适合摆放在卧室、客厅一角的花架以及书房的书桌、书架上，但要注意避免强光直射。

光照

文竹适合在半荫蔽且通风顺畅的环境中生长，畏强烈的阳光直接照射久晒。夏天阳光比较强烈，需将它置于凉快荫蔽的地方，防止强烈的阳光直接照射。春天和秋天光照不太强，将植株摆放在房间里或室外都可以。冬天则适宜将它置于房间里朝阳的地方养护。

修剪

栽植超过三年的文竹开始萌生枝蔓，需尽早搭设支架，以便于其攀缘；如果不打算搭设支架，可以把有攀缘性的枝条齐根剪掉。平日需尽早将稠密枝、干枯枝及老枝剪掉，对比较长的枝条适当修剪、绑扎或搭设支架，以令植株疏密得当、形态优美。

蜀葵

【花草名片】

◎学名：Althaea rosea

◎别名：蜀季花、一丈红、棋盘花、斗篷花。

◎科属：锦葵科蜀葵属，为多年生半灌木状草本植物。

◎原产地：最初产自中国和亚洲各个地区，由于最先于四川发现，所以叫作"蜀葵"。

◎习性：喜欢阳光充足的环境，略能忍受半荫蔽。喜欢凉爽的气候，地下部分具有比较强的抵御寒冷的能力，在华北区域栽植时根部能露地过冬。能忍受干旱，怕积水。

◎花期：6~8月。

◎花色：红、粉红、水红、紫、墨紫、黄、乳黄、白色。

药用功效　蜀葵的根、茎、叶、花、种子是药材，清热解毒，内服治便秘、解河豚毒、利尿、治痢疾。外用治疮疡、烫伤等症。

选盆　宜选用透气性好、排水良好的泥盆或陶盆，且应该是深盆，盆口较大。

繁殖　蜀葵可采用播种法、扦插法及分株法进行繁殖。

择土　一般土壤即可，但以有肥力、土层较厚、土质松散且排水通畅的土壤为佳

温度　蜀葵喜欢凉爽的气候，畏较高的温度和炎热，其萌芽的适宜温度是18~25℃，开花的适宜温度是15~25℃。它的地下部分具有比较强的抵御寒冷的能力，过冬温度需高于10℃。

花言草语

蜀葵不仅艳丽好看，其根、茎、叶、花及种子还可以作为药材使用，具清除内热和解毒的功用，内服能医治便秘、解除河豚毒、促进排尿，外用则能医治疮疡、烫伤等病症。

根据《西墅杂记》所载，明朝成化甲午年间，日本使者来至中国，看到栏前的蜀葵花却不认识，询问后方知晓，于是题诗道："花如木槿花相似，叶比芙蓉叶一般。五尺栏杆遮不尽，尚留一半与人看。"在古代端阳节的时候，人们除了认为吃黄豆芽、黄瓜、黄鱼、黄鳝及喝雄黄酒能消除疾病、健体强身之外，还会在家中的瓶里插上蜀葵、蒲蓬等，以驱逐鬼祟、避开邪祟。

栽培

❶ 春天种子播下后，约7天即可萌芽。

❷ 当小苗长出来后，要适度拔掉弱苗，以降低营养成分的损耗量，促使留存下来的植株健壮生长。

❸ 当小苗生出2～3枚真叶的时候，要进行定植分盆。

❹ 每年老根萌发出新的芽时，要马上浇足水。

❺ 栽培3～4年后，植株容易衰弱老化，要尽早进行更新。

新手提示： 在进行定植分盆时，要在土壤里施进合适量的底肥。

修剪

在开花之后距离植株的根部约15厘米的部位割断，能促进萌生出新的植株，也可以很好地掌控植株的高度。

光照

蜀葵喜欢光照充足的环境，也略能忍受半荫蔽，怕强烈的阳光久晒，在炎夏要为其适度遮蔽阳光。

施肥

在幼苗的生长阶段，要施用2～3次以氮肥为主的液肥，并需时常清除杂草、翻松土壤，以促进植株健壮生长。当蜀葵的叶腋长出花芽之后，要马上施用磷、钾肥一次。

浇水

蜀葵能忍受干旱，不能忍受水涝，在生长季节浇水需适时、适量。

新手提示： 为了让开花时间变长，可以维持足够的水分，然而千万不可积聚太多的水，否则会对植株的正常生长发育造成不良影响。

病虫防治

❶ 对蜀葵危害比较严重的一种病害是炭疽病。在病情发生之初，可以用50%苯来特可湿性粉剂2000倍液喷洒。

❷ 老植株在天气干旱时，容易患锈病，在播种之前对种子采取消毒措施，在春天和夏天朝植株喷洒波尔多液就能有效防治。

❸ 蜀葵容易受到红蜘蛛及蚜虫的危害，喷洒80%敌敌畏1000倍液能有效防治红蜘蛛危害，喷洒40%氧化乐果乳油1500～3000倍液则能很好地防治蚜虫危害。

摆放建议

花朵艳丽、枝叶繁茂的蜀葵适合栽种在庭院里欣赏，盆栽需选用较大的花盆，适合摆放在阳台、天台等处。

蒲葵

【花草名片】

◎学名：Livistona chinensis

◎别名：葵树、蒲叶葵、扇叶葵、木葵。

◎科属：棕榈科蒲葵属，为常绿高大乔木。

◎原产地：最初产自中国南部，广泛栽植于福建、广东、广西、海南及台湾等地区。

◎习性：喜欢温暖、潮湿的热带气候，不能忍受寒冷及干旱，能忍受较短时间的积水。喜欢光照充足的环境，也比较能忍受荫蔽，怕阳光直接照射。无主根，然而侧根长得非常旺盛，且比较稠密，抵抗风侵袭的能力比较强，能在沿海区域生长。

◎花期：3～5月。

◎花色：浅黄、黄白或青绿等色。

花言草语

　　蒲葵终年常绿，叶片很大，形似扇子，气魄不凡，具浓郁的热带风景气息。在热带区域，它是主要的园林绿化植物；在寒冷区域，它则常作为室内盆栽，可以装扮住宅、公共地方等。除了欣赏之外，蒲葵的树干可以用来做手杖、伞柄、屋柱，叶片可以用来编蒲扇，叶柄及叶脉则可以用来制造牙签等。它的种子还能用作药物，有抗癌的功用；它的根用作药物后具缓解疼痛的功用，可以制为注射剂医治多种疼痛。

药用功效　蒲葵的种子有抑制癌细胞生长的作用，用于食道癌、绒毛膜上皮癌、恶性葡萄胎、白血病。蒲葵的根可制成注射剂治疗各种疼痛。

选盆　栽种蒲葵最好选用泥盆或瓷盆，超过10年生的植株则可以栽植在木桶里料理。

繁殖　蒲葵经常采用播种法进行繁殖，比较适合于春天到夏天进行。

择土　蒲葵喜欢在潮湿、有肥力且有机质丰富的黏重土壤中生长。

新手提示：用盆栽植时可以用腐殖培养土作为盆土，并加上合适量的干粪等缓效肥作为底肥。

温度　蒲葵喜欢温暖，不能抵御寒冷，生长适宜温度是20～28℃，能忍受1～2小时0℃的低温。

新手提示：10月中旬以前要把它搬进房间里料理，房间里的温度控制在5℃之上就能顺利过冬。春天4月再将它搬到户外料理。

栽培

❶ 将清洗干净的几粒种子放在沙质土壤中一段时间，促使其提前发芽。

❷ 从其中挑选出幼芽刚钻破种皮的种子，再把其点播进盆土中，浇透水分。

❸ 通常播种后30～60天，种子便可萌芽，此后正常料理。

修剪

对成龄植株需重剪其地上部分，特别需将基部已经老化的叶片剪掉，这样能使植株的茎干升高，优化通风透光效果，提高欣赏价值。

光照

蒲葵喜欢阳光充足的环境，也比较能忍受荫蔽，怕阳光直接照射久晒。炎夏阳光比较强烈的时候，要把它置于凉棚下或半荫蔽的地方，并增强通风效果，不能在烈日下久晒，不然会导致叶片焦枯。冬天植株进入房间里后可以置于向南的窗口附近，以使其受到足够的阳光照射。

施肥

春天、夏天和秋天是植株的生长鼎盛期，要每月施用两次主要是氮肥的液肥，或每隔20～30天施用20%充分腐熟的饼肥水或人粪尿一次，能令植株长得繁盛，叶片颜色深绿。冬天则不需再对植株施用肥料。

浇水

❶ 蒲葵喜欢潮湿，不能忍受干旱，所以要令盆土时常维持略干燥或潮湿状态，然而也不能过于潮湿，否则会导致根系腐烂。

❷ 在植株的生长鼎盛期，除了要充分浇水之外，还需时常朝叶片表面喷洒清水，以增加空气湿度，促使植株健壮生长，令叶片维持光洁、青绿。

❸ 蒲葵尽管可以忍受短时间的积水，然而在雨季也要留意及时排除积水，防止遭受涝害。

❹ 冬天则需控制浇水次数。

病虫防治

蒲葵抵御病虫害侵袭的能力比较强，一般不会患上病虫害。

摆放建议

蒲葵是一种典型的观叶类植物，可盆栽摆放在客厅、书房。

天门冬

【花草名片】

◎学名：Asparagus cochinchinensis

◎别名：天冬、大当门根、郁金山草、武竹。

◎科属：百合科天门冬属，为多年生常绿攀缘草本植物。

◎原产地：最初产自非洲南部地区。

◎习性：喜欢温暖、潮湿及光照充足的环境，不能抵御极度的寒冷，比较能忍受干旱，怕水涝，能忍受半荫蔽，畏强烈的阳光久晒。

◎花期：6～8月。

◎花色：白、黄白、浅红色。

药用功效

天门冬味甘、苦，性寒；入肺、肾经。

具有清肺降火．滋阴润燥的功效。主要用于治疗燥咳痰黏、劳嗽咯血、热病伤阴、舌干口渴或津亏消渴等症。

选盆

栽种天门冬适宜用透气性较好的陶盆或泥盆。

光照

天门冬喜欢光照充足的环境，也能忍受半荫蔽，畏强烈的阳光直接照射久晒，可以长期置于房间里有充足的散射光的地方。

> **新手提示**：花盆放在户外栽植的时候，夏天要在半荫蔽的地方料理，防止过度荫蔽或强烈的阳光久晒。

温度

天门冬喜欢温暖，不能抵御寒冷，冬天要将其搬进房间里料理，房间里的温度控制在5℃以上就能顺利过冬。

择土

天门冬对土壤没有严格的要求，喜欢在土层较厚、有肥力、腐殖质丰富、土质松散且排水通畅的沙质土壤中生长，能忍受贫瘠，但不适宜在黏重土壤中或排水不通畅处生长。

> **新手提示**：用花盆栽植的时候，可以用相同量的园土、腐叶土及河沙混合后再加上少许底肥作为基质，也可以用5份腐叶土、2份园土及1份厩肥来混合调配。

栽培

❶ 把长得茂密旺盛的超过两年生的母株从盆中磕出来后，剔除旧土，并剪掉不必要的根须或太长的枝茎。

❷ 把根团分为3～5簇，令每一簇带有1～2个芽，之后每盆1簇分别栽植就可以。

❸ 栽植后放在半荫蔽的地方料理，浇透水分。

❹ 待萌发出新的枝茎后，再把老茎蔓剪掉，以促使植株健壮生长。

病虫防治

天门冬较少受到病虫害的侵袭，病害主要是根块腐烂病和蚜虫危害。

❶ 根块腐烂病大多是由于土壤太湿或块根被地下害虫咬伤，或在植株根部垒土施用肥料时损伤到块根所造成的。一旦发生病害，就应及时排除积水，并在病株四周撒施适量的生石灰粉，这样就能有效处理。

❷ 天门冬的虫害主要为蚜虫危害，在发病之初，可以喷洒40%氧化乐果乳油1000～1500倍稀薄液或灭蚜灵1000～1500倍稀薄液来杀除。

> **新手提示**：应特别留意的是，夏天要在清晨或黄昏温度比较低的时候喷洒药液，以防止产生药害。

施肥

　　5～9月是植株生长的鼎盛期，这一时期需每隔15～20天施用浓度较低的液肥一次，主要是施用氮肥和钾肥，能令枝茎生长得茂密旺盛、挺拔青绿。在植株生长的后一阶段，可以施用2～3次腐熟的有机肥，以便于过冬，令植株次年生长得更繁茂，萌生更多的新芽。秋天则不要再对植株追施肥料。

繁殖

　　天门冬可采用播种法及分株法进行繁殖。

浇水

❶ 天门冬喜欢潮湿，也能忍受干旱，然而怕积聚太多的水，如果水分太多容易令肉质根腐坏，如果土壤过于干燥则容易令枝叶变黄，所以在料理时土壤以"半干半湿"为佳。

❷ 在植株的生长期内，要为其供应足够的水分。

❸ 春天每2～3天浇透水一次即可；夏天可以每日浇透水一次，并要在气候干燥的时候时常朝枝茎和植株四周地面喷洒清水，以增加空气湿度，然而不可积聚太多的水。

❹ 秋天则要适度少浇一些水。

❺ 冬天植株进入室内后，可以每10～15天浇一次水，并需每隔2～3天用清澈的水喷洒枝茎一次，以令枝茎维持洁净、翠绿。

摆放建议

　　天门冬是一种观叶、观果类植物，适合盆栽吊挂在客厅、书房中光照较好的地方，但要注意夏天避免强光直射。还可以将其制作成花篮、瓶插装点居室。

修剪

❶ 当植株的蔓茎生长至约50厘米长的时候，要搭设支架或支柱供其攀缘，便于生长。

❷ 每次更换花盆的时候，要把一些枯老的根系及攀缘的老茎剪掉，以促使植株萌发新的根系及枝茎，维持优美的植株形态。

胡颓子

【花草名片】

◎学名：*Elaeagnus pungens*

◎别名：卢都子、羊奶子、蒲颓子、甜棒槌。

◎科属：胡颓子科胡颓子属，为常绿灌木。

◎原产地：最初产自中国，主要分布在中国长江流域以南的各个地区。日本亦有分布。

◎习性：喜欢温暖、潮湿的气候，比较能抵御寒冷，怕较高的温度和炎热，能忍受干旱和多湿。喜欢阳光充足的环境，也能忍受半荫蔽。

◎花期：10～11月。

◎花色：银白色、黄褐色。

花言草语

胡颓子的叶片颜色较为特别，花朵具芬芳，红颜色的小果实如同一个个挂满枝梢的小红灯笼，十分优美别致，尤其适合搭配种植在树林边或道路旁。与此同时，它的果实不仅能吃，而且还能用来酿造酒，然而在污染区域栽植的则不要食用。另外，胡颓子的根、叶及果实皆可用作药物，有收敛、抑制咳嗽的功用。

药用功效

胡颓子果味酸、涩，性平，可收敛止泻、止咳平喘。还可消食，止泻，止血。胡颓子根味苦、酸，性平，归肝肺、胃经。功能有活血止血、祛风利湿、止咳、解毒、敛疮等。

择土

胡颓子对土壤没有严格的要求，在中性、酸性及石灰质土壤中皆可正常生长，也能忍受贫瘠，然而在土层较厚、有肥力、潮湿、排水通畅的沙质土壤中长得最为良好。

选盆

栽种胡颓子适宜选用泥盆，因为它的透气性较好。另外，花盆的体型宜偏大些，尤其是植株长成后或换盆时，可选用木桶栽种。

栽培

❶ 选取一颗饱满的胡颓子种子，用温水浸泡约30分钟。

❷ 将种子取出后再与粗沙混合促使其尽快萌芽，要令粗沙维持潮湿状态。

❸ 经过30天左右，胡颓子便可萌芽。

❹ 再过约一周的时候，便可将胡颓子幼苗移栽至盆中了。

新手提示：移栽至盆中时，幼苗应带有完好的土坨。

修剪

❶ 在植株的生长季节，为了防止枝条长得过高，要在合适的时候对其采取摘心措施。

❷ 花朵凋谢后要及时将一些老枝剪掉，以促进植株尽快分化花芽。

❸ 冬天要适度疏除长得过于稠密的枝条，以改善通风透光效果。

❹ 在春天植株萌动前可以适度进行修剪，把干枯枝及一些老枝剪掉，然而要尽可能地将两年生的枝条留下。

摆放建议

家庭用花盆种植时，可以长期把胡颓子置于房间里光线充足的地方养护，如阳台、窗台、天台等处。

光照

　　胡颓子喜欢阳光充足的环境，能忍受阳光久晒，也有比较强的忍受荫蔽的能力。

病虫防治

❶ 胡颓子经常发生的病害是叶斑病，可以用75%多菌灵可湿性粉剂100倍液喷洒来预防和治理。
❷ 它的虫害主要是蚜虫危害，用40%氧化乐果乳油1000倍液喷洒就能有效杀除。

施肥

　　在植株的生长季节，要每半个月施用一次肥料，在炎夏到来之前还要施用3～4次液肥。

新手提示： 在秋天应接着追施肥料，以令植株多结果实。

温度

　　胡颓子喜欢温暖，生长适宜温度是24～34℃。与此同时，它还有比较强的抵御寒冷的能力，在我国华北南部地区能露地过冬，能忍受－8℃上下的绝对低温。

新手提示： 用花盆种植时，冬天要把它搬进房间里过冬，房间里的温度不可低于5℃。

浇水

❶ 新种植的植株在春天要多浇一些水。
❷ 5～7月浇2～3次水就可以。
❸ 雨季要留意及时排除积水，防止植株遭受涝害。

繁殖

　　胡颓子可采用播种法、扦插法及嫁接法进行繁殖。

枸骨

【花草名片】
◎学名：Ilex cornuta
◎别名：枸骨冬青、老虎刺、八角刺、鸟不宿。
◎科属：冬青科冬青属，为常绿灌木或小乔木。
◎原产地：最初产自中国长江中下游区域。
◎习性：喜欢温暖、潮湿的气候，比较能抵御寒冷，具有一定的耐旱性，不能忍受积水，忍受荫蔽的能力比较强。具有很强的适应能力，萌生新芽的能力和种子的发芽力都很强，耐修剪，但长得较慢。
◎花期：4～5月。
◎花色：黄绿、白色。

药用功效

枸骨的叶、果实和根都供药用，叶能治肺结核潮热和咯血，果实常用于白带过多和慢性腹泻，根常用治风湿痛和黄疸肝炎；枝、叶树皮及果是滋补强壮药。

选盆

选用排水性、透气性好的泥盆，尽量使用浅盆，盆底加碎盆片。

繁殖

枸骨经常采用播种法及扦插法进行繁殖。

择土

喜欢在有肥力、腐殖质丰富、土质松散且排水通畅的酸性土壤中生长，在中性和偏碱性土壤中也可以生长。

新手提示： 培养土经常用腐叶土或腐熟的田园土再加上合适量的沙土来混合调配。

栽培

❶ 梅雨季节时，先剪下长10～15厘米的当年生的半木质化枝条作为插穗，留下4～6枚叶片。

❷ 将插穗插到培养土里，插后留意遮蔽阳光和保持一定的湿度，经过30天左右便可长出根来，栽培1～2年后便能进行移栽。

❸ 移植可于春天植株发芽前或立秋以后进行，而最好是在春天进行。

❹ 种植后需浇足水，并在半荫蔽的地方摆放2～3周缓苗，等到植株的生长势头恢复后再转入正常料理。

❺ 通常每2～3年要更换一次花盆，多于春天2～3月进行。

新手提示： 移植的时候要带着土坨，并留意将植株的侧根及须根保护好，防止造成损伤，同时要把一些枝叶剪掉，以降低水分的损耗量，便于存活。

光照

枸骨喜欢光照充足的环境，也比较能忍受荫蔽，可以长期置于房间里光线充足的地方。

新手提示： 夏天和秋天阳光比较强烈的时候则要为植株适度遮蔽阳光，防止强烈的阳光久晒。

施肥

在植株的生长季节，可以大约每隔15天施用浓度较低的腐熟的饼肥水一次。冬天仅需施用一次有机肥作为底肥，以后则不要再对植株追施肥料。

病虫防治

❶ 枸骨经常发生的病害主要是根腐病及煤污病。一旦发生根腐病，就要马上把病株拔掉，并立刻用50%退菌特可湿性粉剂500倍液进行全面喷施；一旦发生煤污病，只要每10天用波尔多液或石硫合剂朝植株喷施一次就能有效治理。

❷ 枸骨经常发生的虫害是介壳虫及木虱危害。发生介壳虫危害，可人工用毛刷将害虫刷掉；在初春朝植株喷施50%氧化乐果乳油2000倍液就能将过冬的木虱杀灭，每周喷施一次，接连喷施3次即可。

修剪

每年夏天和秋天要分别对植株进行一次适度的修剪，把稠密枝、徒长枝、干枯枝和病虫枝剪掉，对长得太长的枝条进行短截，以维持一定的植株形态。

浇水

夏天每日上午浇一次水，且要时常给叶片喷水；春天和秋天每2～3天浇一次水；冬天令盆土维持偏干燥状态就可以。

温度

枸骨喜欢温暖，也具一定程度的抵御寒冷的能力。它可以忍受较短时间的−5℃的低温。晚上温度不适宜在3℃以下，白天温度最好不要超过25℃。

摆放建议

枸骨四季常绿，既可直接在庭院里地栽观赏，也可盆栽用来装饰客厅，还可制作成盆景摆放在书房、客厅的窗台和案几上。

枸骨的根、树皮、叶及果实皆有药用，具补益肝肾、滋养气血、滋补阴虚、消除风湿、清除风热及益精活络的功用。枸骨的种子含有油，能用来制造肥皂；它的树皮能用来做染料；它的嫩叶能制作枸骨茶及苦丁茶，经常饮用则可以预防疾病、保护健康。

蜡梅

【花草名片】

◎学名：*Chimonanthus praecox*

◎别名：蜡梅、黄梅花、雪里花、蜡木。

◎科属：蜡梅科蜡梅属，为落叶小乔木或灌木。

◎原产地：原产于我国中部地区，各地均有栽培，秦岭地区及湖北地区有野生蜡梅。

◎习性：喜欢在阳光充足的地方生长，能耐阴、耐寒、耐旱，忌水湿，怕风。

◎花期：12月～次年1月。

◎花色：纯黄色、金黄色、淡黄色、墨黄色、紫黄色，也有银白色、淡白色、雪白色、黄白色。

药用功效

蜡梅的花蕾、根、根皮均可入药。花蕾味辛，性凉，有解暑生津，开胃散郁，止咳功效。根、根皮味辛，性温；具有祛风，解毒，止血的功效。根皮可外用治刀伤出血。

光照

❶ 蜡梅喜欢阳光，生长期要处在阳光充足的环境中，每天至少要让阳光直射4小时以上。

❷ 花期忌阳光直射，可放在光照柔和处。

选盆

蜡梅对花盆的选择性不高，瓦盆、陶盆、紫砂盆等都可以用来栽种蜡梅。蜡梅为深根性树种，应用深盆、大盆栽植。

新手提示： 每2～3年换盆一次。

择土

蜡梅宜选择土层深厚、排水良好的轻壤土栽培，以近中性或微酸性土壤为佳。忌碱土和黏性土。

栽培

❶ 上盆前，在整株蜡梅中选择一根粗壮的主枝，将主枝上的枝条从基部剪掉，只向上留三根分布均匀的侧枝，对主枝进行截顶。

❷ 在花盆底部铺一层基肥，在基肥上盖一层薄土。

❸ 将蜡梅放在花盆中央，扶正，用培养土压紧。

❹ 浇透水。

❺ 上盆后放到阴凉处缓苗一个月左右，再放到阳光充足的地方进行养护。

❻ 上盆以冬、春两季为宜。

新手提示： 由于蜡梅怕风，风大会使叶片相互摩擦从而产生锈斑。所以上盆后最好把花盆放在一个背风向阳的地方。另外，花期尤其要注意不能受风，否则会出现花瓣舒展不开的现象，最终导致花苞不开，影响观赏。

花言草语

蜡梅可谓全身都是宝。蜡梅花经过一定的加工，可以制成味道醇香的高级花茶。若将蜡梅花浸入生油中，可以制成蜡梅油。若将蜡梅花烘干，则成了一味解暑、生津、止咳、生肌的名贵药材。蜡梅的根、茎还是镇咳、止喘的良药。

施肥

一般来说，每年5~6月间每隔7天施一次液肥。7~8月间施肥可每隔15~20天一次，肥水的浓度应稀一些。秋后再施一次肥，以供开花时对养分的需要。入冬后不用再施肥，否则会缩短花期。

繁殖

蜡梅常用嫁接、扦插、压条或分株法进行繁殖。

病虫防治

蜡梅的病害较少，虫害较多，常见虫害如蚜虫、介壳虫、刺蛾、卷叶蛾等。如发现这些害虫，可用50%杀螟松乳油1000倍液喷杀。

新手提示： 若将花盆放在采光通风好的环境中，可减少病虫害的发生。

修剪

蜡梅开花后要及时修剪枝条，花枝长于20厘米的部分都要剪除，并且将前一年的长枝剪短，留1~2对芽即可。

浇水

❶ 平时浇水以"不干不浇，浇则浇透"为原则。

❷ 三伏天的气温偏高，此时要多浇水，保证花芽正常发育，植株正常生长。

❸ 花期前或开花期要注意适量浇水，如果浇水过多容易积水，花、蕾容易掉落；浇水过少又会使叶片上留下苦干发白的斑块，影响花芽的形成，造成花朵小且稀疏不齐，影响观赏。

温度

蜡梅生长的适宜温度在14~28℃，但只有在0℃~10℃的温度下才能正常开花。冬季最好将植株放在室内，保持室温5~10℃。

开花期的温度不可过高，若超过20℃，花朵就会很快凋谢。

摆放建议

蜡梅可以放在室内阳光比较充足的地方，比如朝南的阳台、窗台。也可以直接栽种在庭院里观赏，但注意不要栽种在树荫下，否则会导致花开稀疏甚至不开花，影响观赏。

迎春花

【花草名片】

◎学名：*Jasminum nudiflorum*

◎别名：金梅、金腰带、小黄花、金腰儿等。

◎科属：木樨科茉莉属，为多年生常绿落叶灌木。

◎原产地：中国。

◎习性：喜阳光，喜湿润，稍耐阴、耐寒冷、耐旱、耐碱，怕涝。

◎花期：3～5月。

◎花色：金黄色。

花言草语

迎春花是我国名贵花卉，与梅花、水仙和山茶花并称为花中的"雪中四友"。因不畏严寒，怒放花枝喜迎春天的特点而得名。迎春花适应能力强，不择风土，历来受到人们的喜爱，无论是春天娇嫩的黄花，夏天舒展的绿叶，还是冬日里婆娑的花枝，都有很高的观赏价值。

迎春花原产于我国的华南和西南，现已在南方广泛栽培，尤其在河南鄢陵一县，更是随处可见。

《全国中草药汇编》中记载，迎春花的叶和花可入药。其叶味苦，性平，具有解毒消肿的功效，可止血、止痛，治疗跌打损伤、外伤出血、口腔炎、痈疖肿毒、外阴瘙痒等病症，外用鲜品捣烂敷于患处或煎水坐浴。其花味甘、涩，性平，具有清热利尿、解毒的功效。外用研粉，调麻油搽敷于患处即可。

药用功效

迎春花叶、花均可入药。其叶，活血解毒、消肿止痛，主治肿毒恶疮、跌打损伤、创伤出血等；其花，解热发汗、利尿，主治发热头痛、小便热痛。

择土

迎春花对土壤没有严格的要求，在微酸、中性、微碱性土壤中都能生长，但最适宜在疏松肥沃、排水良好的沙质土壤中生长。

选盆

因为迎春花的颜色是金黄色，所以适宜选用淡蓝、紫红、黑色的花盆，让花盆和花的颜色相互协调，使盆花更具观赏价值。

栽培

❶ 春、夏、秋三季均可进行扦插。

❷ 剪下长约20厘米的嫩茎做插穗，插入土1/3深。

❸ 浇透水，放在阴处或遮阴10天左右，再放到半阴半阳处，15天左右即可生根。

修剪

迎春花的花朵多集中开放于秋季生长的新枝上，即在头年枝条上形成花芽。夏季以前形成的枝条着花很少，老枝则基本上不能开花。因此，每年开花以后应对枝条进行修剪，把长枝条从基部剪去，促使另发新枝，则第二年开花茂盛。为避免新枝过长，一般每年5～7月，可摘心2～3次，每次摘心都在新枝的基部留2对芽而截去顶梢，促使其多发分枝。

新手提示：对于生长强健而又分枝多的植株，7月以后，可不需再摘心。如果分枝过少，8月上旬以前还应再摘一次心。但对生长细弱、枝条并不太长的植株，摘不摘都可以。

光照

生长期间要保证每日接受足够的光照。

新手提示： 光照不足会导致植株窜高、黄化、不开花或开花少等。

浇水

❶ 迎春花喜欢湿润的环境，炎热的夏季每日上、下午各浇一次水，还应时常朝枝茎和植株四周地面喷洒清水，以增加空气湿度。

❷ 迎春花怕盆内积水，在梅雨季节，连续降雨时，应把盆放倒或移至不受雨淋处。

❸ 秋天注意经常浇水，以利于植株生长健壮。

❹ 冬季气温低，水分蒸发少，应少浇水。

温度

在冬天，南方只要把迎春花连同花盆埋入背风向阳处的土中即可安全越冬，在北方应于初冬移入低温室内，如阴面阳台处越冬。欲令迎春花提前开花，可适时移入中温或高温向阳的房间内，如放置在13℃左右的室内向阳处，每日向枝叶喷清水1～2次，20天左右即可开花；如置于20℃左右的室内向阳处，10天左右就可开花。开花后，将其移至阴面阳台，并注意不要让风对其直吹，即可延长花期。花开后，室温越高，花凋谢越快。

病虫防治

❶ 迎春花若感染叶斑病和枯枝病，可用50%退菌特可湿性粉剂1500倍液喷洒进行处理。

❷ 迎春花感染的虫害常为蚜虫和大蓑蛾，可用50%辛硫磷乳油1000倍液喷杀。

施肥

❶ 栽培迎春花，定植时要放基肥。

❷ 生长期每月施1～2次腐熟稀薄的液肥。

❸ 7～8月，迎春花芽分化期，应施含磷较多的液肥，以利花芽的形成。

❹ 开花前期，施一次腐熟稀薄的有机液肥，可使花色艳丽并延长花期。

❺ 冬季施基肥一次，平时不必追肥。

繁殖

以扦插为主，也可用压条、分株的方法繁殖。

摆放建议

迎春花适应性强，花色端庄秀丽，适宜作室内中小型盆栽，一般摆放在客厅、书房、卧室等处。

凌霄花

【花草名片】
◎学名：*Campsis grandiflora*
◎别名：紫葳、中国霄、大花凌霄。
◎科属：紫葳科凌霄花属，为多年生落叶藤木。
◎原产地：中国中部各省。
◎习性：喜欢温暖、湿润的环境，喜阳，略耐阴。
◎花期：6～9月。
◎花色：外橘黄，内鲜红色。

花言草语

　　凌霄花主要生长在热带和亚热带地区，对土壤、气候适应性都比较强，在我国浙江临海、安徽黄山、江苏连云港等地均有广泛分布。古凤凰城更因广泛种植凌霄花而得名"凌霄之乡"。

药用功效

　　凌霄花是一种传统中药材，花、根、茎都可以入药。其花味辛酸，性微寒，归肝、心包经，具有行血祛瘀、凉血祛风的功效，其根味苦，性凉，具有活血散瘀、解毒消肿的功效。

选盆

　　栽种凌霄花一般选择使用口径为30厘米左右的花盆。

择土

　　凌霄花对土壤没有严格要求，有一定的耐盐碱性能力，在沙质壤土、黏壤土上均能生长，但以疏松肥沃、通透性强、排水良好的土壤最为适宜。

病虫防治

❶ 如果感染叶斑病和白粉病，可用50%多菌灵可湿性粉剂1500倍液喷杀。
❷ 如果感染粉虱和介壳虫，可用40%氧化乐果乳油1200倍液进行喷杀，这种情况在生长期时常发生。
❸ 如果感染蚜虫，可用40%乐果500～800倍液喷杀，这种情况在春秋干旱和高温高湿期时常发生。

光照

　　凌霄花属喜欢光照的强阳性植物，在生长季节要接受充足的阳光照射，这样对其生长发育及开花都很有利。

修剪

　　春季萌芽前后要适当疏剪枯枝和过密的枝干，使树形合理，以利于植株生长，每年冬季也需要修剪枝干，疏除枯枝。

浇水

　　生长期应保持盆土适度湿润，后期管理可放宽些。

施肥

❶ 一般每月施1～2次液肥。
❷ 开花前施一些复合肥、堆肥，并进行适当灌溉，可以令植株生长旺盛、开花茂密。
❸ 夏季现蕾后应在摘除一些多余花蕾后加施一次液肥，这样可以令花朵又大又漂亮。

新手提示：冬季应停止施肥。

 温度

凌霄花生长最佳适宜温度为23～25℃。

新手提示：冬季应搬至有保暖条件的室内越冬。

 繁殖

繁殖方式有扦插、压条、分株及播种。因为凌霄花不易结果，很难得到种子，所以繁殖主要采用扦插法和压条法。扦插多选带气生根的硬枝春插，压条繁殖在夏季进行。

 栽培

❶ 可在春季或雨季进行，选择五年生以上植株，将主干留高30～40厘米，修剪根系，只保留主要根系。

❷ 将其插于疏松肥沃、通透性强的培养土中，下垫一些基肥。一次浇透水。

❸ 将其放置在温暖的环境下，20天后即可生根。

❹ 待植株萌发出侧枝后只留上部3～5个枝条，将下部枝条剪去，使之呈伞形。

❺ 控制水肥，不要使其生长过旺，经过一年培养即可成型。

新手提示：植株长到一定程度，要设立支杆，搭好支架任其攀附。

 摆放建议

凌霄花因其可以附物攀缘的特性，适宜放置在采光良好的阳台，可让其沿着窗户向上生长，极具观赏价值。

葱兰

【花草名片】

- ○ 学名：*Zephyranthes candida*
- ○ 别名：葱莲、白花菖蒲莲、韭菜莲、玉帘、肝风草。
- ○ 科属：石蒜科菖蒲莲属，多年生常绿草本植物。
- ○ 原产地：原产于南美洲，现在中国各地均有栽培。
- ○ 习性：喜欢温暖、湿润的环境，喜光照，耐半阴或潮湿的环境，耐寒，华东地区可露地越冬，喜排水性能良好、肥沃且土质微黏的土壤。
- ○ 花期：7~11月。
- ○ 花色：白色。

药用功效

葱兰性味甘、平。主治小儿惊风、羊癫风。建议不要擅自食用葱兰，误食鳞茎会引起呕吐、腹泻、昏睡、无力，在医生指导下使用。

择土

种植葱兰可用肥沃、富含腐殖质、润湿且排水性能良好的土壤。可用腐叶土、泥炭土等加肥料配制成土壤。

选盆

种植葱兰最好用高4~5厘米的长方形或圆形的白色浅瓷盆。这样不但有利于葱兰的生长，而且也非常具有审美价值。

栽培

家庭栽种葱兰可以使用播种法也可以使用分株水养法。

播种法：

❶ 9月下旬是最适宜播种葱兰的时节。播种前可先把种子放到锅里炒热以消毒。然后将种子放进温热的水中浸泡12~24个小时，直到种子膨胀。

❷ 在纸盒、盆等容器中放入培养土，将种子播种到土壤中，覆土，然后用喷壶喷湿土壤。

❸ 遇到寒潮低温天气，可用塑料薄膜将容器包起来以保温，待幼苗出土后再揭去薄膜。等幼苗长出3片真叶时就可以换到花盆中定植了。

分株水养法：

❶ 水养葱兰最好使用分株法，且适宜在4月份进行。

❷ 准备一个约90厘米长、50厘米高、35厘米宽的鱼缸和一个花盆。

❸ 在准备好的花盆内装上薄薄的一层土，将葱兰鳞茎按株行距2~3厘米的标准放入盆内，最好用土压住葱兰根部。

❹ 从四周向盆内填新土，直到土与鳞茎上部齐平，用手轻轻将土压实，在土上铺一层粗沙，有条件的可在粗沙上放鹅卵石等观赏性较强的石头。

❺ 将盆花放入已经装上水的鱼缸中，鱼缸的水8分满即可。

❻ 水养的葱兰，叶片鲜亮，大约到8月份时就会抽出几十个花茎，约9月下旬即可开出美丽的白花。

新手提示：葱兰的1个鳞茎，每年可分出10几个小鳞茎。为了避免花盆被葱兰的根系占满，也为了避免葱兰因拥挤而生长不佳，需要及时为其分株。

修剪

葱兰不需修剪出造型，只要定期为其修剪枯叶即可。

病虫防治

花蓟马为葱兰常见的虫害，可用2.5%鱼藤精乳油500～800倍液喷杀；或用20%杀灭菊酯乳油1000～2000倍液喷杀。

繁殖

葱兰可用播种、分株法繁殖。

浇水

葱兰喜潮湿的环境，因此要经常保持土壤湿润，盛夏季节不但要增加浇水次数而且要将其移至遮阴处养护以免水分蒸发过快。在干燥的地区或季节，可适当为其叶片喷水以增加湿度。

葱兰可入药，其性味甘平，具有平肝熄风的功效，对治疗小儿惊风、羊痫风等病症有很好效果。此外，许多人都会把葱兰和韭菜兰弄混，虽然它们都是石蒜科多年生常绿植物，都有直径约3厘米的鳞茎小球，都是从叶丛抽出花梗，花朵都有六瓣，都是下雨开花，花期在夏秋，但二者还是有明显的区别。葱兰叶片狭长，花为白色；韭菜兰叶线扁平，既像兰花又像韭菜花，且花为桃红色。

温度

① 葱兰生长的适温为15～25℃。
② 葱兰较为耐寒，一般来说在长江流域可保持全年常绿；在低于0℃的环境中可存活较长时间；在−10℃左右的环境下，短时间不会被冻死。
③ 即使是冬天，只要室温保持在18～25℃，葱兰可继续生长和开花。

光照

① 葱兰幼苗最好在每天上午10点之前，和每天下午4点之后接受光照，以免其太过脆弱。
② 葱兰喜阳光，但也能耐半阴，在光照充足的环境中鳞茎生长得较好，开的花也较大。
③ 夏季，葱兰不适合接受太强的光照，因此最好在室内养护一段时间后再移至室外遮阴处养护，交替调换。

施肥

在葱兰的生长期，可每10天左右追肥一次。肥料以磷钾肥为主，不宜多用氮肥。

摆放建议

葱兰适合放置在采光良好的卧室、书房和阳台养护，水养时适合放置在客厅。

米兰

【花草名片】
- ○学名：*Aglaia odorata*
- ○别名：米仔兰、树兰。
- ○科属：楝科米仔兰属，为常绿灌木或小乔木。
- ○原产地：最初产自中国南方及东南亚区域。
- ○习性：喜欢温暖、光照充足的环境，也能忍受半荫蔽，不能抵御寒冷。喜欢潮湿，不能忍受干旱和积水，畏较高的温度和通风不畅。具有较强的萌生新芽的能力，长得很快，经得住修剪。
- ○花期：全年都能开花，其中以夏天和秋天最为繁盛。
- ○花色：黄色。

药用功效　米兰的花、枝、叶均可药用。花性平和，有行气解郁、疏风解表功效，可治胃腹胀满、噎嗝初起、咳嗽、头昏、感冒等疾病。

选盆　栽种米兰适宜选用泥盆，尽量避免使用透气性不好的塑料盆。

栽培
❶ 在花盆底部排水的地方需铺放几块碎砖瓦片，然后放入少量土壤。
❷ 将米兰幼苗植入盆中，继续填土。
❸ 上盆后需对植株浇透水一次，此后半个月内浇水宜少，以促生新根。

病虫防治　米兰经常发生的病害主要是炭疽病和各种虫害。
❶ 当米兰患上炭疽病时，喷施70%甲基托布津可湿性粉剂1000倍液即可有效预防和治理。
❷ 米兰的虫害主要是介壳虫、蚜虫及红蜘蛛危害，在平日需改善通风效果，一旦出现虫害即可喷施40%氧化乐果乳油1000～2000倍液来灭除。

光照　米兰喜欢光照充足的环境，也能忍受半荫蔽，在春天和秋天最适合在太阳光下生长；夏天阳光比较强的时候需要适度遮蔽阳光。

施肥　肥料主要是有机肥，其次是无机肥，还可以适量增施磷肥和钾肥，以确保其有充足的养分。

温度　米兰喜欢温暖，怕较高的温度，也不能抵御寒冷，在长江以北区域栽植时，冬天温度在10℃以下时一定要移入房间里料理。

浇水
❶ 在生长季节不能太多，不然造成植株的根系腐烂，叶片干枯。
❷ 在开花期间浇水要适量，浇水太多容易使花朵和花蕾凋落；浇水太少植株的叶缘和花蕾干燥枯萎。
❸ 进入秋天后植株的生长速度渐渐变慢，可以适当减少浇水，应以"不干不浇，浇则浇透"为浇水原则，通常每隔3～4天浇水一次。

繁殖　米兰采用扦插法及压条法进行繁殖。

择土　米兰喜欢有肥力、土质松散、排水通畅且腐殖质丰富的微酸性土壤或沙质土壤。

修剪　当新枝生长出5～6层叶片的时候，便需将顶芽摘除，以促侧枝与短枝和花芽分化。

摆放建议　米兰适合摆放在客厅、卧室、书房、阳台等阳光充足的地方，也适合在庭院里栽培观赏。

第八章

21种化毒为宝的
"毒花毒草"

房间里摆放置花草的数量要依照房间面积的大小来定，不适宜太多，花草的品种也需搭配协调。当一些香气过度浓郁的花卉也不适宜长期置于房间内。而有的花草虽然有毒，但它们也有抑制病菌良好的杀灭病菌、吸收有毒物质、增加空气中的负离子浓度等作用。如果我们能对这些有毒花草的植物特性有所了解，善加利用，就能化毒为宝，为我们的身心健康提供服务。

夜来香

【花草名片】
- ◎学名：*Oenothera odorata*
- ◎别名：待霄草、月见草、月下香、山芝麻。
- ◎科属：柳叶菜科月见草属，为多年生草本植物。
- ◎原产地：最初产自北美地区。
- ◎习性：喜欢温暖、潮湿及光照充足的环境，略能抵御寒冷，比较能忍受干旱，怕积水。
- ◎花期：7～9月。
- ◎花色：黄色、淡粉色等。

毒性解码

夜来香具有浓郁的香气，夜间会散发出很多刺激嗅觉的微粒，如果闻得时间太长或长期与其共处一室，会令人产生头昏、咳嗽、气喘、失眠的症状，患有高血压或心脏病的人更会觉得憋闷，甚至会导致病情加重。

化毒攻略

夜来香新鲜的花和花蕾可食用，具有清肝明目的功效。家庭栽种夜来香不可将其置于卧室内，白天可以置于房间里通风顺畅的地方，黄昏时分便需移到房间外面，防止其浓郁的香气滞留在室内。

选盆

选用透气性好、排水通畅的泥盆，花盆口径为25厘米左右。

栽培

❶ 当植株生长处于半木质化时，剪下30厘米左右的健康壮实的茎蔓作为插穗，且要含有3～5个节。

❷ 将其插入培养土中，插入深度是插穗总长的1/2或2/3即可。

❸ 插后浇足水并令土壤维持潮湿状态，经过20～30天便可长出新根、萌生新芽。

❹ 移植适宜于5月中旬进行，需尽可能地少损伤根系，在掘出苗木后需马上进行移植。

新手提示：种植的时候要一边栽种一边浇水一边垒土，把根部完全栽进土里，不可露出一点儿根茎。

温度

夜来香喜欢温暖的环境，略能抵御寒冷，冬天应放在屋内过冬，保持室温即可。

择土

适合种植在土质松散、有肥力且排水通畅的土壤中，种植前要在土壤中施进合适量的底肥。

浇水

❶ 平日令盆土维持潮湿状态就可以，不能过于干燥或过于潮湿。

❷ 在植株的生长季节浇水要充足，以满足其生长所需，然而不可积聚太多的水。

❸ 夏天干旱时除了要令盆土维持潮湿状态之外，还要时常朝叶片表面喷洒清水，以增加空气湿度，促进植株生长。

❹ 冬天对植株要适度少浇一些水。

施肥

在植株的生长期内需追施2～3次复合肥，也就是在苗期追施2～3千克的尿素和1.5千克的过磷酸钙，又4～5千克的过磷酸钙。

新手提示：不可对植株追施太多的氮肥，不然容易导致莲座状叶片生长过旺且不抽生茎。

病虫防治

❶ 夜来香经常发生的病害为腐烂病及枯萎病。如果植株发生了腐烂病，可以喷洒75%百菌清可湿性粉剂1000倍液或50%托布津可湿性粉剂1500倍液来治理；如果植株发生了枯萎病，要马上把病株拔掉，并把其四周的土壤翻开撒施生石灰消毒30天后再补种上新苗，也可以喷洒50%多菌灵可湿性粉剂或枯萎立克600～800倍液来治理。

❷ 夜来香经常发生的虫害为介壳虫、蚜虫及螨类危害，喷洒40%氧化乐果乳油或2.5%敌杀死就能有效治理介壳虫和蚜虫，喷洒73%克螨特乳油2000倍液便能杀除螨类。

光照

夜来香喜阳光。盆栽夜来香要求通风条件良好，5月初至9月底宜放在院内阳光充足处或阳台上养护，但在夏季的中午应避免烈日暴晒。

繁殖

夜来香经常采用播种法及扦插法进行繁殖。

修剪

平日要留意尽早将干枯焦黄的叶片剪掉，以降低营养成分的损耗量，促进植株健壮生长及保持优美的植株形态。

摆放建议

家庭栽种的夜来香盆栽一般摆放在客厅窗台、阳台、露台等通风较好的地方，傍晚时移至室外。一般不将夜来香盆栽摆放在卧室。

花言草语

夜来香因其花朵夜里开放，且芳香浓厚，随风带来阵阵芬芳而得此美名。它的花朵可以制取天然香料，茎纤维为造纸的原材料，根可以入药，在治疗风湿病、筋骨疼痛等方面有一定的功效。

水仙

【花草名片】

◎学名：*Narcissus tazetta* var.*chinensis*

◎别名：凌波仙子、玉玲珑、中国水仙、金盏银台。

◎科属：石蒜科水仙属，为多年生草本植物。

◎原产地：最初产自中国。柬埔寨把它定为国花。

◎习性：喜欢温暖、潮湿和光照充足的环境，不能抵御寒冷，怕长时间的水涝。水仙花与别的多年生草本植物有些不一样，有秋天开始生长、冬天花朵开放、春天储藏营养成分、夏天休眠的特殊之处。

◎花期：1～3月。

◎花色：乳白、鹅黄、鲜黄色。

毒性解码

水仙花的全株都有毒，其鳞茎的浆汁中含有拉可丁毒素，毒性比较大，误食之后会产生呕吐、腹部疼痛的症状。

水仙花的叶片及花朵的汁液皆有毒，接触后会导致皮肤红肿，特别需要留意的是不可让这种汁液进入眼睛里。若人们不慎误食它的叶片及花朵的汁液，则会出现呕吐、腹部疼痛、手脚发冷、出冷汗、脉搏快且微弱、呼吸不规律、体温升高、昏睡、虚脱等症状，严重的还会出现痉挛，甚至中枢麻痹而死。

化毒攻略

水仙花除了有比较高的药用价值和观赏价值外，还有净化空气的作用，抵抗空气里的污染物的能力非常强。它可以把一氧化碳、二氧化碳、二氧化硫等吸收掉，还可以把氮氧化物转化成植物细胞蛋白质，并被其自身所用。此外，水仙花清淡的花香可以调节情绪，使人精神愉悦，并可以减少房间里的异味。在种植期间，要尽可能地防止过多接触，在接触水仙花后需马上清洗双手。家里有儿童的更要多加留意，防止其不小心误食。

施肥

用水栽法种植的水仙花，通常不用施用肥料，如果条件允许，也可以在花期内略施用适量的速效磷肥，以令花朵开得更加硕大、花色更加娇艳。

择土

喜欢在土层较厚、土质松散、保持水分的能力强、排水通畅的土壤中或冲积土中生长。用水栽法种植的时候最适宜用雨水或池塘水，若用自来水，则要储存一天再用。

选盆

各种盆皆可，不漏水即可。花盆的大小根据种植的球茎数来定，比如16厘米口径的一般可放2~3个球茎。

病虫防治

水仙花经常发生的病害为线虫病、叶枯病及褐斑病等。

❶ 在种植前用40℃的0.5%福尔马林液将鳞茎浸泡3~4小时就能预防线虫病的发生。

❷ 叶枯病在发病之初，用60%代森锌可湿性粉剂1500倍水溶液喷施就能进行治理。

❸ 在褐斑病发病之初可以用75%百菌清可湿性粉剂600~700倍液进行喷施，每隔5~7天喷施一次，接连喷施几次就能有效治理。

> 新手提示：在种植前将膜质的鳞片剥掉，把鳞茎放进0.5%福尔马林溶液里或50%多菌灵可湿性粉剂500倍水溶液里浸泡半个小时，也能避免发生褐斑病。

温度

水仙花在生长的前一个阶段喜欢凉爽的气候，在生长的后一个阶段喜欢温暖的气候，其生长适宜温度是10~20℃，能够忍受0℃的低温。

浇水

❶ 在刚上盆之后适宜每日更换新水。

❷ 在花苞长出来后可以每周更换一次水，而且需保证水质洁净，不可使用不干净的水、硬水或杂有油质的水，避免由于水变质而导致植株的根系腐烂，而且还可以令生长出来的根系纯白洁净，观赏价值更高。

修剪

在阉割鳞茎的时候，如果有还没有剥除干净的侧芽萌生出来，要马上采取1~2次拔芽的措施。

光照

水仙花为短日照植物，每日仅需接受6小时的阳光照射便可正常生长和发育。在种植水仙花期间，可以把其长时间摆放在房间里光照充足的地方料理，夏天阳光比较强烈的时候则需为其适度遮蔽阳光。

繁殖

水仙花一般用侧球、侧芽及双鳞片进行繁殖。

栽培

❶ 把老茎片与老根剥除干净，之后放到花盆里，加入水到水仙头下鳞茎约1厘米处。

❷ 盆里要用鹅卵石、石英砂等把鳞茎固定好。

❸ 放在背阴、凉爽的地方料理，当鳞茎盘生出新的根系后再移至有阳光照射的地方，直到植株开花。

> 新手提示：由于水仙花的叶片是朝两侧扩展的，因此在栽种的时候要留意查看叶片的生长方向，按照以后叶片一致朝行间扩展的要求栽种，以令其有足够的生长空间。

摆放建议

水仙花清香怡人，一般水养栽培，可以摆放在客厅、餐厅或书房的桌案上。

马蹄莲

【花草名片】

◎学名：*Zantedeschia aethiopica*

◎别名：观音莲、水芋马、慈姑花。

◎科属：天南星科马蹄莲属，为多年生宿根草本植物。

◎原产地：最初产自非洲南部的河流或沼泽地里。

◎习性：喜欢温暖和光照充足的环境，不能抵御寒冷，也不能忍受较高的温度，略能忍受荫蔽，常在温室内用花盆种植。喜欢潮湿，不能忍受干旱，然而也不能忍受长时间的水涝。在冬天不寒冷、夏天不酷热的区域，能一年四季开花。

◎花期：11月～次年6月

◎花色：白、黄、粉、红、紫等颜色。

毒性解码

马蹄莲的块茎、佛焰苞和肉穗花序都有毒，里面含有很多草本钙结晶及生物碱等，不慎误食后就会出现舌喉烧伤、恶心、呕吐、昏迷和感觉神经功能障碍等中毒的症状。

温度

马蹄莲的生长适宜温度是20℃上下，晚上温度高于10℃的时候生长和开花都会较好，也能忍受4℃的低温，然而当温度降低到0℃的时候就会令其根茎受到冻害死去。

化毒攻略

马蹄莲的颜色繁多艳丽，造型独特，为居家花卉的首要选择，十分适宜用花盆种植。它是装扮家居的优良花卉品种，也可以作为切花瓶插于餐桌上供欣赏。家庭栽植的时候不可损伤马蹄莲的植株，也不可随意触碰花茎的切口，更不可让儿童触碰马蹄莲的花，以免其毒素经由被污染的手进入口中造成中毒。

选盆

可选用泥盆、塑料盆、瓷盆、陶盆，花盆口径23～33厘米，盆体应较深。

择土

马蹄莲喜欢在土质松散、有肥力、腐殖质丰富、排水通畅的沙质土壤及黏重土壤中生长。

新手提示：盆土经常用2份园土、1份砻糠灰再加上适量的骨粉或有机肥来混合调配，也可以用2份细碎的塘泥、1份腐叶土再加上适量的过磷酸钙及腐熟的牛粪来混合调配。

施肥

马蹄莲比较嗜肥，在生长季节，可以每隔10~15天施用腐熟的液肥一次。在开花之前，主要施用磷肥。

新手提示： 不可施用太多氮肥，不然容易使植株发生病害。在施用肥料的时候不可让肥水流进叶柄里，以防止植株烂掉。

病虫防治

❶ 马蹄莲经常发生的病害是软腐病。发生病害时，要马上把病株拔掉，并喷施波尔多液。

❷ 马蹄莲它的虫害主要是红蜘蛛危害，用三硫磷3000倍液喷施就能杀除。

浇水

❶ 在植株抽芽之前要令盆上维持潮湿状态，浇水量要随着叶片逐渐变多而渐渐加大。

❷ 在植株的生长季节，浇水一定要充足，要令盆土维持潮湿状态，并要时常朝叶片表面和植株四周地面喷洒清水。

❸ 5月下旬天气变热之后，要少浇一些水。

栽培

❶ 种植时间最好是在8月下旬到9月上旬，种植前用蒸汽法对土壤消毒，并使用杀菌剂对土壤进行处理。

❷ 每一盆可以栽种2~3个大球，1~2个小球，需留意不可种植得过浅，移植的时候尽可能地不伤害植株及块茎。

❸ 种好后浇足水并放在半荫蔽的地方料理，等到发芽后再搬到阳光下面进行正常料理。

新手提示： 马蹄莲容易受到烟害，如果经常受到烟熏叶片就会变黄，不易开花，所以在种植期间要留意保证空气流通顺畅，避免烟熏。

光照

马蹄莲在冬天要接受充足的阳光照射，如果阳光充足就会花多色艳。在夏天阳光过于强烈的时候，要适度遮蔽阳光，防止阳光直射久晒，灼伤植株。

繁殖

马蹄莲主要采用分株法进行繁殖，也可以采用播种法来繁殖。

修剪

在植株的生长季节，要尽早把外部衰老的叶片摘掉，促使其尽快抽生出花梗。

摆放建议

盆栽马蹄莲可摆放在阳台、客厅和卧室。马蹄莲还可以作为切花装饰餐桌、茶几、窗台。

百合

【花草名片】

◎学名：*Lilium brownii* var. *viridulum*

◎别名：强瞿、番韭、山丹、倒仙。

◎科属：百合科百合属，为多年生球根草本植物。

◎原产地：最初产自中国、欧洲和北美等地区，日本亦有分布。梵蒂冈把它定为国花。

◎习性：喜欢温暖、潮湿及光照充足的环境，比较能抵御寒冷，不能忍受较高的温度和酷热，畏水涝，能忍受半荫蔽。

◎花期：5~8月。

◎花色：白、粉、红、黄、橙和复色等。

毒性解码

百合所释放出来的芳香比较浓厚，若闻的时间太长，会令人的中枢神经过于兴奋，从而导致失眠。

化毒攻略

百合有明显的消除有害气体的功能，可以将空气里的一氧化碳及二氧化硫消除掉。此外，它所散发出来的挥发性油类，还有明显的杀死细菌和消毒的作用。家庭栽种百合花，不可将其置于卧室内，白天可以将其置于房间里通风顺畅的地方，黄昏时分则要搬到房间外面。

选盆

泥盆、塑料盆、瓷盆、陶土盆皆可，一般选用筒深为12~15厘米的花盆，每一盆可以栽种1个鳞茎，或用筒深为15~18厘米的花盆，每一盆栽种3个鳞茎。

施肥

在植株的生长季节可以追施1~2次磷肥和钾肥，少施用氮肥。从植株分化花芽至现蕾开花，除了要施用氮肥之外，还要补施磷肥和钾肥，可以每隔10~15天施用一次。在植株开花之后则要少施用肥料。

择土

百合喜欢通风顺畅的环境，畏连作。喜欢在土质松散、有肥力、腐殖质丰富、排水通畅的沙质土壤、中性土壤或偏酸性土壤中生长，土壤酸碱度最好在5.5~6.5范围内，不能在黏土及石灰土中生长。

新手提示： 栽培土壤适宜用培养土、腐叶土及粗沙的混合土。

温度

百合喜欢温暖，生长适宜温度是15~25℃，在生长期间，以白天温度在21~23℃、夜间温度在15~17℃最合适。冬天要把植株搬进房间里过冬。

花言草语

百合花端正庄重、素雅大方、形姿美丽，向来有"云裳仙子"的美称，其花语是"纯洁"。12世纪的时候，智利及法国都把百合花作为国徽的图样。百合花与"百年好合""百事合意"谐音，在婚礼上经常被用来作为新娘的捧花。

另外，百合还有比较高的药用价值，具润肺止咳、安定心神、补中益气的功用，为滋养补益的上好物品。

 光照　百合喜欢温和的阳光照射，也能忍受半荫蔽，畏强烈的阳光直接照射。夏天阳光比较强烈的时候要留意遮蔽阳光，防止强烈的阳光久晒，遮蔽50%的阳光就可以。

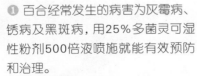
新手提示： 不能过于荫蔽，不然会导致花茎徒长及花蕾脱落。

 修剪　常修剪干枯焦黄的叶片。为了避免植株歪倒，通常要在植株生长至60厘米高的时候搭设支架或拉网来支撑茎的生长。

 繁殖　百合经常采用播种法、扦插法及分株法进行繁殖。

 病虫防治
❶ 百合经常发生的病害为灰霉病、锈病及黑斑病，用25%多菌灵可湿性粉剂500倍液喷施就能有效预防和治理。
❷ 百合经常发生的虫害主要是蚜虫和蛴螬危害，用50%敌敌畏乳油1000倍液喷施便可杀除。

 栽培
❶ 将成熟茎切为小段，埋进培养土中，令叶面露在土壤外面。
❷ 经过30天便会由叶腋间生出球芽来，经过培育就可以生长为小的鳞茎，此后便可上盆。
❸ 上盆时，花盆底部要多铺放一些碎小的瓦片，以便于排水通畅，之后加入土壤，令鳞茎的顶芽距离盆口2厘米，顶芽上盖上厚约1厘米的土。
❹ 一般于秋天进行种植，每3～4年可以分栽一次。

 浇水
❶ 百合喜欢潮湿，在生长期间要令盆土维持潮湿状态，浇水量要随着植株的生长而渐渐加大。
❷ 在春天发芽期、植株的生长期、花莛抽生期及开花期内，皆要为植株供给足够的水分。
❸ 在植株开花之后要少浇一些水，当地上部分干枯萎缩后则不要再浇水。

 摆放建议　百合可以地栽在庭院中观赏，也可以盆栽或做切花装饰客厅、书房。但百合花散发的香味会使人的中枢神经过度兴奋而导致失眠，所以尽量不要把百合摆放在卧室内。

夹竹桃

【花草名片】

◎学名：*Nerium indicum*

◎别名：红花夹竹桃、柳叶桃、半年红、柳桃。

◎科属：夹竹桃科夹竹桃属，为常绿大灌木或小乔木。

◎原产地：最初产自印度、伊朗及阿富汗，分布在全世界热带和亚热带区域，在温带区域亦有少量分布。

◎习性：喜欢温暖、潮湿和阳光充足的环境，略能抵御寒冷，具一定程度的抵抗干旱的能力，不能忍受积水，能忍受半荫蔽。

◎花期：6～10月。

◎花色：桃红、粉红、白色。

毒性解码

夹竹桃的植株中含有很多种强心苷，整株皆有毒。它的毒性主要存在于其树皮、叶片、根、茎、花和伤口淌出的汁液里，其中新鲜的树皮所含有的毒性比叶片所含有的毒性强，干燥后其毒性就会变弱，花朵的毒性则比较弱，如果人们不小心误食以上物质后就会造成中毒。人在中毒之后就会出现缺乏食欲、恶心、呕吐、腹泻、腹部疼痛、心悸、脉搏细弱且不齐、流涎不收、头晕目眩、嗜睡、四肢麻木等症状，严重的则会导致瞳孔散大、抽搐、休克，甚至死亡。

化毒攻略

夹竹桃抵抗二氧化碳、二氧化硫、氯气及氟化氢等有害气体的能力非常强，还可以吸纳、滞留烟雾和尘埃，被叫作"环保卫士"，尤其适合作为抵抗污染的树种栽种在工矿区。尽量不要在房间里栽种夹竹桃，也不要在牧场边、鱼塘边、井边和饮水池周围栽种，而适合栽种在公园中、绿地上、道路旁和草坪边缘等地方。若不慎误食或用药不恰当而出现中毒的症状，可以用15克甘草和30克绿豆水煎，分为两次服下，或用9克人参、9克麦冬和6克五味子水煎2次，混合之后再分2次服下解毒。

选盆

选用透气性好、排水良好的泥盆，盆体稍深为好，花盆口径为25～34厘米。

择土

夹竹桃生命力旺盛，对土壤没有严格的要求，然而在土质松散、有肥力且排水通畅的土壤中长得最好。

温度

夹竹桃喜欢温暖，略能抵御寒冷，在我国北方家庭用花盆种植的时候，要于11月将其搬进房间里，温度控制在5℃以上就能顺利过冬，次年春天3月方可搬到室外。

新手提示： 当气温高于15℃的时候，植株能接连开花。

施肥

夹竹桃比较嗜肥，在开花之前要大约每隔15天进行一次追肥。冬天要对植株施用1～2次肥料。

病虫防治

夹竹桃的病虫害比较少，常见的为介壳虫及蚜虫危害，平日要留意保证通风顺畅，一旦发生虫害就要马上用刷子刷掉，并用40％氧化乐果乳油1000～1500倍液喷施来治理。

浇水

❶ 在植株的生长季节令土壤维持潮湿状态就可以，浇水太多或太少皆会令叶片发黄、凋落。

❷ 在夏天气候干燥的时候，浇水可以适度勤一些，且每次可以多浇一些水，并要时常朝叶片表面喷洒清水，以降低温度和保持一定的湿度，促使植株健壮生长，也能令叶片保持洁净而有光泽。

❸ 冬天少浇，只要保持土壤湿润偏干即可。

栽培

❶ 春天或夏天时，剪下长15～20厘米的枝条作为插穗。

❷ 把枝条的基部在清澈的水里浸泡10～20天，时常更换新水以维持水质洁净。

❸ 等到切口发黏的时候再取出来插到培养土中，或等到长出新根后再取出来进行扦插，皆比较容易存活。

❹ 在盆土里施入充足的底肥，以促使植株健壮生长。

❺ 移植后要一次浇足定根水，忌水涝。

新手提示： 移植最好在春天植株刚萌动时进行，如果在秋天或冬天移植则要带着土坨，并要修剪掉一些枝叶，以便于存活。

光照

夹竹桃喜欢光照充足的环境，也能忍受半荫蔽，可以种植在室外朝阳的地方，也可以置于房间里光照充足的地方。夏天阳光比较强烈的时候要为植株适度遮蔽阳光，防止久晒。

繁殖

夹竹桃主要采用扦插法进行繁殖，也可以采用播种法和压条法进行繁殖。

修剪

平日要留意疏除枝蘖，尽早把干枯枝、朽烂枝、稠密枝、徒长枝、纤弱枝及病虫枝剪掉，以改善通风透光效果，降低营养的损耗量，维持优美的植株形态。

摆放建议

南方多露地栽种在庭院里，北方则多栽种在大型花盆里装饰客厅、阳台，也可以瓶插摆放在桌案、书架上。

长春花

【花草名片】
- ◎学名: *Catharanthus roseus*
- ◎别名: 三万花、四时春、雁来红、五瓣梅。
- ◎科属: 夹竹桃科长春花属, 为多年生常绿宿根草本植物。
- ◎原产地: 最初产自非洲东部地区。
- ◎习性: 喜欢温暖、略干燥和光照充足的环境, 不能抵御寒冷, 不能忍受潮湿和水涝, 稍能忍受荫蔽。
- ◎花期: 5~11月。
- ◎花色: 紫红、深桃红、桃红、粉红、黄、白或白花红心。

化毒攻略

长春花整株都能入药, 大部分中毒是由于药用的时候服用的剂量太大而导致的, 因此药用的时候要遵从医生的指示和要求。此花放在房间里观赏的时候, 尽可能地不让儿童触碰到, 以防止误食。

选盆

可使用泥盆、塑料盆、瓷盆、陶土盆, 花盆口径以10厘米为宜。

择土

盆土适宜选择使用土质松散、透气性好、富含腐殖质且排水通畅的沙质土壤, 并施进合适量的底肥。

毒性解码

长春花的毒性成分为吲哚类生物碱, 现在已经从其整株里发现70余种生物碱, 主要是长春碱、长春新碱和异长春碱。长春碱能压制白细胞, 令白细胞变少; 长春新碱能毒害神经系统, 导致四肢麻痹、没有力气等中毒症状; 异长春碱则具诱变及导致胎儿畸形的作用。在以上所提到的生物碱中, 以花朵中的含量比较多, 因此毒性最强, 如果不小心误食就会出现肌肉萎缩、白细胞变少、血小板减少、肌肉无力及四肢麻痹等中毒症状。

温度

长春花喜欢温暖, 生长适宜温度在3~9月是18~24℃, 在9月~次年3月期间是13~18℃, 萌芽的适宜温度是20~25℃。冬天要把它搬进房间里料理, 房间里的温度不可在10℃以下。

施肥

在植株的生长季节可以每半个月施用一次肥料, 要多施用氮肥。在孕蕾期内则要加施磷肥和钾肥, 可以促使植株开花繁多, 令花朵颜色纯正而艳丽。

新手提示: 如果时常朝叶片表面喷洒0.5%磷酸二氢钾液, 能令叶片颜色更深绿且具光亮。

病虫防治

❶ 长春花经常发生的病害为锈病及叶腐病, 用50%菱锈灵可湿性粉剂2000倍液喷施能有效预防和治理锈病, 用65%代森锌可湿性粉剂500倍液喷施则能治理叶腐病。
❷ 长春花的虫害主要是根疣线虫危害, 用80%二溴氯丙烷乳油50倍液喷施即可杀除。

浇水

❶ 平日不宜对植株浇太多的水，令盆土维持潮湿或略干燥状态就可以。

❷ 夏天温度较高和干旱的时候，可以适度增加浇水的量和次数，但在雨季要留意排除积水。

❸ 冬天将植株搬进室内后要控制浇水的量和次数，盆土宜保持偏干的状态，否则容易遭受冻害。

栽培

❶ 一般于春天4月播种。

❷ 播完后要覆盖上一层较薄的细土，并令土壤维持潮湿状态，经过10~20天就能萌芽。

❸ 当小苗生长出3~4枚真叶的时候即可移植上盆，每一盆可以栽种3株，以便于存活及观赏。

❹ 定植之后浇水不宜太多。

❺ 栽后通常每2年要更换一次花盆，以在春天进行为宜。

新手提示： 种植前宜在花盆底部垫放一些碎小的砖瓦块，以便于排水通畅。

繁殖

长春花经常采用播种法及扦插法进行繁殖。

光照

在生长季节，植株要获得足够的阳光照射，这样能令叶片碧绿且具光亮，花朵颜色鲜艳。夏天阳光比较强烈的时候可以为植株适度遮蔽阳光，不可长时间放置在荫蔽的地方。

修剪

当小苗生长至7~8厘米高的时候可以进行一次摘心，此后可以再进行2次摘心，以促使其多萌生新枝和开花繁多。

新手提示： 在开花期间要及时把未落尽的花摘掉，以防止其霉烂，对植株的生长发育及观赏造成不利影响。

摆放建议

长春花既适合在庭院里栽种也适合盆栽摆放在室内观赏，但要注意不要放在儿童容易接触的地方，防止儿童误食中毒。

凤仙花

【花草名片】

○学名：*Impatiens balsamina*

○别名：金凤花、指甲花、好女儿花。

○科属：凤仙花科凤仙花属，为一年生草本植物。

○原产地：最初产自印度、中国南部和马来西亚地区。如今世界各个地区皆广泛栽植。

○习性：喜欢温暖、潮湿和光照充足的环境，能忍受盛夏时炎热的气候，不能抵御寒冷，不能忍受干旱，也怕水涝，略能忍受荫蔽。具有比较强的适应能力，生长得很快。

○花期：6～10月。

○花色：白、粉、水红、玫瑰红、大红、洋红、茄紫、紫、黄等。

花言草语

凤仙花具有很强的适应能力，栽植简单容易，花朵颜色鲜艳美丽，花形繁多，可以种植在花坛中、花径上和花篱旁，也可以用花盆种植观赏，为中国民间最受喜爱的草花中的一种。

凤仙花被通俗地叫作"指甲花"，这是由于把红色的凤仙花瓣捣烂之后再加上少许明矾，便可用于染指甲，颜色能几个月不变淡。元朝的杨维桢在一首名为《凤仙花》的诗里有"弹筝乱落桃花瓣"的诗句，就是形容染着红指甲的女子弹奏筝的时候，其手指上下拨动，好似纷纷随风而落的桃花瓣。

毒性解码

尽管凤仙花的花粉中所含的促癌物质不会直接导致人患上癌症，但会增加人罹患癌症的风险。另外，虽然凤仙花的花粉里所含的促癌物质不会直接散发出来，但这种物质会逐渐渗进土壤里。所以，长期食用栽种在这种土壤里的蔬菜瓜果也是非常危险的。

化毒攻略

家庭栽种凤仙花，不可将其置于密不通风的房间里，也不可长期与其共处一室，以减轻其花粉对人体的伤害。可把凤仙花种植在花坛中或草坪里，但如果家里有癌症患者，则不适宜种植此花。

选盆

可选用泥盆、塑料盆、瓷盆、陶土盆，花盆口径为20厘米。

择土

凤仙花喜欢在土层较厚、有肥力、土质松散且排水通畅的微酸性土壤中生长，在比较瘠薄的土壤中也可以生长。

新手提示：盆中的营养土可用沙和土的混合土，并在其中掺入一些骨粉等石灰质材料。

病虫防治

❶ 凤仙花经常发生的病害为叶斑病。如果发病，可以用50%多菌灵可湿性粉剂500倍液喷施来治理。

❷ 凤仙花的虫害主要为红天蛾危害，只要看到害虫，就要马上人工捕杀，或用40%氧化乐果乳油2000倍液喷施进行杀除。

浇水

❶ 凤仙花喜欢潮湿，不能忍受干旱，然而也怕水涝，平日令土壤维持潮湿状态就可以。

❷ 夏天气候干燥的时候可以适度多浇一些水，并要时常朝植株的叶片表面喷洒清水。

❸ 在雨季要留意尽早排除积水，防止植株遭受涝害，并增强通风效果，以免发生病虫害。

温度

凤仙花喜欢温暖，不能抵御寒冷，生长的适宜温度是15～32℃，萌芽的适宜温度是22～30℃，冬天要进入房间里过冬，房间里的温度适宜控制在10～15℃。

修剪

定植之后当植株生长至约10厘米高的时候，要及时对主茎采取打顶措施，以促使其萌生新的枝条。

新手提示： 在植株开花期间要及时把基部的花朵摘掉，以使各个枝条顶端能够相继开花。

施肥

凤仙花的料理比较粗疏，在移植后约10天要对其施用液肥一次，此后每隔一周施用液肥一次就可以。

光照

凤仙花喜欢阳光充足的环境，也略能忍受荫蔽，夏天阳光太强烈的时候要为其适度遮蔽阳光，防止日光直射久晒。

栽培

❶ 4月间播种。

❷ 播种后适宜先盖上厚3～4毫米的土后再浇水，留意遮蔽阳光，约经过10天就能长出幼苗。

❸ 当幼苗生长出3～4枚叶片之后便可进行移植。

❹ 种植前要在土壤里施合适量的底肥，以促使植株健壮生长。

❺ 通常要于每年春天更换一次花盆。

新手提示： 播种之前先对土壤浇足水，以令其维持潮湿状态，便于种子萌芽。

摆放建议

凤仙花盆栽可摆放在阳台、窗台、露台等通风处，也可作为切花制成瓶插装饰客厅、书房、餐厅。

郁金香

【花草名片】
- ◎学名：*Tulipa gesneriana*
- ◎别名：郁香、金香、草麝香、洋荷花。
- ◎科属：百合科郁金香属，为多年生草本植物。
- ◎原产地：最初产自伊朗及土耳其的高山地带，以及地中海沿岸和中国新疆等地区。荷兰把它定为国花。
- ◎习性：喜欢冬天不冷不热且潮湿、夏天凉快且干燥的气候，抵御寒冷的能力非常强，不能忍受炎热。喜欢光照充足的环境，也能忍受半荫蔽。鳞茎的寿命只有一年，在当年开完花且分生出新球和子球之后就会渐渐干枯死去。
- ◎花期：3～5月。
- ◎花色：白、红、粉红、洋红、紫、褐、黄、橙、粉等颜色，单色、复色均有，有的时候花瓣上带有黄色的条纹或斑点，基部经常是黑紫色的。

毒性解码

郁金香的花朵中含毒碱，若人或动物在郁金香花丛里连续待上两三个小时，便会出现头脑眩晕、昏沉发胀等中毒的症状，其散播出来的微粒还有可能引起皮肤过敏、发痒，严重的则会造成毛发脱掉。

郁金香的鳞茎也具一定程度的毒性，若不慎误食，就会出现呕吐、腹泻等中毒症状。如果接触郁金香的叶片，也有可能会使一部分人出现皮肤过敏的症状。

化毒攻略

郁金香能够检测出环境中是否有氟化氢，若有氟化氢，其花朵就会枯萎，叶片就会发黄。在卧室里不宜种植郁金香，鲜切花也尽量不要置于卧室中，以减少接触的机会，防止中毒。

选盆

可选用泥盆、塑料盆、瓷盆、陶土盆，花盆口径为30厘米，一个盆可栽种3～5个鳞茎。

择土

郁金香喜欢在土层较厚、腐殖质丰富、排水通畅的沙质土壤中生长。

温度

郁金香在生长季节的适宜温度是8～20℃，最适宜的温度是15～18℃，分化花芽时的适宜温度是17～23℃。

新手提示： 冬天如果温度控制在10～25℃，则可以促使植株加快生长，令花期提前。

繁殖

郁金香经常采用播种法及分球法进行繁殖。

施肥

在鳞茎萌生出2枚叶片后，要及时对其追施1～2次浓度较低的液肥。在植株的生长旺盛期，则要每月施用3～4次氮、磷、钾平衡的复合肥；需留意不可施用太多氮肥。在植株开花期间不要施用肥料。

新手提示：在植株现蕾到开花之前，可以每隔10天喷洒浓度2‰～3‰的磷酸二氢钾液一次，以令花朵硕大、花色艳丽、花茎直竖且健壮结实。

病虫防治

❶ 郁金香经常发生的病害为灰霉病、碎色花瓣病及腐朽菌核病。一旦发现病害就要马上将染病的鳞茎和植株烧毁，之后每隔15天用50%苯来特可湿性粉剂2500倍液喷洒一次，连喷几次就能有效治理。

❷ 郁金香经常发生的虫害为蚜虫及根螨危害，蚜虫可以用40%氧化乐果乳油1000倍液喷洒来预防和治理，根螨则可以用40%三氯杀螨醇乳油1000倍液喷洒鳞茎来预防和治理。

浇水

❶ 在种植后要浇足水，以令土壤与鳞茎充分密切结合，便于萌生新根。

❷ 在萌芽后要适当少浇水，然而也不能过度干旱。

❸ 在植株的生长季节要令土壤维持潮湿状态。

❹ 在抽生花莛期及现蕾期内要为植株供给足够的水分，但忌水涝。

❺ 冬天可以对植株少浇一些水或不浇水。

修剪

要尽早把干枯焦黄的叶片剪掉，以降低营养的损耗量，维持优美的植株形态。

光照

郁金香为长日照植物，喜欢接受充足的阳光照射。

新手提示：对新种植上盆的植株，要为其适度遮阴约半个月，以便于鳞茎萌生新的根系。

栽培

❶ 将栽培一年的母球鳞茎基部的小球掘出来，剔除泥土并晾干。

❷ 将子球放在温度为5～10℃的干燥且通风顺畅的地方储藏。

❸ 等到秋天9～10月的时候再种植，种植后盖上厚5～7厘米的土，浇足水并令土壤维持潮湿状态，次年春天开始进行正常的肥水料理，栽培2～3年便能开花。

摆放建议

郁金香适合地栽和盆栽，盆栽可摆放在客厅、阳台，也可以制作成盆景或瓶插装点居室。但要注意不要在卧室内摆放郁金香，以免引起中毒。

珊瑚樱

【花草名片】
- ◎学名：*Solanum pseudo-capsicum*
- ◎别名：红珊瑚、龙葵、四季果、看果、吉庆果、珊瑚子、玉珊瑚、野辣茄、野海椒。
- ◎科属：茄科茄属，常绿亚灌木，常作一二年生。
- ◎原产地：南美洲。
- ◎习性：喜欢温暖、有阳光的环境，半阴处也能生长，较耐寒。
- ◎花期：7~8月。
- ◎花色：白色。

毒性解码

珊瑚樱全株有毒，叶比果毒性更大。人畜误食会引起头晕、恶心、思睡、剧烈腹痛、瞳孔散大等中毒症状。但其根可供药用。

化毒攻略

因珊瑚樱全株有毒，所以应将其放在儿童和动物不宜接触的地方，严防小孩和动物误食。

选盆

栽种珊瑚樱宜选用透气良好且体型较大的泥盆。

择土

土壤要求为排水良好、肥沃疏松、富含有机质的沙壤土。

> **新手提示：** 可选用腐叶土、园土加少量泥沙配制的培养土。

温度

珊瑚樱的最佳适宜生长温度为18~25℃。

> **新手提示：** 10月下旬需将植株移至屋内，并保持室温不低于5℃，以利其安全越冬。

繁殖

可采用播种或扦插繁殖。播种繁殖适宜时间为春季3~4月；扦插繁殖适宜在春秋季进行。

病虫防治

❶ 盆栽的珊瑚樱在夏季高温时易感染炭疽病，主要危害叶片和茎部，发病初期应及时剪除病叶并及时烧毁，防止病菌扩展蔓延，同时不要让植株枝干、叶茎过密，注意保持通风透光，并喷洒50%多菌灵可湿性粉剂700~800倍液或75%百菌清可湿性粉剂500倍液进行处理。

❷ 珊瑚樱也易感染体积很小的绿色或黑色的蚜虫，这种寄生虫常群集在花卉嫩枝叶上刺吸营养。发病期间可以用40%氧化乐果乳油2000倍液或50%敌敌畏乳油1500~2000倍液进行喷杀。

摆放建议

可以栽在庭院中观赏，也适宜放在光线良好的室内，如明亮的东南窗前当盆栽欣赏。

施肥

❶ 生长期每两周施一次稀释液肥。

❷ 开花前施用含磷肥料追肥。

❸ 植株进入孕蕾期，施用加入0.2%的磷酸二氢钾的有机肥液，可促成其孕蕾开花的数目。

❹ 开花期间暂停施肥，当其果实长至绿豆大小时，可恢复施饼肥。

❺ 从坐果到果实现色前，应追施2～3次0.2%的磷酸二氢钾溶液的速效性磷肥，可促其果实增艳。

浇水

珊瑚樱比较耐干旱，但忌积水，否则易导致植株烂根、落叶或掉花。

❶ 生长期浇水要适量，以盆土不干为宜，盆土过干易引起植株根系萎缩，植株枯萎落叶，难以正常开花、结果。

❷ 开花期要严格控制浇水量，忌盆土干湿无常，否则易导致植株只开花不挂果或光开花少结果的现象。

❸ 等到花大量开放，枝头挂果时，可增加浇水量，以促进果实的成长发育。

新手提示：盛夏每天可浇水两次，忌雷阵雨淋浇，否则植株易发生炭疽病而萎缩死亡。入冬后应减少浇水量，这样做可以延长挂果期。

修剪

当植株上的果实过分密集时，应适当摘除小果，同时应及时摘去病虫果，这样做可以使盆栽植株上的果实分布均匀、大小匀称，从而提高盆栽植株的观赏价值。

如把植株当二年生栽培，第二年春季换盆时，为控制植株高度和保持植株内部通风透光，应从植株内剪去一部分枝条。

光照

珊瑚樱喜阳光，不需遮阴，每天至少接受4小时直射光。

栽培

❶ 栽培可于夏秋季进行，此时栽培的植株具有较高的成活率。

❷ 剪取长8～10厘米带有顶芽的生长枝条（如有花蕾应将其摘除）作为插穗。

❸ 在盆土里施入充足的底肥，将插穗插入培养土中，插入深度是插穗总长的1/2或2/3即可。

❹ 插后浇足水并令土壤保持潮湿状态，定期向扦穗的顶芽、顶叶喷洒水雾。

❺ 气温保持在18～28℃，约经10天就可成活。

❻ 生长期间，应摘心1～2次，以促使其多分枝。

❼ 每隔2年换一次盆即可。

滴水观音

【花草名片】

○ 学名: *Alocasia macrorrhiza*
○ 别名: 海芋、广东狼毒、老虎芋、滴水莲。
○ 科属: 天南星科海芋属, 为多年生常绿草本植物。
○ 原产地: 最初产自中国南部及西南部地区。
○ 习性: 喜欢温暖、潮湿和半阴蔽的环境, 不能抵御寒冷, 略能忍受干旱, 开花期间需接受足够的阳光照射, 夏天不能忍受强烈的阳光久晒。在温暖、湿润及土壤中的水分足够的环境条件下, 会由叶片的尖部或边缘朝下滴水; 如果空气湿度比较小, 则水分会立刻被蒸发完, 因此通常水滴皆是在清晨的时候比较多, 被叫作"吐水"现象。
○ 花期: 4~7月。
○ 花色: 粉绿、绿黄色。

毒性解码

滴水观音的整株皆有毒, 根叶有强烈的毒性, 滴下来的水也有毒。如果皮肤接触它的汁液会引起瘙痒或强烈的刺激, 眼睛接触后则会造成严重的结膜炎或失明; 如果不慎误食它的茎或叶片, 则会出现喉舌发痒、肿胀、流涎不收、恶心、呕吐、肠胃烧痛、腹泻、出汗及惊厥等中毒的症状, 严重的还会导致呼吸困难甚至停止, 使心脏停博而死亡。

化毒攻略

滴水观音的根状茎有杀虫、解毒、祛风的作用。但接触、误食或入药时服用的剂量太大皆会导致中毒, 所以在对其进行采摘、加工、更换花盆或分株的时候要戴上手套进行操作, 防止接触根叶里的汁液, 与此同时还要防止误食, 家里有儿童的需格外留意防备, 以不栽植为宜。

选盆

可选用泥盆、塑料盆、瓷盆、陶土盆, 口径为20厘米左右。

择土

滴水观音对土壤没有严格的要求, 然而在有肥力、腐殖质丰富、土质松散且排水通畅的沙质土壤中长得最好。

新手提示: 可以用有肥力的园土作为培养土, 也可以用泥炭土、腐叶土、河沙再加上少许沤透的饼肥来混合调配。

温度

滴水观音的生长适宜温度是20~30℃, 能够忍受的最低温度是8℃, 冬天要把其搬进房间里过冬, 房间里的温度以控制在高于15℃为宜。

病虫防治

❶ 滴水观音的病害主要是叶斑病, 叶斑病可用百菌清可湿性粉剂或多菌灵可湿性粉剂800倍液叶面喷雾, 连续2~3次即可, 每次隔7天。
❷ 滴水观音的虫害主要是螨虫, 可用40%三氯杀螨醇乳油1000倍液喷洒来防治。

繁殖

滴水观音常采用播种法、扦插法及分株法进行繁殖。

施肥

滴水观音长得比较迅速，在生长季节要每月施用1~2次含有氮、磷、钾的稀释的液肥。当温度在15℃以下的时候，则不要再对植株施用肥料。

浇水

❶ 在植株的生长期内，要令盆土维持潮湿状态，而且空气湿度最好不要在60%以下。

❷ 夏天温度较高、气候干旱的时候，除了需令盆土维持潮湿之外，还需时常朝叶片表面和植株四周喷洒清水，忌水涝。

❸ 当冬天室内温度在15℃以下的时候，要注意掌控浇水的量和次数，可以每周朝植株适量喷洒一次与室温相近的水。

修剪

要及时把干枯的、老化的或变黄的叶片剪掉。当栽植数年的植株丧失顶端优势的时候，要从植株基部距离出土面5厘米左右的地方采取截干措施，以令营养积聚在基部，促进根部和茎基尽快萌发新芽，令植株获得更新。

光照

滴水观音喜欢半荫蔽的环境，可以摆放在遮蔽阳光、通风顺畅的环境中，在花期内则要获得足够的阳光照射。

新手提示：在6~9月阳光比较强烈的时候，要防止强烈的阳光久晒，不然会令植株被烧伤。

摆放建议

滴水观音形态优美，是典型的观叶类植物，可以盆栽摆放在客厅、书房，也可以直接栽种在庭院里观赏。但是有小孩的家庭慎选，因为滴水观音开花后结出的红果颜色鲜艳，容易引起儿童误食中毒。

栽培

❶ 在春天、夏天和秋天时截下长约15厘米的茎干作为插穗，扦插到由6份沙土和4份园土混合成的基质上。

❷ 插完后需留意令基质维持潮湿状态并提高空气湿度，经过7~10天便可长出根来。

❸ 之后分苗上盆，在上盆的时候，要在花盆底部铺放一层粗沙等作为排水层，以便于排水通畅。

❹ 通常每年春天更换一次花盆。

新手提示：栽种存活后，要每月翻松一次盆土，以令盆土维持良好的通透性，促进植株健壮生长。

紫荆花

【花草名片】

◎学名：*Cercis chinensis*

◎别名：紫荆、紫珠、满条红。

◎科属：豆科紫荆属，为落叶灌木或小乔木。

◎原产地：最初产自中国，印度、越南亦有分布。

◎习性：喜欢温暖、潮湿的气候，能忍受炎热，也略能抵御寒冷，能忍受干旱，怕积水。喜欢光照充足的环境，略能忍受荫蔽。生命力强，易于存活，长得比较迅速，耐修剪。

◎花期：4～5月。

◎花色：紫红、红、粉红色。

化毒攻略　紫荆花能够较好地抵抗二氧化硫、氯气、氟化氢、烟雾和尘埃，对净化空气、优化环境都很有效果。家庭不宜将紫荆花摆放在卧室中，以防止紫荆花粉对人体健康造成不良影响。可以将紫荆种植在庭院中、绿地上或道路两边。

选盆　一般选用较深的釉陶盆或紫砂陶盆，以正方形、圆形和椭圆形较为常见，有时也用较浅的长方形盆。盆的色彩以浅黄或青色为佳，以映衬满枝紫红色的花朵。

毒性解码　紫荆花所释放出来的花粉，若人接触时间太长，则会导致哮喘或令咳嗽症状变得更加严重。

择土　紫荆花喜欢在土质松散、有肥力、排水通畅的酸性土壤中生长，能忍受贫瘠，在轻度盐碱土壤中也可以生长。

新手提示： 盆栽宜用肥沃疏松、透水性好的腐叶土或塘河泥风化后掺拌沙土及糠灰培养。

温度　紫荆花耐暑热，秋、冬季稍干燥，越冬温度不宜低于10℃。适宜生长温度为25℃左右。

繁殖　紫荆花可采用播种法、扦插法、分株法及压条法进行繁殖，主要采用的是播种法及扦插法。

施肥　在植株的生长季节要追施1～2次浓度较低的液肥，在开花之后则可以对其补施液肥一次。

栽培

① 在春末或夏初，剪下长约10厘米的1～2年生健康壮实的枝条作为插穗，下口需斜着剪，上口需剪得平正整齐，并把枝条上的小花除掉。

② 将插穗插在培养土中，插后浇足水并令基质维持潮湿状态，温度控制在20～25℃，放在半荫蔽的地方料理，非常容易长出根来。

③ 移植时要适度带上土坨，以便于存活。

④ 种植前要在土壤里施进适量的底肥，种好后要及时浇水。

新手提示： 紫荆花的根系比较柔韧，而且生长得不太旺盛，有比较多的长根，在掘苗的时候要留意将根系保护好，尽量不要造成损伤。

花 言 草 语

在我国古代，紫荆花经常被用于比拟亲情，是兄弟融洽友好、家产繁荣兴盛的象征。在抒发和描写兄弟亲情的诗歌里，紫荆花就代表着想念亲人之意。例如，唐代著名诗人杜甫在《得舍弟消息》一诗中写道："风吹紫荆树，色与春庭暮。花落辞故枝，风回返无处。骨肉恩书重，漂泊难相遇。犹有泪成河，经天复东注。"通过此诗，诗人抒发了对亲人的想念、牵挂之情。被选为香港特别行政区区花的紫荆和此处所提及的紫荆花不一样，而是人们经常所说的"洋紫荆"，其图样已经被印在香港区徽、区旗和硬币上面。

病虫防治

紫荆花的幼苗容易患立枯病，用硫酸铜液喷洒就能有效预防和治理。

修剪

定植之后，在春天植株发芽之前可以适度进行修剪。夏天要及时对侧枝采取摘心整形措施，以令植株形态不松散。在植株开花之后可以进行轻度修剪，修整植株形态，剪掉一些枯老的枝条，以促使其尽快分化花芽。

光照

紫荆花喜光照。在植株的生长季节，要令其获得足够的阳光照射，在夏天阳光过于强烈的时候则可以适度遮蔽阳光。

浇水

① 新种植的植株存活之后，在5～7月气候干旱的时候要对其浇2～3次水。

② 秋天要控制浇水的量和次数。

③ 在雨季要留意尽早排除积水，防止植株遭受涝害。

摆放建议

紫荆花具有比较顽强的生命力，既可地栽也可盆栽。盆栽紫荆花一般摆放在书房、客厅和门厅等处。但要注意紫荆花的花粉会诱发或加重哮喘症，所以紫荆花不宜摆放在卧室，有哮喘病患者的家庭需慎养。

霸王鞭

【花草名片】

◎学名：*Euphorbia antiquorum*

◎别名：金刚纂、金刚杵、刺金刚、冷水金丹。

◎科属：大戟科大戟属，为多年生常绿肉质植物。

◎原产地：最初产自印度东部地区。

◎习性：喜欢温暖、干燥和光照充足的环境，不能抵御寒冷，能忍受较高的温度及干旱，怕水涝。

◎花期：春天和夏天。

◎花色：黄色。

花言草语

霸王鞭在中医里还是一味良药。根据《全国中草药汇编》记载，霸王鞭具有祛风消炎的作用。但它的毒性剧烈，用时宜慎。《昆明民间常用草药》也有记载："霸王鞭，全株有毒，供外用，忌内服。"

毒性解码

霸王鞭的肉质茎上具尖锐的刺，茎中所含的白色乳状汁液有毒，接触之后会令皮肤发炎、起水泡，如果不小心进入眼睛里，则会令眼睛发红肿胀；如果不慎误食，则会导致口和喉咙不舒服，严重的时候还会引起腹泻。

化毒攻略

霸王鞭多为盆栽，用于室内观赏。家庭种植霸王鞭的时候要把它置于孩童及老人不容易碰到的地方，以防止他们被尖锐的刺扎伤而导致中毒。

择土

霸王鞭喜欢在土质松散、有肥力且排水通畅的沙质土壤中生长。

浇水

❶ 在植株的生长季节不宜浇太多的水，千万不可令盆土过于潮湿。春天和秋天对植株浇水时，要做到"见干见湿"。

❷ 夏天气候干旱时可以适度加大浇水量，令盆土维持潮湿状态便可。

❸ 冬天要注意控制浇水的量和次数，令盆土保持稍干燥状态就可以。

新手提示：雨季要留意尽早排除积水，防止发生涝害，如果积聚太多的水则容易导致植株的根系腐烂或令全株死去。

光照

夏天阳光比较强烈的时候要为植株适度遮蔽阳光，防止阳光直接照射久晒。春天和秋天则可以让植株获得直接的阳光照射，不用为其遮蔽阳光。

繁殖

霸王鞭用扦插法来繁殖，在春天、夏天和秋天都能进行，其中以夏天5～6月进行最容易存活。

施肥

在植株的生长季节可以每隔2周施用经过腐熟发酵的麻酱渣水一次，在秋末及冬天则可以不必施用肥料。

栽培

❶ 剪下长约10厘米的当年生健壮的霸王鞭茎段，用草木灰涂在剪口上，以免乳状汁液流出来。

❷ 茎段的剪口略干燥后，将其插到素沙土上，插后放在半荫蔽的地方料理，时常喷雾以令沙土维持潮湿状态。

❸ 一周之后可以浇少许水，使温度保持在20～25℃，经过40～50天便可长出根来。

❹ 茎段长出根后即可移栽入盆，为了便于排水通畅，宜在花盆底部铺放一些碎小的砖瓦片等作为排水层。

新手提示： 移栽前要在盆土内施进合适量的底肥，以促使植株健壮生长。

病虫防治

霸王鞭经常发生的虫害是介壳虫及红蜘蛛危害，害虫比较少、虫害比较轻的时候可以用清澈的水冲掉或用毛刷刷掉，害虫比较多、虫害比较严重的时候则可以用40%氧化乐果乳油2000倍液喷洒来杀除。

选盆

栽种霸王鞭适宜使用透气性比较好的土瓦盆。

温度

当大气温度降至15℃以下的时候，要把盆花移到房间里朝阳的地方料理。冬天房间里的温度不可在10℃以下，如果房间里的温度太低则容易令叶片凋落、主茎烂掉，等到春天大气温度稳定之后再把它移到房间外面。

摆放建议

盆栽霸王鞭可摆放在窗台、书柜、案几上，但应注意避免儿童触碰，防止刺伤。

修剪

❶ 更换花盆的时候要把干枯老化的根系及茎干剪掉，以促使植株萌生新根系、新茎干。

❷ 当植株生长至约50厘米高的时候，要尽早搭设支架进行绑扎，以免发生歪倒，影响植株形态。

五色梅

【花草名片】

○ **学名:** *Lantana camara*

○ **别名:** 七变花、马缨丹、如意花、红彩花。

○ **科属:** 马鞭草科马缨丹属，为常绿半藤本灌木。

○ **原产地:** 最初产自美洲热带区域。

○ **习性:** 喜欢温暖、潮湿和光照充足的环境，能忍受较高的温度及干燥炎热的气候，不能抵御寒冷，不能忍受冰雪，能忍受干旱。具有很强的萌生新芽的能力，长得很快。

○ **花期:** 5~10月。

○ **花色:** 最初开放的时候是黄色或粉红色的，然后变成橘黄色或橘红色的，最后则会变成红色或白色的，在同一个花序里经常会红黄相间。

　　五色梅为良好的赏花灌木，其开花时间比较长，花朵颜色丰富且鲜艳美丽。与此同时，它还有比较强的抵抗粉尘和污染的能力，在我国华南区域可以种植在公园里或庭院内作花篱、花丛，也可以作为绿化覆盖被种植在道路两边或空旷的原野上，在北方区域则通常用花盆种植，也可以制成花坛供人们观赏。

选盆

　　选用泥盆为佳，盆的大小根据植株大小来确定。

毒性解码

　　五色梅的花朵及叶片皆含有较低的毒性，不小心误食后就会出现腹泻、发热等中毒症状。另外，有一部分人还会对五色梅产生过敏反应。

化毒攻略

　　五色梅花色美丽，观花期长，嫩枝柔软，适合制作多种形式的盆景。在栽植期间要留意进行自我保护，并防止误食，尤其是有小孩的家庭更要格外防备。对五色梅会产生过敏反应的人，则不适宜在家里种植这种花。

择土

　　五色梅对土壤没有严格的要求，具有很强的适应能力，能忍受贫瘠，然而在有肥力、土质松散且排水通畅的沙质土壤中长得

新手提示: 培养土通常用腐叶土来调配，并要施进合适量的有机肥作为底肥。

温度

　　五色梅的生长适宜温度是20~25℃。

新手提示: 在北方种植的时候要于10月末把盆花搬到房间里朝阳的地方料理。

繁殖

　　五色梅可采用播种法、扦插法及压条法进行繁殖，而主要是采用扦插法来繁殖。

栽培

❶ 5月的时候，剪下一年生的健康壮实的枝条作为插穗，使每一段含有两节，留下上部一节的两片叶子，并把叶子剪掉一半。

❷ 把下部一节插进素沙土里，插好后浇足水，并留意遮蔽阳光、保持温度和一定的湿度，插后大约经过30天便可长出新根及萌生新枝。

❸ 种好后要留意及时浇水，以促使植株生长，等到存活且生长势头变强之后，则可以少浇一些水。

❹ 每年4月中、下旬更换一次花盆和盆土。

病虫防治

❶ 五色梅容易患灰霉病，在植株发病之初，可以每两周用50%速克灵可湿性粉剂2000倍液喷洒一次，接连喷洒2～3次就能有效治理，并留意增强通风效果，使空气湿度下降。

❷ 五色梅经常发生的虫害为叶枯线虫危害，在危害期间用50%杀螟松乳油1000倍液朝植株的叶片表面喷洒便可治理。

浇水

❶ 在植株的生长季节要令盆土维持潮湿状态，防止过度干燥，特别是在花期内，不然容易令茎叶出现萎缩现象，不利于开花。

❷ 夏天除了要每日浇水之外，还要时常朝叶片表面喷洒清水，以增加空气湿度，促使植株健壮生长。

❸ 冬天植株进入室内后要注意掌控浇水的量和次数，令盆土维持稍干燥状态就可以。

摆放建议

五色梅花姿柔美，可露地种植，矮性品种多作盆栽或盆景，可以摆放在书房、客厅、书房等处。但要注意避免儿童触碰误食。

光照

五色梅喜欢光照充足的环境，从春天至秋天皆可放在房间外面朝阳的地方料理，在炎夏也不用遮蔽阳光，但要保证通风顺畅。

新手提示：如果阳光不充足则会造成植株徒长，令茎枝纤长柔弱、开花很少。

施肥

在植株的生长季节要每隔7～10天施用饼肥水或人粪尿稀释液一次，以令枝叶茂盛、花朵繁多、花色艳丽。在开花之前大约每15天施用以磷肥和钾肥为主的稀释液肥一次，能令植株开花更加繁多。

新手提示：在开花之后马上追施肥料，则能令植株连续开花。

修剪

当小苗生长至约10厘米时要进行摘心处理，仅留下3～5个枝条作为主枝，当主枝生长至一定长度的时候再进行摘心处理，以令主枝生长平衡。植株定型之后，要时常疏剪枝条及短截。

虎刺梅

【花草名片】

◎学名：*Euphorbia milii*

◎别名：虎刺、麒麟刺、麒麟花、铁海棠。

◎科属：大戟科大戟属，为多年生常绿灌木状多浆植物。

◎原产地：最初产自非洲的马达加斯加岛，如今世界各个国家都有栽植。

◎习性：喜欢温暖、潮湿和光照充足的环境，能忍受较高的温度，不能抵御寒冷，能忍受干旱，畏积水。生长得较为缓慢，每年仅生长约10厘米，然而寿命很长，用花盆种植可以超过30年。

◎花期：自然开花时间是冬天和春天，如果光照和温度都合适，能一年四季开花。

◎花色：红色、黄色。

化毒攻略

虎刺梅所含的有毒成分是苷类，主要散布于根、茎、叶片及汁液内，毒性比较小。由于它的整株都披生着浓密的利刺，被误食的概率非常小，如果偶尔不慎被其刺到，通常也不会导致中毒，大多是在操作过程中皮肤触及汁液而造成中毒。因此，若家庭中有儿童及癌症患者则不适宜种植这种花。如果在家里种植，也要置于孩童不容易碰到的地方，宜置于房间外面，以避免孩童被利刺扎到或中毒。

毒性解码

虎刺梅整株都生有尖锐的刺，茎中所含的白色乳状汁液有毒，会对人的皮肤和黏膜产生刺激作用，皮肤接触后会造成发红肿胀、发痒难受，不小心误食后会出现恶心、呕吐、腹泻、眩晕等中毒症状，如果不小心进入眼睛，情况严重的则会造成失明。另外，有研究显示，虎刺梅的乳状汁液中含有促癌的物质，如果长时间触及其汁液，则有可能会导致细胞发生癌变。

择土

虎刺梅对土壤没有严格的要求，能忍受贫瘠，然而在有肥力、土质松散、排水通畅的腐叶土或沙质土壤中长得最好。

新手提示： 培养土可以用相同量的园土、腐叶土和河沙来混合调配，也可以用3份草炭土和2份细沙来混合调配。

温度

虎刺梅喜欢温暖，不能抵御寒冷，生长适宜温度是18~25℃，当白天温度在22℃上下，晚上温度在15℃上下的时候长得最好。

新手提示： 如果温度控制在15℃~20℃，则植株能全年连续开花。

栽培

❶ 剪下长6~10厘米的上一年发育良好的顶部侧枝作为插穗，用温水冲洗剪口部位后晾干或涂抹上草木灰晾干。

❷ 把插穗叶片及顶端的花朵摘掉，之后插到培养土中，插后浇足水并放在荫蔽的地方料理，经过30~60天便可长出根来。

❸ 每年春天更换一次花盆和盆土。

新手提示： 种植前要在培养土里加上合适量的蹄角片作为底肥，以促进植株生长。

选盆

各种盆皆可，盆的口径以25～35厘米为宜。

病虫防治

❶ 虎刺梅经常发生的病害为腐烂病及茎枯病，每半月用50％克菌丹可湿性粉剂800倍液喷施一次就能有效预防和治理。

❷ 虎刺梅经常发生的虫害为介壳虫及粉虱危害，可以用50％杀螟松乳油1500倍液喷施来杀除。

繁殖

虎刺梅经常采用扦插法进行繁殖，在全部生长期内皆可进行，其中以5～6月扦插比较容易存活。

浇水

❶ 虎刺梅比较能忍受干旱，在春天和秋天浇水要做到"见干见湿"。

❷ 夏天可以每日浇一次水，令盆土维持潮湿状态，然而不能积聚太多的水。

❸ 在植株开花期间要注意控制浇水的量和次数。

❹ 冬天植株会步入休眠状态，浇水宜"不干不浇"，令盆土维持略干燥状态就可以。

新手提示：雨季要留意尽早排除积水，防止植株遭受涝害。

光照

虎刺梅喜欢阳光充足的环境，不畏炎热和强烈的阳光，一年四季皆要使其接受足够的阳光照射。

新手提示：在开花之前如果让植株接受足够的阳光照射，能令花朵颜色更鲜艳美丽，开花时间更长。

施肥

在植株的生长季节要每隔半个月追肥一次，施用复合化肥或有机液肥皆可，然而不可施用带有油脂的肥料，不然会令根系腐烂。在秋后则不要再对植株施用肥料。

修剪

在植株开花之后或春天萌生新的叶片之前要尽早把稠密枝、纤弱枝、枯老枝和病虫枝等剪掉，并对枝条顶端采取修剪整形措施。

摆放建议

虎刺梅花期长，花色艳丽，适合盆栽摆放在窗台、阳台、案几、书桌、花架上观赏，也可以栽植在庭院中观赏。但因其全身长有利刺，为防止孩童误伤，宜放置在儿童接触不到的地方。

含羞草

【花草名片】
- ◎学　名: *Mimosa pudica*
- ◎别　名: 感应草、知羞草、怕痒花、见笑草。
- ◎科　属: 豆科含羞草属, 为多年生披散状亚灌木草本植物。
- ◎原产地: 最初产自南美洲热带及亚热带区域。
- ◎习　性: 喜欢温暖、潮湿和光照充足的环境, 不能抵御寒冷, 稍能忍受半荫蔽。具有很强的适应能力, 生长得强壮健康, 长得很快。
- ◎花　期: 3～10月。
- ◎花　色: 浅红、粉红、桃红色。

化毒攻略

含羞草除可供观赏外, 还可入药, 科学利用可达到清热利尿、化痰止咳、安神止痛、解毒散瘀、止血收敛等功效。有关研究证明, 当人体口服含羞草干品超过30克的时候才会出现中毒症状。因此, 在栽植期间不可时常用手触碰或摆弄含羞草, 更要防止误食, 以避免中毒。

选盆

可使用泥盆、塑料盆、瓷盆、陶土盆, 定植花盆为15～20厘米口径的中型花盆。

毒性解码

含羞草的整株皆有毒, 其体内含有含羞草碱, 为一种有毒的氨基酸, 毒性比较小, 然而如果人体触及太多则会令人的眉毛变稀、毛发发黄, 情况严重的则会令头发脱掉或引起全身不舒服等中毒症状。马、驴等动物如果食用过多含羞草, 则会令其生长停止和掉毛, 严重的还会得白内障。

择土

含羞草对土壤没有严格的要求, 但在土层较厚、土质松散、有肥力且排水通畅的土壤中生长得最好。

> **新手提示:** 培养土可以用5份细黄沙、3份园土和2份腐叶土过筛之后来混合调配, 并加进合适量的底肥。

温度

含羞草喜欢温暖, 不能抵御寒冷, 生长适宜温度是20～28℃。冬天要把它搬进房间里养护, 房间里的温度控制在高于10℃便可顺利过冬。

繁殖

含羞草用播种法进行繁殖, 在春天和秋天均可进行。

光照 它喜欢光照充足的环境，也略能忍受半荫蔽，在生长季节可以置于阳台上或院落中，冬天则要放在房间里朝阳的地方。

病虫防治 含羞草的病虫害非常少，如果发生蛞蝓危害，可以在清晨撒施新鲜的石灰粉来治理。

栽培
❶ 播种前宜先用温度为35℃的水将种子浸泡24小时，之后再进行播种，以便于萌芽。
❷ 如果在小号花盆内直接播种，每一盆可以播入1～2颗种子，播完后盖上厚1.5～2厘米的土。
❸ 播种后要令盆土维持潮湿状态，温度控制在15～20℃，经过7～10天便可萌芽长出幼苗。
❹ 小苗生长至3厘米高的时候，带上土坨移植到中型花盆中。

新手提示： 新种植上盆的小苗在浇足水后，需先放在半荫蔽的地方料理，等到其恢复生长势头后再搬至光照充足的地方料理。

浇水
❶ 在阳光充足的环境中，要每日浇水。
❷ 夏天酷热干旱的时候则要于每日清晨和傍晚分别浇水一次，如果缺少水分就会令叶片向下低垂或变黄，受到触碰的时候也不会再闭合，然而也不可积聚太多的水。

摆放建议 含羞草适合盆栽摆放在案头、窗台、桌几上观赏，但要避免经常用手触碰玩弄其叶片，以防中毒。

施肥 当小苗生长出4枚叶片的时候要开始对其施用液肥，通常每7～10天施用腐熟的且浓度较低的液肥一次就可以。

新手提示： 需留意肥料不适宜施用太多，不然容易导致植株徒长。

修剪 平日要尽早将干枯焦黄的枝叶剪掉，更换花盆的时候要留意适度修剪干枯老化的根系，以促进植株生长和保持株形美观。

花言草语

含羞草又叫作"感应草"，只要轻轻地触碰一下，其羽状的小叶便会立刻左右闭合，如果力量略大一些，则整个羽片及叶柄皆会向下悬垂，仿佛一位低首不语、妩媚含羞的少女。在植物学上，含羞草的这种特殊反应被叫作"感震运动"，其产生有一定的原因。

含羞草最初产自南美洲热带及亚热带区域，那里经常有暴风骤雨，每当雨水滴溅在小叶片上或暴风刮动小叶片的时候其便会马上把叶片闭合起来，以免遭受风雨的侵害。这是含羞草对外部环境条件发生改变时的一种适应，是其自我护卫能力的一种表现。

一品红

【花草名片】
◎学名：*Euphorbia pulcherrima*
◎别名：圣诞花、象牙红、老来娇、猩猩木。
◎科属：大戟科大戟属，为多年生常绿或半常绿灌木。
◎原产地：最初产自墨西哥及中美洲地区。
◎习性：喜欢温暖、潮湿和光照充足的环境，不能抵御寒冷，不能忍受干旱，也不能忍受水涝。为典型的短日照植物，强烈的阳光直接照射和阳光不充足都会影响正常生长。
◎花期：11月～次年3月。
◎花色：黄色。

化毒攻略

一品红花期长，盆栽可用于美化室内环境。其性凉，有调经止血、活血化痰、接骨消肿的药用价值。在栽植培育一品红期间，要防止一品红的枝条和叶片发生断裂，在采取摘心、扦插等操作的时候务必不要触及其汁液，也尽可能地别触及残破损坏的一品红，以防止使皮肤出现不适或造成中毒。家庭栽植的时候，只要格外留意，通常不会损害人们的身体健康，但有儿童的家庭要倍加留意，不可让其摆弄或误食一品红的茎和叶片。

温度

一品红喜欢温暖，不能抵御寒冷，生长适宜温度是18～25℃，其中在4～9月期间是18～25℃，在9月到次年4月期间是13～16℃。

病虫防治

❶ 一品经常发生的病害为茎腐病、叶斑病及灰霉病，可以喷施70%甲基托布津可湿性粉剂1000倍液来预防和治理。

❷ 一品红常发生的虫害为介壳虫。可用90%美曲膦酯乳油或20%菌杀乳油2500倍液喷洒来预防和治理。

毒性解码

一品红整株皆有毒，其根、茎及叶片断裂后流出的白色乳状汁液含有毒，人体触及后就会对皮肤产生刺激作用，令皮肤发红肿胀，出现过敏反应；如果人们不小心误食它的茎和叶片，则会呈现口舌灼烧、呕吐、腹部疼痛、下泻等中毒症状，严重的还会导致死亡。

选盆

宜选用不透明塑料盆、瓷盆、陶土盆，花盆口径为18～22厘米。

择土

一品红对土壤没有严格的要求，能忍受贫瘠，然而喜欢在土质松散、有肥力、排水通畅的沙壤土或微酸性土壤中生长，土壤酸碱度在5.5～6范围内最为适宜。

> **新手提示：** 培养土可以用3份菜园土、3份腐叶土、3份腐殖土和1份腐熟的饼肥，再加上少许炉渣来混合调配。

栽培

❶ 选取一年生健康壮实的木质化或半木质化枝条，剪下长8～12厘米的一段作为插穗。

❷ 把插穗下端的叶片剪掉2～3枚，留下上端的2～3枚，并将草木灰涂抹到剪口上，以防止汁液流出来。

❸ 等到插穗略晾干之后插到培养土中，插入深度为4～5厘米即可，插好后浇足水，令基质维持潮湿状态并适度遮蔽阳光，温度控制在18～25℃，经过15～30天便可长出根来，再经过约15天便可上盆栽植。

❹ 当小苗生长至10～12厘米高的时候便能移植上盆，当年冬天即可开花。

❺ 通常在每年春天更换一次花盆和盆土。

光照

一品红属典型的短日照植物，在短日照条件下方可分化花芽，全年皆要获得足够的阳光照射，在苞片变色期间、分化花芽期间和开花期间更要获得足够的阳光照射。

新手提示：如果长时摆放在昏暗的地方，则会导致植株不能开花，或令叶片脱落。

繁殖

一品红经常采用扦插法进行繁殖，用嫩枝扦插或休眠枝扦插皆可，可于春分之后进行。

施肥

在生长鼎盛的4～9月期间，要每隔7～10天对其施用腐熟的且浓度较低的液肥一次，注意不可施用过浓的肥料。在植株现蕾之后到开花之前要每周加施磷肥和钾肥一次，连施3～4次。

摆放建议

一品红适合种植在庭院中观赏，也可以盆栽摆放在客厅、书房、卧室、餐厅的桌案、窗台上，注意摆放时远离儿童活动区域，防止其汁液接触儿童皮肤引起不适。

修剪

在植株的生长季节，可以在6月下旬及8月中旬分别摘心一次。每年开花之后要采取短剪措施。

新手提示：当枝条生长至20～30厘米长的时候可以对其进行绑缚作弯处理，以令枝条高低协调、分布匀称，维持优美的植株形态。

浇水

❶ 一品红对水分的反应较为灵敏，既不能忍受干旱，又不能忍受积水。
❷ 在植株的生长季节，浇水一定要充足，要令土壤时常维持潮湿而润泽的状态。
❸ 夏天气候干旱的时候，要适度加大浇水的量，然而不可积聚太多的水。
❹ 在植株的开花繁盛期和开花之后则要少浇一些水。

新手提示：雨季要留意尽早清除积聚的水，防止植株遭受涝害。

石蒜

【花草名片】

◎学名：*Lycoris radiata*

◎别名：蟑螂花、龙爪花、彼岸花、曼珠沙华。

◎科属：石蒜科石蒜属，为多年生草本植物。

◎原产地：最初产自中国，分布在长江流域和西南各个省。

◎习性：喜欢光照充足的环境，能忍受半荫蔽，也能忍受强烈的阳光久晒。喜欢潮湿，也能忍受干旱，略能抵御寒冷。抗逆性比较强，长得健康壮实。

◎花期：8～9月。

◎花色：鲜红色或具白色的边缘、白、黄色等。

 毒性解码

石蒜的体内含石蒜生物碱，整株皆有毒，而以花朵的毒性比较大，鳞茎次之。如果不小心误食后，经常会出现恶心、呕吐、心情烦躁、眩晕、下泻、舌硬直、手脚发冷、心跳过缓、惊厥及血压降低等症状，严重的还会造成中枢神经系统麻痹，出现语言障碍、口鼻出血、四肢乏力、虚脱等中毒症状，甚至死亡。

 温度

石蒜能够忍受的最高温度是日平均温度为24℃。它略能抵御寒冷，冬天要搬入房中过冬。

 化毒攻略

石蒜的鳞茎可以用作药物。如今，石蒜中毒大多是因误食或药用时服用的剂量太大而造成的。所以必须特别留意，家庭中有儿童的更要格外防备，要将石蒜的鳞茎及花朵收藏好，防止其误食。

 择土

石蒜对土壤没有严格的要求，能忍受轻度碱性土壤，然而在有肥力、腐殖质丰富、土质松散、排水通畅的石灰质和沙质土壤中长得最为良好。

 病虫防治

❶ 石蒜常见病害有炭疽病和细菌性软腐病，鳞茎栽植前用0.3%硫酸铜液浸泡30分钟，用水洗净，晾干后种植。每隔半月喷50%多菌灵可湿性粉剂500倍液防治。发病初期用50%苯来特可湿性粉剂2500倍液喷洒。

❷ 石蒜常见的害虫为斜纹夜盗蛾，主要以幼虫危害叶子、花蕾、果实，啃食叶肉，咬蛀花葶、种子，一般在从春末到11月份危害，可用5%锐劲特悬浮剂2500倍液，万灵1000倍液防治。

 繁殖

石蒜经常采用分球法进行繁殖，在春天和秋天皆可进行。

栽培

① 在春天植株的叶片刚干枯萎缩后或秋天开花之后将鳞茎掘出来，把小鳞茎分离开另外栽种就可以。

② 种植的时候种植深度以土壤把球顶部覆盖住为度。

③ 通常栽种后每隔3~4年便可再进行分球。

光照

石蒜喜欢光照充足的环境，也能忍受半荫蔽，不畏强烈的阳光久晒，可以长期放在光照充足的地方料理。

新手提示：不能长时间放在过度荫蔽的地方，不然容易导致生长不好。

摆放建议

石蒜花型似龙爪，花色鲜艳，适合盆栽装饰客厅、阳台、天台、庭院，要注意石蒜结实后避免儿童接触鳞茎，避免引起误食中毒。

修剪

在栽植期间，要尽早把干枯焦黄的叶片剪掉，以防止影响植株的生长发育及优美的形态。

浇水

① 平日要令土壤维持潮湿状态，要做到"见干见湿"。

② 夏天植株开花前如果土壤过于干燥，则要浇入足够的水，以便于抽生出花茎。

③ 当植株临近休眠期的时候，则要渐渐减少浇水的量和次数。

施肥

在植株的生长季节要施用2~3次浓度较低的液肥。

新手提示：在植株抽生花茎之前要施用一次追肥，在秋天嫩叶萌生出来后还要再施用一次肥料，这样能令叶丛更齐整碧绿。

曼陀罗

【花草名片】
- ◎学名：*Datura stramonium*
- ◎别名：醉心花、风茄儿、闹羊花。
- ◎科属：茄科曼陀罗属，为一年生草本植物，在低纬度区域可以生长为亚灌木。
- ◎原产地：最初产自印度。
- ◎习性：喜欢温暖、潮湿和光照充足的环境，不能抵御寒冷，不能忍受水涝。
- ◎花期：6～10月。
- ◎花色：最初为白色，之后渐渐变成黄色，偶尔为紫色或浅黄色。

化毒攻略　曼陀罗可供药用，但在家庭里最好不要种植这种花。如果不小心中毒，要马上把病人送到医院里接受治疗，在具有经验的急诊或毒物科医师的监测及控制下使用解毒剂解毒。

浇水
❶ 曼陀罗喜欢潮湿而润泽的环境，不能忍受积水，平日令土壤维持潮湿状态就可以。
❷ 夏天气候干旱的时候，可以适度加大对植株的浇水量。
❸ 在雨季要留意尽早排除积水，防止植株遭受涝害。

毒性解码　曼陀罗的整株皆有毒，而以果实及种子的毒性最厉害，干叶片的毒性比新鲜叶片的毒性要轻一些。如果人们不小心误食，会出现口舌干燥、瞳孔放大、心跳加速、周身潮红燥热、视线模糊不清、嗜睡、头脑昏沉、产生幻觉及神志错乱等中毒症状，情况严重的则会令神经中枢过于兴奋而忽然逆转成抑制作用令机体功能突然降低，造成呼吸停止而死去。

另外，外敷曼陀罗也会出现周身性的中毒症状。

择土　曼陀罗具有比较强的适应能力，对土壤没有严格的要求，普通土壤皆可栽植，然而在有肥力、腐殖质丰富、土质松散、排水通畅的沙质土壤中长得最好。

温度　曼陀罗喜欢温暖的环境，不能忍受极度的寒冷，萌芽的适宜温度在15℃左右，霜后其地上部会干枯萎缩。

新手提示：当温度低于2～3℃的时候，植株就会死掉。

施肥　在植株生长的鼎盛期，要适度施用2～3次过磷酸钙或钾肥。

新手提示：在植株开花之前追施一次肥料，能令花朵硕大、花色纯正。

光照　在植株的生长季节，要使其接受足够的阳光照射，以令其生长得健康壮实，如果阳光不充足则会导致生长不好，不利于观赏。

病虫防治

① 曼陀罗经常发生的病害是黑斑病。在发病之初可以喷洒50%退菌特可湿性粉剂1000倍液或65%代森锌可湿性粉剂500倍液，每周喷洒一次，接连喷洒3～4次就能有效治理。

② 曼陀罗经常发生的虫害是蚜虫。发生蚜虫危害时，可以用40%氧化乐果乳油2000倍液喷洒来杀除。

修剪

在植株的生长季节，要尽早把干枯焦黄的枝条和叶片剪掉，以降低营养的损耗量，维持优美的植株形态。

摆放建议

曼陀罗作为观花植物可盆栽摆放在窗台、阳台、案几、花架上，但应注意远离儿童，防止其误食中毒。

栽培

① 于春天3月下旬到4月中旬进行直接播种。

② 播完后盖上厚约1厘米的土，略镇压紧实，并留意使土壤维持潮湿状态，比较容易萌芽。

③ 当小苗生长至8～10厘米高的时候采取间苗措施，把纤弱的小苗除去，令每盆仅留下2株。

④ 当植株约生长至15厘米高的时候进行分盆定苗。

选盆

各种材质的花盆皆可，中型花盆为佳。

繁殖

曼陀罗采用播种法进行繁殖。

醉鱼草

【花草名片】
- ◎学名：*Buddleja lindleyana*
- ◎别名：鱼尾草、槐木、闹鱼花、痒见消、光子、四方麻、鱼鳞子、药杆子、驴尾草、毒鱼藤、野巴豆、土蒙花、花玉成、红鱼波、四季青、鱼泡草等。
- ◎科属：玄参科醉鱼草属，为多年生落叶小灌木。
- ◎原产地：热带和亚热带地区。
- ◎习性：喜欢温暖、湿润的环境，适应性强，喜光，耐修剪，稍耐寒，耐阴，耐旱，但不耐水湿。
- ◎花期：6～8月。
- ◎花色：紫色、白色、黄色或橙色。

化毒攻略
远离鱼缸放置。防止枝叶浸入水中，毒害鱼类。也应将其放在儿童和动物不宜接触的地方，严防小孩和动物误食。一旦误食醉鱼草，可采用洗胃、导泻、服大量糖水或静脉注射葡萄糖盐水、肌注维生素B$_1$等方式解除中毒症状。

毒性解码
醉鱼草叶含醉鱼草苷等多种黄酮类，含有的醉鱼草黄酮苷及醉鱼草糖苷对鱼类有毒害作用，人畜误食过多将会引起呕吐、呼吸困难、四肢震颤等中毒症状。

择土
醉鱼草具有很强的适应能力，对土壤没有严格的要求，在沙质土壤、轻碱性土壤及经过改良的盐碱地中都可长得较好，然而在排水良好、润湿肥沃的土壤上生长最为旺盛，开花最为繁茂。

选盆
适宜选择透气性较好的泥盆或缸瓦盆。

浇水
❶ 醉鱼草喜欢潮湿，同时也畏积水，在生长季节要令盆土保持潮湿状态。
❷ 在夏天和气候干燥时，除了每日浇水之外，还要每日朝枝叶喷洒1～2次清水，以保持比较大的空气湿度，并加强通风、降低温度。
❸ 冬天需注意浇水量，并需时常用水温和室温相近的清澈水喷洒、冲洗植株的枝叶，以免灰尘污染枝叶表面，影响观赏。

温度
醉鱼草生长最佳适宜温度为25～30℃，也可耐39℃的高温。

光照

醉鱼草喜欢充足的阳光，可将其放置在光线良好的场所，每日让它接受足够的阳光照射。

病虫防治

醉鱼草易得的病虫害为锈病、白粉虱和蚜虫。

❶ 一旦感染锈病，发病初期可用40%氟硅唑乳油8000倍或25%粉锈宁可湿性粉剂1000～1500倍、天达裕丰2000～2500倍液、天达2116粮食专用型600倍液混合喷杀，连续喷2次，每次间隔5～7天。

❷ 虫害可用10%吡虫啉可湿性粉剂4000～6000倍液喷雾，或用5%吡虫啉乳油2000～3000倍液喷雾进行防治。

繁殖

繁殖方式主要有播种、分株、扦插、压条几种。

醉鱼草常见的品种有大叶醉鱼草和互叶醉鱼草。大叶醉鱼草，高可达5米；花色丰富，花味芬芳；互叶醉鱼草，高可达3米，枝条细弱，披散下垂，花冠紫蓝色，花味芬芳。在我国山西、河北、西北地区都有分布。二者都极具观赏价值。

《全国中草药汇编》中记载，醉鱼草味微辛、苦，性温，带根全草及叶、花可以入药。具有祛风除湿、止咳化痰、散瘀、杀虫的功效，可治疗支气管炎、咳嗽、哮喘、风湿性关节炎、跌打损伤等病症；根及全草全年都可采集，洗净晒干后即可入药；花、叶于夏秋醉鱼草花盛开时采集，晒干入药。捣烂或研粉外敷可治创伤出血、烧烫伤等。孕妇忌服。谨记药用的时候一定要遵从医嘱，不可自己尝试，以免引起中毒。

栽培

❶ 将当年收取的种子在常温水中浸泡一小时后均匀撒在花土表面。

❷ 在种子上面均匀铺一层薄薄的花土。

❸ 浇透水后放在向阳的或半向阳的地方，每天浇水保持土壤湿润，不久即可发芽。

新手提示： 在种植前需在土壤中施入充足的底肥，以促使植株枝叶健壮、开花繁茂。

施肥

在植株生长的旺盛期，大约需每隔半个月施用以氮肥为主的复合肥一次，施完肥后应马上浇水，以免肥料损伤根系。

修剪

入冬前或早春时可对醉鱼草进行修剪、整形，以促使其萌发更多的新枝，一年修剪一次即可。

摆放建议

最适宜种植在庭院里观赏，也可以将盆栽摆放在客厅、卧室、书房、阳台等向阳的地方，切忌不要摆放在鱼缸旁边。

龙牙花

适宜在排水良好、肥沃的酸性沙壤土上生长，在干旱、贫瘠的土壤上会生长不良。

择土

新手提示： 盆土宜选用塘泥2份、堆肥和荟糠灰各1份混合配制而成的土壤。

【花草名片】

- ◎学名：*Erythrina corallodendron*
- ◎别名：象牙红。
- ◎科属：豆科刺桐属，为多年生小乔木。
- ◎原产地：热带美洲。
- ◎习性：喜欢高温、多湿的环境，但怕积水，不耐寒冷，南方较寒冷年份易受到冻害。喜欢光照充足的环境，略能忍受荫蔽。生长健壮，易于存活，发芽力强，长势迅速，耐修剪。
- ◎花期：6月。
- ◎花色：深红色。

选盆

宜选规格稍大的盆。

浇水

❶ 在植株的生长期内不适宜浇太多的水，以见干见湿为原则，不宜涝。
❷ 夏季气温高，水分蒸发量大，可每天浇一次水，保持盆土湿润。
❸ 冬季可每2～3天浇一次水。入室前修剪抹头的植株，可每10～15天浇一次水。

温度

龙牙花的最佳适宜生长温度为20～28℃。

新手提示： 越冬温度应保持15℃左右。

化毒攻略

龙牙花中毒大多是因误食或药用时服用的剂量太大造成的。所以必须特别留意，家庭中有儿童的更要格外防备，要将龙牙花的鳞茎及花朵收藏好，家居放置盆栽时应放在儿童和动物不宜接触的地方，严防小孩和动物误食。

毒性解码

该物种已被中国植物图谱数据库收录为有毒植物，其种子有箭毒碱，花含胆碱、色胺、下箴刺桐碱以及其他四种未知结构生物碱。

光照

龙牙花喜欢充足的阳光，每天要接受5小时以上的阳光光照。

病虫防治

❶ 龙牙花冬季易感染枯萎病、炭疽病和根腐病，可用波尔多液喷洒叶片2～3次，或用50%退菌特可湿性粉剂1000倍液喷洒进行处理。

❷ 龙牙花若感染根瘤线虫害，可用80%二溴氯丙烷乳油稀释浇灌处理。

施肥

❶ 生长期每半月施一次肥。

❷ 抽出新梢后，每10天施一次饼肥水。

❸ 花期可增施1～2次磷钾肥。开花后，除正常施肥外，需再追施2次磷钾肥，以促进其枝条生长发育。

❹ 10月以后可逐渐停止施肥。

龙牙花因其花序形状好像大象的牙齿，又呈现娇艳的深红色，因此有象牙红的雅号。在我国广东、广西、云南、四川、上海、江苏、浙江、福建等地均有广泛种植，已成为当地乡土树种。在北方也有作为盆栽观赏的龙牙花。龙牙花可单植于草地、建筑物旁、公园、绿地、风景区和庭院，也可作为盆栽点缀室内环境。

龙牙花花形奇特，艳丽夺目，除了可当家居盆栽观赏之外，还可以当生日时的祝贺鲜花，因为它通常象征火红年华、前程似锦。将龙牙花摆放在房屋的门口处，象征着喜迎嘉宾、祝君好运、笑口常开。

龙牙花的树皮味辛性温，入肝经，具有辛散止痛的功效，可以治肝气郁滞等病症。树皮还有收缩中枢神经的作用，可作为麻醉和镇静剂使用。谨记药用的时候一定要遵从医生的指示和要求，不可自己尝试，以免引起中毒。

栽培

❶ 龙牙花栽培适宜在4～5月进行，此时栽培的植株具有较高的成活率。

❷ 剪取长15～20厘米的生长枝条作为插穗。

❸ 在盆土里施入充足的底肥，将插穗插入培养土中，插入深度是插穗总长的1/2或2/3即可。

❹ 插后浇足水并令土壤保持潮湿状态，定期向扦穗的顶芽、顶叶喷洒水雾。

❺ 将其置于半阴处，15～20天后即可生根，当插穗上长出红色小芽时，即表示已经生根。

❻ 每年春季换一次盆即可。

繁殖

繁殖方式有播种繁殖、扦插繁殖，以扦插繁殖为主。

修剪

老龄植株要适当进行截干，以利于调整株形。对过长的枝条，可在花后采取摘心的办法来控制枝的长势，也可将开过花的枝条从基部剪除，促使开花更为繁茂枝干的萌生。

摆放建议

龙牙花喜欢光照充足的环境，可以直接栽种在庭院观赏，也可以盆栽摆放在客厅、阳台等光线良好的地方，其幼株盆栽也可以摆放在窗台、案几上。

使君子

【花草名片】
◎ 学名：*Quisqualis indica*
◎ 别名：史君子、留球子、玉棱子、索子果。
◎ 科属：使君子科使君子属，为多年生常绿木质藤本植物。
◎ 原产地：最初产自马来西亚、印度、缅甸、菲律宾，以及中国的四川、云南、福建、广东、广西、海南和台湾等地区。
◎ 习性：喜欢温暖、潮湿和光照充足的环境，不能抵御寒冷和霜冻，比较能忍受干旱。为直根性植物，不能忍受移栽。生长得壮壮健康，具有非常强的萌生新芽和抵抗污染的能力。
◎ 花期：5～9月。
◎ 花色：最初是白色的，之后则会变成浅红色。

化毒攻略　　使君子结实率不高，误食种仁的概率较小，通常是药用时服用剂量太大而中毒。尽管如此，栽植时也不可粗心，以免误食情况发生，同时药用时则要按照规定量服用。

选盆　　选择排水性良好的泥盆为佳，盆的大小根据植株多少而定。

择土　　适宜土质松散、有肥力、排水通畅的沙质土壤或黏重土。

栽培
❶ 于3～4月或9～10月栽培。
❷ 种子在温度为40～50℃的水里泡24小时，以便于萌芽。
❸ 把种子播种到培养土中，需留意让果实的尖端向上，播种后盖上厚约3厘米的土，浇足水并令土壤保持潮湿，较易萌芽，当小苗生长至10～20厘米高时就能上盆移栽。

毒性解码　　使君子的种仁有毒，但毒性比较小，生吃或服用的剂量太大会出现头疼、头晕目眩、恶心、呕吐、下泻、出冷汗、四肢发冷等中毒症状，情况严重的则会出现抽搐、惊厥、呼吸困难、血压降低等症状。

温度　　幼苗期生长适温是18～20℃。植株定型之后的生长适温则是20～30℃，不能忍受极度的寒冷。

光照　　使君子喜欢充分的光照，因此最好是全日照或每天直射日照四小时以上，这样对开花最有利。

繁殖　　使君子可采用播种法、扦插法、分株法及压条法进行繁殖。

修剪　　春芽萌发之前将干枯枝、病弱枝、稠密枝等剪掉，以降低营养成分的损耗量。

浇水
❶ 生长期令土壤维持潮湿状态。
❷ 气候干燥时可加大浇水量。
❸ 冬天则要减少浇水量及次数。

施肥　　每年春天对其补充少许长效肥，并在生长季节施用1～2次浓度较低的液肥。冬天则不要施肥。

摆放建议　　使君子既适合在庭院内直接种植，也适合盆栽。盆栽一般用于装饰阳台、天台、客厅。

第九章

8种药用花草及其花草茶

现代医学研究表明，药用花草之所以能够发挥不可思议的药理功效，是因为它们自身含有一些特殊的药物成分。那么，应当如何利用这些花草的药用功效来养颜美容、强身健体呢？古人有"上品饮茶，极品饮花"之说，可见，将药用花草冲泡成花草茶并适量饮用，不失为一种明智的选择。

金盏菊

美容功效

金盏花茶具有杀菌和收敛伤口的功效，能够有效改善皮肤毛孔粗大的问题，还能够调理敏感性肤质。对外伤患者而言，适量饮用一些金盏花茶能够防止疤痕的产生，并且能够修复已有疤痕。常年皮肤干燥的人，也可适量饮用金盏花茶，因为它能够促进皮肤的新陈代谢，对干燥肌肤具有滋润作用。

健康功效

金盏菊性味平淡，富含维生素A、维生素C等多种维生素。它的花和叶能够消炎、抗菌，具有凉血、止血的功效。女性常喝金盏花茶，能够促进人体血液循环，同时还能平复女性生理期间的烦躁心情。金盏花茶因味苦所以能促进胆汁分泌，有补益肝脏的功效，对用眼过度的学生和上班族来说具有明目的功效，而对于喜爱喝酒的男士来说还具有缓和酒精中毒的功效。

【花草名片】

◇ **学名**：*Calendula officinalis*
◇ **别名**：金盏花、黄金盏、长生菊、醒酒花、常春花、金盏等。
◇ **科属**：菊科金盏菊属，二年生草本植物。
◇ **原产地**：原产欧洲南部及地中海沿岸，现世界各地都有栽培。
◇ **习性**：喜阳，耐寒不耐热，能忍受-9℃的低温，总体来说适应性较强但不耐潮湿。能自播、生长快。对土壤要求不高，能耐贫瘠干旱土壤，但在疏松、肥沃、微酸的土壤里生长较好。耐阴凉环境，但在阳光充足的地方生长较好。
◇ **花期**：4～6月。
◇ **花色**：有黄、橙、橙红、白等色，且多为金黄色。
◇ **入茶部位**：花（干制）。

【小偏方】

胃寒痛：金盏菊鲜根50～100克，水或酒、水煎服。
疝气：金盏菊鲜根100～200克，酒、水煎服。
肠风便血：金盏菊鲜花10朵，加冰糖，水煎服。

择土

土壤以肥沃、疏松、透气性、排水性俱佳的沙质土壤为宜。土壤pH值在6～7间最好。这种土壤种出的植株分枝多、开花大。

净化功能

金盏菊具有较强的抗菌功效，可净化空气，对二氧化硫、氰化物、硫化氢等有害气体都具有一定的抗性。

选盆

家庭栽种金盏菊可选用10～12厘米的小盆即可，以多孔盆为宜。

光照

金盏菊属于短日照植物，每天以接受4小时的日照为宜，日照过多或过少都会影响其开花。

浇水

❶ 金盏菊在生长期间不宜过多浇水，只要保持土壤的润湿即可。
❷ 夏天雨季应将花盆放置在避雨处，以免盆内积水导致植株根部腐烂。

温度

最适宜金盏菊生长的温度为7～20℃。

病虫防治

金盏菊常生的病为枯萎病和霜霉病，这些都是由于室内通风差、湿度大、温度高引起的。一旦金盏菊出现这些病症时，可用65％代森锌可湿性粉剂500倍液进行处理，同时家中要经常开窗透气。此外，初夏气温升高时，金盏菊叶片常常会出现锈病，此病可用50％萎锈灵可湿性粉剂2000倍液喷洒处理。

修剪

注意及时剪去干枯萎蔫的叶片。

◆**金盏花茶**

养肝明目、养颜美容、解毒消炎。

主料：干燥的金盏菊花瓣。

可搭配材料：绿茶、薄荷、橙皮。

使用工具：可装500~800毫升水的玻璃壶。

冲泡方法：

❶ 将一匙干燥的金盏菊花瓣放入玻璃壶中，用热水冲泡一下然后取出。水温最好不要高于90℃，如果是刚煮开的水，可稍放凉后再倒入玻璃壶。因为花瓣娇弱，沸水冲泡容易使香味流失。

❷ 将用热水冲泡过的金盏菊花瓣再次放入玻璃壶中，向玻璃壶中倒入500~800毫升的热开水（此时，也可在玻璃壶中加入搭配材料中的任意一种）。浸泡3分钟后，茶水即可饮用。

❸ 金盏花茶稍带苦味，不喜欢苦味的人可加蜂蜜调饮。

栽培

❶ 金盏菊多用播种法繁殖，早春或秋天均可播种。秋播一般在9月中旬进行，温度在20℃左右为宜。春播一般在2～3月进行，需要在温暖的室内播种。春播金盏菊的生长发育不如秋播好。

❷ 将种子放在35～40℃的温水中浸泡3～4个小时，捞出后用清水冲洗一遍，控干后即可播种。

❸ 准备一些培植土放入任意盆中，浇透水，待水下渗后将种子埋入土中，一般来说在20～22℃的情况下，种子7～10天后即可发芽。待幼苗长出2～3片叶子时需移植一次。

❹ 一般来说，秋播金盏菊在第二年的5月份开花，而春播的金盏菊通常在当年的6月份开花。

新手提示：由于幼苗娇嫩，浇水时最好以手护住幼苗，以免幼苗被冲断、冲倒。

繁殖

金盏菊一般使用播种法繁殖。

施肥

金盏菊喜肥，因此在其生长期要保证充足的肥水供应，最好每半月施肥一次，磷肥、钾肥、氮肥可配合使用。

新手提示：日常吃鸡蛋时，可将鸡蛋壳置于金盏菊的花盆中，这样能给花补充一些肥料。

摆放建议

金盏菊占地面积较小，花朵多为金黄色，可放置在客厅、居室的窗台上或阳台一角，这样不但能使居室感觉更加明亮、舒适，而且还利于金盏菊透气。

柠檬香茅

【花草名片】
- ◎学名: *Cymbopogon citratus*
- ◎别名: 柠檬草、香茅草。
- ◎科属: 禾本科香茅属，多年生草本植物。
- ◎原产地: 原产于亚洲热带地区，如印度、斯里兰卡。现在印度尼西亚、印度、中国、泰国、越南、巴西、巴拉圭、英国等地均有分布。
- ◎习性: 喜温暖、潮湿的环境，喜光照，耐热不耐寒。适宜生长在排水良好的沙性土地上。
- ◎花期: 12月~次年3月。
- ◎花色: 灰色。
- ◎入茶部位: 叶、茎（干制、新鲜皆可）。

净化功能

柠檬香茅散发出的柠檬清香，不但能强力除臭、净化空气，而且还能驱除蚊虫和家中空调系统中潜伏的尘螨。

选盆

宜选用透气性能好的木盆或泥盆，最好不要用塑料盆以免出现烂根现象。初种时可以选用比较矮小的花盆，待植株长大后再换盆。

病虫防治

几乎没有病虫害。

美容功效

适量地饮用柠檬香草茶能够净化肠胃，提高人体的消化功能，具有健胃消脂的功效，对于希望瘦身的人来说不失为一种绿色健康的饮食瘦身法。

健康功效

古代的医家常常用它来治疗腹泻、麻疹、喉咙痛、头痛等病症。用柠檬香茅泡的茶被称为柠檬香草茶。柠檬香茅中含有的柠檬醛具有消毒、杀菌和缓解神经疼痛、肌肉疼痛的功效，因此日常生活中适当地饮用柠檬香草茶，对促进肝、胰脏、肾、膀胱和消化系统毒素的排出有很好效果，对促进炎症的康复和缓解筋骨酸痛、腹绞痛也都有一定的效果。

光照

柠檬香茅是阳性植物，只要阳光充足，就能生长旺盛。充足的日照，能使柠檬香草的芳香更浓，长得更加健壮，且不易生病。

新手提示: 柠檬香茅刚种植的前几天不宜接受过强的阳光照射。

修剪

柠檬香茅需要经常修剪。修剪时除了要剪去枯黄叶片外，还要将过于茂盛的植株剪掉，以利通风。

新手提示: 修剪下来的健康的柠檬香茅叶片可以用来泡茶、泡澡、做料理，也可以储存备用。

花言草语

据说在古代亚洲的南部，柠檬香茅大量地散布在农田四周。因为在一次蝗虫过境后，农民发现被柠檬香茅环绕的蔬果并没有遭受虫害，于是此后，农民就在作物的四周种上柠檬香茅，以此来抵御虫害。

择土

柠檬香茅对土质的要求不高，在稍稍瘠薄的土壤也可以存活。一般来说，疏松、透气、排水力强的弱碱性土壤最适合柠檬香茅生长。

浇水

❶ 柠檬香茅成活后，最好2～3日浇一次水。日常浇水原则是"见干见湿"，即每次见土干时浇水，浇水要透。浇水时最好不要让水滴在叶片上。如果是用自来水浇花，则最好先将自来水放在太阳下晒两天后再使用。

❷ 柠檬香茅喜潮湿，在生长季节——夏天需要经常浇水。

温度

柠檬香茅喜温，在气温为25～30℃的环境中，生长最为旺盛。它耐寒力差，有轻霜时叶尖就会发生冻害，最低能耐7℃的低温，有时在温度为10～15℃的环境中就会萎缩或死亡，因此秋冬之季天气转凉时需要将其移入温暖的室内，待第二年气温回升时再搬出屋外。

施肥

柠檬香茅对肥料的要求不高。春季是它迅速生长的季节，可按月对其追施氮、磷、钾复合肥，注意氮肥不要过多，否则容易造成植株的徒长。

繁殖

柠檬香茅一般用分株法或扦插法繁殖，春夏季繁殖最为适宜。

摆放建议

健康的柠檬香茅株形柔美、颜色翠绿，可以摆放在阳台、窗台等光线比较充足的地方，也可以用来装饰客厅、书房。热带地区的家庭还可将它种植在庭院中。

栽培

❶ 柠檬香茅宜在4～8月份种植。

❷ 取出健壮的柠檬香茅植株，找到分株点，然后拉开植株根部连接的土壤和交错的根。

❸ 剪去1/2高度的叶片，去掉根部的土，栽种在适当大小的盆器中。放在遮阴的地方养护几天，然后放在阳光下养护即可。

◆ **柠檬香草**

抗菌消炎、养颜美容、健胃消脂。

主料：柠檬香茅。

可搭配材料：菩提子、玫瑰。（柠檬香茅+菩提子，具有降血脂、塑身的功效；柠檬香茅+玫瑰，具有清除宿便的功效。）

使用工具：可装500~800毫升水的玻璃壶。

冲泡方法：

❶ 将剪下的新鲜柠檬香茅叶或干的柠檬香茅叶洗净，放入玻璃壶内。（一般来说，15厘米长的新鲜草叶即可）

❷ 将开水倒入玻璃壶内，至九分满，加盖放置10分钟。茶呈现淡黄色即可饮用（此时，也可在玻璃壶中加入搭配材料中的任意一种）。

❸ 冲泡时间越久茶的味道越重，因此不习惯重口味的人可在草叶浸泡一段时间后将其取出。

贴心提示：孕妇不宜饮用。喝剩下的柠檬香草茶，可以用来泡脚，对缓解足部酸痛、治疗香港脚有一定效果。

百里香

【花草名片】
- ◎学名：*Thymus vulgaris*
- ◎别名：地花椒、山椒、山胡椒、地椒、麝香草。
- ◎科属：唇形科百里香属，多年生草本植物。
- ◎原产地：地中海沿岸。
- ◎习性：喜冷、凉、干燥的环境，喜光照，不耐热，对土壤要求不高，在排水良好的石灰质土壤中生长良好。
- ◎花期：3～5月，10～11月。
- ◎花色：白色或粉红色。
- ◎入茶部位：花、茎、叶。

【小偏方】
牙痛：取百里香挥发油适量涂擦在痛处即可。
急性胃肠炎：取新鲜百里香20克，将其用开水浸泡10分钟后煎服。呕吐者加灶心土12克、生姜6克同煎。
胃脘寒痛：取百里香10克，泡水代茶饮，连服7日。
中暑呕恶：取新鲜百里香叶5克、新鲜藿香叶6克，泡水代茶饮用。

净化功能

百里香从幼苗到干枯的枝叶都具有浓郁的香气，这些香气具有一定的抗菌性，是家庭净化空气的好帮手。

光照

百里香喜光照，全日照、半日照均可。16小时光照、8小时黑暗，最适合百里香生长。

美容功效

百里香茶饮，具有美容保健的功效。百里香能够帮助伤口愈合，治疗湿疹及面疱肤质，对控制头皮屑和抑制落发也十分有效。百里香还有美化肌肤的功效，在消除雀斑、修复老化肌肤方面疗效显著。现在，有些香皂和漱口水在制作时也会加入百里香。

健康功效

用百里香泡的茶，被人们称为百里香茶。对于上班族和学生来说，百里香茶能够有效提高记忆力和注意力，缓解身心疲惫。此外，百里香茶还能改善人体消化系统、呼吸系统功能，具有开胃消食、消炎止痰的作用，对人们消化不良、食欲不振、扁桃体炎、咽喉炎、支气管炎、气喘等病症都有一定的疗效。适量饮用百里香茶对促进人体血液循环、增强免疫力、减轻月经期间的不适症状也非常有效。不仅如此，百里香茶还能缓解因宿醉引起的头痛。

择土

百里香对土质要求不高，但它适合生长在排水性能良好的疏松土壤中，最好是沙砾、多孔质的土壤。家庭栽种百里香可以去花店购买培养土，不过用泥炭土加20%的珍珠岩做土壤也很好。

温度

❶ 百里香性喜冷凉，生长适温为20～25℃。因此，夏季高温时节应将百里香放置于阴凉通风处，以免高温环境造成百里香衰弱枯萎。
❷ 百里香能耐低温，可耐-10～-20℃的低温。
❸ 一般来说，秋天天气转凉后的日照充足之地比较适合百里香的生长，可将植株移到那里放置。

病虫防治

百里香基本无虫害发生，夏季需要注意因高湿天气导致的烂根现象。

修剪

❶ 夏季应对百里香进行及时修剪，剪去过于浓密的枝条，保证植株通风良好。

❷ 如果是为了剪取百里香枝叶干燥保存，那么可在它开花前修剪，因为开花结子后修剪，植株容易死亡。

◆**百里香茶**

醒脑提神、健胃消食、消炎止痰。

主料：新鲜百里香3枝，或新鲜的百里香叶适量。

可搭配材料：洋甘菊、柠檬、迷迭香、玫瑰。

使用工具：可装500~800毫升水的玻璃壶。

冲泡方法：

❶ 将剪下的百里香枝叶冲洗干净，放入玻璃壶内。

❷ 向玻璃壶中倒入90℃的热开水，热水盖过香草即可。

❸ 轻轻摇动玻璃壶，用热水轻轻漂洗香草，然后将热水倒掉。

❹ 将玻璃壶加满90℃的热开水，静置数分钟。茶水变成淡黄色时即可饮用（此时，也可在玻璃壶中加入搭配材料中的任意一种）。

贴心提示：百里香茶最好不要长期饮用，也不能高浓度饮用，敏感皮肤者、高血压患者、孕妇最好不要饮用。

栽培

❶ 用播种法种植百里香，百里香一般会在14~20天内发芽，第二年5~7月份开花。百里香的一些品种，如斑叶百里香不能使用播种法种植，否则后代容易丧失斑叶的性状。

❷ 用扦插法种植百里香较为容易。选两三枝生长状况良好的枝条，在距离顶端约10厘米处剪断。注意，最好取顶芽当作插穗，带3~5节为佳，不要取到已木质化的枝条，这些枝条的发根能力较差。

繁殖

百里香可以用播种、扦插、压条、分株法繁殖。

施肥

❶ 种植百里香前最好在花盆内放少许基肥，由于百里香的生长速度慢，因此初期不需要太多的肥料。

❷ 夏季不宜施肥，否则容易导致植株死亡。

❸ 春秋季是百里香生长旺盛的季节，此时可将花宝稀释1000倍，每7~10天为植株施肥一次。

选盆

盆栽百里香时宜选用扁平盆器。

浇水

家庭盆栽百里香时，要根据实际情况灵活掌握浇水时间，一般来说，夏季浇水应勤些，冬季浇水可以少些。

摆放建议

百里香适合放置在居室、客厅等光照充足的地方，或者摆放在阳台、庭院中。建议将植株放在高处，因为百里香全株有小毒，所以尽量不要让儿童接触。

金丝桃

【花草名片】

- ◎ 学名：*Hypericum chinense*
- ◎ 别名：土连翘、金丝海棠、五心花。
- ◎ 科属：藤黄科金丝桃属，多年生草本植物。
- ◎ 原产地：欧洲地区。
- ◎ 习性：喜温暖湿润的环境，较耐寒，对土壤要求不严格，除了黏重土壤之外，在一般的土壤中都能较好地存活生长。野生金丝桃常生于湿润的溪边或者半阴的山坡下。
- ◎ 花期：4～6月，10～12月。
- ◎ 花色：金黄色。
- ◎ 入茶部位：叶、茎、花。

【小偏方】

风湿性腰痛：金丝桃根1两，鸡蛋2个，水煎2小时，吃蛋喝汤，一天2次分服。

疔肿：鲜金丝桃叶、食盐适量，一起捣烂，外敷于患处。

蝮蛇、银环蛇咬伤：鲜金丝桃根、食盐适量，一起捣烂，外敷伤处。一天换一次。

净化功能

金丝桃的英文名称是"圣约翰草"，它的叶子具有独特的幽香，放置在家中能够有效净化室内空气，祛除室内异味。

> **新手提示**：直接碰触金丝桃可能会引起皮肤瘙痒、肿痛等，因此栽培或养护金丝桃时最好戴上手套，碰触后立刻用肥皂洗手。

美容功效

许多治疗皮肤炎症、青春痘的美容产品中，都能看见金丝桃的"身影"，而一些晒前或晒后的保养品中也常常含有金丝桃油。适量饮用金丝桃茶能有效改善肤质，令肌肤变得细腻有光泽。

健康功效

金丝桃是欧洲最常用的草本制剂，其茎部含有多种活性成分，能提高大脑中维持正常心情及情绪稳定的神经递质的水平，因此它被称为天然"百忧解"，成为欧美国家治疗抑郁症的营养保健品。适量饮用金丝桃茶对消除焦虑、抑郁，改善失眠，缓解偏头痛、坐骨神经痛等具有一定效果。金丝桃在我国有"治伤草药"的美名，它的果实和根都能入药，具有解热、利湿、消肿、活血和镇痛的作用。

修剪

❶ 金丝桃最好每年修剪一次。

❷ 夏季叶片因高温而变红时，可对其进行适当修剪，这样待温度转暖时，金丝桃就会长出新芽。

❸ 花谢后最好修剪一次，剪去花头和过密枝条。

病虫防治

金丝桃常见虫害有衰蛾、刺蛾和蚜虫。衰蛾可用90%美曲膦酯1000倍液喷杀，效果较好；刺蛾可以通过摘除虫叶防治，或喷洒青虫菌每克含100亿孢子1000倍液喷杀；蚜虫可以通过修剪病枯枝叶防治，也可以用1：15的烟叶水（需泡制4小时）喷杀。

> **新手提示**：发现叶片上有少量蚜虫时，可用毛笔蘸水洗刷叶片，或者将盆花倾斜放于自来水下冲洗，此法即能冲洗掉蚜虫，又能洗净叶片，提高叶片的呼吸作用和盆花的观赏价值。

择土

金丝桃对土质的要求不高，在稍稍贫瘠的土壤中也可以存活。

温度

金丝桃生长的适温为15～25℃。

选盆

初种金丝桃时宜选择口径较小的陶盆或泥盆，待植株生长到一定大小再换盆，也可选择吊盆种植。

光照

❶ 全日照或半日照均可，在半阴的环境中生长最好。
❷ 春秋两季金丝桃需要多见光。

浇水

❶ 金丝桃喜湿润的环境，因此生长期间可适当多浇些水以保持土壤的微微湿润，而干旱季节更要及时浇水。
❷ 夏季要适当地为金丝桃浇水以降温增湿，否则它容易出现叶尖枯黄的现象，严重时还会整株死亡。浇水时间以上午6～8点、下午4～6点为宜。

繁殖

除了自播外，金丝桃还可通过扦插、压条、分株等方式繁殖。

施肥

在金丝桃的生长期，如果每月能为其施2次粪肥或饼肥等液肥，它就会生长得枝繁叶茂。

摆放建议

金丝桃有小毒，家庭栽种时最好不要将其放在客厅或居室，建议放在阳台上。此外，如果家中有孩童的话，最好将盆花放在孩童够不到的高处。

栽培

❶ 金丝桃属于家庭较容易种植的花草，一般来说分株、扦插、播种法均可。如果希望将其大量种植在庭院中，可采用播种法和扦插法栽培。
❷ 盆栽金丝桃一般用园土加一把豆饼或复合肥作为基肥即可。

> **新手提示**：播种金丝桃，由于种子较小，难免一处会播下许多粒。因此当幼苗长出四片叶子时就应当拔掉其中的一些小苗，否则植株不但"杂乱臃肿"，而且还不容易成活。

◆金丝桃茶

治疗抑郁、缓解压力、改善肤质。

主料：干燥的金丝桃叶或花。

可搭配材料：欧薄荷适量（金丝桃+欧薄荷，能够缓解梅雨季节的风湿疼痛。）

使用工具：可装500~800毫升水的玻璃壶。

冲泡方法：

❶ 将1/2匙干燥的金丝桃叶或花瓣、1/2匙的欧薄荷一同放入玻璃壶中，用90℃的热水浸泡约30秒后取出。

❷ 把用热水冲泡过的金丝桃叶或花瓣、1/2匙的欧薄荷再一起放入玻璃壶中，冲入500~800毫升的热开水。浸泡3分钟后茶水即可饮用。

❸ 金丝桃茶微苦，口感不佳，不习惯饮用者可在茶中适量加些蜂蜜或柠檬片。

贴心提示：金丝桃茶最好不要长期饮用，也不能高浓度饮用。

接骨木

【花草名片】
- ◎学名：*Sambucus willamsii*。
- ◎别名：公道老、扦扦活、马尿骚、大接骨丹。
- ◎科属：忍冬科接骨木属，为多年生丛生灌木或小乔木。
- ◎原产地：最初产自我国东北、华北、西北、西南地区，在朝鲜和日本也有分布。
- ◎习性：喜欢阳光充足的环境，但是也耐荫蔽。耐寒，耐旱，忌水涝。
- ◎花期：4～5月。
- ◎花色：白色、淡黄色。
- ◎入茶部位：花（干制）。

健康攻效

接骨木的花、根、果实都可以入药，可以治疗小到牙痛、大到传染性疾病的种种疾病。用接骨木泡茶时的茶汤漱口，可以有效防治牙周疾病和咽喉疾病，如口腔溃疡、牙龈发炎、口臭、咽喉肿痛等。用这种茶汤热敷，还可以治疗冻伤。此外，我国还流传着一些接骨木治疗常见病的偏方，如治肾炎水肿，可用接骨木3～5钱煎服；治创伤出血，可将接骨木研粉，外敷；改善产后血晕，可用接骨木碎块一把，加水1升进行煮制，当药汤剩一半儿时关火，将药汤分次服下。

美容功效

接骨木中含有天然植物美白成分和维生素C，这些精华成分可以渗入到皮肤的基底层，有效抑制酪氨酸酶的活性，分解黑色素，淡化各种原因造成的色斑。用接骨木花水熏蒸脸部还可以调整脸部肌肤的油脂分泌，起到改善青春痘的作用。除此之外，把接骨木花进行蒸馏，得到的水有化妆水的功效，可使皮肤细嫩白皙。

修剪

接骨木的根系非常发达，枝条的萌发能力也很强，即使将根系切断，根系还是会朝切断的方向蔓延生长，然后萌发出新的枝条。所以平常不妨对其枝条多进行修剪。

病虫防治

❶ 接骨木常见的病害有溃疡病、叶斑病和白粉病，可用65%代森锌可湿性粉剂1000倍液防治。

❷ 接骨木常见的虫害有透翅蛾、夜蛾、介壳虫和蚜虫危害，前三者可用50%杀螟松乳油1000倍液喷杀；蚜虫可用40%乐果乳油2000倍液或烟草古灰水喷洒进行防治。

择土

接骨木对土壤的要求不高，但最好种植在疏松、肥沃的土壤中。

温度

接骨木耐寒，它能够忍耐-5℃的低温。在南方的冬天，可以将接骨木放在背风向阳处，在低温来袭之前做好防寒措施；在北方的冬天，往往采用窖藏的方法安全越冬：10月中下旬，将接骨木连根挖出放在地窖中，保持-3～-5℃的窖温。将植株的根部一一对齐，然后用沙覆盖住，并堆成长条状，在根部浇水。等到第二年的时候再移出地窖进行种植。

选盆

栽种接骨木最好选择排水和透气性能都比较好的素烧盆，不宜选用塑料盆。盆的口径最好偏大一些。

光照

接骨木适合在阳光充足的地方生长。若光照不足，枝条就会柔弱无力，又细又长，花也会开得比较稀疏，影响观赏。

浇水

❶ 接骨木的根须多，根系繁茂，所以对水的需求量比较大。若植株在生长旺盛期，要多浇水，保持盆土湿润。

❷ 接骨木忌水涝，所以平时要做好排水工作，尤其是在雨季，要及时倒掉盆中的积水，防止烂根。

❸ 入冬前要浇一次冻水，这样可以保证植株来年开出更多的花。

繁殖

接骨木常用扦插和分株法进行繁殖。扦插繁殖要在春季进行。硬枝与软枝扦插均可，但应选择生长发育良好、无病虫害的健壮枝条，剪取的插条要具有3个以上的芽节。扦插时，要将最上面1个芽节露出土面，插后覆土压实浇水。分株繁殖在春季与秋季均可进行，但以春季为宜。将植株根际的萌蘖苗与母株分离时，注意要使萌蘖苗尽量带有部分根系，然后另行栽植即可。

施肥

❶ 植株上盆后，待植株长到15厘米高时要适量追肥。

❷ 植株的生长旺盛期，要每隔7~10天追施一次氮肥。

❸ 6月份花谢后还要进行追肥，此时肥料最好选用人畜的粪尿。

❹ 8月上旬可喷施0.3%磷酸二氢钾溶液，这样可以让枝干更加健壮，为度过严冬做好准备。

栽培

❶ 选择一根根系完整、健壮，无病害、无虫害的新苗。

❷ 在盆底垫上几块碎瓦片，以便于排水。在盆中填一层培养土，并将植株放在盆中，扶正，让根系充分舒展开。

❸ 从四周填入培养土，一边填土一边将土壤压实。

❹ 浇透水。

摆放建议

接骨木适合摆放在庭院中，而不能陈设在室内，因为接骨木所释放出来的芳香气味中含有一种脂类物质，久闻后不仅会刺激人体的肠胃，引起食欲不振、恶心等症状，还会使孕妇感到心烦意乱，恶心呕吐，头晕目眩。

◆ **接骨花茶**

发汗解表、改善风湿和痛风症状、通利小便。

主料： 接骨花。

可搭配材料： 红茶、玫瑰果、薰衣草、玫瑰花、金盏花、绿薄荷、香蜂草、橘皮、柠檬皮、菩提等。（接骨花+生姜+欧薄荷+欧蓍草，可以用来缓解感冒初期的不适症状；接骨花+玫瑰果，可以让接骨花茶中带一丝酸味，同时还有缓和花粉症等过敏症的作用；接骨花+红茶，可以让接骨花茶变得甘甜可口。）

使用工具： 可装500~800毫升水的玻璃壶。

冲泡方法：

❶ 将干的接骨花洗净，放入玻璃壶内。

❷ 将开水倒入玻璃壶内至九分满，加盖放置10~15分钟即可。每日1~2次，温热时饮用。

❸ 如果觉得茶的味道过淡，可在其中加入一些砂糖或蜂蜜。

贴心提示： 孕妇不宜饮用。

紫锥花

【花草名片】

◎学名：*Echinacea purpurea*

◎别名：松果菊、紫锥菊、紫松果菊。

◎科属：菊科紫果菊属，为多年生草本植物。

◎原产地：最初产自北美洲，19纪末盛行于欧洲，如今在我国广泛栽培。

◎习性：喜欢阳光充足、温暖的环境，稍耐寒，具有一定的耐旱能力，忌高温多湿、忌涝。

◎花期：6～7月。

◎花色：紫红色、玫瑰红、粉红、橘黄、白色等。

◎入茶部位：根（干制）。

净化功能

从紫锥花中可以提取出一种芳香性的精油物质——榄香脂，榄香脂可以借助本身的香味，分解存在于空气中的异味，起到净化室内空气的作用。

择土

紫锥花对土壤的要求不高，但以肥沃、深厚、富含有机质的土壤为佳。

选盆

栽种紫锥花宜选用排水良好的泥盆，紫砂盆和瓷盆也可，但最好不要用塑料盆。最好是选用多孔盆。

健康功效

紫锥花是北美洲原住民用来治疗蚊虫叮咬的植物，所以享有"印第安的药草"的美誉。紫椎花中含有很多天然成分，比如精油、多糖类、葡糖、铜、铁、单宁酸、蛋白质、脂肪酸以及维生素A、维生素C和维生素E。这些成分能增加人体内T细胞的数量，从而起到增强免疫力的作用。除了治疗蚊虫叮咬，消除皮肤感染外，紫椎花还可以有效预防上呼吸道感染、感冒发热等疾病。同时，紫锥花还具有一定的抗菌功效，可以缓解腹泻的症状或膀胱炎。

温度

紫锥花喜欢温暖的环境，其最佳的生长温度在20～30℃之间。在我国北方绝大多数地区，冬季要将植株移到室内，或进行一些防寒保护。南方地区栽种的紫锥花可以露地越冬，但要保证室外温度不低于0℃。

美容功效

紫锥花中含有一种具有紧致功效的精华素，这种精华素有修护、舒缓及强化皮肤的作用，能活化眼部的细胞，加快眼睛周围血液的循环，改善眼周皮肤色素暗沉的现象，最终达到消除眼袋、缓解眼睛浮肿的功效。紫锥花的提取物中还有一种保湿因子，能柔滑眼部肌肤，使眼睛像婴儿一样明亮且大而有神。除此之外，用紫锥花泡过的茶洁净脸部，可以达到和化妆水一样的功效，尤其是对于青春痘有较好的消炎、杀菌的作用。

光照

紫锥花喜欢阳光充足的环境，若光照不足，植株容易徒长，花朵也不再鲜艳。一般来说，紫锥花每天要接受6小时以上的日光直射。

病虫防治

❶ 紫锥花很少出现病虫害，但还是要做好防治工作。紫锥花常见的病害褐斑病、黑锈病或霜霉病，可用65％代森锌可湿性粉剂600倍液喷洒防治。

❷ 如果紫锥花在生长期间出现蚜虫和红蜘蛛危害，可用40％氧化乐果乳油1500倍液喷杀。

修剪

❶ 植株上盆后长高到6厘米左右时，要摘心一次，这样可以让植株长出更多的分支，日后结出的花朵也会比较多。

❷ 如果不需要留种的话，花凋谢后要及时剪掉残花，这样可以延长花期。

❸ 花期后要及时剪掉树上的老枝、枯枝和病害枝。

繁殖

紫锥花一般采用播种繁殖、分株繁殖和扦插繁殖的方法，但以播种繁殖为主。

◆ 紫锥花茶

增强免疫力、缓解伤风感冒症状、改善膀胱炎和过敏体质。

主料：紫锥花根或紫锥花根粉。

可搭配材料：紫锥花泡出来的茶几乎没有味道，在冲泡时不妨加一些带有浓烈香气的香草，这样可以让茶更添一层独特的风味。紫锥花＋接骨花，可以让紫锥花茶中带有淡淡的甜味，同时还可起到抗炎症的作用；紫锥花＋玫瑰果，可以让紫锥花茶顿时变酸，同时还可以补充人体所必需的维生素C。

使用工具：可装500~800毫升水的玻璃壶。

冲泡方法：

紫锥花茶有两种冲泡方法：

❶ 将干紫锥花根洗净，放入玻璃壶内。将开水倒入玻璃壶内至九分满，加盖放置30分钟即可饮用。

❷ 直接从中药店购买紫锥花根粉，然后舀出2茶匙放在杯中，加入沸水浸泡20分钟或者加入冷水后放入微波炉中加热15分钟即可饮用。

贴心提示：

❶ 紫锥花茶不能多喝，否则会头晕、恶心。

❷ 紫锥花不宜长期服用，因为长期饮用会导致无效。一般来说以6~8周为宜。

❸ 患有免疫性疾病、系统性疾病、肾脏病等疾病的人，如艾滋病、结核病、红斑狼疮患者最好不要饮用。孕妇禁止服用。

栽培

❶ 栽种紫锥花既可以直接从花店购买盆苗栽植，也可以用分株法移植。

❷ 如果用分株法进行栽植，南方在春秋两季皆可分株，北方最好在春季进行。

❸ 将种植了3～4年的老株挖出来，用手掰下侧芽，确保每个侧芽上都有2～3个小芽。

❹ 在盆底垫上几块碎瓦片，利于排水。

❺ 施一些腐熟的基肥，或者加入一些骨粉和芝麻渣，然后铺上一层培养土。

❻ 将侧芽放入盆中，一般每个盆可栽种3～5个侧芽，然后从四周填充培养土，轻轻压实。

❼ 浇透水。

新手提示：盆栽紫锥花时，可以将不同颜色的紫锥花苗种植在一个花盆中，这样可以极大地增强观赏效果。

摆放建议

紫锥花株型小巧玲珑，花朵绚丽多姿，适合放在阳台、窗台、客厅、书桌上，也可以用来布置庭院。同时，紫锥花还可以作为切花，插在玻璃瓶中，别有一番清新优雅的格调。

浇水

❶ 紫锥花忌湿、忌涝，所以平时不能浇太多水。

❷ 若栽种在南方，特别要做好梅雨季节的浇水管理。梅雨季节往往下雨天多，空气湿度大，所以相较于平常要少浇水。同时还要避免盆中产生积水，一旦有积水要及时排出，以免烂根。

❸ 植株上盆后只用保持土壤在微潮的状态即可。

❹ 当植株出现花蕾后，可以适当增加浇水量，这样有利于花朵更快地生长。

❺ 快要入冬时，如果气温低至5℃左右，要浇一次透水，从而使植株能抵御进入冬天后的严寒。

施肥

❶ 在植株的生长旺盛期，要每15天追施稀薄液体肥料一次，促进植株的生长。

❷ 植株出现花蕾时，每7天施肥一次。

新手提示：每次施肥后要向植株喷洒清水，防止肥料残留在植株上，既造成药害，又影响观赏。

德国洋甘菊

【花草名片】
- ◎学名：*Matricaria chamomilia*
- ◎别名：黄金菊、春黄菊。
- ◎科属：菊科母菊属，为一年生草本植物。
- ◎原产地：原产于英国，栽种于德国、法国和摩洛哥。
- ◎习性：喜光照，不耐热，喜微干燥的肥沃土壤，不耐潮湿。
- ◎花期：4～6月。
- ◎花色：黄蕊白花瓣。
- ◎入茶部位：花。

净化功能

洋甘菊具有苹果的香气，花名源自希腊文，意为"大地上的苹果"，将植株放置在家中能有效清除家中异味，给房屋内带来清香。

选盆

初种洋甘菊时可以选择直径为8厘米的小泥盆、陶盆或塑料盆，待其长大一些时，再换大盆。大盆宜深些。

温度

洋甘菊幼苗期不宜放置在高温环境中，放置在13～16℃的环境中最好，否则容易引发病虫害。其他时间，洋甘菊的生长适温为15～25℃，以20℃最适合。

健康功效

洋甘菊被埃及人所推崇，他们将洋甘菊献给太阳，由于洋甘菊具有镇静作用，因此他们祭祀时也用其来处理神经疼痛等问题。洋甘菊味道微苦，具有醒脑提神、增强记忆力、治疗失眠、降低血压、降低胆固醇、明目、清退肝火的功效。在洋甘菊的所有品种中，德国洋甘菊较适宜用来泡茶。睡觉前调制一杯洋甘菊花茶饮用，能够舒缓一天的压力、促进睡眠。

美容功效

洋甘菊茶能够对抗肌肤老化、润泽肌肤，茶汤可以作为头发的滋养品，提升头发光泽。用冲泡过的洋甘菊冷茶包敷眼睛周围，能够去除黑眼圈。当前，加入洋甘菊成分的保养品，因保湿、润泽、收敛毛孔的功效显著，为消费者所喜爱。此外，从洋甘菊中提炼出的洋甘菊精油还常常被用来抑制皮肤发炎、促进伤口愈合，或者修复皮肤裂伤。

择土

洋甘菊喜欢稍微干燥的土地，在排水性能较好的深厚、疏松的沙质土壤中较易存活。

修剪

洋甘菊生长得过于茂盛时要修剪掉一些枝叶，以免因通风不畅，导致整株死亡。

繁殖

洋甘菊使用播种、分株法繁殖均可。

浇水

❶ 洋甘菊虽然较耐干旱，但是在其发芽期和生长期要浇足够的水。

❷ 待土壤表面稍干时，就要为其浇水，浇到盆底流出水为止。

❸ 夏天每天为洋甘菊浇2次水，浇水时间最好选择在早晨或傍晚土壤温度下降后。

❹ 洋甘菊不耐炎热和干燥，因此在夏天培植洋甘菊的土壤不能干涸。

栽培

❶ 每年中秋节过后到隔年的2月，都是适宜播种洋甘菊的季节。

❷ 播种前先将土壤浇湿。洋甘菊种子细小，覆土需浅。7～10天后种子可发芽，幼苗长出5～6片真叶时需定植。

❸ 定植时在盆底放些基肥，可用腐叶土与石灰混拌作为基肥。为了避免肥料直接接触到幼苗根部，肥料上要覆盖新土，覆土后的土壤高度以达盆器的1/2为宜。

❹ 用浇花器将土壤浇透，待土壤完全干透后再进行下一次浇水。

新手提示： 当幼苗过多显得拥挤时，最好拔除一些。幼苗拥有足够的生长空间，才能长得更好。

施肥

❶ 生长期每月施肥一次，肥料要控制用量，否则洋甘菊的花期会推迟。

❷ 其他时间每隔2～3个月施肥一次即可。

病虫防治

❶ 洋甘菊的常生病害为叶斑病和茎腐病，可用65%代森锌可湿性粉剂600倍液喷洒叶片，能有效防治。

❷ 洋甘菊常生虫害为盲蝽和潜叶蝇，可用25%西维因可湿性粉剂500倍液喷杀。

光照

洋甘菊要求日照充足、通风条件良好的环境。秋、冬、春三季每天接受约4个小时的光照即可。

摆放建议

家庭盆栽可放置于阳台、窗台等处，也可放置于建筑物前，洋甘菊清新的颜色和优美的风姿，可为居室或建筑物增添不少情趣。

◆洋甘菊茶

醒脑提神、促进睡眠、美白润肤。

◎醒脑提神茶

主料：新鲜或干燥的洋甘菊花10朵左右。

搭配材料：迷迭香、薄荷叶各2~3枝，每支长5~6厘米。

使用工具：可装500~800毫升水的玻璃壶。

冲泡方法：

❶ 将以上花草用清水冲洗干净，放入准备好的玻璃壶中。

❷ 向玻璃壶中倒入500~800毫升的热开水，浸泡5~8分钟后，茶水即可饮用。

茶语：洋甘菊、薄荷、迷迭香都具有醒脑提神的功效，一起饮用不但香味更佳，还具有消除口臭的功效。

◎好眠茶

主料：干燥的洋甘菊花瓣2大匙。

搭配材料：干燥的薰衣草一大匙。

使用工具：可装500~800毫升水的玻璃壶。

冲泡方法：

❶ 将上述花草放入滤茶袋，再放入准备好的玻璃壶内。

❷ 向玻璃壶中倒入500~800毫升的热开水，静置3~5分钟。

❸ 依个人口味加入蜂蜜或方糖调味即可。

茶语：洋甘菊和薰衣草都具有安神效果，一起冲泡饮用，不但可帮助睡眠、缓解失眠现象，而且还能促进体内毒素的排出，美白润肤。

◎美白润肤茶

主料：新鲜的洋甘菊花瓣2克。

搭配材料：干燥或新鲜的紫罗兰花瓣适量。

使用工具：可装500~800毫升水的玻璃壶。

冲泡方法：

❶ 将洋甘菊和紫罗兰洗净放入玻璃壶中。

❷ 向玻璃壶注入500毫升开水。

❸ 静置3~5分钟后，茶水即可饮用。

茶语：洋甘菊具有润泽肌肤的功效，紫罗兰则具有促进新陈代谢、美白皮肤的作用，一起冲泡饮用，不但具有美颜效果，而且对防治上呼吸道感冒、咳嗽，降低血压等具有很好效果。

◎春天杀菌茶

主料：新鲜的洋甘菊花12~15朵。

搭配材料：新鲜或干燥的百里香1支，约10厘米长；新鲜或干燥的柠檬香茅1支，约30厘米长。

使用工具：可装500~800毫升水的玻璃壶。

冲泡方法：

❶ 将上述花草洗净，用柠檬香茅将百里香捆成束。

❷ 将柠檬香茅和百里香束放入玻璃壶中，加入沸水。

朝鲜蓟

【花草名片】
- ○学名：*Cynara scolymus*
- ○别名：菊蓟、菜蓟、法国百合、荷花百合。
- ○科属：菊科菜蓟属，为多年生草本植物。
- ○原产地：最初产自地中海沿岸地区，在法国栽培广泛。19世纪传入到我国上海。目前我国的上海、浙江、湖南、云南等省有少量栽培。
- ○习性：喜欢湿润的气候，在有轻霜的环境下仍然能够生长，不适合在又干又热的环境中生长。
- ○花期：6~8月。
- ○花色：红紫色。
- ○入茶部位：花、叶、茎（干）。

净化功能

朝鲜蓟能够散发出香味，有效吸收空气中的有毒气体，起到净化室内空气的作用。

施肥

朝鲜蓟比较喜肥，除了在上盆时施足基肥外，每年还要进行多次追肥，肥料宜将氮、磷、钾肥与微量元素肥配合施用。一般来说，一年以上的植株在3月中旬花蕾膨大期要施一次肥，在5月花苞采收期，每采收一次就施一次肥。

美容功效

朝鲜蓟中的洋蓟酸可以帮助分解掉体内的脂肪，朝鲜蓟中大量的纤维素和菊糖，能够刺激肠道的蠕动，促进肠壁的吸收，能更快地将堆积在肠道中的物质运送至大肠直至肛门，从而缓解便秘症状。此外，朝鲜蓟精华能够阻拦皮肤白皙无痕的最大劲敌——黑色素，因此目前有很多美白祛斑的化妆品和保养品中都添加了一定量的朝鲜蓟。

健康功效

朝鲜蓟叶的提取物可以保肝利胆、通利小便并且降低胆固醇，对生活中常见的胆囊炎、胆石症、急慢性肝炎、动脉硬化、高胆固醇血症、糖尿病、贫血等病症有良好的治疗效果。

修剪

① 要随时清除植株底部的老叶。
② 如果花枝过多，就要疏枝疏蕾。

浇水

朝鲜蓟不耐干旱，也不耐涝。一般来说，从植株抽花茎开始到花蕾采收的期间要10天左右浇一次水。夏天大雨过后要及时排水防止烂根。

选盆

栽种朝鲜蓟宜选用透气性能和排水功能良好的瓷盆或泥盆，最好不要用塑料盆。花盆最好选用多孔盆。

择土

朝鲜蓟宜在肥沃疏松、排水良好、持水力强的壤土或黏壤土中生长。

光照

朝鲜蓟的正常生长有赖于充足的阳光，尤其是在抽花茎的时候，只有日照充足，花茎才会粗壮，叶片才能宽大肥厚，花蕾也才能繁多。如果光照不足，植株的长势也不会理想，还难以安全越冬。

病虫防治

❶ 朝鲜蓟常见的病害有根腐病和茎腐病，可分别用甲基托布津、农用链霉素、百菌清、井冈霉素等药剂防治。具体用药剂量及施用浓度可参照产品说明书进行。

❷ 朝鲜蓟常见的虫害有蚜虫和小地老虎。蚜虫可用10%吡虫啉可湿性粉剂1500倍液或50%抗蚜威可湿性粉剂2000倍液喷杀；小地老虎的幼虫可用50%辛硫磷乳油1000倍液或90%美曲膦酯800倍液灌根防治。

繁殖

朝鲜蓟可用播种法或分株法进行繁殖。

栽培

❶ 在盆底放几块碎瓦片，以利于排水。

❷ 在盆底施足基肥，然后铺上一层培养土，以防根系接触到基肥，伤根伤苗。

❸ 将朝鲜蓟放在盆中，一边填土一边浇水。

❹ 如果要在春季进行栽植的话，可以选在3月下旬上盆；如果要在秋季进行栽植的话，可以在10月下旬~11月上旬之间上盆。

温度

朝鲜蓟最佳的生长温度是13~17℃，最佳的发芽温度是25~30℃，若温度高于34℃，植株就会出现生长不良的状况；若温度低于3~4℃，植株就会停止生长。朝鲜蓟耐低温和轻霜，能耐-2℃的暂时低温，但若气温低于-7℃，植株就会被冻死。

摆放建议

朝鲜蓟叶片宽大嫩绿，用来点缀居室，可让人心旷神怡。可以将朝鲜蓟摆放在阳台、窗台等光线比较充足的地方，也可种植在庭院中观赏。

附录

不宜摆放在室内的花草

夜来香

夜来香具有浓郁的香气，如果闻得时间太长或长期与其共处一室，会令人产生头昏、咳嗽、气喘、失眠的症状。

百合

百合所释放出来的芳香比较浓厚，若闻的时间太长，会令人的中枢神经过于兴奋，从而导致失眠。

郁金香

郁金香的花朵中含毒碱，若人或动物在郁金香花丛里连续待上两三个小时，便会出现头脑眩晕、昏沉发胀等中毒的症状。

滴水观音

滴水观音在接触、误食或入药时服用的剂量太大皆会导致中毒，所以要防止接触根叶里的汁液，同时还要防止误食。

醉鱼草

醉鱼草要远离鱼缸放置。防止枝叶浸入水中，毒害鱼类。也应将其放在儿童和动物不宜接触的地方，严防小孩和动物误食。

曼陀罗

误食曼陀罗，会出现口舌干燥、瞳孔放大、心跳加速、周身潮红燥热、视线模糊不清、嗜睡、头脑昏沉、产生幻觉及神志错乱等中毒症状。

强力吸收甲醛、苯的花草

吊兰

吊兰它能吸收86%的甲醛，能很好地吸收二氧化碳，能彻底将火炉、电器、塑料制品及涂料等释放出来的一氧化碳与过氧化氮等气体吸收掉，还可以把复印机、打印机等放出的苯分解掉。

芦荟

芦荟能够吸收甲醛、二氧化碳、乙醚及电脑辐射，可以有效吸滞灰尘、除去异味、杀灭细菌。晚上，芦荟在吸收二氧化碳的同时可释放出大量氧气，使空气里的负离子浓度提高，对人们的健康非常有益。

常春藤

常春藤能将甲醛、苯吸收掉，能很好地遏制香烟里的致癌物质，此外，常春藤还可以吸收粉尘，就连吸尘器皆很难吸起来的粉尘都能被它吸收掉。

龙舌兰

龙舌兰净化空气的能力非常强。在24小时提供照明的环境下，一盆龙舌兰在面积为10平方米的室内便能将70%苯、50%甲醛及24%三氯乙烯清除掉。

香龙血树

香龙血树的叶片及根部可以将甲醛、苯、甲苯、二甲苯，还有激光打印机、复印机及洗涤剂所释放出来的三氯乙烯吸收掉，能很好地净化房间里的空气。

红掌

红掌能有效地吸收空气中的甲苯和二甲苯，对存在于油漆、化纤、溶剂中的氨也有一定的吸收能力。

去除氨气、硫化物的花草

凤尾兰

凤尾兰对空气中的有害气体如二氧化硫、氟化氢、氯气、氨气等都有很强的抗性和吸收能力。凤尾兰对氟化氢也有较强的吸收的能力。

白鹤芋

白鹤芋吸收甲醛的能力非常强，蒸腾效率也比较高，对提高房间里的湿度及负离子浓度皆很有效，对人们的身体健康特别有好处。此外，白鹤芋对氨气、丙酮、苯等也有一定的吸收能力。

绿巨人

绿巨人消除甲醛及氨的能力比较强。有关测量结果显示，每平方米的植物叶面积 24 小时内便可将 1.09 毫克甲醛及 3.53 毫克氨消除掉，能够很好地净化房间里的空气。

贴梗海棠

贴梗海棠能够强效抵抗及吸收二氧化硫和氨等气体。同时，它在臭氧环境下暴露半小时就会出现伤害反应，因而也是监测臭氧的好帮手。

孔雀竹芋

孔雀竹芋消除甲醛及氨气的能力比较强。根据有关测定，每平方米孔雀竹芋的叶面积 24 小时便将 0.86 毫克甲醛及 2.91 毫克氨消除掉。

发财树

发财树可以很好地将甲醛、氨气、氮氧化合物等有害气体吸收掉。每平方米发财树的叶面积 24 小时便可消除掉 0.48 毫克的甲醛及 2.37 毫克的氨气。

吸附粉尘、杀菌的花草

紫薇

紫薇可以吸滞粉尘，还能很好地遏制致病菌的繁殖，紫薇所散发出来的挥发性油类还能明显遏制致病菌的繁殖，在5分钟内便能将致病菌杀死，比如白喉杆菌及痢疾杆菌等。

丁香

丁香能够很好地吸纳、滞留粉尘。丁香花所释放出来的香气里包含丁香酚等化学物质，对杀死白喉杆菌、肺结核杆菌、伤寒沙门氏菌及副伤寒沙门氏菌等病菌很有成效。

柠檬

柠檬的果皮中含有一种叫作黄酮类的化合物，这种化合物可消灭空气中的多种病原菌，起到净化空气的作用。

白兰花

白兰花有着浓郁的香气，放在室内可以起到香化居室的作用。同时，白兰花中含有一些芳香性的挥发油，抗氧化剂和杀菌素等物质，可以净化空气。

天竺葵

天竺葵能够散发出浓郁的香气，这种气味有安神、催眠的作用，能够消除疲劳、促进睡眠。天竺葵叶片中的挥发油物质还有杀菌的功效，可以净化室内的空气。

迷迭香

迷迭香能够散发出一种独特的香气，同时还能持续挥发精油，能起到杀菌、抗病毒的作用。若在室内放上一盆迷迭香，不仅香气四溢，还能够大大减少空气中的细菌和微生物。

吸收电磁辐射的花草

仙人掌

仙人掌能够将甲醛、二氧化碳、乙醚及电磁辐射吸收掉，可很好地将一氧化碳、二氧化碳及氮氧化物吸收掉，可减少电磁辐射对人体的伤害，还具有抑菌、杀菌的作用。

仙人球

仙人球对二氧化硫和氯化氢具有比较强的抵抗能力，还可减少电磁辐射对人体的伤害，其产生的气味还具有抑制细菌、杀死细菌的功能。

金琥

金琥可以在夜间吸收很多二氧化碳，增加房间里的负离子浓度，也是仙人掌类植物中吸收和削弱电磁辐射能力最强的一个种类，特别适合摆设在家电周围。

石莲花

石莲花可以抗辐射，是电脑一族的最佳选择。此外，石莲花吸收二氧化碳同时释放出氧气，增加室内空气中的负离子含量，帮助提高睡眠质量。